光辉的历程（II）

——大连化学物理研究所砥砺前行七十年

中国科学院大连化学物理研究所　编

科　学　出　版　社

北　京

内 容 简 介

　　大连化学物理研究所是中国科学院的一个重要研究机构。建所七十年来，在党的坚强领导下，一代代物所人怀着科技报国、勇争一流的情怀，不畏艰苦、团结协作，在科学研究的道路上劈波斩浪、逐梦前行。大连化学物理研究所在国家的各个历史发展时期，面向国家急需，攻克了一批关键技术，为国家经济建设、国防安全和科技事业发展做出了历史性的贡献，已经发展成为在国际上具有重要影响的综合性化学化工研究所。本书由各级领导、科技人员、管理岗位工作者、离退休职工、学生、校友以及各界友人编写，通过综合篇、科研篇、人物篇和文化篇四个部分记录了建所七十年，尤其是改革开放四十年来的部分历史事件，抒发了感想体会。

　　本书可供科研院所有关人员阅读和参考。

图书在版编目（CIP）数据

光辉的历程. II：大连化学物理研究所砥砺前行七十年/中国科学院大连化学物理研究所编. —北京：科学出版社，2019.8
 ISBN 978-7-03-061987-7

 I. ①光…　 II. ①中…　 III. ①化学物理学-研究所-大连-纪念文集
 IV. ①O64-24

中国版本图书馆 CIP 数据核字 (2019) 第 163887 号

责任编辑：周　涵　赵彦超/责任校对：杨　然
责任印制：肖　兴/封面设计：无极书装

科 学 出 版 社 出版
北京东黄城根北街 16 号
邮政编码：100717
http://www.sciencep.com

北京通州皇家印刷厂 印刷
科学出版社发行　　各地新华书店经销
*
2019 年 8 月第　一　版　　开本：720 × 1000　1/16
2019 年 8 月第一次印刷　　印张：29　1/2
字数：574 000
定价：198.00 元
(如有印装质量问题，我社负责调换)

编委会名单

主　任　刘中民

副主任　王　华　　毛志远　　金玉奇　　蔡　睿

编　委　黄向阳　　孟庆禄　　李振涛　　关佳宁

　　　　　卢振举　　田　丽　　王立立　　赵艳荣

七十载科技报国心初心不改
几代人世界一流志壮志凌云

（序言）

白春礼

　　2019 年是新中国成立七十周年，也是新中国最早建立的科研机构之一——大连化学物理研究所建所七十周年。七十年来，在党和国家的亲切关怀下，在各级领导和社会各界的大力支持下，在一代又一代化物所人的不懈努力下，大连化学物理研究所已经发展成为基础研究与应用研究并重、应用研究与技术转化相结合，在国际上具有重要影响的综合性化学化工研究所。在国家的各个历史发展时期，大连化学物理研究所都产出了国家急需的科研成果，为祖国科技事业发展做出了国家战略科技力量应有的贡献。

　　回眸大连化学物理研究所七十年的发展历史，我们深切体会到改革开放以来的四十年，特别是党的十八大以来是研究所实现跨越式发展的关键时期。研究所认真贯彻党中央关于科技创新的重大决策部署，扎实推进院党组各项工作安排和具体要求，坚持"三个面向"，深入实施"率先行动"计划，凝练并确立了创建世界一流研究所的战略目标。全体化物所人开拓进取、奋发图强，抢抓发展机遇，创新体制机制，加强顶层设计，调整学科布局，实施了一系列改革发展新举措，为实现跨越式发展提供了重要体制保障；攻坚克难、勇攀高峰，取得了一系列具有重要国际影响的原创性科技成果，一大批重大技术成果得到规模应用，多种型号装备列装应用，发挥着不可替代的作用；春风化雨、润物无声，培养和造就了一大批德才兼备的高层次优秀人才，锤炼了一支忠诚担当、敢打硬仗的科技创新队伍；真抓实干、协同攻坚，快速实现了和青岛生物能源与过程研究所组织管理体系的全面衔接和错位科技布局，加速两所深度融合发展；同心筑梦、砥砺奋进，全力推进中科院洁净能源创新研究院建设，洁净能源 A 类先导专项、能源化学 B 类先导专项取得系列成果，"大连先进光源"预研项目通过方案论证，中国科学院大学能源学院开工建设，为推进洁净能源国家实验室筹建工作打下了良好基础；言传身教、薪火相传，营造了风清气正的良好学术生态环境，形成了无私无我的协作风尚，不断凝聚升华了"锐意创新、协力攻关、严谨治学、追求一流"的大连化学物理研究所精神。

《光辉的历程（Ⅱ）——大连化学物理研究所砥砺前行七十年》，是由各级领导、科技人员、管理岗位工作者、离退休职工、学生、校友以及各界友人撰写，他们以亲身经历和感受，记录了建所七十年，尤其是改革开放四十年来的部分历史事件，抒发了感想体会。本书真实地展现了党和国家对科技事业的关怀；体现了"三个面向""四个率先"的中国科学院办院方针和"爱国、奉献、民主、科学"光荣传统；展示了我院科技人员为增强国家综合竞争力无私奉献、开拓创新、团结拼搏的精神风貌。这些文章每篇都质朴感人，值得一读。

党的十九大明确了建设世界科技强国的"三步走"战略，为我国科技创新事业的发展指明了前进方向，提出了根本要求，明确了战略任务，也为我院发展带来了新的机遇，提出了新的挑战。我们必须抢抓机遇、奋发有为，勇攀世界科技高峰、勇挑历史发展重担。我们坚信，大连化学物理研究所一定能发扬优良传统和精神，不忘初心，执着前行，在建设世界科技强国的新征程中做出新的更大贡献。

让大连化物所精神薪火永传

（前言）

刘中民

2003 年，我所出版了《光辉的历程——大连化学物理研究所的半个世纪》一书。记述了大连化物所从 1949 年至 1999 年的部分发展历史，回顾了建所五十年来研究所始终以国家需求为导向，在国民经济建设和国家安全等方面做出的历史贡献。从书中的故事总能感受到化物所人的家国情怀和科技报国、创新为民的精神。虽然这些作者大部分已经离退休，但直到今天，这些故事仍对所内年轻一代起着巨大的激励作用！

《光辉的历程——大连化学物理研究所的半个世纪》一书中的故事更多地聚焦于建所至改革开放的前期。而改革开放以来的四十年是我国科技事业跨越发展的四十年，国家整体实力和创新能力显著提升，科技创新逐步成为提高我国社会生产力和综合国力的战略支撑。以变革为主题的四十年，也是大连化物所勇于探索、敢于革新、实现跨越发展的关键历史阶段。乘着改革的春风，大连化物所始终秉持科技报国、创新为民的精神，围绕国家科技发展战略要求，锐意创新、协力攻坚、严谨治学、追求一流，一批重大科技成果不断涌现，为我国经济发展、社会进步和国家安全做出了历史性贡献。

近年来，我们坚持面向世界科技前沿，基础研究取得了系列具有重要国际影响的原创性科技成果。多项研究成果获得国家自然科学奖；在 *Science* 发表文章 18 篇，在 *Nature* 发表文章 6 篇；"利用纳米限域的单铁催化剂实现天然气直接制乙烯""开创煤制烯烃新捷径"两项成果分别入选 2014 年和 2016 年"中国科学十大进展"；分子反应动力学国家重点实验室两次被评为优秀实验室(A 类)，催化基础国家重点实验室连续三次被评为优秀实验室(A 类)；我国第一台自由电子激光用户装置——大连相干光源建成并通过科技部验收，是世界唯一工作在极紫外波段的自由电子激光装置，处于国际领先水平。

我们坚持面向国家重大战略需求和国民经济主战场，一大批具有国际领先水平的重大技术得到规模应用。张存浩院士获 2013 年度国家最高科学技术奖。十几项研究成果获得国家技术发明奖和科技进步奖，其中 DMTO 技术获 2014 年度国家技术发明奖一等奖。建成世界首套甲醇制低碳烯烃（DMTO）商业化装置，技术许可 25 套工业装置，投产运行 13 套，烯烃产能 716 万吨/年，引领了煤制烯烃战略新兴产业的快速发展。建成全球首套 10 万吨/年合成气制乙醇工业示范装置，使我国率先拥有了设计和建设百万吨级大型煤基乙醇工厂的能力。催化干气制乙苯成套技术，许可 25 套工业装置，投产运行 20 套，为我国石化产业可持续发展做出重要贡献。建成我国第一套氢燃料电池系统，研制的燃料电池汽车在北京奥运会、上海世博会、新能源汽车万里行成功示范运行。启动了全球最大功率、最大容量全钒液流电池储能系统和我国首个规模化液态太阳燃料合成工业化示范工程建设。

我们以国家安全为己任，助力国防建设，长期发挥着不可替代的作用。氧碘化学激光器研究突破多项关键技术并完成了多项国家级激光重大演示验证任务；新型航天航空催化分离材料及技术多次用于"神舟""天宫""嫦娥"系列航天飞行器以及多型号飞机；便携式高比能直接甲醇燃料电池在车载、通信等领域实现示范应用；新型镁空电池数次驰援地震灾区；氢燃料电池和锂硫电池驱动的有人机和无人机成功实现首飞。

我们日益迈向国际学术舞台中心，国际合作、院地合作绽放异彩。先后与 50 多个国家和地区的国际知名研究机构和企业建立联合研发平台和战略伙伴关系。成功主办 2016 年国际催化大会。聚焦"一带一路"，自主研发的"乙撑胺生产技术"成功投产，并许可印度公司使用，实现了完整工艺包的国际技术输出。与国内大型骨干企业，在化石能源清洁利用等优势领域开展多层次、全方位的战略合作，形成了一批新的科技与经济增长点，为传统产业升级改造及地方经济发展做出了重要贡献。针对科技开发各阶段，实现科技与金融、产业深度融合，为科技插上金融的翅膀。

我们把人才作为创新发展的基础。不断探索人才发展体制机制改革，建立健全了具有研究所特色的科技人才计划体系，培养造就了一大批享誉国内外、在各个领域产生重要影响力的科学家，先后有 19 位科学家在所工作期间当选为中国科学院和中国工程院院士。

当前我们正在按照中科院党组的部署，响应建设能源领域的国家实验室的号召，通过筹建洁净能源创新研究院，承担洁净能源方向的战略先导项目，建设能源领域的大科学装置，联合国内外能源领域优势力量，积极争建洁净能源国家实验室，迎来新的发展机遇。

2019 年是新中国成立七十周年，也是大连化物所建所七十周年。在所庆七十周年之际，我们再次邀请所里的老领导、离退休老同志、在职职工和学生、校友以及各界友人，通过亲身经历或感受，从不同角度回顾我所建所七十年，尤其是改革开放四十年来的发展历史和部分历史事件，编纂出版了《光辉的历程(Ⅱ)——大连化学物理研究所砥砺前行七十年》。质朴的文字中流露出的不仅是作者对研究所的深厚情感和七十岁生日的祝福，也抒发着对伟大祖国的热爱和对改革开放的颂扬；一个个鲜活的故事和感人的事迹所反映的不仅是辉煌的成绩，也彰显着化物所的精神追求。

　　"七十载科技报国心初心不改，几代人世界一流志壮志凌云"。新时代需有新作为，新时代呼唤新担当，让我们薪火相传、继往开来、科技报国、勇争一流，共同携手开创大连化物所更加辉煌灿烂的明天！

目　　录

七十载科技报国心初心不改　　几代人世界一流志壮志凌云（序言）······ 白春礼　i

让大连化物所精神薪火永传（前言）······························· 刘中民　iii

综 合 篇

我认识的包信和与煤化工技术产业化 ······················· 张国宝　3

在化物所担任所长时那些难忘的事 ······················· 杨柏龄　5

筚路蓝缕，玉汝于成

　　——回忆在化物所知识创新工程初期的二三事 ·········· 包信和　10

努力奔跑的追梦人 ····································· 王　华　21

贯彻院党组决策、推进两所深度融合发展过程中的感悟 ······· 彭　辉　25

科技创新与大连化物所精神 ··················· 冯埃生　邓麦村　27

抢抓综合配套改革试点机遇为研究所争取发展空间 ··········· 毛志远　33

追求一流的化物所精神一直伴我前行 ······················· 杨　宏　36

化物所永远记得朋友们的帮助 ··························· 李文钊　39

我与大连化物所

　　——改革开放初期的几则回忆 ······················· 李文钊　46

七十感言 ··· 何国钟　49

我们随化物所一起成长 ································· 沙国河　51

科技成果转化的发展历程的几个脉络

　　——从科技处长的视角 ············· 葛树杰　黄向阳　张　宇　张　晨　53

携手奋进，走向辉煌 ··························· 孙　军　于　浩　59

大连化物所实施 ARP 十年回顾 ························· 卢振举　63

实施知识创新工程试点工作中的几个“第一个” ············· 卢振举　68

点燃催化圣火，梦圆中国北京

　　——记第十六届国际催化大会 ······················· 方　堃　72

一个研究组的日常 ····································· 罗　健　76

我和光源结缘的故事 ··································· 孙　洋　79

甘当绿叶，无悔人生 ··································· 宋宝华　83

半个多世纪的几点回忆……………………………………………施宗遂　85

忆参加王宽诚先生诞辰九十周年纪念庆典活动………………………谭志诚　90

一条路……………………………………………………………………周立幸　93

感恩大连化物所…………………………………………………………赵世开　97

大化所：成果背后的故事更惊艳………………………………………李大庆　100

星海二站科研园区环境建设的几个片段回顾和启示…………………栗书志　103

全面战略合作，助力渤化产业升级…………天津渤海化工集团有限责任公司　106

我眼中的化物所…………………………………………………………高著衍　111

致 DICP 先生的一封信……………………………………………………蒋　慧　114

科　研　篇

"拟人耗氧"的日日夜夜……………………………………………………张　涛　119

探索中前行，变革中发展………………………………………………刘中民　124

我所化学激光五十年发展历程的一点儿感悟…………………………金玉奇　137

青春年华奉献祖国科技……………………………………………………李　灿　141

创新科学仪器，是推动科技发展的原动力
　　——我的科研经历与感悟…………………………………………杨学明　151

化学反应共振态的研究之路……………………………张东辉　杨学明　156

科学的春天
　　——化物所改革开放四十年回顾…………………………………辛　勤　160

DICP 的核磁共振研究回顾………………………………………………韩秀文　163

微流控芯片二十年………………………………………………………林炳承　168

忆甲氰菊酯新农药的研发
　　——纪念郭和夫先生诞辰一百周年……………………………陆世维　173

诞生在科学的春天
　　——分子反应动力学实验室的四十年…………………………王秀岩　181

一项天然气高效干法脱硫科学技术的发明轨迹……………………吴迪镛　184

孜孜以求，逐道而行
　　——芳香杂环化合物手性氢化的探索之路………………周永贵　吴　波　187

上九霄赏月，下深海探宫，服务大众
　　——纪念仪器分析化学研究室转型二十载………………………关亚风　191

勇于探索、敢于创新，走别人没有走过的路
　　——记"纳米限域催化"的创新脚步……………………潘秀莲　姜秀美　193

不对称催化产业化技术研究回顾………………………………………胡向平　198

在无机膜与膜催化领域砥砺前行 …………………………………… 杨维慎 202

催化干气制乙苯技术的产业化创新之路 …………… 朱向学　徐龙伢　陈福存 206

把论文写在祖国的大地上 ………………………………………… 丁云杰 213

夯实技术支撑平台，为我所建设世界一流研究所保驾护航

　　…………………………………………………………… 张　青　赵　旭 219

化物之缘

　　——从求学到工作 …………………………………………… 周雍进 222

我们的事业，能源的未来

　　——记大连化学物理研究所大规模储能技术研究历程 ………… 张洪章　王怀清 225

离子迁移谱技术在快速分离与检测课题组的发展历程 ……………… 李京华 229

"侦查"与守护

　　——高精度检测环境污染物与风险评价的成长之路

　　……………………… 张海军　卢宪波　李　云　金　静　马慧莲 232

世界最亮极紫外光源诞生记 ……………………………………… 金艳玲 238

白日放歌科研路，青春作伴砥砺行

　　——记无毒推进剂过氧化氢催化技术工程应用研究历程

　　………………………………………… 丛　静　徐德祝　丛　昱 242

忆往昔峥嵘岁月，谋未来创新发展 ……………………………… 石先哲 248

在生物柴油原料变革征途中持续创新 …………………… 黄其田　张素芳 251

矢志不移勤耕耘，风劲扬帆续征程

　　——我所燃料电池技术发展之路 ……………… 袁秀忠　孙　海　邵志刚 254

催化选择氧化科学与技术研究 …………………………………… 石　松 259

高级氧化技术的成熟发展之路 …………………………… 杨　旭　赵　颖 262

艰难险阻浑不怕，磨砻砥砺勇攀登

　　——记我们一起经历的"DMTO"的日子 …………… 张今令　叶　茂 266

寻氢记

　　——DNL1901建组十一年记 ……………………………… 鞠晓花 269

万花丛中一棵绿色的小草

　　——记天然产物与糖生物工程 …………………………… 白雪芳 272

追忆 …………………………………………………………… 蔡光宇 275

四十年探索，四十年奋进！

　　——忆大连化物所"分子反应动力学"的四十年变迁 ……………… 李芙蓉 288

热化学组为"5·7"事件调查做贡献

　　——"5·7"事件调查回忆录 ……………………………… 谭志诚 293

在研制硝基胍炸药的日子里 ……………………………………… 谢炳炎 295

二十年锲而不舍攀高峰 ……………………………………… 余道容　邹淑英　298

永远发扬爱国敬业之精神

　　——回顾"炼厂气水蒸气重整制氢催化剂"的研制 ………………… 张盈珍　301

为中国梦添砖加瓦 ……………………………………………………… 周忠振　305

DICP 70 years on…Reflections from a partner, supporter and friend.

　　The true spirit of discovery and commercial

　　exploitation ……………………………… 马丁·阿特肯斯(Martin Atkins)307

往事的回忆

　　——依利特公司发展纪实 ……………………………………… 李　彤　313

七十华诞,忆往昔,看今朝 ……………………………………………… 吴一墨　316

大连化物所醇类燃料电池及复合电能源发展之路

　　…………………………………………… 许新龙　田　洋　孙　海　319

参加单管倒班那些日子

　　——"乙烯多相氢甲酰化及其加氢制正丙醇立升级单管实验"亲历记…… 郑长勇　327

人　物　篇

诲人不倦,甘为人梯

　　——忆大连化学物理研究所的四位师长 ……………………… 邓麦村　333

忆大连化物所的台盟盟员林铁铮研究员 ……………………… 蔡　睿　张绍骞　339

美丽的事业,祖国的未来

　　——记沙国河院士做科普的那些事儿 ……………………………… 关佳宁　342

大连化物所跨世纪领军人才培养案例 …………………………………… 卢振举　345

科研的楷模,人生的导师

　　——纪念恩师邹汉法研究员 ………………………………………… 叶明亮　357

于科研:高屋建瓴,精益求精;于育人:春风化雨,润物无声

　　——忆和恩师张玉奎院士相处的点点滴滴 ………………………… 张丽华　359

他用生命,把论文写在了祖国的大地上!

　　——追记大连化学物理研究所博士生导师蒋宗轩研究员

　　……………………………………… 赵艳荣　贾国卿　刘铁峰　362

张存浩院士对我人生的积极影响

　　——记在张存浩院士身边工作二三事 ……………………………… 姜英莉　369

"就算跟毛主席吃小米",也要回国

　　——记张存浩院士二三事 ……………………………… 李芙蓉　姜　波　372

父母亲在改革开放前后的二三事 ……………………………… 李　东　李　双　376

情系煤化的一代宗师

　　——忆张大煜所长 ………………………………………… 吴奇虎 379

文 化 篇

让化物所精神代代相传 ………………………………………… 包翠艳 385

我心中的那根常青藤 …………………………………………… 李晓佳 388

创新恒流远，求真代代传

　　——记对化物所的爱恋情怀 …………………………… 李同明 390

我心中的

　　——与化物所的那年那月那事 ………………………… 吴佩春 392

创新文化建设工作"浪花"记 ………………………………… 刘吉有 394

在创新文化建设工作中的二三事 ……………………………… 孟庆禄 400

她们无愧于"大连市三八红旗集体"光荣称号 …………… 吴钦厚 406

科学家严谨求是的精神激励我不懈进取 ……………………… 邹淑英 409

中日友好的一段佳话 …………………………………………… 张盈珍 413

化物所群体印象 ………………………………………………… 王　佳 415

美好的大连记忆 ………………………………………………… 肖丰收 417

"偏安"一二九街的日子 ……………………………………… 辛洪川 419

知心路 …………………………………………………………… 张芳芳 421

大连化物所，一座重情重义的科研所 ………………………… 徐光荣 423

化物所印象 ……………………………………………………… 苏凯艺 426

传统

　　——为庆祝大连化物所建所七十周年而作 …………… 郭永海 429

向您致敬

　　——献给老科技工作者 ………………………………… 刘树本 432

沁园春·辉煌化物豪志七秩情 ………………………………… 刘伟成 434

七十年颂歌

　　——献给大连化物所七十华诞 ………………………… 孟庆禄 435

江城子·六十抒怀 ……………………………………………… 佘建文 439

诗两首 …………………………………………………………… 辛洪川 440

记化物所成立七十周年 ………………………………………… 房旭东 441

青春浇筑梦想 …………………………………………………… 李诗文 443

附录 ………………………………………………………………………… 445

后记 ………………………………………………………………………… 454

综 合 篇

我认识的包信和与煤化工技术产业化

张国宝

2019 年 3 月 28 日，看到《中国能源报》采访中国科技大学校长包信和的文章《中国科大校长包信和：煤炭清洁利用，不仅仅是简单的"一烧了之"》，让我想起了 10 多年前的一件往事。

大约是 2005 年的 3 月份全国人代会期间，时任中科院大连化物所所长包信和发言介绍了大连化物所开发的用煤制烯烃技术。因为我分管这方面的工作，所以对他的发言很感兴趣。通常作为化工基础原料的烯烃是由石油化工生产的，我国煤多油少，如果这项技术是成熟的，可以用煤代替石油生产烯烃，意义很大。所以，会后我约包信和所长到我的办公室再给我详细介绍一下煤制烯烃。我向他请教了许多我不懂的技术问题。详细了解后，我觉得这项技术属于我国自主创新，在我国有很好的应用前景。我对包所长说："要把科研成果变成工业化生产才更有意义，也才能使科研人员更有成就感。但是过去我们把科研成果变成工业化大生产做得很不够，科研院所、大学，关心的是拿出研究论文，科研机构和企业是"两张皮"，缺乏把科研成果转化为工业生产的好的机制。另外，把科研成果转化为工业化生产，一定要发挥企业的作用，要选择有技术和经济实力、有执行力的企业，来转化这些科研成果。"包信和所长完全同意我的看法。

把大连化物所煤制烯烃技术转化为大工业生产，我想到了神华。因为神华有资金实力，有人才。

时任神华副总经理张玉卓原来在煤炭部的煤科院工作，后来神华叶青董事长把他调到神华，重点抓煤化工，当时他正在抓从美国 UOP 公司引进 MTO（煤制烯烃）。张玉卓有坚实的科技能力，有合作精神，有创新煤化工技术的激情。我找到了张玉卓，把大连化物所开发煤制烯烃的技术向他作了介绍，并告诉他国内这项技术已经成熟了，而美国 UOP 尚在小规模实验室阶段。他听后非常感兴趣，非常支持国内自主研发技术产业化。我把神华愿意合作的这个信息转告给大连化物所。大连化物所具体从事这项技术科研工作的是刘中民研究员，以后具体事务我就主要是找刘中民联系。

后来在神华和大连化物所的具体商谈中，双方都有合作的愿望，都很大气，形成了合力。神华支付给大连化物所一亿元技术转让费。后来院里说，这是中科院成立以来所得到的最大一笔技术转让费。

神华的团队很专业，又讲科学。在陕西省的支持下，陕煤公司、大连化物所和神华在陕西华县先搞了 50 吨/日的工业化试验，成功后下决心采用大连化物所的DMTO 技术，放大在包头建设年产 60 万吨烯烃的煤制烯烃工厂。由于神华有很强的执行力，有建设工厂的经验和人力。在中石化洛阳院等院所的通力合作下，顺利地建成了包头年产 60 万吨煤制烯烃项目。这在中国和世界上都是第一个真正大规模工业化生产的煤制烯烃项目，建成后在国内外引起很大的反响。盛华仁同志原来是中石化的董事长，后来任国家经贸委主任。我陪同他参观了包头的煤制烯烃项目，他给予了很高的评价，并要求中石化有关企业也开展煤制烯烃的工作，现在中石化也有了自己的煤制烯烃技术。我还陪同哈萨克斯坦代表团参观了包头煤制烯烃工厂，哈萨克斯坦代表团一行都很震惊。

现在，用大连化物所的技术已经在全国建成了 13 套煤制烯烃项目，总生产能力达到 716 万吨，加上中石化搞的，全国煤制烯烃生产能力已达 1300 万吨，节省了我国资源不足的石油，也为煤炭的转化找到了一条出路。业内人士评价，在国际油价上涨时，由于我国有了煤制烯烃，一定程度上平抑了烯烃的价格。去年神华的煤制油煤化工板块利润达到 60 亿元。

现在包信和已经是科学院院士，调任中国科技大学任校长。张玉卓、刘中民都成了工程院院士。

但并不是所有的科研项目转化为工业生产都那么顺利。在这个项目成功之后不久，中科院福建物构所搞出了煤制乙二醇。乙二醇是生产化纤的重要原料，我国还大量进口，我也想如法炮制，把福建物构所煤制乙二醇技术迅速转化为工业化生产。我也把福建物构所的技术介绍给了神华，但是由于还有民营企业参与竞争以及其他种种原因，福建物构所和神华的商谈最终没有达成一致。同样，大连化物所开发的其他一些技术，在转化为工业化生产中也没有能像神华转化煤制烯烃技术那么成功。所以要把科研技术转化为工业化生产必须科研机构和企业紧密合作，有很强的执行力才行，对技术转让费的期望也应该实事求是。

回顾这件事也是对科研成果转化为工业化生产的一个感悟，希望今后有更多的科研成果像煤制烯烃那样转化为工业化生产。

作者简介：张国宝，男，1944 年 11 月出生。曾任国家发改委副主任、能源局局长。现任中国产业海外发展和规划协会会长、中国国际经济交流中心副理事长、国家能源委员会专家委员会主任。

在化物所担任所长时那些难忘的事

杨柏龄

1994 年 8 月，我从袁权所长手里接过了大连化物所所长的重任。虽然之前曾担任过党委书记、常务副所长等职务，但大连化物所当时就是一个很有影响的所，也是一个有 1300 多人的大所，有很多的知名科学家，担任所长还是压力很大的。我觉得自己有很多不足，需要更加努力才行。而且研究所当时面临的局面还是蛮严峻的，整个所的经费比较紧张，学科建设面临着与国内的研究机构和企业的竞争。那时我觉得我们一定要改革，要有大动作。现在回顾起来，有几件事情让我十分难忘。

一、确定研究所战略目标

我担任所长的时候，大连化物所经过 45 年的奋斗，已经建成了一个在国内外享有盛誉、为我国科学技术发展做出了贡献、为国民经济建设创造了财富的综合性研究所。

当时，所领导班子是有共识的，都认为一个研究所要有目标，而且要与单位的特点结合起来，要能团结全所员工共同奋斗。在所长任期责任目标中，我们就提出，"如何在改革开放的大潮中开创大连化物所的新局面，办成世界一流研究所，是历代化物所人的共同心声，也是今后若干届所长共同的艰巨的任务"。1995 年 1 月，在市公安局俱乐部召开的所工作会议上，正式提出了我所"研究工作上水平，开发工作上规模""努力创办世界一流研究所"的奋斗目标。

说到这个目标还有一个小插曲，在一次向院里汇报工作的会上，讲到这个目标的时候，周光召院长插话说，我觉得你们的目标定得不错，我给你们加上四个字，改成"研究工作上国际水平，开发工作上效益规模"。我们当然觉得这个建议很好，更加丰富了我们的口号。

我当所长的这些年，我和大家一起是朝着这个目标努力的。我们具体行动的时候都以这个目标来衡量，在实践过程中，这个目标也真正地起到了团结大家的作用。而且作为一个持久的奋斗目标，在所里不断地宣传，大家也就慢慢地把自己的行为统一到这个目标上来了。

除了有一个奋斗目标以外，我们还觉得，要强调研究所发展是全所员工的最高利益。我们觉得这一点至关重要，这样才有可能把员工的积极性调动起来，团结大家做全所的大事，朝着共同的目标奋斗。

二、采取措施让青年人才尽快成长

我们觉得年轻人的成长是一个永远的话题。一个国家级研究所，要能健康持续发展成为世界一流研究所，就一定要跟得上整个世界科技发展的潮流，要有一批骨干熟悉世界科技发展趋势，敏锐地意识到科技发展的前沿，提出创新的学术观点和课题，组织队伍持之以恒地去实施。当时研究所仍然是一批 50 岁以上甚至 55 岁以上的老科研骨干在科研第一线的关键岗位上支撑着所的发展：55 岁以上的老同志占组长的 50%左右，50 岁以上占 72%；研究员 55 岁以上占 70%，50 岁以上占 95%；副研加高工 55 岁以上占 55%，50 岁以上占 86%。

由于众所周知的原因，"文化大革命"期间及之后的 10 至 15 年时间内，所里几乎没有进大学毕业生，人才断档十分严重。作为所领导，我们觉得有责任解决这个问题，让青年科技人才尽快成长。所班子研究确定了"吸引和培养 10 名所一级优秀青年学术带头人和科技企业家，50 名优秀青年学科带头人，100 名优秀青年科技骨干，在任期内为'一五一'任务的完成奠定基础"的目标。

为了培养跨世纪科技人才，尽快改变科技骨干老化的局面，所领导班子决定，58 岁以上的同志不再担任题目组长的职务，把一批年轻的同志充实到题目组长的岗位，加速我所青年人才的培养。

我们当时对改革是下了决心的，反复做思想工作，反复地讲清道理。我们坚信一点，就是改革的时候，要跟同志们讲我们真正的初衷和目的，如果讲清楚了，大家最终还是会接受的。所班子相继召开了队伍建设和人才培养座谈会、具有博士学位的年轻研究人员座谈会、机关部门负责人和研究室题目组长以上骨干会议，包括党员大会。

在全所中老年科研人员和老题目组长的关怀和支持下，一批 35 岁以下的青年科研骨干走上了室主任和题目组长的岗位。到 1995 年底，35 岁以下的题目组长有 26 位，62 个题目组 80 位正副组长中已有 46 位由 40 岁以下青年业务骨干担任，40 岁以下的室主任 2 位。在院人事局、教育局的支持和帮助下，还招聘了 2 名归国的优秀科研人才，从德国回来的包信和博士和从美国回来的解金春博士，他们都获得了 1995 年国家杰出青年科学基金的支持。

由于专业技术职务任职资格评审主要体现为对累积性贡献的评价，所以使得很多承担重任的青年人才不能较快地获得与其岗位相对应的专业技术职务。为了让年轻的题目组长在我们国家各部委争取到重大项目，而且能作为科技指挥人员把队伍带起来，我们成立了"设岗招聘优秀人才专家委员会"。

1995 年 4 月，所里向院里上报"关于成立设岗招聘优秀人才专家委员会并赋予专业技术职务任职资格评审权的请示"。5 月，院里对我所的请示做出批复，同意成立，并授予评审各级专业技术职务任职资格的权限，认为这一做法体现了改革精神，有利于优秀人才的引进，有利于竞争机制的形成，有利于新人新制度的启动，也有利于按需设岗、按岗位聘任职位的实现。

当时我担任评审委员会的主任，委员包括林励吾、王承玉、张玉奎、何国钟、衣宝廉、葛树杰、李灿、邹汉法。1995 年，所里对 40 多位 40 岁以下正副组长进行评审，有 23 名青年科技骨干分别被聘为研究员和副高级技术职称，比如聘任了包信和、邓麦村、韩克利、解金春、杨维慎、张涛、梁鑫淼等 7 名研究员。1996 年年轻题目组长刘中民、徐龙伢被聘为研究员，1997 年又有 7 名年轻题目组长被聘为研究员。

这些人比较早地得到了锻炼的机会，也得到了社会的认可。当时形成了 50 余名活跃在完成攻关任务、争取"九五"项目、从事开发工作乃至高技术产业第一线的青年骨干队伍。

为了更好地发挥中老年科学家的作用，帮助青年科技人员健康成长，也为了促进重大项目的争取和任务的圆满完成，我们成立了"应用催化研究开发顾问委员会"，集中了一批有经验的中老年科学家，一是帮助年轻科技人员争取重大项目；二是帮助他们做技术路线的把关。充分地发挥了化物所两代人甚至三代人为化物所的兴旺发达而团结和谐携手奋斗的团队精神。

三、盘活国有资产，改善科研和生活条件

当时我们所班子还有一个重要工作，就是国有资产盘活，我觉得这个事情虽然有些敏感，但是也很重要。有人担心这是国有资产的流失，我觉得国有资产是否流失主要是看国有资产是否增值，如果是保值增值，那就是你给它盘活了，而不是流失。

当时我们规划了一下，研究所的基本建设大概需要 5000 万元，向国家和科学院争取这笔经费是完全没有可能的，于是我们就通过资源开发来解决。通过资源开发盘活固定资产，创造优于其他单位的工作和生活条件，才能在人才竞争上处于优势地位，从而使"研究工作上国际水平，开发工作上效益规模"得以实现，不注重硬条件的改善是难以在竞争中求发展的。

通过固定资产盘活，我们建成了二站图书馆、新仪器厂厂房，更新了使用了几十年的供水系统，我所的卫星通信正式投入使用，建设所区计算机网络工程，完成了所区道路维修，改造了所区环境。

为了改善科研和生活条件，还通过开发、联建的办法，建设了 18 层的研究生大厦，为我所研究生和客座研究人员提供了良好的学习和生活条件。建设研究生大厦我们不是心血来潮，也是为了长远的考虑，因为科学院评价体系的一个重要环节，就是发表文章的数量和质量，文章的数量和质量主要取决于研究生的数量和质量，有什么办法提高？除了强大的导师队伍和我们研究所的传统及文化，我们能做的就是把生源的数量和质量提上去。从长远来看，研究生对化物所产生的回报和贡献远比建研究生大厦的 3000 万元的意义大。基于这样的观念，我们就下决心建研究生大厦。1998 年 12 月 28 日，研究生大厦竣工，这也是全院第一家由研究所自筹资金建设的研究生楼。

我们还竣工了三栋职工住宅，有 400 多名职工参加分调房，使得大家的住房条件有了很大的改善。通过国有资产盘活，解决了住房问题，使研究所的向心力和凝聚力增强了。

四、进入知识创新工程试点

体制改革是研究所向深层次发展的关键。党的十五大召开，党中央发出要深化改革的号召，我们大连化物所处于这样一个大环境下，必须要深化改革并形成一个真正调动全体员工积极性的、流动性的运转机制，激励员工产生高效率。

1998 年，在党中央、国务院领导的亲自指导下，中国科学院开展了知识创新工程的研究工作，并向国务院呈送了《关于中国科学院开展知识创新工程试点的汇报提纲》。院里正在酝酿的知识创新工程是一个发展机遇，我们当时就下决心要主动出击，赢得发展的机会，把所里深化改革与知识创新工作结合起来，确立新的目标，建立有持续健康发展能力的体制和队伍，更新机制，加快发展，设计我所深化改革的方案，迎接知识经济时代的到来。

经过紧锣密鼓地筹划，1998 年 3 月 9 日，《大连化物所深层次改革的框架》出台，从 3 月 9 日的《框架》到 9 月 14 日正式上报院党组审批的《大连化物所知识创新工程试点方案》，经历了半年多的时间，这期间召开了 14 次班子会，多次院士会、中层干部会、各类骨干会，《方案》9 次易稿。11 月 24 日，中科院在北京举行新闻发布会，宣布启动我所知识创新工程试点工作，在首批启动的 12 个试点中，我所是以单个研究所身份进入知识创新工程的三个研究所之一，也是化学口第一个以单个研究所身份进入知识创新工程的研究所。

科学院的知识创新工程试点选择了化物所，是化物所人用不懈的努力创造了有显示度的业绩，具备了试点的条件，同时，得到了院领导的信任。院里首批启动的试点单位有 6 条标准：科技创新目标明确；科技绩效比较显著；完成结构的调整优化；体制和机制改革迈出较大的步伐并取得初步成效；有一定的典型性和带动性；领导班子坚强。几年来，我所科研、开发工作所取得的丰硕成果、研究工作和开发工作的结构调整、人事制度的综合配套改革、后勤支撑系统的改革、人才队伍的苗壮成长、科研环境的优化等，都为我所进入试点奠定了基础，从这个意义上说，是有所作为的化物所人创造了机遇。1998 年 12 月，院拨知识创新工程专项经费 1500 多万元；1999 年，又拨付专项经费 3200 多万元，占全年收入近 30%，当年科学事业费人员支出比上年提高了 27%。

1998 年 10 月，我被调到中国科学院工作。2009 年，为了总结实施知识创新工程 10 年来的成果，迎接大连化物所六十华诞，研究所评选出了"大连化物所知识创新 10 年十大科技成果"，这也是对实施知识创新工程 10 年取得的一大批优秀科研成果的梳理和回顾。六十周年所庆大会上，当时身在现场的我，看到大屏幕上介绍这些成果的一幕一幕，内心无比激动和欣慰。

如今化物所迎来了七十周年诞辰，研究所各项工作在全所员工共同努力下取得了巨大进步，可喜可贺！但我们应该看到研究所将长期行进在迈向世界一流研究所的道路上，任重而道远，全体员工的共同努力不懈奋斗，终将实现既定目标！

作者简介：杨柏龄，男，1943 年 10 月出生，1973 年 2 月至 1998 年 10 月在大连化学物理研究所工作，研究员。从事化学激光研究。1986 年至 1998 年，曾先后任大连化学物理研究所党委书记兼常务副所长、副所长、所长。1998 年任中国科学院副秘书长，1999 年至 2003 年任中国科学院副院长。

筚路蓝缕，玉汝于成

——回忆在化物所知识创新工程初期的二三事

包信和

从 1995 年 4 月作为引进人才加盟中国科学院大连化学物理研究所（以下简称化物所）催化基础国家重点实验室，迄今已经有 24 年了。2015 年 7 月我调任复旦大学常务副校长，2017 年 6 月又被任命为中国科学技术大学校长，但我现在还仍然兼任化物所学术委员会主任一职。可以说我从来没有真正离开过化物所。在这个我深深热爱着的研究所，我度过了科研和管理工作的黄金时光，也是我一生中最难忘的时光。我时常想我是幸运的，在知识创新工程如火如荼开展的年代，能够和大家一起以绵薄之力，为化物所的发展做出力所能及的贡献。值此建所七十周年之际，应《光辉的历程》编委会之约，回顾本人参与的知识创新工程初期研究所科研目标凝练和学科布局调整过程中的几件事，从中可以看到化物所学科布局与时俱进和科技目标国家导向的"拼搏和创新"过程，充分展现出化物所人"锐意创新、协力攻坚、严谨治学、追求一流"的精神风貌。每每回忆至此，我总是对化物所充满崇敬之情，对当年共同奋斗的同事们充满感激之意。

21 世纪初，对于中国的科学发展和科技工作者来说，称得上是一个"激情燃烧的岁月"：全国上下，"科教兴国"成为一种全民行动和国家导向；中科院全面实施知识创新工程，大力推进科研体制机制和人事制度的深化改革。化物所是中科院的一个大所、强所，当然不甘落后地积极参与，面向国家需求认真凝练战略目标，率先以单个研究所的形式进入知识创新工程；一批年轻人学成归来，所里自己培养的青年人才也脱颖而出，研究所上下孕育着创新的冲动和激情。在这个重要的时期，如何加强战略研究凝练主攻方向？如何规划好研究所的长远发展？诸如此类问题成为摆在所班子、所学术委员会和全所科研人员面前的"命题作文"。下面就结合研究所"分类定位"、确定能源研究战略布局和生物技术战略布局等几件工作，同大家分享化物所的"解题过程"。

一、从"分类定位"到科技目标再凝练

建所以来，化物所在长期的科学研究和服务国民经济的过程中，发展和形成了物理化学、有机化学、分析化学和化学工程四大优势学科领域，科学大师辈出，研究实力雄厚，国家任务都能圆满完成，研究所在历史上也成为了国内科技界的典范和旗帜。20世纪90年代末，化物所形成了"以选控化学与工程为主线，开展选态化学、资源优化利用及环境友好化学化工过程、国家安全等研究"的学科发展方向，并以整所进入知识创新工程试点。但在试点深入和进入二期知识创新工程的过程中，研究所学科布局和科技目标再次面临新的挑战。

第一大挑战是来自于同中科院"分类定位"改革的对标差距。知识创新工程实施之初，中科院审时度势率先推进科技体制改革，一个重要的工作就是面向世界科技前沿和国民经济发展的需求，深入凝练科技目标和研究方向，提出了"分类定位"的概念，计划将中科院的研究所分成"化工材料""能源"等几大类，要求各个研究所都要有一个明确的定位和选择。

另一大挑战就是外部环境发生了很大的变化，科研项目和科研单位之间的竞争，尤其是同质化竞争不断加剧，需要明确差异化定位；另外就是化物所面向的化学化工行业随着中石化、中石油公司的组建以及南北分治，行业内研究机构开始"包打天下"，化物所在继续开展竞争的同时亟需明确新的主攻方向。

1997年，我作为所长助理进入所班子。杨柏龄所长指派我负责研究所的"分类定位"工作。时任中科院副秘书长钱文藻同志也指派我牵头，同山西煤化所孙予罕、兰化所索继栓一起调查研究从事催化研究的研究所的"分类定位"。记得当时走了很多地方，开了很多会，使得我对中科院的研究状况有了初步的了解和认识。

当时中科院确定了化工材料、能源等四五个基地。由于化物所的体量比较大，从事的具体研究方向也很多，除了分子反应动力学和催化科学等基础研究外，应用研究方面不仅涉及从农药合成、石油炼制到天然气化工的各个领域，也涉及从燃料电池到脱硫、脱氮等能源环境领域，还涉及从生物分析到海洋生物等生物技术领域，以及推进剂和化学激光等专项研究。所以，研究所不希望"将鸡蛋放在一个篮子里"，不能明确地选定某一个单一的基地。起初，为了完成院里的定位任务，只能发挥"聪明才智"，将各类项目和方向通过整合，搞出了一个"满汉全席"。为此还被路甬祥院长批评说"旗帜不鲜明、态度不明确"，要求化物所带头整改。

迫于当时的情形，化物所不得不下真功夫来做这件事，先后组织召开多次讨论会，并建立工作组进行认真分析研讨，最后将研究所的工作凝聚到可持续发展的能

源、生物技术、高效农药、国防技术和环境技术等五个方向，提出的口号是：将"满汉全席"变成"四菜一汤"。当时还将这个概念形象地以一棵大树的形式来表达：四个"树枝"就是四大研究领域；考虑到成果转化很重要，而且以"凯飞"为标志的农药研究和成果转化在院内外有很大影响，认为这一工作可以带动化物所的整体研究，所以就将"树干"定义为化物所的农药研究。这里讲一个小插曲，在中科院的一次会议上，我介绍化物所的"四菜一汤"，当讲到化物所的"汤"就是我们的农药时，大家哄堂大笑，开玩笑说化物所的饭以后不能吃了，保不定就给大家喝农药。后来，经过进一步凝练，我们将这个大树的"树干"也就是化物所的"汤"定义为以"选控化学与工程"为目标的基础研究，并且在树根周围标上了物理化学、色谱分析、化学工程、合成化学、化学生物学和催化等学科，作为这棵树赖以生长的土壤，此后又加上了一只衔着橄榄枝的和平鸽，代表国际合作。至此，化物所的"分类定位"工作就算圆满完成了，并被指定在不同场合介绍经验，一度又成为了典型。

进入知识创新工程二期，在全所科研人员的进一步共同努力下，将科技目标再次凝练为："以可持续发展的能源研究为主导，坚持资源环境优化和生物技术创新协调发展"，今天化物所又明确加上了先进材料创新协调发展，终于形成了化物所"135"定位和明晰的科技目标导向。

二、"挤进"能源基地

经过"分类定位"后，院里将化物所归入了"化工材料"基地，这个基地主要由中科院的四大化学化工研究所和一些材料研究所参加。由于当时国内化工版图的变化，研究所很难介入到化工领域的国家战略研究中去，很难承担到重大任务；在材料研究方面，当时院里的方向和目标并不明确，各研究所发展举步维艰。化物所要生存、要发展，研究领域必须要拓展。经过讨论，考虑到当时的实际和未来的发展，能源研究是化物所首选，为此，第一目标是要进入院里的"能源基地"。

当时的"能源基地"主要包括中科院工程热物理所、电工所、广州能源所和山西煤化所等。利用中科院高技术局在广州召开"能源基地"研讨会的机会，我们向时任局长桂文庄同志申请作为观察员列席会议，借机向大家学习。桂局长考虑了我们的请求，并同意我们在会上作 15 分钟报告，介绍化物所在能源方向的研究工作和未来的发展方向。化物所毕竟是一个大所、强所，长期以来在能源等相关领域做了大量的工作，特别是在石油炼制、煤和天然气转化、氢能和燃料电池以及能源环保等方面都有出色的成果。化物所的工作及报告得到了与会领导和兄弟单位的认可，慢慢化物所也就成为了院"能源基地"的一名"当然"成员，后面还逐步成为了骨干，承担起重要的研究工作。现如今化物所通过主持中科院先导 A 类项目，共同主持先导 B 类项目，牵头中科院洁净能源创新研究院，已理所当然地成为了中科院能源研究的骨干机构。

早期化物所的能源研究在国内外产生有重要影响，有几个标志性的事件在这里回顾一下：

1. 天然气转化研究进入 "国家重点基础研究发展计划（973 计划）"

1997 年 3 月，在第八届全国人大五次会议期间，经代表们建议，国家决定加强基础研究，由科技部牵头决定实施 "国家重点基础研究发展计划" 即 973 计划。由于这是新中国成立以来最大规模支持基础研究的计划，所以竞争十分激烈和白热化。

化物所在天然气转化研究上有很好的系统性工作基础，特别是 1993 年徐奕德、谢茂松和王林胜等发明的甲烷无氧芳构化技术得到国内外学术界认可。经所内讨论，并征求国内催化领域同行的意见后，决定由化物所牵头，以天然气包括它的衍生物合成气的转化为题来申报。在考虑牵头人时，时任所长杨柏龄力推由我担任，主要考虑两方面因素：一是所里几位有丰富经验和积累的专家，如李文钊、徐奕德等都力推年轻人成长；二是我因举办系列杰青学术交流 "大连会议"，在青年学术界已经有一点名气。

在所内外专家和团队的支持下，尤其是在林励吾先生和厦门大学万惠霖先生的提携和支持下，第一年的申报尽管历尽磨难，但还是一路披荆斩棘、跌跌撞撞走到了以周光召先生为首的 973 专家顾问组的最后评审阶段。这个专家顾问组可谓是当时中国基础研究层次最高、最具权威的评审机构——周先生领衔，张存浩先生为副组长，30 位德高望重、学识渊博的院士坐镇。我当时还是小年轻（不到 40 岁），尽管做了认真准备，正式答辩时还是非常紧张。总体感觉还是比较顺利的，发挥的还可以，专家问的问题很多，期间周先生还主动帮我回答了专家一个比较 "刁钻" 的问题，我内心非常感激。

答辩完后我回到大连，在办公室里坐等结果。我记得那天晚上一听到办公桌上的电话响起来，我就急切地抄起电话，一听到张先生说："包信和同志，我祝贺你啊！"我就非常兴奋，心想我们的项目肯定是顺利通过了！不料张先生接下来的一句话是："你是没有通过项目中的第一名呢！"听到这话，当时的心情变化是可想而知的。老先生还真不是调侃我们，当时竞争非常激烈。那一年（1998 年）总共是 25 个项目参加终审答辩，规则是取 15 个，并且项目的专家评分必须超过 8 分。我们的得分是 7.98 分，仅差 0.02 分，在 10 个未通过的项目中排第一。那一年科技部考虑到这些项目都经过了千锤百炼，为了勉励大家，就搞了一个 "攀登扶持项目"的名目，一个项目给了 800 万元，这样我们就得到支持得以启动项目。

有了第一次的经历，在第二年组织项目时就有了经验，各环节都比较顺利，最终成功通过立项。项目的名称还叫"天然气、煤层气优化利用的催化基础"，但内容上增加了煤基合成气的转化，我所刘中民的合成气经甲醇制烯烃（MTO）和丁云杰的合成气制乙醇，以及氢能和燃料电池项目都成为该项目的主要研究内容。每个课题每年近百万的研究经费，对当时处于低谷的甲醇制烯烃（MTO），以及我所的煤化工的重振起到了非常重要的作用。这个项目的设立为我所在国内小分子转化方面的研究优势和影响起到了重要的影响，也使我所在能源领域占得一席之地。

2. 与英国石油公司（BP）建立"面向未来的洁净能源中心"（Clean Energy Facing the Future）

2000 年夏天，路甬祥院长在英国访问时遇到了 BP 负责人，谈及双方合作的可能性。当时，正逢 BP 的研发策略面临调整，逐步压缩公司内部的研究部署，更多强调与卓越大学的合作（Excellent University Program），在国际上已先后与美国普林斯顿、加州理工和英国剑桥大学建立了合作关系，也迫切希望与中国的研究机构第四家合作。

同年秋天，BP 就指派当时负责科技合作的 B. Bulkin 博士来中科院实地考察，路甬祥院长指定大化所负责这件事。所里安排李文钊研究员全程陪同考察中科院兰州化物所和北京的几个能源相关研究所，最后一站到大连化物所。李文钊研究员是化物所的老领导，多年担任副所长负责研究所科研工作，他本人也是天然气转化方面的研究专家，在国内外有很好的声誉和影响。李文钊研究员肯定没少说大化所的好话，加上在大连时，所内的研究工作给 Bulkin 博士留下了很深的印象，回去后，他很快就给路院长写信，表明希望由化物所牵头来建立这项合作的意愿。

研究所高度重视这项工作，2001 年 2 月份开始，作为所长和合作主持人，受研究所委托，我与 BP 的相关人士进行了多轮商谈，并带队参加了 BP 分别在英国剑桥和美国加州理工、普林斯顿大学举行的多轮研讨会，进一步确立了 BP 与中科院合作的研究方向。经过多轮研讨，考虑到化物所的优势以及与 BP 其他合作高校的互补，与化物所的合作方面确定在甲烷的转化和储存、低成本燃料、未来发电和生物能等方面。BP 为了更好地在中国进行宣传和教育，建议清华大学倪维斗院士团队也加入到这个合作中，成立了一个"能源教育中心"。11 月 1 号，时任国家副主席胡锦涛在英国会见了 BP 总裁 Lore Browne，双方共同发布了中科院与英国石油公司的合作研究计划"面向未来的清洁能源"。胡锦涛副主席高度称赞了这一合作计划，认为这是中科院和 BP 的一项具有战略意义的行动。2002 年 1 月 8 日"面向未来的洁净能源"项目在大连正式启动（kick-off），BP 方面指派 S. Wittrig 博士为主任，中方主任由我担任。隔天，项目团队转场北京，参加中科院主持的正式启动仪式，路院长和 BP 的总裁亲自参加。BP 总裁当场将当期的 50 万美元支票转交给了时任中科院副院长的杨柏龄。杨院长事后对我说，这件事做得非常漂亮，这是当时中科院的最大的国际合作项目，他还没有亲手拿到过这么大面额的外币支票。现在看来，这件事对化物所的发展，特别是能源领域的发展起到了重要的作用。且不谈在每年只有几万元基金资助的年代，当时的 100 万美元合作费用对研究所和涉及的研究团队的作用，当时几乎研究所能源化工口的所有研究人员都陆续参加了这个合作项目，这对研究人员拓展思路转变观念、走向世界起到了很好的推动作用。后来，这个项目逐步扩展成为一个在化物所建立实体的"创新中心项目"（Energy Innovation Center），由李灿院士担任主任，至今运行良好。另外，中科院通过这个项目在上海与 BP 共同组建了一个叫"碧科"的能源合作公司。该公司在中国，特别是中科院的化石能源转化和国际资源的有效利用方面发挥了重要作用。

3. 创建"洁净能源国家实验室（筹）"

国家一直提出要进行科技体制改革，并且进行了多种尝试。在 21 世纪初期，建立"国家实验室"的方案被提了出来，当时的想法是将几个相关的国家实验室采取某种方式合并在一起，在某一方向上做大研究平台。这一设想的第一个实践是在沈阳中科院金属研究所，该研究所的两个材料领域的国家重点实验室于 2001 年合并，挂了"国家材料研究（联合）实验室"的牌。短暂运行并积累了一定经验后，科技部进行了小范围的推广，在北京、武汉等地又推广了 5 家，随后科技部进一步加大了推广拓展的力度，在全国范围内征集各重要领域国家实验室申报。通过一轮轮的答辩和现场评估，在海洋、能源、制造等领域确定了 10 家进入筹建的实验室。现在看来，有关部门当时从政策和体制机制等方面并没有做好系统的规划。最近，国家为了创建真正意义上的"国家实验室"体系，将前两批筹建的六个实验室通过评审重新命名为"国家研究中心"，而第三批的 10 家筹备实验室，除了青岛的海洋实验室作为试点外，都没有任何说法。我们"大连洁净能源国家实验室（筹）"就是属于这一类。

创建国家实验室在当时是科技界的一件大事，各单位都非常重视，将这项工作作为在本领域"争霸"的一件标志性事件来做。我所于 2004 年中成立了这项工作的筹备组，借时任科技部副部长的程津培院士到化物所视察之机向他汇报了我所能源相关的工作，并提出我所希望申报洁净能源实验室的想法，受到了程部长的赞许和鼓励。我记得在科技部发布的拟建国家实验室的诸多领域里，能源领域第一轮申报有五六家，而经过几轮评审后，进入最终一轮竞争的就剩下清华大学和我们研究所。清华大学参与竞争的是由原校长王大中先生率领的核能源团队。由于当时的科研组织并不如现在这么完善，学科和领域也没有这么齐全，评委们可能考虑到未来清洁能源的广泛性，不是非常认同清华大学当时的理念。化物所也非常重视这件事，组成了领导小组和工作小组全力做这件事。领导小组由我负责、所班子成员参加，工作小组由时任副所长的黄向阳带领所内相关领域人员组成。我记得徐恒泳、丁云杰、张华民、潘秀莲和丛昱等为工作小组主力，被"封闭隔离"在大连河口附近的凌井酒店内，要求在规定时间内完成规定的任务。经过深入讨论，化物所将申报国家实验室的内容聚焦在天然气转化、煤的洁净利用、甲醇转化、氢能、燃料电池、生物能源和太阳能利用以及能源环境等方面，也基本上就是上文所述的研究所"分类定位"中凝练的几个主要方面。工作组做了非常精美的申报文件和答辩PPT。自2004年下半年开始，我们就开始一轮轮答辩，并且一路过关斩将。我记得最后一轮是当年年底由科技部组织的由973专家顾问组能源领域专家为骨干的考评组到研究所现场考核答辩。答辩会场设在当时所里最漂亮的会议场所大礼堂，由我做报告（当时我刚从国外赶回且处于发烧中）。专家组提了很多问题。由于我所的MTO技术当时取得了很好的进展，在国内外产生了很大的影响，加上我们所的研究内容比较系统，并与未来的发展比较吻合，得到了专家的一致好评。这件事情当时科技部内的争议也比较大，直到第二年的12月份才收到了正式通知，我们所被批准作为依托单位筹建"大连洁净能源国家实验室"。我记得当时科技部发的一个红头文件，列出了包括微结构、海洋、高铁、船舶制造等不同领域的十家筹建实验室。

　　尽管由于国家政策的变化，这些实验室并未能兑现原先计划的支持，但化物所利用这个机会还是做了不少拓展：在所内重构了组织结构，在国家实验室框架下，按照研究领域成立了多个研究部；对外招聘了包括Gieson、张宗超、刘生忠等为代表的一大批优秀的科研人员；借此机会成立了一个由李静海、杜祥琬等国内外知名专家组成的顾问委员会，扩大了研究所在国内外的影响。近年来，研究所还以国家实验室的名义，举办了一系列国际洁净能源论坛，为我国能源事业的发展做出了重要贡献。有两个小插曲，在这里也略述一下，希望能作为一个历史片段记录下来。为了更好地开展我所的能源研究，所班子决定要建造一个楼群作为能源国家实验室的园区，包括一些必要的会议和服务设施。为了筹集资金，所里一度想将一二九街的老所区与二站附近医科大学搬迁腾出的部分地块进行置换，并以此获得一些差额补助。在时任大连市副市长戴玉林的斡旋下，星海广场开发公司表现出了愿望，经多次洽谈，最后基本确定将一二九街的实验室交给市里作为博物馆之类功能使用，市政府为化物所提供1.2亿资金用于在医大腾出的部分地块上（现能源大楼后身）建能源实验室。后因所内老同志不支持这一置换方案，所班子决定尊重大家意见；加上在医大搬迁中，市政府进行了很大的投资，假如割出一块地给我们所，剩下的地块便难以开发利用，难以收回投资，最后这个计划也就流产了。这期间我们聘请了一家国外设计公司（该公司设计了我们所的生物楼），并联合中科院建筑设计公司，设计了一个类似四合院型的建筑群，还聘请专人设计了一个包含化石能源、生物质和太阳能等元素的国家实验室的徽标（Logo）。我作为实验室的第一任主任，随着 2007 年 3 月份所长卸任，也就顺势辞去了主任一职，所内指派李灿院士继任。新班子根据新的理念和需求，重新进行了规划和设计，并在国家发改委和中科院的支持下，建成了现在的能源大楼，为化物所的发展起到了很大的促进作用。

三、进军生物技术

如前所述，在化物所发展战略的"四菜一汤"中，"生物技术"应该是非常出彩的一道硬菜，如何进行生物技术的研究，当时大家的想法很多。在化物所内能够与生物技术挂上边的研究有：以微囊为代表的生物材料、以发酵为代表的生物化工、以寡糖为代表的药物创制，以及强大的分析化学为基础的生物分析。2001 年 2 月开始，所里从上到下都在讨论关于化物所发展生物领域的问题。当时就有争论，到底我们是叫"生物技术"还是"生化技术"。我记得是在我出发去北京参加全国人大会前的一次班子会议上，正式确定我所发展生物技术，建立"生物技术研究部"，并在会上做出决定，为从整体上改善我所生物研究的条件和环境，必须尽快筹建一定规模的生物技术大楼。真正确定生物技术研究部的研究方向是在随后于 4 月中旬在大连棒棰岛宾馆召开的所骨干会上。当时还没有"八项规定"，所里大型会议经常在所外开，一方面大家可以比较好的集中起来，另一方面也可以利用不同形式和场景进行充分的交流讨论。一般来说，这样的重要会议所里的重要人物都会参加，我记得那次会议来的人特别全。在所的院士、在北京工作的张存浩院士和邓麦村副秘书长（还兼所党委书记）都回来参加了那次讨论会。那次会议主要讨论研究所"十五"规划，化物所进军生物技术是会议的一个重要议题。会上，楼南泉院士、卢佩章院士和张存浩院士等纷纷发言，支持化物所将现有的科学基础和技术拓展到生物技术领域，并在未来逐步向生命科学领域进军。张存浩院士全程参加了会议，深有感触地说："世界上的事情变化是绝对的，不变是相对的，中科院、国家和世界上的科学形势都要求我们因势利导，与时俱进。现在我们的生物技术推进是我们的主动出击型变革，是值得赞赏的。"他回忆说，"我们化物所历史上有一个青岛会议（1962年），对所里的发展起了好的作用，但那次会议是被动的，发动群众不够，这次会议大家的参与积极性很高，可以载入化物所发展的史册。"能不能载入史册是另一说，但是，那次会议对化物所后来一段时间学科领域发展的影响还是可圈可点的。

这次会议上还有一个意外的收获，袁权院士向我推荐了上海生物技术中心的杨胜利院士。杨院士是中国工程院院士，在生物技术领域有很高的造诣和影响，曾任上海生物技术中心主任，当时刚刚离任。经过征求各方面意见，并向路院长汇报，大家都认为请杨院士来担任化物所生物技术研究部的首任主任是非常合适和非常重要的，对研究部的发展将会起到关键作用。确定了这一目标后，多次托人帮忙联系杨院士，一直没有找到合适的机会。10月中旬，袁先生告诉我，10月17日杨院士要到大连开发区参加一个会议，同意抽时间跟我们聊一聊。不巧，那天上午我正好在南开大学参加一个庆典，按原计划要直接去北京参加第二天化工学会的年会。得到这个消息后，我立即搭乘10点的大巴从天津到北京机场，赶上下午1点的航班回大连，赶到开发区的东方大厦已经是下午4点多，在袁先生的陪同下，与杨院士进行了认真的交流，大家聊得很好，跟袁先生一唱一和，动之以情，最终，杨院士同意担任主任一职，先试一年。真是太好了！由此奠定了我所生物技术研究部发展的基础。杨院士果然不负众望，经过一段时间与生物技术同事的讨论交流，很快确定了我所生物技术要聚焦生物药物（包括中药）、生物材料和能源环境的研究方向，并提名马小军研究员和邹汉法研究员为副主任，李美华为助理。2002年1月中旬，路甬祥院长带队到大连调研视察、参加所"十五"战略研讨会，我们趁机给杨院士发了主任聘书。同时接受聘书的还有分子反应动力学国家重点实验室主任杨学明研究员和航天催化研究室主任张涛研究员。看到化物所的蓬勃发展，路院长很兴奋，当即给我所题词"发扬传统，开拓创新"，并要求化物所能跳出来，争创世界一流研究所。在研究所向他汇报要建生物技术大楼时，他非常赞成，当即要求院基建局和计划局，化物所的生物楼要当年立项，当年完工（结构）。至此，化物所的生物技术的各项工作走上了高速发展的轨道。

杨院士担任我所生物技术部主任后，对我所生物科学的发展倾注了很大的心血。先期亲自带领我所科研人员到上海和国内其他先进的研究单位进行交流，并邀请国内外相关专家来化物所交流研讨，后期为促成研究所生物研究与国内优势机构的合作，包括哈尔滨医科大学和郑州大学医学院等做了大量工作。特别值得感谢的是，2002年10月，杨院士请时任中科院副院长的陈竺院士来所内视察和交流，陈院长介绍了他所从事的砷（As_2O_3，俗称砒霜）在临床应用相关的研究进展，并参观了所内的生物研究工作。在与研究人员交流讨论中，陈竺院长对我所梁鑫淼研究员的组分中药研究思路和初步结果非常感兴趣。在后面的工作中，陈院长一直竭力推动这方面的研究工作。记得有一次院里趁在香山附近召开工作会之机，召开了一次组分中药重大项目论证会。会上，陈院长对该项目设置的重要性和迫切性进行了深入的论述，从领导和专家的角度肯定了研究所提出的研究思路和方案，一锤定音，使这一项目顺利立项，为我所后来在中药方面的卓越研究奠定了基础，使我所的"本草物质组"和新药发现的研究在国内外形成了重要影响。

化物所生物技术发展中还有一件值得讲一下的事情，就是生物技术大楼的建设。如上所述，这个大楼从2001年2月所班子做出决定，到2002年路院长拍板支持，再到 2003 年结构封顶，到正式建成前后经历了两年多的时间。这栋大楼的建设是我所"十五"园区改造的第一个项目，所内非常重视。当时岳建平同志也刚刚被任命为所长助理，负责园区建设。他非常积极，大家也都希望通过这个项目为未来的园区改造和建设建立一个标准，设置一个标杆。记得当时就请了一家美国的设计公司进行了外立面和内部结构的设计。由于国外公司不能在中国承担施工设计任务，后面也请了一家有很好影响力的国内公司共同设计。生物楼所在的那个地块原来是化物所的洼地，是个燃料煤堆场，原先的设计是依地势建造。正式施工后，我几乎每天都往工地上跑，有时出差晚上很晚到大连，也会到工地看一看。地下工程和第一层完成后，我总感觉到大楼主入口太低不好，总有向下走的感觉，大连冬天结冰，人们进出也不方便。经过与设计人员和施工人员讨论，做了一个大胆的改变，将原来的一楼变成地下室，将原来的广场加了一个盖，变成地下停车场。这些改变使大楼主入口位置提升到一个高的平面上，也使我所有了一个当时还是比较少见的地下停车场。这一改变当然也多花了好几百万，现在看来，这还是值得的。大家当时都有一个做精品的愿望，所以门窗的选择要求都很高，最后窗户都用了当时刚刚在国内出现的断桥铝合金、双层玻璃；门都用了德国的 Homan 品牌。在外墙材料的色彩上，岳建平的团队下了很多功夫。他们通过调研，发现了大连人民广场周围的法院大楼的外墙砖非常好，色彩比较沉稳、大方，经历长时间后越来越漂亮。为了找到类似的材料，他们跑了国内很多地方，收集了各种各样的外墙砖，在所内现场进行比对展示，最后确定了现在这种暗红色的黏土砖，这些选择被作为后来一段时间我所多栋大楼的新建和改造标准。有意思的是，在我自己办公室所在的膜楼改造中，基建部门本来也讲好外墙用相同的黏土砖，最后脚手架拆除后，看到外墙是喷的颜色相近的涂料，砖的形状是画出来的。

我所的生物技术经过了近 20 年的发展，在化学、生物和生命科学的各方面都有了长足的进展，在国内外形成了很好的影响。但现在看来，未来的工作要更加注重化学方法在生物科学中的应用，以及生物科技在临床应用领域的拓展，真正将化物所卓越的科学和精湛的技艺用到促进人类健康的伟大事业中。

时至今日，我仍在化物所从事纳米催化科学研究。在经历了科研创新和改革发展的 24 年后，我对化物所的崇敬和热爱之情仍然是那么浓烈和深沉。

我于 1995 年 4 月底结束了在德国柏林的 Fritz-Haber 研究所近 6 年的合作研究，来到化物所催化基础国家重点实验室。当时正值国内大力实施"科教兴国"战略，各单位求贤若渴，对从国外回来的科技人员爱护有加、倍加尊重。回想起来，在化物所初期的几件事使我感到非常温暖，对化物所崇敬和热爱之心油然而生，对我未来工作和研究产生了非常重要的影响：一是，为了让我这个"外来户"能尽快适应大连和化物所的生活和环境，所领导付出了很大的心血，从安家到小孩上学、爱人工作，真是无微不至，时任党委书记姜熙杰同志在孩子生病恰巧我不在家时，亲自背我儿子去医院。类似的事情还很多，许多场景现在都还历历在目；二是，为了满足当时国家自然科学基金委员会杰出青年基金答辩要求，经当时为有效提拔年轻人而组成的"职称评审特别小组"连夜讨论，破格将解金春博士和我晋升为研究员，并在我们杰青答辩的前一刻，电传到了当年的答辩地点兰州；三是，时任所长杨柏龄力排众议，竭力鼓励和推荐我这个当时在所里还没有任何影响的年轻人代表化物所牵头参与科技部天然气、煤层气催化转化的"攀登计划"申报；四是，所里积极推荐我作为第九届全国人大代表候选人，这在当时是莫大的荣誉和信任。现在每每想起这些事情，心里都是暖暖的，感激化物所、感激化物所的领导和同事。

1997 年，杨柏龄所长说服我担任所长助理，逐渐把我引入管理岗位，1998 年所领导班子换届时，我被任命为副所长，与邓麦村所长搭班子，2000 年邓麦村调任中科院副秘书长，我就被推到了所长的位置上。从此以后，我在不同的岗位，上上下下，进进出出，"投身科学研究"的初心一刻未敢忘怀，"献身大化所发展"的使命始终牢记心中。

我要特别感谢周光召先生、闵恩泽先生、张存浩先生、林励吾先生、万惠霖先生、倪维斗先生和杨柏龄先生等一批老先生给予我的关怀、提携和支持，从他们身上我学到了很多做人的道理、做学问的品格和科学精神。现在回想起与各位老先生交往的经历满满都是怀念和感恩，对于已经逝去的老先生更是充满了深切的缅怀与思念。

作者简介：包信和，男，1959 年 8 月出生，1995 年 5 月回国到大连化学物理研究所工作，中国科学院院士，研究员。从事能源高效转化相关的表面科学和催化化学基础研究，以及新型催化过程和新催化剂研制和开发工作。曾任大连化学物理研究所所长。2017 年 6 月起担任中国科学技术大学校长。

努力奔跑的追梦人

王 华

我 1994 年大学毕业就来到大连化物所工作，边工作边学习，至今已经 25 年。不论是做职工还是学生，不论是在科研还是管理工作岗位，每时每刻都能感受到化物所人存在的一种气质，一种精神，一种执着追求、永不放弃的干劲。

一、那年冬天的大雪

2000 年前后，我所在的研究组陷入低谷。当时国际油价下跌，九五攻关任务结束，整个研究组几十个人都在从事甲醇制烯烃技术的开发（该技术 2014 年获国家技术发明奖一等奖，为国家创造了战略性新兴产业），市场推广前景黯淡，这时内无经费、外无课题，研究组面临前所未有的困境。组长刘中民研究员（现任大连化物所所长、中国工程院院士）抓住中石油和中石化"分家"的机会，积极开拓与中石油在科技创新领域的合作，承担了"渣油裂解制烯烃"技术开发工作，按照工作进度要求，我们需要在春节前提供几百公斤中试用流化床催化剂。当时组内的经济情况，不允许我们到外面的工厂进行催化剂放大和生产，只能利用组内原有的用于甲醇制烯烃催化剂的装置进行改造。组内所有人员分成几个组，24 小时倒班。催化剂交换和水洗过程需要较高温度，在车间操作时，大家穿着雨鞋、戴着过滤器和橡胶手套，整个室内蒸气弥漫，夹杂着刺鼻的化学品味道，很快就一身汗。清洗后的催化剂要运送到室外 20 米左右的焙烧间焙烧。几个人把放催化剂的焙烧盘抬到小推车上，穿着军大衣把小车推到焙烧间。印象最深的是那年冬天的大雪，大连很少下那么大的雪，而且还刮风，落在地上的雪薄厚并不均匀，风大的地方雪很少，背风的地方雪特别厚，别说推车过去，就是人也走不过去，所以大家只能推车绕行，而且要时刻注意路面积雪情况，一旦把车推进雪堆里，就只能把催化剂抬进焙烧间，再把空车拽回来。尤其是凌晨三四点钟，人最困、天最冷的时候，催化剂交换车间温度三十几摄氏度、外面零下十几摄氏度，要往返数次才能完成工作。大家开玩笑说，这是在洗冰火浴。

我们不仅是车间主任，还是技术员、操作工和后勤保障人员。参加倒班工作的人很多都是人生第一次倒夜班，也从没干过这么重的体力活，但大家苦中作乐，没有任何抱怨。每个人都知道，我们辛苦付出的目的是要有足够的经费、稳定的队伍继续进行"甲醇制烯烃技术"的研发，这项技术当时已经研发了近 20 年，虽然遇到各种困难和问题，但参与该工作的人都知道，不论眼前的困难有多大，从长远看、从中国化石资源存储量看，从煤出发制油品或化学品，从而实现石油的部分替代，是立足于中国国情的国家需求，这个方向肯定没错，因此再难我们也要干下去。

正是这种面向国家战略需求，几代人锲而不舍的攻关奉献精神造就了甲醇制烯烃技术的成功，也在现代煤化工发展史上留下亮丽的一笔。

二、院士案头的大学物理

2007 年开始，我到管理部门工作。在任科技处处长期间，主管我们部门的是李灿副所长，但我们都不叫他"李所长"，而是"李老师"或"李院士"。因工作原因，我经常到他在研究室的办公室汇报讨论工作，有一次我到他办公室的时候，他正在打电话，我就坐在他办公桌前等他，无意间看到他的案头放着一本《大学物理》。我很好奇，等他放下电话，就问他这是给谁看的书。他说是自己看的，现在从事的太阳能转化的工作，很多知识和概念已经不是化学范畴，而是物理学的知识，需要从头学起。

听了他的话，我很是感慨。2003 年他当选中国科学院院士时，只有 43 岁，是当时国内最年轻的院士之一，他做过催化基础国家重点实验室主任，担任过国际催化理事会主席，在自己所熟识的领域做得风生水起。在"功成名就"，甚至可以享受生活、享受科研的时候，他却选择了一座更高的山峰——光催化分解水制氢（解决人类能源问题的终极梦想），而上山的路却异常艰难，山顶隐藏在迷雾中，遥不可见。作为科技处处长，我非常清楚，他在太阳能领域没有获得过什么支持，拿不到课题和经费。我也和他开玩笑"院士怎么也拿不到课题"？他认真地和我说："这很正常，我熟悉和有影响力的是催化和化学，在太阳能领域，我们还是小学生，刚刚起步，还需要向优秀的团队学习，没有做出成绩前，别人不认可，这很正常。"

2010 年的时候，他生病在北京住院。我们去北京出差的时候，经常顺路去看望他，并汇报讨论工作。由于走路不方便，每次都看到他躺坐在床上，腿上放着笔记本电脑，床头小柜子甚至椅子上都是各种文献和学生准备投稿的论文。这时，太阳能研究部已经组建，他的团队中也集中了一批优秀的年轻人做组长，给学生改论文的工作完全可以由这些年轻组长承担。但他说，毕竟是我的团队送出去的文章，我要负责，只有自己亲自看过了、改过了才放心。

即使是现在，他领导的团队已经是国际上太阳能转化领域领军的几个团队之一，他也没放松对自己和团队的要求，他办公室的灯光依然要到很晚才熄灭。我问过他，太阳能分解水制氢什么时候能实现工业化，他想了想，才说："现在的科技发展很快，技术不断被突破，可能明天就有团队把它做出来，也可能有很长的路要走，在我这一代人都无法完成。但不管怎么样，在攀登世界科技高峰的征途上，不能没有中国科学家的身影。"

三、大连机场的电话

孙公权研究员有个遗憾，如果 2013 年雅安地震时，他能早一天到，他的电池有可能会发挥更大作用，至少李克强总理在现场的工作会议上不会用手电筒，而能用上照明灯具。

这是 2013 年春节的时候，我作为带班领导在所区内检查安全，正巧遇到来实验室加班的孙老师，被他拉到办公室，聊了整整一个上午，谈雅安地震救灾时的遗憾，谈研究组的团队建设，谈对燃料电池产业化的思考。这一年，他 59 岁。

"4·20"雅安地震发生后，去往成都的飞机已经停飞。孙公权带着连夜准备的几百套金属空气电池和直接醇燃料电池，只能预订第二天飞往成都的飞机。进入安检后，在等待登机的时候，他才给妻子打了个电话，告诉她自己要带着科研成果到雅安，参与抗震救灾，电话那头是长久的沉默，最后只有四个字"注意安全"。因为妻子知道，再多的劝告也阻止不了他飞往灾区的决心。后来我问他，现场条件那么艰苦，不仅吃住行成问题，还要时刻警惕余震的危险，怎么不带几个年轻人帮助你。他说："我也想带几个年轻人历练一下，但当时情况不明，余震随时发生，这些孩子们跟着我做科研，我不能让他们有闪失。我这把年纪了，该经历的都经历了，外孙女都有了，我很知足，这时候只有我去。"

后来了解到，他带去的电池在救灾现场发挥了重要作用，不仅提供应急照明，而且给现场的通信设备充电，保障现场的通信畅通。

在大连化物所，随时随地都能感受到一种力量。

这种力量包含着忘我的勤奋。张涛院士做所长时，白天他是所长，处理所里各种繁杂的事务，晚上和周末他是科学家，和研究组的同事和学生讨论工作，每天晚上 12 点回家睡觉前，检查一天的邮件，把各种邮件和工作要求发给我们。我也经常和管理部门的同事开玩笑：聪明的人不可怕，可怕的是聪明的人还如此勤奋！

这种力量包含着执着的坚守。包信和院士带领的团队十几年坚持甲烷转化的研究方向，从当初的国际前沿热点，到后来的"冷板凳"，不管做的人多，还是做的人少，他们都在执着地坚守。正如 2016 年他在科技盛典颁奖典礼上所说的那样"再冷的板凳也能坐热"。

这种力量包含着个人的牺牲。杨学明院士和张东辉院士带领的平均年龄 38 岁的大连光源研发团队，凭借对科学的执着热爱、对工作的高度责任感，耗时不到两年，完成"大连光源"这个大型科学装置建设。在近两年的装置建设期间，不仅仅是团队成员平均每天睡眠不足 6 小时，中间没有一个休息日，更重要的是对于从事基础研究的年轻人，两年的时间都在做装置，自己没有一篇文章发表，这对个人的损失是无法弥补的。

在大连化物所，你没有办法消沉、没有办法低迷、没有办法沮丧、没有办法自满，因为你总能感受到一种只争朝夕的精神、一种昂扬向上的斗志、一种追求一流的勇气、一种科技报国的梦想。总能感受到一群怀揣梦想的人，他们努力奔跑在追梦的路上！

作者简介：王华，男，1973 年 1 月出生。1994 年 7 月至今在大连化学物理研究所工作，研究员。历任大连化学物理研究所办公室主任、科技处处长、所长助理、党委副书记、副所长等职务。现任大连化学物理研究所党委书记。

贯彻院党组决策、推进两所深度融合发展过程中的感悟

彭　辉

无论是在院机关工作期间，还是在山西煤化所或青岛生物能源所工作期间，我本人与大连化物所可以说有着极深的渊源。因为工作上有千丝万缕的联系，我也与化物所的许多科研人员相识、相交，不仅是工作上的同事，在生活中也成为了朋友。多年来，化物所无论是基础研究、应用研究还是国防领域的各项工作一直走在全院乃至全国的前列，这种追求一流的工作作风和文化理念也是大家非常熟悉和钦佩的。

2017 年 3 月，按照院党组的要求，以集成全院洁净能源领域资源创建国家实验室为目标，通过建设洁净能源创新研究院为抓手，开始了我院科技体制创新史上的一次新的重要探索。一个地处山东新建十年的"新所"与一个地处辽宁有七十年深厚积淀的龙头"老所"开始了融合发展，并紧密地团结在一起为共同推动我国洁净能源科技事业的发展而努力。而我本人则在与两所班子成员尤其是化物所领导班子成员们的共事中，特别是在为推动洁净能源创新研究院（青岛）和山东能源研究院的组建期间，先后与杨学明、李灿、衣宝廉等院士专家的深入沟通交流中，对 "锐意创新、协力攻坚、严谨治学、追求一流"的化物所精神有了更加直观和深入的了解。

化物所始终坚持基础研究与应用研究互相欣赏的理念给我留下了深刻的印象。比如包信和院士和刘中民院士合作，短期内即将"合成气直接转化制低碳烯烃"从实验室原创性的基础研究成果快速推动到了即将实现技术工业示范突破阶段。生动地展示了通过基础与应用研究的协力攻坚，推动科技成果从实验室快速走向市场的可行性步伐，为解决长期以来存在的科技与经济"两张皮"现象提供了极佳的示范，也是落实习近平总书记"把论文写在祖国的大地上"重要讲话精神的生动体现。

同时，化物所院士专家们严谨治学、追求一流，始终以国家利益为重的文化理念，我相信也是研究所能够长远、稳健、可持续发展的重要基石。为推动两所融合发展，结合近期山东省拟建设能源研究院的契机，我与杨学明院士沟通，将"大连光源"自由电子激光大科学装置的升级版复制建设到青岛；与衣宝廉院士沟通，在

原有人才输出支持基础上进一步深入推动发展"氢能与燃料电池"方向；与李灿院士沟通，在山东大力发展太阳能利用产业示范并支持青岛能源所加强相关领域发展。三位院士始终站在推动世界洁净能源科技事业进步和国家洁净能源产业发展高度上出发和探讨问题，深入分析行业发展需求与山东经济社会发展实际，从如何更好推动两所间错位发展，从而推进共同事业的进步角度谈问题和提建议，并对下一步工作如何扎实开展提出了清晰的工作思路，指明了发展的方向。化物所院士们这种服务国家、报效人民的高远站位非常值得现在的青年人特别是青岛能源所的年轻科技工作者们学习和效仿！

虽然两所融合发展仅有短短两年时间，但在与化物所人的交往过程中，上到中民所长、所班子成员和院士专家，下到科研骨干、青年才俊和研究生，每个人都对创建世界一流研究所充满了雄心壮志，言谈举止中充满了对建成世界一流研究所的自信与骄傲。在人才队伍建设中，所班子这两年也高度重视加快推进国际化的步伐，不仅吸引了一批海外高层次人才回国创新，也吸引了大批的外国专家、外籍青年学者到所工作；一批高水平研究成果发表在 Science 等国际知名期刊，以 DMTO 技术为代表的一批重大成果为我国创新型国家建设、屹立于国际科技强国之林做出了重要的贡献。这些无不体现了一所国际知名、国内领先研究机构的风采，相信几代化物所人"建设世界一流研究所"的心愿必将在不远的将来顺利实现！

化物所不仅在科技研发方面始终引领我国乃至世界相关领域的发展，在管理工作中许多制度创新也是走在了"排头兵"的位置。例如，在国家层面刚开始着手推动科技管理方面的简政放权工作，两所领导班子就立即专门开会研究简化报销流程等系列工作，通过差旅住宿包干制等方式，在符合国家经费管理的大政方针前提下将科研人员从繁杂的报销手续中解放出来，为落实国家大政方针提供了新的思路和案例。在多次出差过程中也听到了许多其他兄弟单位对两所施行此类简政放权政策的充分肯定和艳羡。可以说，在融合发展的过程中，年轻的青岛能源所借此机会向大连化物所学习并大幅提升了管理工作的思路和水平，为长远发展奠定了良好的基础。

随着化物所七十年华诞的到来，在新时代科技创新大发展的洪流下，青岛能源所必将携手大连化物所一道共同努力，积极落实习近平总书记关于科技创新工作一系列重要讲话精神，围绕中科院党组确立的"民主办院、开放兴院、人才强院"的发展战略，以及"三个面向""四个率先"的办院方针要求，为推动建成创新型国家建设的宏伟蓝图贡献新的更大的力量！

作者简介：彭辉，男，1965 年 2 月出生，研究员。现任大连化学物理研究所副所长，青岛生物能源与过程研究所党委书记、副所长。

科技创新与大连化物所精神

冯埃生　邓麦村

　　大连化物所是伴随着共和国的发展而成长壮大的。七十年的发展史，是大连化物所的科技创新史，经过一代又一代大连化物所人的无私奉献和努力拼搏，大连化物所在祖国的科学事业和国民经济建设中做出了重要贡献；七十年的发展史，也是大连化物所精神的建设史，几代大连化物所人在奉献他们青春的同时，为这个单位留下了大笔宝贵的精神财富。可以说，科技创新孕育和发展了大连化物所精神，同时大连化物所精神又促进了科技创新，并不断丰富大连化物所精神的内涵。

　　知识创新工程之初，大连化物所开展了创新文化建设研讨，经过全所上下反复讨论，把大连化物所精神凝练为 16 个字：锐意创新、协力攻坚、严谨治学、追求一流。这 16 个字，是对大连化物所几十年在科技创新过程中所体现出的精神的一种浓缩，同时也一直激励着大连化物所人在科技创新活动中努力奋斗。

　　科技创新的内涵是多方面的，既包括对科学规律认识中的创新，亦包括与之相适应的制度创新；既包括在研究领域和学科建设方面的创新，亦包括人才培养方面的创新。本文只遴选对形成大连化物所精神有重要影响的部分内容。

一、　锐意创新，不断开拓学科领域

　　曾经的大连化物所，几间实验室，几个研究课题，如今已发展成为一个基础研究与应用研究并重、具有较强开发能力、以承担国家重大项目为主的综合性研究机构。是锐意创新，使大连化物所能够根据国家需求和自身特点不断开拓新的学科领域；同时，也正是在学科不断发展的过程中，强化和发扬了锐意创新的大连化物所精神。

　　20 世纪 50 年代，国民经济处于发展和调整阶段，大连化物所紧密围绕国家需要，在人造石油、石油化工和国防领域完成多项攻关任务，同时建立并发展了表面化学、催化化学、反应工程学、气液相色谱和精密化工分离等学科，开展了烃类氧化、烯烃聚合、金属有机化学以及快速反应动力学等方面的基础研究工作。60 年代，研究所根据当时国内发展趋势和研究所发展情况，制定了 10 年内初步建成综合性研究所的规划，确立了催化、色谱、燃烧、金属有机、化学反应动力学和物质结构等 6 个学科领域，同时将研究所所名变更为"大连化学物理研究所"，这为大连化物所后来的学科发展奠定了重要的基础。70—80 年代，研究所开拓了化学激光、分子反应动力学、电化学工程、膜分离工程等新的学科方向，至 80 年代末，已形成了催化化学、工程化学、化学激光和分子反应动力学、以色谱为主的近代分析化学等 4 大学科领域共同发展的研究工作局面。90 年代，根据世界科学技术和经济发展趋势，研究所的学科建设迈出了更大步伐，锐意创新，淡化学科边界，鼓励学科综合集成，开拓了一系列新的研究领域，如小分子烃类转化和一碳化学、无机膜催化及催化新材料、非稳态分子反应动力学和飞秒化学、血液净化与分离、毛细管电泳及生化分析、微型色谱、精细有机催化、生化反应工程、环境微生态工程、生物医学材料、电化学工程、环境工程等。

　　世纪之交，大连化物所迎来了知识创新工程，锐意创新的精神也得到了前所未有的发扬。知识创新工程的核心就是知识的创新，大连化物所在以选控化学与工程为主线的学科发展方向上，明确了学科建设和研究领域的选择：基础研究方面，加深对化学反应本质及选择控制规律的认识，在国际学术界占位置；应用研究方面，以国家发展战略为目标，开展资源优化利用和环境友好化学化工的研究开发工作，为国民经济可持续发展解决关键技术难题和提供成套装置设备。根据 21 世纪科学技术的发展趋势和国民经济建设的需求，凝练出具有基础性、战略性、前瞻性和综合性的重大科技创新目标。在学科发展问题上，强调资源配置的调控性，有所为有所不为，以实现持续不断的知识和技术创新能力。

　　进入 21 世纪以来，我们国家的发展迈入了新时代。面对激烈的国际竞争和国内能源发展现状，大连化物所与时俱进，进一步将自己的发展定位调整为：发挥学科综合优势，加强技术集成创新，以可持续发展的能源研究为主导，坚持资源环境优化、生物技术和先进材料创新协调发展，在国民经济和国家安全中发挥不可替代的作用，创建世界一流研究所。一个传统意义上的化学化工研究所成功转型为一个能源研究所，这既体现了大连化物所人的胆识，更体现了大连化物所人锐意创新的精神。是这种精神，让大连化物所抓住了建设洁净能源创新研究院乃至国家实验室的机遇。

　　七十年来，几代化物所人的不断开拓进取，特别是在学科建设发展中的不断创新，勇于开拓学科前沿，把锐意创新的科学精神发扬光大。同时也正是这种锐意创新的精神，才使得大连化物所在七十年的发展中，一直能把握机遇。

二、 协力攻坚，勇于承担国家重大任务

　　建所以来，大连化物所紧密围绕国民经济建设和国家安全，出色地完成了一系

列国家重大科研任务并形成了重大科研成果，在为国民经济建设做出重大贡献的同时，也为科学事业做出了杰出贡献。正是在一次次的攻关活动中，形成了协力攻坚的精神，也正是由于这种协力攻坚的优良作风，使得大连化物所人一次次地勇挑重担。

新中国成立之初能源紧缺的 50 年代，我国的石油工业十分落后，液体燃料严重不足，直接影响到国防和工农业生产，勇敢的大连化物所人承担起了我国天然石油加工和水煤气合成液体燃料的研究任务。在所长张大煜先生的精心组织和带领下，团结战斗，励精图治，取得了"水煤气合成液体燃料"和"七碳馏分环化制取甲苯"等多项研究成果，解决了国家的急需。老一辈科学家们"协力攻坚"的优良传统激励一代又一代化物所人取得了一个又一个的重要成果。

60 年代研制成功的合成氨原料气净化新流程使我国合成氨工业从 40 年代水平一跃进入 60 年代的世界先进水平。此前，国内合成氨原料气净化工艺投资大、设备复杂、动力消耗多、操作困难，同时该技术又面临国外的严密封锁。大连化物所人在困难面前毫不低头，所长张大煜先生亲任组长，在兄弟单位的配合下，采取了"研究、设计、生产"三结合的方式，同心协力，仅用半年多时间就研制成功 3 种催化剂，性能达到并部分超过国外产品。时任化工部副部长侯德榜亲自主持技术鉴定，该成果被认为是研制、投产速度快，质量过硬的典型，并被中央五部委联合表彰为新中国成立以来 16 项化工先进技术之一。大连化物所人再次书写了协力攻坚的代表作。

70 年代，美国成功将燃料电池用于阿波罗飞船并登月成功。国防科委开始布局载人飞船用的燃料电池，并把任务交给大连化物所。协力攻坚的精神再一次把大连化物所人凝聚起来，在朱葆琳和袁权等的领导下，相继成立了 7 个课题组，组织近 200 人集体会战，在解决了系列的技术难题后，在国内首次研制成功了用作飞船及卫星主体能源的两种电池系统，让当时国际上燃料电池技术处于领先的发达国家的同行专家惊叹不已。中国科学院的苏贵升曾说，大连化物所对国防任务异常兴奋，在中国科学院"四大家族"中，大连化物所的人员资历、设备条件、工作条件远不如人，但总能在各个历史时期抓住国家急需做出出色的成果来，这是因为他们是一个战斗的团队。

80 年代研制成功的以中空纤维氮氢膜分离器为代表的多种膜分离技术，是大连化物所发扬协力攻坚精神，勇于承担重大任务的典范。一个 24 人的氮氢膜分离研究任务攻关组承担了国家重大科技攻关课题中 5 个专题的研制任务，并实施国家计委立项的"氮氢膜工业性试验项目"的建设任务。在时间紧、任务重的情况下，发扬团结协作、勇于拼搏的精神，顺利完成任务，取得的研究成果达到当时国际先进水平，填补了国内空白，并陆续在国内外推广使用。

90 年代是知识爆炸的时代，科学技术越来越成为一种推动社会和经济发展的重要因素，大连化物所协力攻坚的精神更是得到发扬光大，取得了一大批高新技术成果。催化裂化干气制乙苯技术，开辟了一条合理利用炼厂气资源的新途径，被誉为我国石化行业"五朵金花"之一。短波长化学激光技术，达到了国际先进水平。天然气膜法脱水和固体脱硫技术成功用于陕北气田的开发。甲氰菊酯农药中间体和农药生产技术已在国内建厂，使我国成为第二个生产此类高效低毒农药的国家。

进入新世纪以来，协力攻坚的内涵也得到了进一步拓展。甲醇制烯烃技术是大连化物所几代科学家协力攻坚取得的重要成果，在其产业化过程中，大连化物所打破单位之间的壁垒，与洛阳设计院和陕煤集团等单位分工协作，把实验室的成果成功应用于国际上首套最大规模的工业装置上，开创了一个新型的战略性新兴产业。合成气制烯烃、甲醇制乙醇等技术的全链条开发，建立了基础研究和应用研究无缝衔接、精诚合作的典范。

郭燮贤院士曾说过，我们研究所里的任何一项成果，没有一项不是集体完成的，就像一首令人激动和振奋的交响乐曲是集体演奏的一样，并不是网球单打。

三、严谨治学，注重科研道德作风培养

大连化物所建所以来，培养出一大批在国内外享有盛誉的杰出科学家，收获了几百项国家和省部级的重大成果，这辉煌和成绩的背后，是大连化物所几十年来一贯倡导的严谨治学的科研作风。

作为一种精神，作为科技人员必备的一种品质，大连化物所从建所之初就高度重视。50年代建所初期，大批大学毕业生和部分高中生应聘入所，他们大部分没有经过科研工作的基础训练，缺乏良好的科学素养。在这种情况下，所长张大煜对全所科研人员提出"三严作风"：严肃的态度、严密的实验、严格的要求。他说："科研工作就是要科学地、实事求是地找出它内在的客观规律，要抓住主要矛盾，通过理论推算或实验去认识它，所以，对待科研工作一定要严肃认真。"他在全所进行了一次"三严作风"大检查，科研工作中存在的大部分不规范行为，在这次检查中得以纠正。自此，所内逐渐形成了推崇严谨治学的科研作风。直至今日，严谨治学成为大连化物所的一种精神。

楼南泉先生先后培养研究生30余名，他最容不得学生治学粗疏。学生在做学术报告时，他听得非常仔细认真，任何疏忽或纰漏，他都当场指出，并要求学生对学术的每一个细节都要严肃认真去完成。同一个课题组里的另一位年轻科研人员一直管楼南泉叫老师，但楼南泉却认为他们是合作者的关系，他说："求学问来不得半点虚假，有时，在有的问题上，学生比老师高明。"这充分体现了一个老科学家实事求是的严谨治学作风。

李灿院士认为严谨是一种人生态度，他说，做任何事情都应该严谨认真，特别是我们做学问的，本身需要这种科学的态度。他指导学生撰写科技论文，总是特别认真，一遍一遍地修改，每个用词、每个数据都是他认真琢磨的对象，只要有一点不满意的地方，坚决不投稿。经他指导的学生撰写的论文投往国外该领域的某权威刊物，很少有退稿现象发生，而这种刊物的国际平均退稿率为30%左右，国内更是高达80%以上。

而如今，严谨治学已经从言传身教发展为制度化体系化的管理规范。大连化物所是中科院成立学风道德委员会比较早的单位，学风道德建设贯穿学生培养和科研人员从事科研工作的全过程。论文原始数据的核查已经成为常态化的工作。更重要的是，一大批杰出的老科学家在退休之年，正式"转行"为科研道德建设的巡查者，继续发挥着他们的正能量并传承着严谨治学这样一种精神。

四、追求一流，勇挑时代赋予的重担

把大连化物所办成世界一流研究所，是历代化物所人的共同心声和为之奋斗的崇高目标。无法考证"代代红"标签的来历，但"国家所急就是我们所急"的情怀和"团队攻坚、敢打硬仗"的精神，使得大连化物所在国家发展的各个时期都做出了重要贡献，同时也造就了追求一流的大连化物所精神。

是追求一流的精神，使大连化物所搭上了知识创新工程的头班车；是追求一流的精神，使大连化物所有足够的勇气和实力向机遇提出挑战。面对科技日新月异的发展和知识经济的挑战，改革是唯一的出路，要改革就要追求一流。所领导在第一次讨论关于建立创新体系的问题时指出：要根据建立面向21世纪创新体系的要求，把所里深化改革与知识创新工程结合起来，建立新的目标，建立有持续健康发展能力的体制和队伍，更新机制，加快发展，在为国家经济和社会发展做出更大贡献的同时，把大连化物所建设成为与国际接轨的现代研究所，朝着世界一流研究所的目标迈进。

创建世界一流研究所是大连化物所的奋斗目标。为了实现这个目标，确立了知识创新工程的目标：通过一系列深层次改革，建立与国际接轨、高效运行、充满活力、有持续健康发展基础、有不断进行知识和高技术创新能力的现代研究所制度。建立开放式的知识与技术创新体系，形成"开放、流动、竞争、择优"的机制。

追求一流作为大连化物所精神的一部分，已经不单单是一种目标，更成为一种行动的准则。为实现一流的目标，必须做出一流的业绩；为做出一流的业绩，必须有一流的行动。于是就有了竞聘上岗，有了新的考核评价体系，把传统的"从一而终"的用人制度改变为"开放、流动、竞争、择优"的用人机制；就有了质量认证工作的开展，把传统的经验式管理逐步向科学规范管理过渡；就有了党支部定量考核制度的出台，发挥党组织在中心工作和精神文明建设中的作用；就有了"你今天不努力工作，明天就要努力去找工作"的说法，各个部门、每位职工把如何提高自己的工作质量和工作效率作为自己的行动准则。

建设国家实验室，既是追求一流的体现，也是时代赋予的重担。大连化物所再一次面临发展的巨大机遇，特别是面对错综复杂的国际环境，中华民族强势崛起的重要历史时刻，追求一流也是大连化物所人的不二选择。从这个意义上讲，追求一流的精神比实现一流的目标更有价值。

"锐意创新、协力攻坚、严谨治学、追求一流"是对大连化物所精神的概括，而我们上面所列举的内容只是其中一个很小的侧面。可以说，科技创新是大连化物所精神发展的内在动力，同时科技创新也是大连化物所精神发展的必然归宿，二者相互促进，螺旋式向前发展，使大连化物所走过了辉煌的过去，也为大连化物所赢来了新的机遇和挑战。

作者简介：冯埃生，男，1970年11月出生，1992年7月至2017年3月在大连化学物理研究所工作，正高级工程师。曾任大连化学物理研究所党委副书记、副所长。现任青岛生物能源与过程研究所党委副书记、纪委书记。

邓麦村，男，1959年10月出生，1982年2月至2000年9月在大连化学物理研究所学习工作，研究员。从事物理化学和化学化工研究。曾任大连化学物理研究所党委书记、所长。现任中国科学院党组成员、秘书长。

抢抓综合配套改革试点机遇
为研究所争取发展空间

毛志远

继 1998 年实施知识创新工程后，2007 年初召开的中国科学院冬季党组扩大会议确定要进行综合配套改革试点。最初选择了计算技术研究所、高能物理研究所、微生物研究所、寒区旱区环境与工程研究所、上海技术物理研究所等 5 个单位做试点工作。得到这个消息后，所班子组织全所上下几经讨论、研究，张涛所长向院领导汇报、争取，我所和物理研究所也被扩展进去，开展综合配套改革试点。至此，综合配套改革试点研究所增加到 7 家。

根据所班子的统一部署，在分管人事人才工作的包翠艳副书记的领导下，组建了人力资源管理研究课题组，成员包括时任科技处处长王华及相关部门主要负责同志，具体工作人员有我和人事处的大部分同事以及科技处的袁秀忠同志。

课题组对知识创新工程以来的人力资源改革实践和成效进行了系统梳理，深入分析了人才队伍建设和人力资源管理工作中存在的问题和不足，并对德国马普学会、美国劳伦斯伯克利国家实验室、西北太平洋国家实验室，法国国家科研中心为代表的国际科研机构人力资源管理的特点进行了全面分析，归纳了对我国国家科研机构人力资源管理的启示和借鉴。

在此基础上，课题组拟定了研究报告提纲，共六条，分别是：（1） 加强战略研究，科学规划队伍，适度扩大规模，持续优化结构；（2） 引进和培养科技领军人才；（3）凝聚和培育优秀青年人才；（4）促进国内外人才的交流与合作；（5）加强工程技术和技术支撑队伍建设；（6）完善人力资源管理机制。在这个框架下编制了我所的《人力资源试点方案》。

当时的一个最重要的任务就是争取人员编制，为研究所下一步事业发展和洁净能源国家实验室申请扫清人员编制障碍。因此，从洁净能源国家实验室申请建设出发，进行学科方向凝练和研究布局调整，预测新的人力资源需求。

课题组采取了 3 种研究途径：

对全所 2003—2007 年间各研究组的科研活动绩效和人力资源结构进行统计分

析，研究科研活动绩效与人力资源配置的关系，探索各类研究组及全所的人力资源队伍总量与合理的人力资源结构；对全所 2003—2007 年承担的科研项目、科研经费和事业编制科技人员进行统计分析，研究科研项目经费与人力资源配置之间的关系；向全所 52 名研究组长发放了人力资源配置与建设规划调研问卷，调查各研究组组长对各研究组的人力资源配置的计划。综合上述研究结果，并结合洁净能源国家实验室的筹建及研究所学科布局和规模调整对人力资源的需求，制定研究所的人力资源规划。

当时院核定的事业编制控制数是 945 人，而 2008 年 11 月事业编制职工是 842 人。根据上述研究结果和院逐年核定的原则，我所提出的事业编制控制规划数是 2009 年 1100 人，2010 年 1190 人，2012 年 1280 人；中期阶段性计划是 1500 人。

此外，结合之前已实施的举措和讨论研究结果，统筹设计了全所人才培养引进系统工程，希望为化物所每一位职工的职业发展提供平台和支持。

2008 年 8 月 14 日，白春礼常务副院长在李志刚秘书长以及院机关相关部门、沈阳分院领导的陪同下，来我所视察，重点检查了综合配套改革试点工作，对我所的综合配套改革试点提出了希望和要求。根据白院长讲话精神，我们对《人力资源试点方案》进行了调整和完善，并于 11 月正式报送院里。

2008 年 12 月 11—12 日，中国科学院研究所综合配套改革试点工作交流汇报会在北京召开。会议听取了 7 个试点研究所关于人力资源管理、科研活动组织管理、经济资源配置、科技评价等方面的进展汇报。我作为参会人员之一，陪同张涛所长、包翠艳副书记一起参加了会议，并汇报了我所的人力资源试点方案。白春礼常务副院长做了总结讲话。

白院长提出院人力资源管理方面拟出台 6 条政策措施：一是试点所全面试行人才培养引进系统工程，加强对各类人才的培养引进工作；二是根据工作需要，可放宽支撑系列高级岗位的等级限制，对优秀人才采取更加灵活的聘用方式；三是根据每个试点所的具体情况，核增事业编制，满足试点所的合理需求；四是在薪酬方面允许试点所对一些特别优秀的人才薪酬进行个性化设计；五是调整高级岗位的核定方式，对试点所高级岗位的核定以聘用岗位数或者是编制数为基数来核定；六是鼓励研究所以"百人计划"自筹来支持引进杰出人才，同类研究所积极采取措施酌情解决住房问题。

通过这次研究所综合配套改革试点工作交流汇报会，我所在人力资源试点方案中提出的举措和需求均得到了院批复，逐年下达了我所的事业编制控制数。使我所之后若干年的事业发展、学科布局调整，以及高级岗位指数均未受到制约。此外，通过人才培养引进系统工程的实施，包括之前已经制定的，先后设置了项目骨干、副组长、副室主任、所级"百人计划"岗位，组建了创新特区组和研究组集群，并出台了研究员长期聘任政策和高级伙伴研究员计划，全所职工的学历结构逐渐优化，高级岗位比例和数量逐渐提高，为组织和承担重要科技任务和可持续发展提供了人力资源保障。研究所的人才工作也分别得到了国家和中国科学院的认可，被中央人才工作协调小组授予"海外高层次人才创新创业基地"，被科技部授予"创新人才培养示范基地"。

　　作者简介：毛志远，男，1972 年 9 月出生，2003 年 3 月至今在大连化学物理研究所工作，正高级工程师。曾任大连化学物理研究所副所长。现任大连化学物理研究所党委副书记、纪委书记。

追求一流的化物所精神一直伴我前行

杨　宏

来到所里之前，我脑海中的大连化物所就是一个传奇。研究生毕业后，我带着崇敬和憧憬，坚定地报考了大连化物所，不论它有多难。在得知考上那一刻，我激动的心情难以言表。就这样，1998 年我走入了心中的这个"传奇"，开始了 20 年的求学和工作生涯。

一、严谨治学的科研精神

初到化物所，我很荣幸地成为了林励吾先生和王清遐先生的学生，进入了具有传奇色彩的第八研究室做论文，这里诞生了中国炼油技术的多个"第一"，例如：加氢异构裂化、长链烷烃脱氢、干气制乙苯等技术。初到这样一个研究室，总是带着神秘感和新奇感做每件事情。然而过了一段时间，我又觉得这里的一切似乎很普通。随着科研工作的开展，我开始逐渐地明白，它的"传奇"所在就是身边的那些做事"极度认真"的老师，他们的执着和勤奋，代表着化物所永远追求一流的精神和品格。

那时，催化专业的学生必修课是要学会搭装置。搭装置看似简单，实际上有很多要求：加热的炉子要做得非常保温，恒温段要足够长，管线要绝对不漏气，压力表等要做到绝对准确，等等。在这些要求下，我千辛万苦用了一周的时间终于将装置搭好了，结果请实验室负责工艺的老师一检查，却被告知装置不合要求，晚上得拆掉重搭，主要原因是：管线拉的不够直，有一个阀门一直露在外面，不合要求。尽管有些不情愿，我还是按照要求在工艺老师的帮助下重新搭建了装置，又花了一个礼拜的时间，终于完成了任务。这回呈现在面前的是一套漂漂亮亮的装置，成为了陪伴我三年的得力助手。一个普通的工艺老师就展现出这种精益求精的追求一流的精神，这就是我在化物所上的第一课。

这种追求一流的化物所精神，在我的科研论文撰写过程中，体现得更加淋漓尽致。记得当时我的工作取得了阶段性进展，我认认真真地查阅文献、总结分析数据终于整理出了一篇文章，呈报给林先生和王先生两位导师审阅。导师们作为领域的泰斗，有很多事情要处理，却在非常忙的情况下，多次找我讨论，先是帮我修改思路，然后就逐字逐句地修改语言，改过多遍之后，最后又请精通英文的梁东白先生再次润色语言。对于我这样一个刚入所不久的学生的一篇普通论文，两位先生竟然投入这么大的精力和时间，对于我的触动之大是可想而知的。先生们现在已经离开了我们，但是他们为我审阅论文的专注神情，那种追求一流的态度，是我在化物所上的最感动、最难忘的一课。

二、国际视野的科研理念

毕业之后，我有幸又成为所里一名员工，立志在期刊编辑岗位为科研成果交流工作做贡献，成为了 *Journal of Natural Gas Chemistry*（*JNGC*，《能源化学》的前身）的一名编辑。当时 *JNGC* 刚刚落户大连化物所，面临着稿源严重不足的问题，能让期刊按时出版已经是很困难了。

但是就在这种情况下，期刊主编包信和院士以其前瞻的视角以及国际化视野，对期刊进行了系列改革：明确期刊定位，跟踪前沿热点，精心策划栏目，严把文章质量，创造性地组建由时任国际催化委员会主席 A. T. Bell 教授做共同主编的国际化编委会，从 Standford 大学聘请刚毕业的高才生担任外文编辑，来所全职工作，对期刊文章进行语言润色。同时，积极与 Elsevier 出版社开展合作，使得在期刊上发表的文章能够在世界范围内得到分享和交流。

研究所各方面也齐心协力，《催化学报》《色谱》两个中文期刊积累的丰富经验为 *JNGC* 提供了很好的借鉴，胥海熊研究员、王国祯编审、张乐沣研究员他们对每一篇文章极度认真负责的态度，时刻影响着编辑部团队中的每一个人；所里的专家徐奕德研究员、王弘立研究员、梁东白研究员都亲自为期刊审稿、润色，不放过每个数据、每一个句子，甚至每一个标点符号；研究所为期刊发展提供了非常有利的发展政策，鼓励期刊自主发展；在期刊经费紧张的时候，多个研究组都慷慨解囊，使得期刊走过了非常困难的时期并且越办越好。

经过了 7 年的奋斗，2008 年 *JNGC* 被 SCI 和 EI 收录，期刊从此走上了良性发展的道路，影响力不断扩大。可以说正是这种国际化的视野结合追求一流的精神和勇气，创造了期刊发展的奇迹。目前 *JNGC* 已经改刊名为 *JEC*（《能源化学》），期刊前进的步伐一直没有停止，也永不会停止。

三、精益求精的科研管理

2010 年，我来到了有着"光荣传统"的办公室工作，在这里我从科研管理的角度对研究所的工作有了更全面的了解，让我进一步感受到了化物所追求一流的精神。

每周一次的所长办公会，是研究所最重要的决策机制，每个班子成员不论有多忙，大家都会自觉预留出周五上午，一同商讨研究所的大事要事。会上严肃认真的讨论，体现了班子成员对身上肩负责任的尊重，对研究所发展的关切，背后也凝聚着所内各方人员对所里事业发展的期许。

每一次学委会上，在这个研究所讨论学术问题的最高殿堂上，无论德高望重的院士还是刚刚入所的年轻才俊，都会为他们所喜爱和尊重的科学问题毫无芥蒂地讨论，科学态度在这里体现得淋漓尽致，民主精神在这里熠熠生辉。

每一次研究所工作会议，都是全所的一次盛会，是凝聚全所共识、共谋研究所发展的大会。参加会议人数多（已经超过 600 人），会议日程安排多，会议时间长（1.5 天）和日程满（首日晚上召开的所长办公会要开到 23 点左右），但是全所参加人员热情高涨，每个流程都无缝对接，每个环节的主角都出色完成任务，整个会议无不体现出全所上下一心的令人感动的氛围。每次会议，工作人员通宵达旦地会前准备和通力合作更折射出研究所团结和谐的光荣文化传统。

每年一次公众科学日，开放 20 余个展点，举办 10 余场科普报告，300 余名志愿者提供服务，迎接上万名大连市民，履行了国家科研机构对社会普及科学知识、宣传科学精神的义不容辞的责任。孩子们写满收获的天真的笑脸，是对所有工作人员最好的奖励。

在办公室工作的八年里，我深切地感受到，化物所每一次的改革、每一次的探索、每取得一点进步、每取得一个"第一"、每收获一个"首次"，无不体现出化物所人作为改革者的责任担当、探索者的勇气决心、创业者的恒心魄力、实践者的踏实勤勉，归根到底都闪耀着那永恒的追求一流的精神。

七十年风雨兼程，七十年壮丽辉煌，如今的大连化物所即将迎来七十岁生日，作为化物所的一员，无论你身在何处，无时无刻不为它骄傲和自豪，老一辈科学家为我们留下的化物所的精神，追求一流的精神，会留在每个化物所人的血液中，直到永远……

作者简介：杨宏，女，1974 年 10 月出生，1998 年 9 月至 2018 年 9 月在大连化学物理研究所学习工作，研究员。曾任大连化学物理研究所期刊编辑部主任、办公室主任、所长助理。现任中国科学院沈阳分院院长助理兼办公室主任。

化物所永远记得朋友们的帮助

李文钊

在庆祝化物所七十华诞之际，我不由想起那些在化物所发展道路上曾经帮助过我们的朋友们。这里就我担任副所长期间（1983—1994）接触到的一些人和事，记录下来告诉我的年轻同事们。难免挂一漏万，或有记忆错误之处，望大家补充指正。

一、魏富海与甲氰菊酯

1988 年全国人代会上，我所人大代表郭和夫先生向同是人大代表的大连市市长魏富海推荐了我所于1986年末实验室研究成功的第三代高效低毒甲氰菊酯农药，希望市里协助将此成果推向工业化。

当年 8 月的一天，魏市长约见化物所领导谈甲氰菊酯事宜，我代表班子前去。市长希望我所为地方做一件惠农的好事，在大连建设一个百吨级甲氰菊酯农药厂，争取在一年内建成。随后我所开始了一系列紧张的筹建工作，最后落实在金菊化工厂（前身为金州染料厂）和大连农药厂，分别建设由丙烯制取甲氰菊酸和由菊酸进一步合成甲氰菊酯的两个车间。1989 年初，正值全国范围银根特别紧张时刻，魏市长想了许多办法筹措资金，还派了管金融的副秘书长专程去上海交通银行总部借钱。在此期间，我和魏市长有多次接触，也不止一次地直"闯"他办公室去打扰他。身为一市之长，他实在太忙，就约我早晨 7 点到市政府二楼办公室见他，我去时他还正在办公室里间的简易卧室里洗漱呢！这样的见面我记得共有两次。魏市长特别务实，总要到现场去眼见为实后才放心，我就陪他去过现场 3 次。在化物所和两个厂的共同努力下，1989 年底如期成功开车出了产品，1991 年 5 月正式进行了工业生产鉴定。至今产品不仅替代了国外同类型农药，而且已远销国外，还先后获得了国家科技进步奖三等奖和辽宁省科技进步奖一等奖。

记得新产品生产出来后，遇到的第一个问题是如何让农民相信并愿意使用？要知道，当时外国农药公司（如日本住友化学）每年开产品订货会时，都会邀请农资公司有关人员入住高级宾馆，并按级别给予各种礼品红包，这可是不小的诱惑呀！我们当然不能仿效这种做法。当时大连分管工业的副市长汪师嘉（女）采用的办法是，多次邀请大连市农资公司经理们和一线的营销人员一起商量。给他们做思想工作，希望他们为我国自主产品的销售出力。这对本产品初期顺利进入市场起到了关键作用。

2002 年我随中石油、中科院考察小组赴德、法及丹麦考察。此时，汪师嘉同志正任中国驻丹麦大使馆商务参赞，看到名单中有我的名字，尽管是周末，邀请我们到使馆做客。时隔十多年我们又见面了，谈起当年她协助魏市长，同化物所一起奋斗建设甲氰菊酯厂的许多往事。她还让使馆有关同志，关照我们在丹麦的访问。

我还想提到大连金菊化工厂厂长李宝珠同志。1966 年，我领导的课题组研制的由尿素和硝铵催化连续法合成硝基胍炸药（属平战结合军工项目），在市科委支持下，于大连亮甲店化肥厂建成 100 吨/年中试车间。当时车间主任是从志愿军复员的李宝珠，想不到 22 年后我们又有机会合作，这时他已是一位实践经验丰富的企业领导者了。他当兵出身，但对知识分子十分尊重和体贴。每当工作中遇到问题或困难时，他总是鼓励我们，从来不怪罪我们，还常常主动承担责任，为我们分忧，这种战友情结令我十分感动！

二、金国干和抚顺石化公司的同事们

早在 20 世纪 60 年代，我同林励吾、张馥良、肖光琰先生等一起参与"大庆重油加氢裂化制取低冰点航空煤油-219 催化剂和工艺研究开发"工作时，就认识了抚顺石油三厂的金国干，他是一位理论与实践均造诣极深的炼油加氢专家，后来担任抚顺石油公司副总工程师。他对我们工作的热情支持和真切评价，当时就给我留下了深刻的印象。厂里同志告诉我，他是厂里公认的劳动模范，曾在一次紧急事故中，不计个人安危冲进现场切断关键阀门，从而避免了一场重大事故，这让我对他又添了几分敬意。时光流逝，直到 1983 年 11 月在安庆第二届全国石油化工催化会议上，又重新遇见了他。石化部科技司利用会议间隙找许多参会单位商谈和安排了大小不一的科研项目，唯独没有我们，我去找了多位有关同志，都碰了软钉子，到离会时几乎一无所获，我很纳闷。金国干此时和我有了一次交谈，他坦率地告诉我，现在石化部门均已建立了三级科研机构，一般不轻易找外单位承担课题，这是其一。另外，不少人感觉化物所的门槛较高，因而抱有"敬而远之"的态度。当然，我相信化物所是有实力的，以后我会发出邀请，请你们来抚顺"吃大盘子，谈项目"。

1985 年 5 月，此时金国干已是抚顺石化公司的副总工程师，他果然没有食言，向我们发出了邀请，我随即和科技处长、各个催化室的主任组团前往。令我感动的是他当时正出差在外，得知我们去，坐火车回到抚顺时已是半夜，他也不回家了，就在办公室里勉强对付了一夜，第二天一早，仍"意气风发"地接待了我们。就是在这次调研访问中促成了"催化裂化干气中稀乙烯制取乙基苯"课题的立项。石油二厂催化所张淑蓉、李峰，倾全所之力，和化物所王清遐等课题组同志一起，很快完成了 100ml 催化剂的扩大试验。由于本项目良好的工业应用预期，接下去千吨级中试和 3 万吨工业试验，得到了中石化发展部吕寿斌主任和抚顺石化公司一路绿灯的支持。此时抚顺石油三厂的催化剂车间和洛阳石化工程公司也参加进来，实现了强强联合。记得 1988 年 11 月中试开车时，正值天寒地冻，抚顺石油二厂的罗运爵厂长和贺中民副总，调集了全厂最好的以大齐同志为首的开工队，保证了中试一次开车就取得了成功。

随后，在抚顺石化公司孙忠诚总经理有力指挥和高效协调下，很快又建成了世界首套 3 万吨催化裂化干气制乙基苯工业装置，并于 1994 年通过鉴定，正式成为一项独立自主开发、经济效益显著、具有国际水平的新技术。到 2008 年初，国内已拥有 15 套、总生产能力达 124 万吨的干气制乙苯装置。

我深深感到科研和生产结合的威力，这也是研究所为国民经济服务要真正取得成就的一条必由之路。

三、黎懋明和科技部的同事们

1984 年 9 月在北京京西宾馆，国家科委召开第二次全国材料会议，部署"七五"发展规划，方毅副总理也到会讲话。我在小组会上介绍了化物所有关新材料特别是 N_2/H_2 膜分离材料和器件研发中取得的重要进展，它已经和当时孟山都公司的 Prism N_2/H_2 膜分离器水平相当，希望得到国家进一步支持，成为具有自主知识产权的一项新技术，以替代引进。在发言中还提到国家科委的同志要站在全国一盘棋立场上，不因自己来自哪个部门而有所偏袒。

小组会后，科学院数理化局钱文藻局长找到我，笑问："你在会上发表了哪三点意见？"

原来小组会的联络员、科委高新司材料处的李学勇（后任科技部党组书记、副部长，江苏省省长等职）在汇报时将我的发言归纳为三点意见。黎懋明（女，时任副处长，来自化工部）就找到老钱希望再听听我的意见。当时我确实有点紧张，不过我们的谈话相当融洽。她态度诚恳，详细地询问了所里 N_2/H_2 膜分离研发进展情况，赞扬了有关科研人员的志气和努力，而且让我放心，会秉公办事。这是一次朋友式的谈话。当时化工部科技局的同志有一个引进 Prism 技术的计划，希望先引进再消化吸收。1985 年 4 月黎懋明专门请我所朱葆琳等（我也参加）到北京和化工部的同志们开会，让双方阐述引进或自行开发的理由。尽管意见难免针锋相对，但是很友好。或许是化物所膜分离技术进展快，已和孟山都的水平相当，或许是孟山都只肯转让 B 级组装技术而不允许转让 A 级核心技术的苛刻条件，1985 年 7 月国家科委决定不引进孟山都技术，而鼓励我们化物所加快开发缩短工业化进程。大连化物所确实也不负众望，于 1985 年在上海吴泾化工厂完成了两根 100mm×3000mm 分离组件的侧线试验，并于 1987 年 8 月以六根管子组成的分离器，在黑龙江化工厂正式投入工业使用，后来已在我国合成氨厂遍地开花。

正是黎懋明和科委其他领导及同事们做出的扶持国产技术的决定，为我们开辟了发挥聪明才智的巨大空间。事后我才知道，黎的先生正是当时化工部科技局新材料处的处长。由此，让我对她产生了更深的敬意。

时隔 7 年，到了 1992 年冬天，我又一次和黎懋明打了交道。是年年初，科技部决定启动"国家工程技术研究中心"的建设，我们是到了 10 月底才知道这一信息。经和催化室几位同事商量后，认为以化物所催化室多年工作基础，特别是已经有了催化基础国家重点实验室，申请建立"催化工程技术研究中心"正是"基础结合应用"，一个顺理成章的选择。

1992 年 11 月，我带着两页纸的申请大纲到了科技部，又找到了黎懋明。她已转任科技部计划司司长（后又任科技部秘书长），虽然 7 年未见，仍像老朋友那样接待了我。实际上，工程技术研究中心建设事宜由各职能司负责，但她还是很认真地听了我的汇报，并表示化物所催化成果多、人员强，比较符合组建工程技术研究中心的要求，可以作为首批组建的候选者之一来申报，她答应会转告高新司石廷寰副司长（后也担任科技部秘书长）。

就在我刚从北京回到大连的第二天，高新司来电催促我们去北京作详细汇报。由于化物所催化工作的成绩是实实在在的，且极具魅力，科技部同意列为首批组建的名单，要求以最快速度提交可行性报告，以赶上科技部早已确定的国家工程技术研究中心组建的时刻表。

同年 12 月科技部召开的"国家催化工程技术研究中心"同行专家审查会上，到会者都是准备申请建立国家工程技术研究中心"竞争者"单位的领导，如化工部研究总院的汤洪良院长、石油化工科学研究院的汪燮卿副院长、湖北化学所的孔渝华所长，以及石化总公司发展部、化工部和教育部科技局的负责同志等，令我感动的是他们都不计本单位的利害关系，几乎一致地采取了呵护和支持大连化物所的态度，同时提出了许多中肯意见。

1993 年 4 月科技部组织首批国家工程技术研究中心最终答辩会，答辩委员会由跨领域的十余位院士、专家和十余位科技部各司司长组成。令我没有想到的是，他们对依托大连化物所组建国家催化工程技术研究中心都表示出了浓厚兴趣并给予了一致的支持。1993 年 9 月终于获得国家科技部正式批准。

我想说，化物所的 N_2-H_2 膜分离技术和催化领域几十年的工作积累，确有其自身的魅力，但也是由于黎懋明、李学勇、石定寰以及国内兄弟单位的一些同行们对化物所的厚爱和一贯扶持，才使化物所有了更好的发展机会，我们不应该感谢他们吗？

四、国家"八五"重大科技攻关项目"天然气（合成气）综合利用"的前前后后

20 世纪 80 年代前期，化物所催化基础国家重点实验室获得国家批准进行建设，但是催化应用方面缺少大项目的支持，大家有点着急。

1987 年初，科学院数理化局苏贵升总工（是中科院内化学、化工领域有名的"活字典"，化物所的一位老朋友）主持，组织了由化物所牵头，还有几个兄弟单位参加的中科院"七五"重大科技项目"炼厂气综合利用"。大连化物所承担了"催化裂化干气制乙苯""膜技术从炼厂气中回收氢""多产烯烃的催化裂化新型催化剂"等课题。到 1991 年初验收时，前两项分别在抚顺石油二厂、石家庄炼油厂完成了中试，而后一项在完成 5 万吨/年装置上工业试验后，又在锦州石油六厂的 80 万吨/年催化裂化工业装置上顺利进行了工业试验。抚顺的罗厂长、贺中民副总，石家庄的史瑞生总工，锦州六厂的张厂长、张国栋总工和陈亚副总（女）以及许多同志都为此花费了大量心血，且承担了很大风险。

1987 年 4 月，国家计委科技局齐晓鲁、常玉琳等来化物所商谈 N_2-H_2 膜分离技术中试基地事宜。我们同时介绍了化物所的甲醇制烯烃（MTO）研究，已于 1985 年进行了小试鉴定。我国煤矿资源丰富，MTO 将可提供一条从煤经由甲醇制取烯烃的新途径，以改变我国石油烯烃严重不足，而不得不大量进口的局面。由于当时 MTO 国际上尚处在实验室阶段，我们提出希望得到国家支持进行中试的想法。科技局秦声涛副局长特别关注，他说，通过中试弄清 MTO 技术的可行性，作为一项技术储备是值得的。1988 年 3 月计委下文，将 MTO 列为"七五"国家中试基地建设项目。一个单位同时获得两个国家级中试基地是不多见的。

1995 年以后，我所刘中民（现任所长）及其团队采用新催化剂和新工艺，MTO 研究取得了重大突破，开发成功 DMTO，DMTO-Ⅱ 等多项新技术，2010 年在神华包头建成了世界上首套 60 万吨/年大型甲醇制烯烃工业装置。近年应用 DMTO 技术已生产或在建或签约的大型 MTO 装置已达数十套之多，为国民经济做出了巨大贡献，我国 MTO 技术已处于世界领先行列。这段过程我虽未亲历，但仍感受到来自祖国四面八方朋友们对化物所的眷顾和友谊。

80 年代末，新疆塔里木盆地发现了大气田。1991 年 3 月科学院数理化局钱文

藻局长、苏贵升总工率领由各化学所参加的考察团到气田现场调研，一直前进到位于沙漠边缘最先出气的轮台 1 号和 2 号井，亲眼领略了浩瀚沙漠高大气井和身着红色工作服的工人们体现出的特殊魅力，气田指挥部的同志以及一线的技术人员和工人热情接待了我们。在此之前，我国一直是"重油轻气"，天然气产量和有关科研均较落后。科学院迅速抓住了天然气转化这个国际上正在成为热点的方向，向国家提出了"天然气（合成气）综合利用""八五"（1991—1995）重大科技攻关建议。在这个项目下面，甲烷氧化偶联直接转化制烯烃无疑是一个最具吸引力的前沿课题，考虑到经济性和工业实用前景，我们同时安排了更多的甲烷间接转化（即通过合成气）制取烯烃和含氧化合物的课题，如合成气经二甲醚制烯烃（作为 MTO 的一个新发展）、合成气一步制烯烃、合成气制乙醇等。

应该说在当时"重油轻气"的思想影响下，秦声涛局长、姜均露副局长能力排众议，全力支持这个项目上马给了我们很大的鼓励。此项目于 1991 年批准实施，我有幸成为本项目负责人。参加者有研究所、大学、设计院和企业等 13 个单位，共 140 余人。

1996 年项目验收，专家组给予了较高的评价："我国天然气（合成气）转化研究开发缩短了和国际的差距，已在世界上占有一席之地。"2004 年第七届国际天然气转化会议在大连成功举办，也算是上述评价的一个旁证吧。

随后，在科学院高技术局桂文庄局长和郁小民（女）副局长积极推动下，又将"天然气转化利用新技术"列为中科院"九五"（1996—2000）重大科技和特别支持项目，化物所又荣幸成为主持单位。就这样，中国科学院的天然气（合成气）转化研究开发工作得以连续地进行了十年，这是很宝贵的十年，保证了科技人员能专心致志在一个方向上长期工作，不断丰富积累。

在世纪交替之际，时任中国石油副总裁张新志（历任抚顺石油三厂厂长、抚顺石化公司经理）非常看重科学院这支天然气转化科研队伍及其积累。或许是毕业于中国科技大学的缘故，他尊重科学，尊重科技人员，本人也极具钻研精神。他在任时，和包信和所长一起，开始了一段相互信任紧密合作的经历。从 2000 年起，几乎每年都要举行一次天然气转化研讨会，及时掌握国际动向，又结合我国工业实际情况，成为高水平的交流平台。中石油和化物所的合作课题先后有十余项，总经费约 2000 万。

从天然气（合成气）转化利用研究开发前前后后近 20 年的历程可以看出，正是由于国家、科学院和中石油等领导机关的同志们正确决策和大力支持，给我们提供了不断有所创造、给国家多做贡献的机会，在功劳簿上虽然看不到他们的名字，但是我们不能忘记他们的功绩。

五、结　　语

化物所七十年辉煌固然主要由其自身不懈的努力和日积月累的成就所铸成，但是朋友们的支持和帮助，也是构筑化物所辉煌不可分割的一部分。我们对朋友永远充满感激之情！遗憾的是文中提及的多位朋友现在已经永远地离开了我们，大家会永远怀念他们的！

有着众多朋友青睐和呵护的化物所是幸福和光荣的。我们一定不要骄傲，我们一定不会辜负朋友们的期望。

作者简介：李文钊，男，1935 年 3 月出生，1956 年到大连化学物理研究所工作，研究员。从事能源转化与催化新材料研究。曾任大连化学物理研究所副所长。现已退休，任大连化学物理研究所咨询委员会委员。

我与大连化物所

——改革开放初期的几则回忆

李文钊

一、1982 年我们接待了一位瑞士"博士后"

1980—1982 年我作为德国洪堡学者，在西柏林弗列茨-哈柏研究所（FHI）做以太阳能转化为背景的半导体光电化学研究，合作教授是时任所长 H. Gerischer 教授，他是国际学界公认的半导体光电化学领域的先驱。

其间，瑞士洛桑联邦理工学院（EPFL）的 M. Gratzel 教授来访，当时他已经是国际上比较有名的开创染料光敏电池的研究者。在交谈中，他得知我们在 1978 年就开始了固体半导体和金属有机络合物进行光解水制 H_2 的研究，而且提出了由 Pt/TiO_2 固体催化剂和联砒啶钉光敏络合物结合，组成杂化催化体系，使光解水产氢量子收率有明显提高，结果已在我国《太阳能学报》1980 年创刊号上发表。他对此十分感兴趣，认为同他的某些思路有相通之处，遂于 1981 年末，邀请我去洛桑访问。

他的研究组人员大都来自瑞士、德国、法国、日本、印度等诸多国家的年轻博士，是一个极具活力的国际化团队，这给我以极深印象。在访问中，他告诉我，拟派一位刚毕业的博士 P. Brugger 到我课题组做半年博士后研究（由瑞士联邦提供资助）。当时我又惊又喜，惊的是国内高考制度、研究生制度恢复不久，首批博士毕业也要在几年之后，至于博士后则远未提上日程，当时国际交流也多是三五天的短期讲学访问，我们能开这个先例吗？喜的是我们和 M. Gratzel 教授可以在同一频道上对话，我应当试一试。

感谢改革开放，感谢中国科学院和大连化物所领导的开明。经过两个多月的书信和电报往来，终于批准了 P. Brugger 博士（和他的女友）于 1982 年 5—12 月到化物所进行半年的合作研究。

如何接待，对我们是一件不容易的事。在研究思想、内容、基本实验设备以及语言交流等方面，我们已具备较好的条件，但日常生活的硬件设施与国外的差距实在是太大了。我们只能在化物所的第一宿舍（研究生宿舍）安排了房间，卫生间是第一宿舍的男女共用的，没有淋浴设施，厨房也是共用的，我们能做的只有在卫生间接了一个自来水淋浴喷头，哪里有热水呀！但让我们佩服的是这两位年轻人一点也不娇气，能包容忍受这样的生活条件，还乐呵呵地和我们一起度过了半年。

Brugger 博士思想活跃、动手能力很强，满腔热情地同大家分享他的知识和经验。课题组（506 组）的同事们很喜欢和他交谈，提高了大家的外语口语能力，活跃了组里的学术气氛。他制作了胶态 Pt/TiO_2 体系，增加了催化剂吸光能力，使光解水产氢收率有了较大的提高，同时又开展了 TiO_2 和 Pt/TiO_2 电极和还原态甲基紫精之间界面电荷转移的研究，所获结果在第五届国际光化学转化与太阳能转化会议上宣读。其间，他还参加了改革开放后化物所首次在大连棒棰岛举办的大型国际会议——首届中日美催化会议。他看到了改革开放初期这个古老国度的科学家们对国际学术交流的热忱，见证了他们进行科学前沿研究的能力。他的女友伊琳娜受邀在大连外国语学院担任法语教学，得到校方和师生的好评。

半年很快过去，1982 年 12 月初，他离开大连赴美国硅谷 IBM 公司继续深造。告别聚会上，他深情地说："短短半年，我感受到了中国同事的真诚，收获了友谊，506 组是一个团结友爱、有活力、有潜力的集体。他也很喜欢博大精深的中国文化。这是一次难忘的经历……"

2011 年 8 月 24 日，已成为国际著名的染料光敏太阳能电池（Gratzel 电池）大师的 M. Gratzel 教授，在北京接受中国科学院颁发的"爱因斯坦讲席教授"称号，并应李灿院士邀请，来大连化物所讲学访问。我和他又见了面，谈起 30 年前我们能勇敢走出这一步的往事，心情是很愉快的。科学合作无止境，科学家之间友谊长存！让我们彼此祝愿吧！

二、1986 年我有幸当选为中共辽宁省第六届省委会委员

十年"文化大革命"，知识分子一直被说成是"臭老九"，知识分子较多的如高校、科研单位，往往被称为"封资修的大染缸"。1978 年改革开放伊始，党中央拨乱反正，科学的春天到来，知识分子的命运迎来了根本性的转折，他们的积极性重新焕发，要以主人翁姿态为祖国富强多做贡献。为了加快我国的"四化"建设，按照党中央的部署，干部队伍的知识化、年轻化被提上了日程。

1983 年 5 月大连化物所领导班子换届，从西柏林弗列茨-哈柏研究所（FHI）做访问学者回到化物所不久的我被任命为副所长，成为班子里最年轻的成员，尽管我当时已 48 岁，不再年轻了。

1985 年 5 月中共辽宁省第六次党代表大会在沈阳举行，会议最后一天选出了

新一届即第六届省委员会委员。我（1953 年参加中国共产党）被告知已当选为本届省委员会委员，当日下午，和大连市其他新当选的委员，一起乘火车去沈阳，参加第二天的中共辽宁省委员会的第一次会议。

当我听到这个消息后，久久不能平静。我高兴，这是大连化物所的光荣，也是我的荣耀。大连化物所第一次有了一位省委委员，体现了党的信任和期望；同时，我也有惶恐，我能胜任吗？我一定努力不辜负党组织和广大党员同志的重托和期望。

这届省委委员中的大连市的委员有：胡亦明书记、毕锡祯副书记（后任市委书记）、魏富海市长、造船厂总工王有为、市劳动模范卢盛和、农民企业家李桂莲、纺织女工王桂华、妇女代表于桂荣等。其中高校和科研单位有 3 人：大连工学院（现大连理工大学）金同稷院长和我是省委委员，大连医学院（现大连医科大学）郎志瑾大夫是省委候补委员。

在省委第一次会议上，座位按姓氏排列，我左边是李长春同志（时任沈阳市委书记，会上当选为省委副书记），从和他交谈中得知他是哈工大 1966 届工业自动化毕业的，对科研单位很关心。其间，我还注意到不少地市委书记和省厅级领导，都有大学或大专的学历。可见改革开放仅几年，我国干部队伍组成已发生了很大的变化！

省委会每年举行 1 次到 2 次，在会议上总能感受到各级党政领导对知识分子的重视和期望。我来自基层，有责任多反映科技人员的面貌和心声。我介绍化物所在"文化大革命"后重新奋起，同事们特别珍惜当下的大好时光，努力拼搏，为国家做出了许多新成果，如航天姿态控制催化剂、N_2-H_2 分离膜技术、甲醇制烯烃和甲氰菊酯新农药等。魏富海市长几次说化物所是国家也是大连市的一个"宝"，要好好支持。希望化物所能为地方多做贡献。所以后来他大力支持甲氰菊酯在大连建厂，既是对我们的信任，也是实现他的承诺。非常感谢魏市长。

作者简介：李文钊，男，1935 年 3 月出生，1956 年到大连化学物理研究所工作，研究员。从事能源转化与催化新材料研究。曾任大连化学物理研究所副所长。现已退休，任大连化学物理研究所咨询委员会委员。

七 十 感 言

何国钟

我是一个来大连化物所 64 年的 87 岁老人，在 1995 年（来所 40 年之后），根据当时大连化物所的政策，我就不再担任室主任和组长，成为组内的一员。这个政策是有远见的，促进了年青一代的快速成长，为大连化物所赢得了先机。

中国科学院大连化学物理研究所与中华人民共和国同龄，2019 年就满七十周岁了。七十年前，我还在广州培正中学念高中二年级，那时，广州市刚解放。

1951 年，我有幸参加了全国首届高考，并考入清华大学化工系。1952 年，全国进行大规模院系调整，在北京新成立了八大学院，其中就有以清华大学化工系为主成立的北京石油学院，另外还把北京大学、燕京大学、天津大学等化工系部分学生调入其中。1953 年，我们就离开清华大学到正在建设中的北京石油学院继续完成大学后两年的学业（四年制）。1955 年我有幸从北京石油学院分配到我所参加工作，至今已有 64 年了。

我当时被分配到化工研究室（室主任是朱葆琳先生），搞固体粒子流态化床的基本性质以及石油重残油流态化焦化的小型密相输送的双容器反应装置研究，组长是新中国成立初期回到大连的留美学者黄继昌先生。当时张大煜所长对新入所的大学毕业生提出三年内完成"三个一"的要求，即完成一篇论文，学好一门外语，读完一本专业书，并要掌握如何利用图书馆查阅文献资料，如何编写研究报告等。当时我也和很多同志一样，每天晚上都要在图书馆占个座位学习有关书本和文献资料。

1961 年 10 月，张大煜先生与当时所党委书记兼副所长白介夫组织部分高研规划了研究所的发展蓝图，从化学物理学科的角度，部署了催化基础、燃料电池、重水分离、化学激光与激光化学、固体与固液火箭推进剂的燃烧实验和理论、分子反应动力学、金属有机化学、近代化工、以色谱为主的各种分析技术和生物技术以及仪器分析化学等学科方向。七十年来，在老科学家们的引领下，新一代英才接过先辈的重托，继续前行，引领中科院大连化物所向新的科技高峰攀登。

我是 1991 年被选为中国科学院化学学部的学部委员的，时年 58 岁，至今已过了 28 年。当时，许多老一辈科学家还健在，有机会和他们接触，聆听到他们的真知灼见，近距离感受到他们的人格魅力，他们真心实意地为祖国的科技事业贡献了毕生精力，为学术界的晚辈们无私地创造青出于蓝而胜于蓝的条件。他们的言传身教，令我受益终生。

1992 年，化学学部中物理化学与化学工程的院士们有一张合影，大部分老院士都参加了。包括陈冠荣、唐敖庆、卢嘉锡、吴征铠、侯祥麟、时钧、吴浩青、查全性、彭少逸、陈鉴远、朱亚杰、蔡启瑞、余国琮、陈家镛、郭慕孙、姜圣阶、张存浩、郭燮贤等。他们都是 1980 年及以前被选为物理化学和化学工程的学部委员（1992 年之后改称院士），除了几位老寿星之外，大多已经逝世了。他们开创的事业正由他们培养的后辈接过接力棒，奋力前行。

大连化物所现共有院士 14 人，其中 80 岁以上 5 人，70~80 岁 3 人，50~60 岁 6 人，在国家出台重视人才引进人才的政策指引下，优秀的国内外青年才俊不断加入到大连化物所的科研队伍，近 10 年，中青年一代在中国科学院各级领导及化学学部引领下创造了令人振奋的成果。

2017 年 3 月 24 日，中国科学院党组副书记、副院长刘伟平，人事局局长李和风一行代表院党组来连宣布大连化学物理研究所、青岛生物能源与过程研究所融合发展的领导班子成员组成，从此开创了研究所发展的新征程。大连化物所领导班子结合落实贯彻"率先行动计划"和"三个面向"，提出了研究所总体目标："2020 年率先建成世界一流研究所，2030 年建成世界顶尖研究所"，引领化学物理学科的发展方向，真正成为具有重要影响力、吸引力和竞争力的国际一流科研机构。

作者简介：何国钟，男，1933 年 5 月出生，1955 年到大连化学物理研究所工作，中国科学院院士，研究员。从事火箭推进剂、化学激光器、分子反应动力学研究。曾任首届分子反应动力学国家重点实验室主任。现已退休。

我们随化物所一起成长

沙国河

1956 年我毕业于北京石油学院（即今"中国石油大学"）人造石油专业，"人造石油"，也就是从煤出发，经高压加氢或水煤气合成等催化过程变成液体油品。因为我小时候的梦想就是要成为一个"发明家"，所以毕业时经老师推荐，于 1957 年春来到中国科学院大连石油研究所（即今大连化物所），因为当时中国尚未发现大庆油田，外国专家说中国是贫油国，所以当时化物所的两个主要研究方向就是煤的高压加氢和水煤气合成。

我一到所报到，就被张存浩先生领到了他的课题组，研究合成用的催化剂，当时张存浩和楼南泉、王善鋆、卢佩章等先生在这项研究中已经用熔铁催化剂和流化床技术，不仅实现了油产率的世界第一，而且用便宜易得的铁代替当时工厂用的昂贵稀缺的钴，从而获得了中国首届自然科学奖的三等奖。当然，这里没有我的贡献。在这个组里，我跟随张荣耀在一台小装置上做催化反应动力学研究以求更进一步改进催化剂，但是，两年多后，著名的王铁人钻井队在黑龙江大庆市发现了大油田，打破了外国专家说中国贫油的谎话，天然石油不仅比人造石油便宜得多，而且产量也大得多，所以这个项目的研究人员就被迫转行，向哪里转呢？按照我所"国家最需要什么，我们就搞什么"的传统，当时国际上处于美苏两大阵营的冷战时期，我国急需加强国防建设，其中最重要之一就是火箭和导弹，当时钱学森先生已经回国领导这项研究，他传来消息：美国在研究硼氢化合物高能燃料，于是所里立即组织有关专家，包括顾以健、张存浩、陶愉生、顾长立等进行会战，我也随张先生参加了这项工作。但是，虽然硼氢化合物能量高，比冲大，但它见空气就燃烧，且对人剧毒，无法使用，在付出惨重代价（许多参加人员中毒）后失败了。后来从事这项工作的人员就转向了以普通燃料为主的固体和固液火箭。几年后，这项工作就搬迁到了三线，而我则到了陶愉生领导的化学激光研究中，当时（1964 年）美国发明了"光引发氯化氢化学激光"，我们组则于 1965 年实现了，仅落后一年。

"文化大革命"期间，我所转归国防科委十六院领导，给我所下达了"微波吸收材料"研发任务。当时，我们连微波吸收材料是什么都毫无所知，我、蔡海林、李东藩三人就勇敢的承担了这项任务，我们领导了约三十人的团队，经过三年的奋战，虽然没研究出现代隐形飞机所用的吸波材料，但是研究成微波暗室材料，并由周忠振推广到工厂生产，其材料为我国国防工业建成了数十个微波暗室，是测试雷达性能所必需的。

1972 年，我所重新开展科研工作，张存浩、何国钟等也从农村回所，这时国外已有化学激光的少量报道，张先生以其敏锐的眼光认识到这项研究对国防的潜在重要性，于是在所里支持下，组建了化学激光研究室，开始搞的是氟化氢/氟化氘化学激光，后来又发现新出现的氧碘化学激光性能更好，就转而研究氧碘化学激光，到今天已经四十多年，大家长期坚持研究这个方向不动摇，化学激光从小发展到很大，已成为我所最成功的国防科研工作之一，张先生也为此获得了 2013 年国家最高科技奖，何国钟、我、庄琦、张荣耀、桑凤亭、周大正等也是这项工作的主要参加者。现在，回想当年我们怀着"一不怕苦，二不怕死"的决心，冒着氟气燃烧和剧毒的危险，冲锋在前的历程，感到很大的光荣。同时，我们也要感谢国家和化物所，为我们提供这样好的仪器设备和工作环境，更要感谢张先生对我们的培养和学术指导，让我们终身受益。

今年我已经到了八十五岁的耄耋之年，近几年，我的脑力已经赶不上现代科学迅速发展的步伐，但是身体还算好，就发挥一点余热，从事中小学生的科普教育工作，这既是国家的需要，也是院士的责任，更是我的快乐。我要在这个幸福的年代，多活几年，我相信在党的领导下，到中国共产党成立 100 周年时全面建成小康社会的目标一定能实现，到新中国成立 100 周年时建成富强民主文明和谐的社会主义现代化国家的目标一定能实现，中华民族伟大复兴的梦想一定能实现。化物所也必将成为国际一流的研究所。

作者简介：沙国河，男，1934 年 5 月出生，1957 年 3 月到大连化学物理研究所工作，中国科学院院士，研究员。从事化学激光和激光化学等多项研究。曾任激光化学研究室主任。现已退休，任大连化学物理研究所咨询委员会委员。

科技成果转化的发展历程的几个脉络

——从科技处长的视角

葛树杰　黄向阳　张　宇　张　晨

七十年来，大连化物所科技成果转化的质量和成就始终名列前茅，称誉全国，其中凝聚了几代科研人员的严谨求学、努力拼搏和不懈追求，他们勇于将科技成果转化为工业化、产业化和商业化技术或产品，他们的贡献始终让人们津津乐道，永远传颂。当我们这些曾任和现任的科技处长以服务管理者的身份，从七十年的发展历程尤其是知识创新工程和"率先行动"以来的发展历程，审视大连化物所波澜壮阔的发展史中的科技成果转化这波浪潮的时候，我们隐约可以从中窥探到科技成果转化的几个脉络，它们既揭示了大连化物所科技成果转化形态的变化，也展示了大连化物所科技成果转化制度的完善过程，更是展现了一代代化物所人探索前行、不断丰富和完善科技成果及知识产权转化机制的过程。

一、从技术成果转化走向广泛的"四技"合同服务和产业转化

在我国专利制度和知识产权制度还没有完全建立的 20 世纪 50 年代乃至 90 年代，大连化物所的重大研究创新，基本上以技术项目成果的形式进行保护和开发，例如大连化物所大约每 10 年就会在参与国家重大科技攻关或会战中产生一项重大的产业化科技成就。当时间进入 21 世纪，研究所进入知识创新工程以来，成果转化则主要通过两种形式开展：一是"四技"合同服务，这其中包含有产学研合作、行业合作等；二是参股合作研究或参股产业化。在这个过程中，科技管理的一个重要的职责就是通过广泛的成果宣传、项目对接和展览展会的形式帮助科研人员促进成果的转移转化。

这个时期（约 2001 年以前）主要的措施和办法有：一是面向国民经济主战场，承担国家重大科技攻关项目，解决国民经济建设中急需或长远发展所面临的科技问题开展研究与开发工作，产生新的技术生长点和产业化核心技术，如天然气（合成

气）综合利用、膜分离和膜反应技术等科技攻关项目。二是以市场为导向，瞄准企业亟需的核心技术，开展委托研究和合作研究课题，以"四技"合同的形式进行技术开发和服务，如干气制乙苯技术、甲氰菊酯农药技术等。三是产学研结合加强行业合作，通过成立产学研联合体，承担企业急需的研究和开发项目，如大连化物所与大连石化公司、吉化集团公司、厦门涌泉化工基地在丙烯开发利用、钯陶瓷膜制纯氢、丙烯水合联产异丙醇及异丙醚、工业污水处理、乙烯氧化制醋酸等课题方面开展了广泛而有效的合作。特别是进入知识创新工程以来，大连化物所与中石油集团公司、中石化集团公司、中国烟草公司，在石油化工、石油炼制、烟草等方面开展了深度合作，取得很大成绩。四是组建工程中心，将科研成果孵化成为有市场竞争力的产品。通过组建"国家催化工程中心"和"膜技术国家工程中心"，为大连化物所开展成果转化活动创造了良好的基础。五是以"产权明晰、规模发展"为指导思想，在清洁能源、无公害农药、精细化工、膜分离、近代分析、催化与净化等领域组建成立一系列高技术产业化公司。

在这个过程中，大连化物所一直坚持从机制建设和组织管理上创造有利的环境，制订了一系列的规章制度和激励办法来推进成果转化工作。例如成果鉴定制度及查新制度、"四技"合同管理及激励办法、知识产权保护、成果转化相关奖励、成果转化基金管理办法、关于科研工作重大成果的奖励规定、关于促进科技成果转化的激励办法等，从"竞争、奖励、评价和约束"机制四个方面构成了成果转化和高技术产业化的管理体系。

二、从技术成果鉴定走向全面知识产权管理

自 1984 年我国实施专利制度以来，大连化物所从"七五"科技攻关开始，就持续地开展专利申请工作，在科研工作者中涌现出一大批既懂研究工作又懂专利保护的发明人。知识创新工程以来，又在全面知识产权管理方面积极探索，先后开展国家知识产权局专利试点、产权办公室运营、专利包转化、专利战略研究等，取得了促进科技创新成果转化的积极效果。

在大连化物所的知识产权转化历程中，有几个重要的时间节点是我们记忆犹新的：2000 年大连化物所以 114 件申请量首次突破百件申请大关，并在国内的科研院所中居第二位，其后的 2006 年突破 200 件，2010 年突破 300 件，至 2018 年已达到 1388 件。另外，2001 年大连化物所申请了 5 件国外专利。

这些年里，大连化物所先后成为国家、省、市和中科院的知识产权试点示范单位、专利工作先进单位、专利工作交流站等。2007 年被列为首批"全国企事业知识产权示范单位"。

　　2002年大连化物所成立了专门的知识产权办公室，2008年成立了知识产权管理委员会，进一步完善了体制和机制建设，加强策划与运营，从以往的知识产权成果管理为主要模式转向知识产权的全过程服务介入的管理模式，有力地促进了专利管理和转化工作。2007年甲醇制烯烃专利工艺包技术转让费数额超过1亿元，引起极大反响。

　　这个时期的主要措施和办法有：一是积极探索全面知识产权保护和开发的新体系。在全面推进专利工作的同时，对科研工作的文章版权和署名权提出了要求，鼓励将行业标准制定与专利制度相结合，制订了知识产权与商业秘密保护的竞业禁止协议，改进绩效考核机制，鼓励专利技术转化和专利与专有技术结合的转让方式。二是加强专利的"三性"目标管理，促进专利申请和保护。科研工作开题立项时要体现创新性，科研过程中要体现创造性，科研项目结束和发表文章前要注重实用性，通过三性要求促进以专利为核心的知识产权保护的顺利开展。三是加强专利的实施和转化。从最早的"Me Too"战略（甲氰菊酯农药技术）到完全的自主创新（DMTO技术），从与企业联合开发成套专利技术（干气制乙苯技术）到向企业转移或技术入股系列专利技术（燃料电池技术），从接受企业委托形成企业确权的技术到平等地拥有技术产权（与英国BP石油公司合作）等等，专利技术的实施和转化呈现了全新的格局。四是把专利工作同"四技"合同服务统一起来，引导全所从以技术成果为合同技术标的全面转向以专利或专利加技术成果为合同技术标的，从而使成果转化的形式更加丰富起来，例如"许可使用专利技术"使得专利的转化更加灵活和适应市场多方面的需求。五是积极开展专利试点和知识产权运营工作，不断探索全面知识产权管理的新模式。在国家知识产权局的支持下，还在全国率先开展了"氢能专利战略研究"，形成了全新的专利战略研究模式。

　　在这个过程中，大连化物所可以说在体制机制和人员配备上鼎力支持了全面知识产权管理的需求。首先是加强了领导，把专利工作纳入知识创新工程中，在工作的推进、研究、检查、总结表彰等过程中始终把专利工作作为重点和要优先解决的问题；其次就是不断健全知识产权规章制度，落实转化运行机制和人员。建立健全专利管理规章制度、国际专利申请及资助办法、专利的撤销方法及其程序、专利的申请及维持、专利和知识产权的评估办法等。

三、以规范化的技术合同管理保障技术转移的顺利实施

　　毋庸置疑，科研人员创造出科技成果是技术转移的关键，且技术合同的履行是由科研团队完成的；不过，从管理分工的角度和实际转化过程存在的合同纠纷实践来看，技术合同签订也是技术转移过程中的一个重要节点。作为科技管理人员，一方面要帮助科研人员规范以后合同履行过程中的甲乙双方行为，使甲乙双方正确认

识技术转移过程中存在的风险，有效提高技术转移的效率和质量；另一方面，也要依据技术合同监督技术合同的履行，沟通协调合同履行过程中存在的问题或者协助进行合同变更，从而保障技术合同顺利执行。一份高水平的合同是技术转移的顺利实施的基础；反之，漏洞百出的合同必将导致很多互相扯皮的事，牵扯管理人员、科研人员的很多精力，甚至对簿公堂。

作为中科院技术转移先进单位，大连化物所历来重视技术合同的管理工作，从20世纪90年代起就制订了技术合同签订管理办法并多次修订完善，将涉及技术合同的洽谈、签订、履行等各方面内容加以规范，已形成了比较完备的管理体系。严格规范的管理有效促进了技术转移的开展，近10年来大连化物所的技术合同量每年都保持在200件以上，其中技术开发合同和技术转让合同在100件以上，合同执行情况一直非常好，极少出现合同纠纷情况，在业界有着很好的口碑。

在规范的制度建设之外，科学的岗位设置也很有特色。大连化物所的合同管理工作一直由纵向科研计划管理岗位承担，这样的岗位设置情况在中科院其他研究所基本没有。将技术合同审查签订管理与技术转移洽谈工作分立设置岗位，这种情况一直到2017年新成立了技术成果转化处，将技术转移工作从科技处分出去为止。这样的岗位设置，使合同管理工作人员可以从第三方的角度看待即将达成的合作，便于更加客观分析合同各项条款，分析合同标的的转移技术的技术状态与技术转移的商务流程，把握好合同双方权利与义务的平衡，而这些工作全部交给律师去做显然是不现实的。这样做的好处是设立了两道关口对技术合同进行把关，最大程度地加强了对技术合同的管理。

技术合同管理工作既是技术活，也是经验活。一开始很懵懂的技术合同管理人员，需要在长时间的管理实践中把握关键，积累经验，逐渐熟悉研究所各种技术研发的技术状态和技术转移的商务流程，慢慢地将二者结合起来成为技术合同管理的熟练工。有道是兵无常法、水无定型，技术转移中合同管理没有成熟的可复制的经验与模式，但也确实需要做到把握关键和要害，尤其是要在制订合同过程中与相关人员耐心分析和深入讨论，把关技术合同的定价、合同条款制订的简约与细化、风险点控制等问题，甚至有时候还要考虑合同双方的状况以及签约人的性格秉性和过往经验等，积累得久了，就基本可以做到给科研人员及时提出咨询建议和修改意见。

四、实施"以大型骨干企业为牵引的区域重点合作开发及成果转化战略"

随着知识创新工程和"率先行动"计划的实施，大连化物所重大科技成果不断涌现，近 10 年来，大连化物所重点明确地实施"以大型骨干企业为牵引的区域重点合作开发及成果转化战略"，在深化已有合作伙伴关系的同时，不断开拓新的合作渠道，努力推动科技成果转化和规模产业化，科技成果的产业化进程迈入快车道。自 2010 年起，持续建立和深化与行业骨干企业的战略合作，陆续与陕西延长石油集团、中国石油集团、天津渤化集团等行业骨干企业建立持续稳固的合作关系，与企业建立联合技术委员会，开展项目、人才、平台的全方位合作，支持企业提升研发实力，其中与延长石油集团的合作尤为值得一提。延长石油集团是陕西省重点骨干企业，拥有丰富的煤油气盐等资源。2010 年延长石油集团与大连化物所签订战略合作协议，共同致力于推动延长石油集团产业向高端化、精细化、清洁化迈进。9 年来，双方合作项目经费超过 3 亿余元，催生了油品超深度脱硫技术、钴基催化剂合成气制油技术、甲醇经二甲醚羰基化制乙醇技术等一系列重大科技成果。自 2018 年以来，双方商定合作探索性项目经费不低于 400 万/年，并根据项目需要不设上限，多项结题探索性项目纳入进一步中试支持。

在同大型骨干企业合作进行成果转化的众多案例之中，甲醇制烯烃（DMTO）技术的工业化和产业化无疑是一颗十分耀眼的"明星"。2006 年大连化物所与陕西新兴煤化工科技发展有限责任公司、中国石化集团洛阳石油化工工程公司三方合作，完成了世界首套万吨级甲醇制烯烃（DMTO）的工业性装置试验，之后 DMTO 技术正式进入商业许可和市场推广过程。2010 年与神华集团合作，实现了神华公司 60 万吨/年甲醇制烯烃(DMTO)装置顺利建设和开车。在此基础上，该技术目前已签署了 22 个技术许可合同，建设和运行了 24 套工业化装置。

面向国民经济主战场开展科学研究要因地制宜，选取符合地方实际需求的技术进行转化。新时代，大连化物所科技成果转化工作注重密切联系地方政府，以当地实际需求，灵活设置各类成果转化平台，打造了辐射全国的科技成果转化网络。在江苏省苏州市设立张家港产业技术研究院，推进大连化物所技术在长三角地区转化；在辽宁盘锦设立盘锦产业技术研究院，推进精细化工技术在盘锦中试产业化；在山西大同设立洁净能源创新研究院大同转化基地，助力"煤都"做能源革命的排头兵；在唐山设立洁净能源化工转化基地，打造钢铁企业清洁利用新示范。这些工作进一步拓宽了大连化物所成果转化渠道，有效地推动了成果的快速高效产业化。

另外，大连化物所科技成果转化工作一直注重品牌效应，近年来先后组织了"石油和化工联合会创新平台工作会""全国科学院联盟能源分会""洁净能源高端论坛"等行业会议。通过广邀行业骨干企业及地方政府代表参会的方式，在家门口宣传大连化物所科技成果，形成成果品牌效应，起到了积极作用。

回顾七十年的科技成果转化发展历程，我们看到，矢志不渝地探索未知的世界和解决国民经济发展中面临的问题，已经成为化物所人文化中最执着的一部分，在这个过程中实现探索未知的梦想、实现科技报国的宏愿，是一个值得终生为之奋斗的事情。当我们亲身经历这一奋斗和奔跑的历程，感受到大连化物所人的科技报国情怀和科技为民的赤子之心，回忆起来不禁热泪盈眶，深深地为大连化物所人感到骄傲和自豪。

作者简介：葛树杰，男，1940—2019 年。1964 年到大连化学物理研究所工作，研究员。曾任科技处处长、所长助理。

黄向阳，男，1968 年 3 月出生，1990 年至 2007 年在大连化学物理研究所工作，研究员。曾任大连化学物理研究所科技处处长、副所长。现任中国科学院离退休干部局局长。

张宇，男，1970 年 8 月出生，1993 年至今在大连化学物理研究所工作，正高级工程师。现任科技处副处长。

张晨，男，1981 年 2 月出生，2010 年至今在大连化学物理研究所工作，研究员。现任知识产权与成果转化处处长。

携手奋进，走向辉煌

孙　军　于　浩

在大连化物所建所七十年的光辉历程中，在中国共产党的坚强领导下，一代代化物所人怀着对国家的深情厚爱，凭借着坚韧不拔的科研攻关能力和毅力，在各个历史发展时期，做出了一系列国家最急需的科研成果，发挥了不可替代的作用，为我国科技事业发展做出了国家战略科技力量应有的贡献。

1949 年建所之初，全所的职工仅 106 人，科技活动人员 51 人，只有 9 名研究员。张大煜、郭和夫、萧光琰、张存浩、刘静宜、陶愉生等老一辈科学家冲破阻力，毅然回国，投身新中国的建设。建所初期，卢佩章、楼南泉、郭燮贤、彭少逸、陈国权、章元琦、郑禄彬等一批研究骨干来所参加工作，正是这样一支数量单薄的研究队伍，以无畏的精神，一次次成功地完成国家科技任务，解决了国家的急需。他们甘愿坐"冷板凳"，甘心作"铺路石"，不计个人名利，只当无名英雄，不负科学家光荣而又神圣的使命，为后来者树立了光辉的榜样，他们是化物所精神"锐意创新、协力攻坚、严谨治学、追求一流"的缔造者和践行者，是研究所厚积薄发、继往开来的信心源泉和宝贵财富。

1959—1971 年，为满足国家石油工业、煤炭工业和国防建设发展需要，研究所先后分出科技力量支持建立了中国科学院兰州化学物理研究所、中国科学院山西煤炭化学所和七机部四院 42 所等科研机构。同时，也向中国科学院金属研究所、哈尔滨石油化学所和长春东北科学研究所等单位输送科技人才，支持其发展建设。

1978 年，迎来改革开放"科学的春天"，化物所人一如既往地艰苦奋斗，突破从事科学研究的重重困难，不畏艰苦，协力攻坚，一次次奇迹般地完成国家重要攻关项目，成功填补了众多国内空白。同时，研究所不断抓好人才培养和引进工作，壮大科技人才队伍，1985 年，设立国务院首批博士后科研流动站；全所职工达到1384 人，其中，科技人员 879 人。

1998 年起，中科院分一期、二期、三期启动实施了知识创新工程，大连化物所为首批试点单位。1999 年，江泽民总书记视察大连化物所并欣然题词"实施知识创新工程，把大连化学物理研究所建成世界一流研究所"，并称化物所是"知识创新工程的先遣部队"，研究所在中科院的领导下开始大力推动科技创新，持续跨越发展，研究所体量也迅速精简，从 1998 年的 1209 人精简调整到 2006 年的 792 人，博士职工比例从 8.9% 升至 18.9%，研究所队伍结构得到优化，科技人才队伍非常精干，期间培养和吸引了一大批在学术上颇有建树的中青年学术带头人和科技骨干。

此后，我院相继实施"创新 2020""一三五"规划和"率先行动"计划，化物所年轻的科学家接过先驱手中的神圣火把，迎难而上，直面挑战，步伐坚定地将化物所精神一代代传承下去，光荣奋斗在科技报国一线，活跃在科技前沿的国际舞台，不断向国家和人民交出令人欣喜的答卷。化物所也从未停歇改革和发展的脚步，建所七十年来，科技人才队伍始终以国家需求为己任，争做科学院的排头兵，出色地完成国家科技任务，取得了一系列具有重要国际影响的原创性科技成果，在国民经济建设和国家安全中发挥了不可替代作用。这些成果的取得与一代代科学家艰苦卓绝的奋斗是分不开的。

从人才队伍的变化历史，可以看出研究所的发展命运和国家及中科院的发展紧密相连。研究所一直把人才作为创新发展的基础，尝试各种的激发人才创新活力的方式和策略。在不同的历史时期，不断探索和改革人才发展体制机制，经过几十年的探索，不断创新科研组织模式，参考借鉴美国、欧洲等顶尖科研机构的发展模式，针对传统 PI 制在创新实践中，特别是重大工程化项目研发中凸显的问题，大连化物所围绕重大项目探索建立了研究组集群制度。鼓励研究组围绕国家重大战略需求，面向国家重大战略需求和国民经济主战场，凝聚科研力量，以鼓励实施组群建设的发展方式将研究组做大做强，以大团队和重大科研项目为依托，由传统"单兵作战"模式逐步转向"集团作战"的模式，促进"三重大"产出。

为增强领军科学家的荣誉感和归属感，研究所参照国际 Tenure-Track、Chair-Professor 制度，实施"首席研究员"计划，遴选优秀科技人才，聘至退休年龄，给予稳定保障。

为激发优秀科技人才创新活力，稳定存量，优化增量，实行"预聘-长聘"制度，对新聘任正高级人才，设立 5 年预聘期，预聘期考核结果为优秀的，聘为"首席研究员"，进入长聘期管理。

为进一步凝聚、激励和支持取得突出成绩的优秀学术带头人，加强青年人才培养和引进，实施"张大煜学者计划"。对在科学技术领域做出系统的、创造性的成就和重大贡献的高层次科技领军人才，聘为"张大煜杰出学者"；对 45 岁以下，取得突出成绩，进入世界科技前沿的优秀青年学术带头人，聘为"张大煜优秀学者"；对 35 岁以下，在本学科领域取得较好成绩，有望进入世界科技前沿的优秀青年骨干人才，聘为"张大煜青年学者"。对"张大煜杰出学者"和"张大煜优秀学者"，直接聘为"首席研究员"，进入长聘期管理。

为选拔和培养 30 岁以下优秀青年博士人才，吸引优秀青年博士人才来所工作，化物所建立优秀青年博士人才破格选拔机制，聘为副研究员并给予专项经费支持。

为加强国际化人才培养，实施"国际英才计划"，化物所资助支持优秀青年科技人才到国际知名大学和国际顶尖实验室深造学习，提升其创新能力和国际视野。

为加强博士后队伍建设，化物所实施了"优秀博士后支持计划"，以百万年薪全球范围内吸引优秀博士后人才加盟大连化物所。

建立人才服务平台，做好引进人才后勤保障工作。化物所组成由所领导牵头、相关管理部门参与的人才引进工作小组，在人才回国前，提前启动实验室建设、仪器设备采购、团队组建、研究生招生、科研项目申请、配偶就业及子女入学（托）等工作，以保障人才来所之后尽快安顿下来，第一时间开展科研工作。

为解决人才子女入托问题，大连化物所与中科院共建中科院幼儿园大连实验园。为解决人才子女就学问题，大连化物所与大连理工大学合作共建大连理工大学附属学校，实现大连化物所职工子女可以顺利就读大连理工大学附属小学和中学。

在党的领导下，在不断地探索和努力中，人才工作呈现欣欣向荣的发展局面，研究所逐步形成具有研究所特色的科技人才计划体系。目前，研究所人才队伍不断壮大和优化，构建了一支素质优良、结构合理、勇于挑战、具有国际竞争力的创新人才队伍，为研究所的科技发展提供了有力人才保障，化物所曾先后获得"国家海外高层次人才创新创业基地"和"创新人才培养示范基地"等荣誉称号。

在研究所发展的光辉历程中，培养造就了一大批享誉国内外、在各个领域具有重要影响力的科学家。先后有 20 位科学家当选为中国科学院和中国工程院院士。目前，我所两院院士 14 人，国家万人计划入选者 21 人，创新人才推进计划入选者 25 人，国家杰出青年基金获得者 25 人。2018 年底，研究所各类职工 1751 人，科技活动人员 1227 人，博士职工比例达到 54.5%。拥有研究室主任、副主任 27 人；研究组组长、B 类组群组长、创新特区组组长 125 人；正高级人员 218 人，副高级人员 459 人，高级专业技术人员占专业技术人员总数 66.2%。研究所人才队伍结构在不断优化。在所级人才计划体系方面，拥有"首席研究员"61 人，张大煜杰出学者 12 人，张大煜优秀学者 38 人，张大煜青年学者 24 人，这些人才计划对我所高层次人才起到良好的稳定支持和保障作用。在青年人才方面，研究所拥有项目研究员 15 人，青年创新促进会会员 62 人，副组长 16 人，优秀青年博士人才 19 人，在站博士后接近 200 人，在学研究生数量突破 1000 人，青年人才队伍展现蓬勃生机。

十九大报告明确提出，要加快创新型国家建设，创新是引领发展的第一动力，是建设现代化经济体系的战略支撑，人才是创新发展的第一资源。中国科学院"率先行动"计划率先目标之一是率先建成国家创新人才高地，新时期陆续出台行之有效的系列人才政策。大连化物所历届领导都高度重视人才工作，不断探索人才体制机制改革，探索人才发展新思路和新举措，切实做好研究所人才政策与国家、中科院、地方人才政策的有效衔接和相互补充，出台一系列改革举措并卓有成效的实施开展。研究所今天的科技人才计划体系和取得的人才成绩，凝结着几代化物所领导和化物所人的辛勤汗水和智慧结晶。化物所正处于探索改革发展的关键机遇期，研究所将不断打造创新科技人才队伍，为率先建成国家创新人才高地夯实基础，力争为国民经济发展做出应有贡献。

七十载光辉历程，几代人同心筑梦。化物所新时期的历史使命任务光荣而艰巨，争建国家实验室的宏伟目标将使化物所积蕴的科技优势乘势而上，搭上关系国家发展、民族振兴的高速列车。斗志昂扬的化物所人已经做好了冲刺准备，抓住这个新中国、中科院和研究所共同迎来的七十华诞的伟大历史机遇。同时，欢迎海内外优秀人才加盟化物所大家庭，共同投入到国家科技创新的事业中。让我们不忘初心，牢记使命，携手向世界一流研究所的辉煌目标奋勇前行。

作者简介：孙军，男，1978 年 7 月出生，2008 年大连化学物理研究所工业催化专业博士毕业后留所工作，研究员。现任人事处处长。

于浩，男，1978 年 11 月出生，2007 年 7 月至今在大连化学物理研究所工作，副研究员。现在人事处工作。

大连化物所实施 ARP 十年回顾

卢振举

作为大连化物所人，每当生日这一天，当你来到单位打开电脑，就会收到有所长亲笔签名的邮件，祝福你生日快乐！此时，一切烦恼都应该远离你！你会感激领导们在百忙之中，会记得你的生日！同时你也一定很惊讶，这么多员工的生日都让领导记住是很难的，难道是人事处或者工会专门有人进行统计吗？告诉你，没人统计。那这是怎样做到的呢？这其实要感谢信息化手段、感谢 ARP 系统。

什么是 ARP 系统？这是 2003 年中国科学院组织开展的中科院资源规划项目的简称（Academia Resource Planning，ARP），是中科院科学资源规划的信息系统工程。它的目的是以科技计划与执行管理为核心，综合运用管理理念和先进的信息技术，对全院人力、资金、科研基础条件等资源配置和管理流程进行整合与优化，构建有效的管理服务信息技术平台。ARP 的实施，可以进一步推进管理创新，提升管理工作水平和效率，促进科技创新和人才培养效益的最大化。

我所被中科院选定为六个试点单位之一，从 2003 年开始了 ARP 所级系统上线实施准备工作，我本人从 2004 年 12 月开始作为我所 ARP 的协调人具体负责这项工作。

一、ARP 走过了一条艰辛的路

信息时代对于管理提出了更高的标准和要求，运用先进的信息技术和管理理念，建设符合中科院发展战略的新一代管理信息系统，是中科院研究机构提高创新能力、创新效率和管理水平的内在要求。ARP 系统正在这种需求下而生的。我曾用《漫漫 ARP，长长艰辛路》对 ARP 业务工作进行过介绍，本文中引用了其中部分内容。

1. 建模调研和更新理念的艰难

2004 年 9 月，中科院组织 ARP 建设方——神州数码公司相关人员开始到 6 个试点研究所进行所级 ARP 系统的业务建模调研工作，由于 ARP 系统要考虑到中科院资源中心、院级和所级的三元结构，要建立适合三层需要的流程模型是非常难的。

对于一直以来从事科研工作和科研管理的人员来说，使用信息化的手段进行科研管理还是很陌生的，过去也没有人注意它，什么是物料管理、生产管理，没人关心，大家关心的是学术水平、争取项目、获取经费、发表论文和成果得奖、社会认可等。因而建模初期人们还是过多地关注表面的形式，而没有从科研工作的特点、科研管理流程的需要性着眼，需要建立什么样的管理流程，适应管理流程需要在哪一个阶段提供什么样的数据，获得什么样的信息，根据信息需要决策采取什么样的措施，跟踪执行情况不断完善过程从而实现预想的结果。三元结构需要的内容不同，各有各的道理，所以从起步阶段就预示着要充满艰难。经过 3 个多月的反复沟通、讨论、协商，到了 2004 年 12 月，最后确定了强调以财务执行过程中资金流的优化来计划与控制科研课题的进行；以计划、任务管理来体现供应链关系（人力资源和科研条件资源）；通过综合查询来实现决策管理支持的管理模式。

　　2. 流程再造和整理数据的痛苦

　　建立 ARP 系统是以面向国家战略需求和世界科技前沿、以"三性贡献"为产出目标的科技创新，并要以人才培养为中心，所以进行流程再造，就要考虑这个因素。管理流程再造需要借助于信息技术作为工具，它可以在工作流程的组织上作为一种强有力的沟通手段，促使流程简化和高速化，还可以在一些计划、调度、协调方面引入定量分析与仿真方法。适合的工作流程是做好工作的基础，但改变已往习惯的工作流程对组织和人员来说都是一个痛苦的选择，再造新的流程更是一个痛苦的过程，后来的实践证明：ARP 系统的实施就是一个管理变革的过程。虽然流程服从系统的思想并没被人们所接受，尽管有了 ARP 系统的理念，但人们在管理上的创新还存在许多不足，所以表现在既留恋过去常用的流程，又感到流程中有缺陷；既羡慕 ARP 系统的流程，又感到流程刚性的烦恼；以至于在流程设置上经常变化，政策和措施不确定。ARP 系统在管理流程设置上有效地解决了三者之间人为沟通不畅的问题，所以提高了管理工作中的规范性。

　　ARP 系统的上线建立在完善的数据基础上，在系统建立和试运行时都需要有准确的数据做基础，由于 ARP 系统试运行时虽然对于基础数据量的要求很大，但却没有建立一个统一的标准和便捷导入方式，所以填充基础数据和维护最新数据成了 ARP 系统上线的主要瓶颈问题。从 2004 年 12 月开始，我所开始进行静态数据的填充，尽管研究所以前在信息化建设上有很好的基础，在 MIS 管理方面做了大量的工作，但从 ARP 系统上线的要求看，静态数据方面还有很多的问题，特别是科研项目和课题管理方面，没有 MIS 数据，没有整合数据，数据基本分散在每个工作人员的手中，显得数据管理无序。要在半个月内的时间内，整理好静态数据，并保证 ARP 系统试运行，难度很大，怎么办？为了做好这项工作，组织有关人员和研究生突击对数据进行整理,"白加黑"和"5+2"成为常态。在科研项目模块中,要对科研项目、科研课题、科研子课题的内容方面,按照 ARP 系统数据的要求重新进行编号,对于在研的上千个课题中的课题来源、课题类别、课题经费、课题人员和课题产出物的内容要进行描述,数据量非常大,经过十多天的整理,基本满足了测试的需要;在人力资源模块中,虽然有 40 个信息库的数据需要填充,但由于原有的 MIS 库中大量的数据维护较好,所以经过认真整理,数据满足了试运行的需要;在资产模块中,设备数据只和课题挂钩,房产和图书的数据采取"打包",所以数据量相对较少,并且单一,经过整理,数据满足了试运行的需要;在综合财务模块中,静态数据并不非常重要,但为了检验应付模块和总账模块的运行状况,在原有用友系统数据的基础上,转入 ARP 系统相对简单,所以经过试运行,基本满足了需要。到了 2004 年 12 月 22 日,基本完成了静态数据的采集工作,数据共有 16993 条,经过初步测试,数据结构符合 ARP 系统。但仅仅完成静态数据是不够的,必须是真实动态的数据,2005 年 1 月,开始填充动态数据。

3. 冲击上线的无憾和使用效果的喜悦

完成测试之后,就要进入 ARP 真实环境,到 2005 年 1 月 28 日所有数据全部导入 ARP 系统真实环境。2006 年 2 月 1 日,随着中国科学院路甬祥院长手按电钮,中国科学院 ARP 项目试点上线开始,我所当时上线操作手是财务处的陈万勇。所有参加 ARP 系统上线的同志在经历了重重困难后,无不自豪地说:"尽管目前 ARP 系统还有许多不完善的地方,似乎有些'人围着计算机转'的感觉,但我们对为上线所付出的精力无怨无悔,我们将不断完善 ARP 系统的功能,一定要让'计算机围着人转'。"

2005 年 ARP 系统上线使用后,表现出了一些明显的效果,使得研究所在管理效率上大幅度提高,参加 ARP 工作的人员充满了喜悦。**ARP 提高了管理的规范性**。通过人力资源模块以人员编号、部门和岗位反映人员的基本情况,从进入、合同和薪资等确定人员的状态情况;综合财务模块以应付凭证、报销过程进行会计核算,以总账来强化预算、统计和分析的可操作性、时效性以及准确性;资产条件模块以购置和核算确定资产的管理;从预算、核算和进展来管理课题的执行情况提高了管理工作中的规范性。**ARP 加强了统计的准确性**。对数据的有效集成达到了信息管理过程的自动化,而管理过程的自动化运行强化了统计数据和统计结果的准确性,并可以生成有效的各种报表,如人事报表、财务报表、综合报表和评估数据等。

ARP 保证了查询的及时性。通过预算对财务进行控制,保证了对人员结构情况、课题经费情况、承担科研课题情况、题目组的总体成本等,特别是对课题经费的查询的及时性。**ARP 优化了信息的全面性**。可以通过对人年投入、经费投入和时间投入及产出物的综合统计，分析得出投入和产出之间的关系，可以通过课题和经费的来源、科研成果的推广范围，进行客户关系管理，可以通过人员的信息，实现专家的管理，通过综合财务状况的预测和分析，可以看出全所的资源状况和发展潜力，通过系统确立的正确模型可以得到比较全面的信息。**ARP 促进了数据的共享性**。ARP 系统是提供数据资源的平台，它根据系统设定提供了管理流程，并由不同的岗位维护各自的数据，填充不同的信息，由于系统各模块之间的存在相互联系，使得一个数据只需要填充一次，整个系统就都能方便地为各种用途而提供数据。

二、拓展 ARP 用于研究所管理的实践

从 ARP 上线后，我所每年都要召开 ARP 管理创新研讨会和深化 ARP 建设研讨会，来拓展 ARP 用于研究所的各项管理工作，功夫不负有心人，我所 ARP 的使用不断有所拓展，ARP 应用始终走在了整个中国科学院各研究所的前列。

1. 开发完善了经费预算管理系统，并可以快速查询研究组的经费

由于我所科研项目经费来源多样，每类科研项目预算科目和预算控制方式各有不同。传统的经费管理无法进行经费支出与项目预算直接对应，项目负责人也无法随时了解项目各项预算的结余和超支情况，只能定期通过财务部门提供的项目支出明细了解项目的实际支出情况和预算结余，无法按项目预算来控制日常支出。通过 ARP 开发完善了经费预算管理系统，极大地强化了我所各课题组经费的预算管理。按照 ARP 的组织结构划分，重新定义一下人员组织，通过进行具有个性化的二次开发，可以快速地查询研究组的经费，便于研究所经费预算的执行。

2. 完善人员管理和增加生日祝福功能，开发了会议签到功能

在 ARP 系统中增加了研究生毕业转正式职工和人员出所之后（办理离所手续），再次进所的功能，这样在管理上记录是一个完整的过程，极大地方便人员管理。使用 ARP 预警功能，建立了人员生日问候制度；实现博士后进所、博士后出站提前三个月提醒，博士入所三个月之后（试用期满）提醒和研究生入所一年提醒。

联合中科院网络中心 ARP 中心开发了"基于 ARP 的一卡通人力资源系统"，在此基础上，二次开发了会议签到系统，在我所的党代会和职代会上使用。

3. 建立危化品管理系统

联合中科院网络中心 ARP 中心开发危险品管理系统，主要实现对危化品品种明细管理、采购申请及审批流程、课题组入库管理、课题组出库管理、危化品处置管理、部门间危化品转移、危化品的共享、实时库存查询，2012 年 6 月开始启用。

三、结　语

弹指一挥间，到了 2012 年底，中科院 ARP 项目风雨兼程走过了十载；十年磨一剑，ARP 已成为科研管理信息化的重要平台。2012 年 12 月 10 日，中国科学院信息办组织了"管理信息化研讨会暨 ARP 实施十周年纪念"活动，时任中国科学院副院长、院信息化工作领导小组组长施尔畏；时任中国科学院副秘书长、院信息办主任谭铁牛等出席了会议。

谭铁牛首先作题为《坚定不移走信息化服务一流管理之路——ARP 十年回顾与展望》的主题报告，报告分为扬帆起程、探索实践、成效初现、十年启示、未来展望五个部分，报告详尽回顾了 ARP 实施十周年的历程，用翔实的案例展现了 ARP 的实施效果。

施尔畏在会上发表了重要讲话，着重强调了四个方面的问题。第一，搞信息化，一定要应用牵引。第二，ARP 的推进，要坚持实践第一。第三，要坚守坚持。最后一点，实干推进。作为"最佳 ARP 组织领导者"获得者的代表，我所和兰州分院、上海技术物理研究所、广州健康院在会上分别介绍了 ARP 系统应用实践的体会和案例。为表彰在 ARP 实施的十年里所做出贡献的人员，中科院颁发了"荣誉奖章"，我所共有 9 人获得，他们是：高筠、陈万勇、赵云梅、王立立、曾理、乔晓冬、张晓洁、刘卫锋、卢振举。

实施 ARP 项目是现代管理在信息化时代发展的必然结果；ARP 发展和应用效果的真正动力仍然是用户的内在需求，符合科学研究资源管理的实际是 ARP 发展和应用的根本；不断完善的 ARP 系统，已经初步实现了"计算机为人服务"的明显效果；ARP 工作十年历程证实了它的成功，尽管付出是百分的，但收获却是千倍的。

作者简介：卢振举，男，1962 年 10 月出生，1984 年 8 月至今在大连化学物理研究所工作，研究员。曾任人事处处长、所长助理兼人事教育处处长、图书档案信息中心主任。现任保密处处长。

实施知识创新工程试点工作中的
几个"第一个"

卢振举

1999 年 8 月 20 日,时任中共中央总书记、国家主席、国家军委主席的江泽民同志亲临我所视察,在中央有关部委、辽宁省和中国科学院领导的陪同下实地参观了新能源电池、化学激光等实验室后,又听取了我所邓麦村所长关于实施知识创新工程试点工作的进展情况汇报,仔细了解情况后,江总书记非常高兴,欣然挥笔题词:"实施知识创新工程,把大连化学物理研究所建成世界一流研究所"。20 年前开展的知识创新工程试点工作,探索深化了我所的体制和机制的改革,建立起了"开放、流动、竞争、择优"的用人机制,也使得我所呈现出了前所未有的生机和活力。作为知识创新工程试点工作的亲历者,回顾一下当时我所的几个"第一个"。

一、"第一个"试点启动的研究所

1997 年中国科学院提出《迎接知识经济时代,建设国家创新体系》的建议,1998 年 2 月 4 日,时任中共中央总书记、国家主席、国家军委主席的江泽民同志批示:"知识经济、创新意识对于我们二十一世纪的发展至关重要。东南亚的金融风波使传统产业的发展有所减慢,但对产业结构的调整则提供了机遇。科学院提了一些设想,又有一支队伍,我认为可以支持他们搞些试点,先行一步。真正搞出我们自己的创新体系。"1998 年 6 月 9 日,国家科教领导小组原则通过中国科学院关于开展知识创新工程试点的汇报提纲。1998 年 6 月 13 日,中国科学院召开会议,部署启动知识创新工程试点工作。1998 年 7 月 8 日,我所召开中层干部会议,时任所长杨柏龄仔细地传达了中国科学院实施知识创新工程试点阶段的主要任务和精神,并提出我所建设与国际接轨、高效运行、持续健康发展的现代化研究所的目标设想。

为参与知识创新工程试点工作,我所多次召开各类人员会议,认真系统地分析我所进行知识创新工程试点改革的基础条件和可行性条件,认为当时我所至少在五个方面具备了条件：一是一直以来我所进行的人事制度和分配制度的不断改革，为实施知识创新工程试点基本上扫掉了外围阻碍，制度有保证；二是经历多年的改革，全所员工在思想观念上已经有了非常大的转变和适应，观念有保证；三是自1995年以来采取措施培养的一批青年科技骨干，经过磨炼已经成长起来了，为实施知识创新工程试点提供了有力的人力资源保障；四是在"淡化"传统学科边界的方针下，不断进行的课题组调整，已经使全所整体的竞争实力大大增强，有利于再次进行大幅度的学科调整，学科方向可调整；五是基础设施和环境建设以及知识创新工程试点的经费为实施进一步的深化改革奠定了良好物质基础，经费有保障。在经过上述认真分析的基础上，我所的知识创新工程试点工作如火如荼地开展起来了。

1998年8月14日，时任中国科学院院长路甬祥来到我所视察，并为全所中层干部做了中国科学院开展知识创新工程试点工作的报告，在听取我所关于开展知识创新工程试点工作汇报后，对我所作为知识创新工程试点首批项目之一，寄予了很高的期望，并对方案提出了指导意见。

1998年9月4日，我所召开全体党员和副研以上的科技骨干会议，传达我所知识创新工程试点方案。

1998年10月19日，沈阳分院到所宣布杨柏龄任中国科学院副秘书长，10月20日赴京上任，副所长邓麦村主持我所全面工作。

1998年11月12日，我所成立了知识创新工程试点工作领导小组。组长邓麦村，成员有姜熙杰、林励吾、王承玉、包信和、张涛、梁鑫森、葛树杰、包翠艳、卢振举、侯臻。

1998年11月19日，沈阳分院宣布邓麦村任大连化物所所长，王承玉、包信和、张涛、梁鑫森任副所长。

1998年11月24日，中国科学院在北京召开新闻发布会，宣布大连化物所作为知识创新工程试点的首批单位正式启动。按照试点方案，我所实施知识创新工程试点的目标是：通过一系列深层次改革，建立与国际接轨、高效运行、充满活力、有持续健康发展基础，有不断进行知识和高技术创新能力的现代研究所制度。建立开放式的知识与技术创新体系，形成开放、流动、竞争的机制，为创建世界第一流研究所打下坚实的基础。

为了在有限的时间里实现这一目标，我所将科技目标凝练、体制机制和用人制度改革作为横向，将科技创新、高技术产业和后勤服务改革作为纵向，同时开展全方位的深层次改革，制订了学科凝练与机构调整，人员流动、分配制度和福利货币化，绩效考核与评价，后勤服务体系社会化和高技术企业改制等5个方面的改革方案，并在全院先行一步逐步进行实施。

二、"第一个"实行"年薪制"的研究所

收入分配一直以来都是个敏感的话题，现在来看"年薪制"已经非常普遍，但在 20 年前的 1998 年应该还是个新鲜事。我所实施知识创新工程试点工作内容之一就是进行分配制度的改革，为了兼顾"绩效和公平"，我所在知识创新工程试点时采取了"福利货币化，对外有竞争力，对内有公平性"的收入分配原则，在收入分配上体现出了高收入和高风险。在所领导的支持下，人事处组织制定了《关于进入知识创新工程岗位人员年收入的有关规定（暂行）》和《关于年收入范围及发放程序的有关规定（暂行）》。在实施知识创新工程试点阶段，即从 1999 年 1 月 1 日开始实行，各类人员的档案工资和各种津贴、补贴全部封存，实行统一的"年收入制"。其中骨干岗位人员的收入由所财政支付，年收入可达原收入的 2~3 倍；流动岗位人员的收入由骨干岗位人员确定，其年收入的标准从 1.2 万元到 4 万元分 8 个档次，"年收入制"在当时的大连绝对具有竞争力，消息一公布，在社会上引起很大的反响。

为了配合"年收入制"的有效执行，我所还制定了适合研究所自身特点的绩效考核办法、标准和程序，即建立了对行政单元是以定量评价为主，对个人是采取定性与定量相结合的评价为主的考核制度；同时根据工作性质的不同，对考核的内容和要求也不尽一致，对科研工作，主要强调可量化的绩效；对管理工作，则主要强调认同感和定性指标；使考核能够以"按照什么……做什么……达到什么结果"为主要依据。对全所人员进行了赋分（满分 100 分）的考核，从所长开始，职能部门负责人、研究室主任、题目组长等都要进行公开述职，然后由来自所内各方面的代表给予 360 度的考核评价。经过考核，对低于 60 分的科研人员和低于 70 分的管理人员，不发年收入的 20%；对考核分数列最后 10% 的人员，给予黄牌警告，连续两年考核分数列最后 10% 的人员，将被解聘；对考核分数列最前 20% 的人员，年收入增加 5%。"年收入制"的实施使更多的人转变了工作观念，由传统的"让我干"转变成为"我要干，而且要干好"。这种绩效考核做法曾在《共产党员》杂志上做过介绍。"年收入制"作为有效的激励，为后来全年实现"年薪制"做了积极有益的探索。我所实行"年薪制"的做法，在 2000 年 3 月，国家审计署驻沈阳特派员办事处来我所进行财务审计中得到了赞许。2000 年底，中国科学院开始试行"法人年薪制"。

三、"第一个"探索"放管服"的研究所

今天我们都知道科研经费"放管服"的精神。其实在 1998 年知识创新工程试点期间，我所就开始实行了科研经费的"放管服"探索。化物所发字【1998】96号文件是我所向财政部驻大连财政监察专员办事处提交的请示报告《关于差旅费开支部分实行包干结算的请示》。这一做法得到同意并从 1999 年 1 月 1 日开始实行，

这是我所实施知识创新工程试点工作中改革的一项举措。在做好科研经费"放、服"的同时，必须加强"管"。1999 年我所先后制定了《关于实行内部审计监督的暂行规定》等 5 个制度，包括骨干人员离任审计、现金分配使用、干部廉洁自律和职工自我约束、执法监察等内容，当时还制定了《关于预算经费审批权限的暂行规定》，上述做法为知识创新工程试点工作的顺利实施做了有益的探索。

    "第一个"未必是最好的一个。今天回顾 20 年前的试点工作情况，正如中国科学院原党组副书记郭传杰当时所说的："所谓'试'，就不是一个很成熟的东西，它要以非常规的思维、非常规的手段、非常规的动作来推进某件事情，实现某种目的。所谓'点'，就是指没有全面铺开，因此就会形成一种不平衡，但这个点必然要是高目标、高起点、高要求。"正是在知识创新工程试点阶段的几个"第一个"，使得我所 20 年来一直不断发展探索，在为中国科学院和我国科技事业不断做出贡献的同时，也壮大的自己。

    作者简介：卢振举，男，1962 年 10 月出生，1984 年 8 月至今在大连化学物理研究所工作，研究员。曾任人事处处长、所长助理兼人事教育处处长、图书档案信息中心主任。现任保密处处长。

点燃催化圣火，梦圆中国北京

——记第十六届国际催化大会

方 堃

2016 年 7 月 3—8 日，第十六届国际催化大会在北京国家会议中心隆重举行，来自 50 个国家和地区的 2600 余位代表出席了会议，大会的参会人数和收到的稿件数量均创下了国际催化大会的新纪录。国际催化大会首次在我国举办，圆了我国几代催化科学家的梦想。

一、三十年磨一剑

国际催化大会（International Congress on Catalysis，ICC）是催化领域规模最大、学术水平最高、影响最广的国际会议，因与奥运会同步，被誉为催化领域的奥林匹克。第一届国际催化大会于 1956 年在美国费城召开，迄今已有 60 年的历史。

20 世纪 80 年代，我国作为正式会员加入国际催化理事会后，开始酝酿申办 ICC，在 1988 年第九届国际催化大会上首次口头提出申办意愿，先后经历了 4 次申办，终于在 2012 年第十五届国际催化大会上申办成功，接下了 2016 年催化的"奥运圣火"。

二、责任重大 使命光荣

大连化物所从 1988 年开始，一直积极参与中国催化界申办 ICC 的事务，直到申办成功，做了大量的前期工作，也得到历届所领导班子的重视和支持。受中国催化学会委托，我所承担了这次会议的组织筹备工作，这既是中国催化界对我所的高度信任和期待，也是我所对中国催化的承担、责任和使命。从 2012 年申办成功后，会议组委会便筹划和启动了筹备工作，调动了化物所及我国催化界的中坚力量，力争办好一次国际化、规范化并具有中国特色的 ICC。

三、齐心协力　精益求精

组织 ICC 这种规模的国际会议，对中国催化界的组织能力、管理水平和科学素养是一次国际性考验。组委会组建了审稿委员会和秘书处，我所 40 人加入其中，承担了会议的组织筹备和审稿等工作。此外，组委会还招募了 46 名学生做会议志愿者，其中 43 名都是我所的在读研究生。会议组委会明确分工，制定详细的工作进度表，在筹备期间，组织召开了几十次工作会议，反复讨论、推敲、预演，选定最优方案。

学术质量是大型国际会议的重中之重，学术报告的安排和选择是考验会议组织者科学素养的基本指标。会议学术组严格遵循国际催化理事会章程，全面系统地分析了历届 ICC 学术报告特点和组织模式，确立了本次 ICC 必须优先保证高质量的学术报告。在报告安排上，在 ICC 历史上第一次创造性地增加了除大会报告、主题报告之外的邀请报告，并热情邀请国际上各个国家、各个分支方向的顶级科学家到会作邀请报告和主持会议。对于大会惯例性的口头报告和墙报展示，也严格执行国际同行评议的标准，即每一篇会议投稿均经过国内外 3 位审稿专家评审，以保障大会整体学术水平。作为东道主，以谦虚和自信的姿态，合理、合适地安排我国催化领域杰出科学家作报告和展示我国的催化研究成果，获得与会国际同行的高度赞扬。除了两个国际催化理事会的大奖外，这次会议对青年科学家奖的评选工作也进行了改进，使这一奖项的含金量和认可度得到了很大提升，这将长远地影响和促进世界催化科学和技术的发展。在制定会议日程的过程中，为了能更科学、合理地安排报告内容和顺序，几百篇口头报告的摘要内容均反复阅读和斟酌，近 2000 篇的墙报摘要也是逐一仔细阅读后再进行排序。为了保证会议学术日程顺利进行，与 1000 多位报告人和分会主持人保持频繁联系，确定具体报告时间和参会安排等事宜，最终所有的口头报告和主持人无一缺席，墙报展讲率达 91%。此外，为使我国催化科技工作者在这个盛会上能有出色的表现和展示，在会前给国内与会者先后发出多份信件提醒会议事宜，并建议认真准备报告，严格按照国际学术会议的报告方式和质量标准，充分且自信地展示我国催化研究的最新进展。在这次会议中，大连化物所 2 人作主题报告，2 人作邀请报告，8 人作口头报告，1 人主持大会特邀报告，3 人主持分会报告，117 人作墙报展示；此外，还有三名科研人员获得国际催化理事会"青年科学家奖"。

会议设备组对会场设备的方案精益求精，本着"硬件先进，软件细致"的原则，反复校对、验证，多次实地考察、开会讨论，确定了视频系统的双机双投方案，在整个 6 天的会期里，所有设备没有发生任何故障，保障了会议的顺利进行。

赞助组肩负筹集会议经费的重任，为完成目标，详细调查往届催化大会赞助公司情况，了解当前国内外催化相关企业现状，积极、耐心与他们联系洽谈，讲明催化大会对于推动催化技术发展的重要意义。经过多方努力，这次会议没有使用国家和依托单位的经费，实现了以会养会的目标。

设计组在排版会议手册时，耐心细致，反复校对，既要确切反映会议报告的重要信息，还要保证印刷材料的美观与和谐。但由于排版工作只能在会议日程确定后才可以开始进行，又要给后续的印刷留出足够的时间，所以排版工作时间紧任务重，几乎白天黑夜连轴转。有时会议日程发生一个变动，能推翻前一天所有的工作，只能晚上通宵重新再来。

中国的餐饮文化举世闻名，有些国外参会代表甚至在会前就发邮件来表达了对中餐的期待。餐饮组从用餐人数、地点，到菜单、菜量的确定，既要考虑如何突显中餐特色，又要考虑参会代表的饮食习惯，更重要的是节约成本、不能浪费，因此每一环节都是经过了反复的思量。

宣传摄影组负责记录会议的点点滴滴，会前详细了解各个会场的日程和布局，合理安排摄影团队，提前邀请科学家安排采访，准备新闻素材，通过多种渠道，如网站、微信公众号等方式将会议的重要信息传播出去，会后还为每一位参会代表制作了美丽的回忆相册。

对国外参会代表而言，来华参会需办理中国签证。签证组很早就启动了会议签证办理工作，在会前三个月的时间里，为几百位国外参会代表顺利办理了签证邀请信。组委会的所有老师和同学团结协作，筹备工作有序进行，所有准备工作在 7 月 2 日已全部就绪，随后接受了 2600 余位参会代表的检验，圆满完成了这次历史使命。

四、中国元素　融入盛会

国际催化大会已经召开了十五届，有固定的模式和规则，因此组织这次会议既要遵循国际惯例，又要把这次会议贴上中国标签，要让大家记住这是中国办的 ICC，而不是 "Another ICC"，为此，组委会设计了科学与艺术的结合。在每天大会报告前的半小时，安排中国传统乐器演奏，同时利用会场的超大屏幕，配合演奏的风格和曲目展示中国山水风景，很多参会代表每天都提前来到会场，认真观看这一段开场演出。

2016 年恰逢 ICC 六十周年，在大会晚宴前，会议特别安排了 ICC 六十周年庆祝活动，制作了 ICC 的历史回顾，并邀请了国际催化界的知名科学家录制视频，参会代表观看后感触颇深，特别是一些老先生，看到很多久违的熟悉面孔，非常激动。在大会晚宴上，也特别安排了中国京剧及传统艺术表演，给参会代表留下了深刻印象。我们用自己的方式诠释出了东方文明古国对 ICC 的另一种理解。

五、朝气蓬勃　专业规范

在经历了 600 多个日日夜夜的奋战后，在 2016 年的夏天，我们在中国北京点燃了催化的"奥运圣火"，国家会议中心迎来了五湖四海的宾客。会场内外，随处可见身着绿色 T 恤的志愿者，他们大都来自我所的在学研究生，他们用热情细致的服务使参会代表体会到宾至如归的感觉。在会议期间，有国外的参会代表身体不适，志愿者立即带他们前往医院，同时还兼任翻译的工作；有的参会代表不慎丢失物品，志愿者们积极联系会场安保寻找到物品……在会后，志愿者们得到参会代表的高度赞扬，会议的组织和服务也得到了多位国际知名科学家的高度评价，如"Thanks again to you and your organizing team for a very successful 16th ICC. You fulfilled and exceeded everyone's expectations. ——Alex Bell""Thanks for this. It was a great conference and congratulations to all involved in the organization——Richard Catlow""I was deeply impressed by the perfect organization and dedication. Well-done by you and your organization team! ——Bert Weckhuysen"等。

会议的成功举办，提升了我所甚至我国催化研究在国际催化界的影响力，奠定了中国催化研究的国际地位，同时也让国际催化同行对中国的传统文化、组织能力等方面有了全新的认识。这是中国催化科学和技术发展的一个转折点，更是一个新起点。对于会议的组织团队而言，能有幸承担这一历史使命、参与如此规模和级别的会议的组织工作，是一次难能可贵的人生经历。

作者简介：方鼙，女，1981 年 6 月出生，2006 年 5 月至今在大连化学物理研究所工作，高级工程师。现任催化基础国家重点实验室办公室主任。

一个研究组的日常

罗　健

　　四月的大连，冬天伴随着凛冽的寒风已经渐行渐远，和煦的阳光温暖着整个大地，催促着路边的绿叶新芽，爱抚着枝干上的朵朵红花。暖风吹来了所里的勃勃生机，也絮叨着建所七十年来的历历往事。七十年了，人来人往，好的故事口口相传，新的故事也逐渐清晰。七十年里，每一个研究组的日常，共同谱写了化物所发展的轨迹。今天，我们来聊一聊其中一个研究组的日常，她的名字是复杂——分子体系反应动力学研究组，又叫1101组，隶属于分子反应动力学国家重点实验室。

　　周一是新的一周的开始，这个上午的1101组肯定是忙碌并且充实的。组内的学生早早地来到了实验室，他们一定能够看到走廊上挂的那些老照片，照片展示了20世纪80年代实验室破土动工的场景，记录了建立这个实验室的老一辈的科学家们，他们的神采令人肃然起敬，他们的激情让人热血沸腾。照片中的一个人，1101组的学子们肯定能轻易地认出来，他就是何国钟院士，是1101组的首任组长。当年，何老师响应国家的需要，在年过五旬后毅然决然地攻坚新的的科研方向——分子反应动力学，为1101组的成长种下了根。

　　时间过得很快，到了九点半，就是每周例行的组会时间了。报告人将近一段时间的科研进展、科研难题以及所有的想法都向全组做一个汇报，与大家一起讨论。听报告的人都很专注，组长韩克利研究员尤其如此。韩老师自从1995年从何老师手中接过接力棒以来，组会一直是他最重视的活动，是他把握科研方向、传授科研思想、引导学生科研之路的场合。这次组会的三个报告人分别来自组里的三个小方向——荧光探针、能源材料和理论计算。荧光探针是韩老师基础融应用的一次尝试，不仅仅要求开发出可以检测疾病、爆炸物等荧光探针分子，还要立足于学科特征，研究探针分子的动力学过程，从根本上理解荧光探针的作用机理。经过艰难不懈的探索，终于在国际上建立了学术声望，部分成果发表在了 *J. Am. Chem. Soc* 等国际知名杂志上，并且受邀在 *WIREs Computational Molecular Science* 杂志上发表了关于荧光探针激发态机理的综述。

　　能源问题是全世界亟需攻克的难题，开发新的能源材料更是迫在眉睫，为了抢占这一机遇,韩老师带领研究团队开展了钙钛矿材料的设计以及动力学研究,并且从一开始就考虑到目前广泛使用的铅元素对环境有极大的负面作用,所以决定从更难的非铅钙钛矿入手,最终首次合成出了多种非铅钙钛矿纳米晶,并揭示了其动力学机理,部分研究成果发表在了 *J. Am. Chem. Soc*,*Advanced Materials*,*Angew. Chem. Int. Ed.* 等国际著名期刊上。

理论计算能够直观地提供原子分子层面上的信息,当实验数据证明了理论计算的可靠性后,理论计算又可以反过来深度挖掘实验数据存在的意义,也可以对有多种可能性解释的实验数据给出更加合理确定的解释。激发态氢键、爆炸物的反应动力学、激发态质子转移,这些累累硕果,都是 1101 组这个大家庭协力攻坚的成果,截至目前,韩老师已经在 *Acc. Chem. Res.* 上发表了两篇理论计算的综述,系统总结了研究组理论计算的研究成果。

每次组会,何院士只要身体状况允许,都要来听讲。之所以说是听讲,因为何老师每次都听得很认真,尽管已过八十高龄,尽管已经听不太清,但是何老师都会拿一个照相机,将报告内容认真录下来,回家再细看。他总是希望能够给出一些非常好的建议,但是又担心自己说得不对。所以,每次提问时,何老师总会先说“我对这个不是很懂,不过我有几个小建议,你看看对你会不会有帮助”“我听不太清,能麻烦你再讲讲刚刚那个问题吗?”这个时候,报告人都会非常认真地和何老师交流,韩老师也会一起解释,而所有人,都会对何老师高屋建瓴的建议深深佩服。老一辈科学家的严谨的治学理念、谦虚的人生态度就这样潜移默化地影响着我们这些年轻后辈们,就像当年影响韩老师一样,一代一代地往下传承。组会结束后,但是讨论还没有结束。三五人成一团,接着对感兴趣的问题继续讨论。

这个下午,韩老师将组里专门负责纳秒瞬态吸收光谱仪器产业化的团队请到了自己的办公室,共同讨论仪器产业化的下一步工作。其实,从研究组成立之初,就秉持着自主开发仪器的理念,在不断地学习和探索中,课题组的仪器研发水平得到稳步提高。为了国家的科研项目不至于成为国外仪器生产商的饕餮盛宴,为了大多数经费不会用来去购买国外昂贵的仪器,经过十多年的科学攻关,课题组终于研制出了超高稳定性的、与国外仪器性能相当甚至更好的超高时间分辨光谱仪,经过近两年的测试,利用该仪器研究材料的三重态的激发态动力学,相关研究成果发表在 *J. Am. Chem. Soc.*,*J. Phys. Chem. Lett.* 上,得到了国内外同行的认可。接着,韩老师带领一个从事基础科研的团队走向市场,与国际大公司展开竞争。其艰难程度可想而知,在无数次沟通、被拒绝、再沟通后,我们终于迎来了第一个订单,客户反应很好,给予很高评价,口碑很快传播开来,我们的仪器产业化之路也慢慢打开了局面,为实现国产仪器自给自足、实现在高端制造产业占有一席之地的中国梦迈出了一小步,目前,我们已经为包括复旦大学、天津大学、西南大学在内的国内多所高校提供了定制的仪器,客户在反馈中对我们颇为赞赏。而接下来的目标,就是要利用自身优势,研制出更多更好的产品,为国内的科研工作降低成本。

到了晚上,忙碌了一天后,大多数职工都已回家,而韩老师继续留在办公室,将时间留给有需要的学生,讨论科研问题,修改文章。或者,有些学生生活上有不如意,都会找韩老师倾诉。这个时候,他不再是组会上那个严肃的科研工作者,而是一个友善的倾听者,他喜欢做学生的朋友。朋友之间,遇到困难当然要尽力帮忙。所以,这么多年过去了,韩老师的电话都会时不时地响起,是那些早已毕业的学生打的电话,想跟韩老师随便聊一聊。

这就是 1101 组一天的日常,一个亦师亦友的老师带领着一帮学生们、孩子们瞄准祖国的需要,在科学问题上协力攻关。1101 组只是化物所一个普通的研究组,在化物所这个大家庭里,所有的老师都响应国家的需要,对国家负责,对学生负责,共同谱写着化物所的发展之路。

作者简介:罗健,男,1990 年 3 月出生,2017 年 7 月至今在大连化学物理研究所工作,助理研究员。从事物理化学研究。

我和光源结缘的故事

孙 洋

2019 年，是大连化物所建所七十周年的日子。七十年，弹指一挥间，大连化物所已经积淀了累累硕果，成为国内首屈一指的科学研究机构。一转眼，我来到化物所工作也已经整整十年了。十年来，我为自己能有幸来到这样一个有着悠久历史和文化的科研圣地工作而感到无比的自豪，为自己能够在毕业之后继续徜徉在科学的海洋而感到十分的荣幸。

2009 年，我应聘来到化物所办公室从事政务工作，一项重要的工作任务就是"政务信息"。这项工作的要求是，依托研究所重大科技成果，深入挖掘内部、深层次的信息，作为内参向院领导甚至国家领导上报。没多久，我就深深爱上了这项既跟科学有关又需要一定文字功底的工作。我是学化学出身的，因此，每次所里有重大成果产出，我都会抓住这难得的机会，对这项科学成果进行一次深入的了解。不仅要读懂研究组提供的文字材料，有时还会继续查阅文献资料对这个领域进行全方位的认识。我发现，只有做到了这些，政务信息的稿件才会写得深入和透彻。几年下来，我对政务信息便有了自己的心得，对研究所的总体发展规划和几个重要学科领域也能基本做到如数家珍。我想，这些即使对于一个从事管理工作的人来说，也一定会是难得的收获和财富。因此，直到今天，我都十分感谢当时的领导冯埃生副所长（时任）将"政务信息"这项工作任务交给我。后来，我离开了所办公室，冯所长也去青岛生物能源与过程所做了党委副书记。即便如此，当他邀请我去青岛生物能源与过程所跟大家谈谈政务信息的工作体会时，我还是欣然前往，作为对其知遇之恩的报答。

也许是看到了我在文字写作方面的一些潜力，2015 年，时任化物所副所长杨学明院士（我当时是他的所领导秘书）有一天给我发了一封邮件，说他承担了一项基金委和科学院联合资助的战略研究项目，内容是关于大型先进光源的学科发展战略研究，问我愿不愿意加入这项工作。收到邮件后，我激动不已，我当时早就知道杨院士团队正在建设一台"高大上"的光源类大科学装置，但一直没有机会近距离接触这个领域。看到杨院士亲自来的邀请，我立刻回复了邮件，表示愿意协助他完成好这项工作。当时，我怎么也想不到，就是这么一封邮件，便让我与光源从此结下了不解之缘。

刚开始，我饶有兴致地查找各类网络资料和中英文文献，一点点进入到了这个以加速器技术为基础的科学领域。慢慢地，我开始认识和了解了什么是大科学装置，国内外都有哪些发展趋势和现状等问题。我发现，我开始对这个领域着迷了，虽然还不能完全理解最前沿的物理技术原理，但从宏观上去调研和分析，也是一件极其有趣和有意义的事情。我开始和越来越多的人交流和讨论这个问题，每次讨论，都会有新的收获。讨论之后及时查阅文献资料，就又会产生新的认识。甚至有好几次，杨学明院士从外地出差回来，我没有安排接机的车辆，而是自己驾车去机场接他，为的就是能有路上半小时的时间向他请教最近没有想明白的问题。要知道，能跟世界上最顶尖的科学家这样近距离的交流，是多少人做梦都等不来的啊，我怎么能轻易放过这样的机会呢？

随着阅读文献的日益深入，我对去国内同类光源设施机构参观和学习的需求也越来越强烈。没过多久，我便等来了一次机会。2016 年初，我跟随大连市发改委和所里的领导，前往上海光源进行学习考察。这是我第一次进入这样一个比足球场还大的科学装置里参观学习。虽然在网上也看到过很多上海光源的照片和视频，但是一旦真的身临其境，它带给我的震撼还是有点始料未及。这个庞然大物不同于一般的楼房建筑，是由无数个精密的科学仪器搭建而成，其技术难度可想而知。那次调研，再一次刷新了我对大型先进光源的认识，同时也坚定了我一定要出色完成这一战略研究项目的决心。

到了 2017 年，我们自己的光源装置——大连相干光源终于建成出光了，这是全所上下都为之振奋的重要科技成果。很快，这一成果就引起了社会各界的广泛关注，当然也少不了向院领导和国家上报政务信息。此时，基于我在过去一年多以来对光源的学习和理解，我尝试着自己写了一篇分析建议类文稿，题目叫《自由电子激光的国际发展现状与趋势》，作为"领导参阅材料"上报给了院里，所写内容也得到了杨学明院士的肯定。我第一次感受到，作为一个刚刚入门不到两年的"门外汉"，我也可以独立完成几千字的文稿，这对于我来说又是一次信心的提升，同时也让我更加热爱光源的事业。

2018 年，怀揣着对光源事业的一腔热忱，我荣幸地加入了分子反应动力学国家重点实验室的队伍，成为杨学明院士团队的一员。刚到研究室，我就接到了一个重要的任务：大连相干光源入选了全国科技活动周北京主会场的展出项目，研究室安排我作为讲解员去参展。

这真的是一项光荣而艰巨的任务。说它光荣，是因为这是一个向社会大众进一步宣传和介绍我们的大科学装置的绝好机会，让更多的人了解光源，让这类新型的科学装置在科技界的普及性更高。说它艰巨，是因为这也是一个有可能会吸引到潜在合作用户的机会，而我是仅有的讲解员，能否成功地解说对我来说是一次不小的考验。出发之前，我又做了很多功课，包括重新拾起大学物理课本，重新学习光学、电子学等方面的知识，还编制打印了很多关于先进光源方面的资料，以便于自己随时翻看。

整个展出期间，人来人往，不少教师、科技工作者、中小学生都在我们的光源模型前驻足观看，并认真聆听我们精心准备的视频介绍材料。有一位中学物理老师听了我的介绍后说，他打算在课堂上加一节先进光源的课程。有两位中学生饶有兴致地跟我讨论起带电粒子的"测不准原理"，又迫使我赶忙打开手机复习了一下这方面的内容。还有一位老先生，惊叹于国家科技的飞速发展，对我竖起了大拇指，鼓励我们年轻人继续加油干。所有这些，都让我感受到了一股力量，大家对于知识的渴求，对于科技的期待，都汇聚到了这股力量当中，让我感受到了肩上责任的重大。在展出现场，我更加热情地给大家介绍着我们的科学装置，前来参观的人数越来越多。最终，我们的展位获得了"最受公众喜爱项目"称号，这一荣誉是对我们莫大的鼓励和肯定。

全国科技活动周结束后，我希望能再到梦寐以求的北京光源参观学习，于是央求杨学明院士帮我牵线。经过高能物理所柴之芳院士的安排，王嘉鸥老师热情地接待了我。经过这次参观，我更是亲身体会到了我国第一台大科学装置——北京正负电子对撞机的强大魅力，以及在这背后党、国家和人民对科技工作的坚定支持。如果说之前参观的上海光源是我国新生代先进大科学装置的代表，那么北京正负电子对撞机则可以说是我国在大科学装置领域起步时期的见证和缩影。北京光源就是和北京正负电子对撞机共用的第一代光源装置。实验楼内，到处可见周恩来、邓小平等党和国家领导人对于该项目的批示文件和参加开工仪式的图片。这些珍贵的历史资料，更加深刻地反映了我国大科学装置从无到有、从弱到强的历史进程。如今，国家和人民对科技工作的支持已经达到了历史最高时期，这就更加需要我们踏踏实实地继续努力，在世界科技领域抢占越来越多的制高点。

此后，我又投入到了更多光源的科普工作当中。例如，借助大连相干光源通过验收的契机，在中科院微信公众号上发表科普介绍文章；受《科技导报》的邀请，撰文介绍大连相干光源的建设和运行情况；受所领导和职能部门的委托，编写了五集的系列科普文稿等等。所有这些，都是为了让更多的人去认识光源，了解光源，甚至"迷恋"上光源。因为这确实是一个支撑科技发展的强有力的工具，只是潜力还有待于进一步发掘，还没有被大家广泛了解而已。不过，我始终相信，只要我们坚定不移地坚持去做科学普及和传播工作，光源这一科学"利器"的价值终究会被更加广泛地开发和利用。而我，愿意在这条路上践行我的使命。

现如今，除了已经建成的"大连相干光源"以外，我们的团队又一次投入到了更新一代高重复频率极紫外和软 X 射线自由电子激光装置（"大连先进光源"）的申请工作当中。目前，该项目已经顺利通过了科学院的评审，有望在国家"十四五"规划中占有一席之地。这将是一个更为宏大的事业，更加宏伟的蓝图等待着我们亲手将它变成现实。我们清楚地知道，一旦开启了这个项目，面临的挑战会更加严峻，面临的任务也会更加艰巨。尽管如此，我们依然期待着这一伟大的事业。因为，我们热爱这样的事业，我们热爱这样的生活。

未来的日子会更加忙碌，我们也已经整装待发，不忘初心，继续前行！

作者简介：孙洋，男，1984 年 3 月出生，2009 年至今在大连化学物理研究所工作，高级工程师。现任分子反应动力学国家重点实验室办公室主任。

甘当绿叶，无悔人生

宋宝华

印度著名诗人泰戈尔说过："果实的事业是尊贵的，花的事业是甜美的，但让我们做叶的事业吧，叶是谦逊地专心垂着它的绿荫的。"在科研所里研究人员应该是"花"，而各类后勤保障人员当然就是"叶"了。

1951 年我从大学毕业被分配到我所做"花"的事业，心里很高兴。但干了不到一年时间，组织上要调我搞器材供应工作，也就是所谓"叶"的事业了。我虽有些不乐意，但想到在毕业典礼上"要服从国家需要"的誓言，又认识到我有理工科知识，应能胜任此工作，也就释然了。但开始工作后却发现器材工作并不简单，因那时新中国才成立，物资非常匮乏，百端待举，一切都要国家按计划组织生产，因此当年需要的几乎所有器材都必须提前半年向国家申请。例如在实验室普遍要用的硬质玻璃管也要申报计划。而科研工作不像工业企业可以根据产品要求事先提出原材料明细，所以困难是很大的。我们除了"闭门造车"报计划外，还必须到各有关单位去求援。但不是所有东西都能买到，有很多须自力更生制造，于是我所就建立了玻璃细工室及机械加工厂，聘请了技艺高超的技师，如玻璃吹制技师刘兴信、高压气体压缩机高级技工陈德裕，他们都是那时的大工匠。玻璃细工的师傅们为各研究室吹制了很多仪器，其中石英弹簧秤及螺旋型毛细管色谱柱可以说是国际水平的。由于机械加工厂配备了设计室，设计工程师们急科研之所急，于 20 世纪 50 年代设计了一批当时根本买不到的装置，例如高压加氢制取航空煤油实验装置、中压流动床水煤气制取液体燃料实验装置等。

子曰："工欲善其事，必先利其器。"我们国家非常重视为科学院提供先进的科研器材，随着国家经济的逐年好转，国家的外汇储备亦有所增加，因此考虑为科学院买一些国外的先进器材。但当时只有技术较发达的西方资本主义国家能提供科研用的器材，而他们都对华禁售，令我们无法从正规贸易渠道引进。经科学院与外贸部门商议，外贸部于 1957 年同意从科学院借调两名技术干部到外贸部下属仪器进口公司学习订货业务。我有幸被院领导选中，于 1958 年初起程赴我国驻瑞士大使馆商务参赞处参加订货工作。当时瑞士是唯一已与中国建交的资本主义国家，在那里可以通过西方友好人士牵线搭桥直接同欧洲各国有关企业商贸人士洽谈订货，争取订到禁运器材，也可获取一些有关讯息。

在历时一年的时间里，我还参观了一些科学仪器制造厂和精密机床工厂，发现有很多值得我们学习借鉴的经验。令我印象深刻的，例如在仪器研制方面，他们在推出一种型号后，马上有由资深科技人员组成的小组根据用户使用后反馈的意见，接着研制新一代改进的型号。还有在精密机床制造中，最后令其达到设计精度的竟然要依靠技艺精湛的老工匠，他就是机床的刮削工，据说其薪资是厂里最高的，这种对大工匠的重视值得我们学习。到 1959 年初，由于国家经济下滑，外汇短缺，我就中止了国外的工作，回到了所里。

1978 年党中央拨乱反正，为加快促进国民经济发展，弥补受"文化大革命"十年被耽误的损失，国家首先考虑的是科学技术的发展。科学的春天降临到祖国大地。谚曰："兵马未动，粮草先行"，国家决定拨巨款为承担重大任务的科学院研究所进口一批先进的仪器设备。我被借调到院计划局装备处参加为全院各重点实验室制定进口仪器设备的工作。历时四年，并参加了我院东方科学仪器进出口公司（以下简称东方公司）到日本、美国的订货工作。由于当时国家经济还处于恢复阶段，要用钱的地方很多，而国库外汇储备却很少，所以只能买一些重中之重的仪器设备，没能满足大家的需求。但我在工作过程中体会到了国家的困难、外汇的珍贵，越觉得作为"叶"的责任，要在厉行节约的精神下做好器材供应工作。

1982 年回到所里继续做器材供应工作。1985 年参与筹建了东方公司大连分公司，至 1990 年离休。

回忆在大连化物所工作近四十年的过程，看到了这朵"花"越开越茂盛，几乎年年开花结果，可以说花团锦簇，硕果累累。作为一片平凡的"叶"倍感欣慰，所以无悔此生。

作为一片耄耋老"叶"，我衷心希望研究所年青的"花朵"们能继承老一辈科学家的优良传统，在新时代改革开放再出发，不断攻坚克难勇攀科学高峰，为祖国更加繁荣昌盛做出贡献，结出硕果。

作者简介：宋宝华，男，1929 年 2 月出生，1951 年 10 月到大连化学物理研究所工作，研究员。曾任物资处处长。现已离休。

半个多世纪的几点回忆

施宗逵

今年迎来了大连化学物理研究所（以下简称"大连化物所"）的七十华诞，我1964年从中国科学技术大学毕业被分配到大连化物所工作，至今也有55个年头了，这半个多世纪来亲历了大连化物所在各个时期总能奋发进取，在出成果、出人才方面做出了令人瞩目的成绩，有许多难忘的记忆，这里回忆如下三件事情。

一、先进单位的激励

我在1964年初就来到大连化物所从事毕业论文的工作，在王弘立和黄桂昌老师的悉心指导下从事氧化锌上氧的吸附态研究，实验工作中还得到其他老师和同志的热心帮助，这个温暖的集体给我留下了良好的印象。回校进行毕业总结后，组织上决定将我分配到大连化物所工作。暑假后我按时报到，成为大连化物所的一员。我对大连化物所1965年度计划会议上提出的两条龙十大项科研计划的印象很深。大连化物所的科研人员勇担重任、能打硬仗、能打胜仗的气概，对我的影响更大。比如，在1965年，张大煜所长决策，以他兼任室主任的第二研究室的科技人员为主力，由副主任郭燮贤组织了四个题目组，进行合成氨原料气净化新流程三个催化剂的会战。在半年内完成预定指标，1966年得到成功应用，使我国合成氨工业的技术水平跃升到当时的国际水平，被列为国家经委、科委、化工部、中科院、高教部联合表彰的新中国成立以来十六项化工先进技术之一，获得1978年全国科学大会奖。还受大连市的邀请，组织了以化工分离为主，有分析化学、分子筛和技术装备方面的科技人员组成的小分队，章元琦研究员和裴宗涛同志领队，解决大连有机合成厂石油气净化分离方面的诸多难题。经一年多的努力，成功召开了鉴定会，为我国生产聚合纯乙烯和丙烯原料创出了一条崭新的生产流程，并建成了我国最早的生产纯乙烯和丙烯的工业装置，为大连市的石化工业做出了重大贡献。当年和我一起到所工作的应届大学毕业生有47名，按规定在所内和大连郊区农村劳动锻炼一年后到各自的岗位上工作，其中4名加强到党政管理部门工作，我被留在人事处从事科技干部管理工作，是在预料之外，但作为党员当然服从组织决定。有一次人事处的领导安排我到亮甲店化肥厂调查了解科技人员从事 5013 任务的重水分离中试工作情况，我在现场了解到袁权、黄彬堃、邱德秋、姜在全等同志在艰苦的条件下，热情高涨、团结一心、攻坚克难、排除险情等实况，后来有位从事此项工作的同志讲"奉献青春，无悔人生"，令人深受感动和振奋。重水分离的研究成果，为我国"两弹一星"国防事业做出了贡献，也获 1978 年全国科学大会奖。

　　1966 年 2 月，中共中科院党委扩大会议在大连召开现场会议，推广大连化物所的经验，中科院郭沫若、张劲夫等院领导及各分院和研究所的党委书记，以及国家科委、辽宁省、东北局科委和东北一些地方科委的领导共 300 多人参加会议，会议还通过决议：号召全院在继续学习解放军、大庆、大寨的同时，在院内开展以大连化物所为榜样的"比、学、赶、帮、超"运动。随后大连化物所接待了原国家科委副主任岳志坚和东北分院副院长刘益民率领的参观团，共 300 多人参观，涉及 20个部、17 个市，参观了 19 个项目两个展览和三个协作厂，并组织了讨论，大连市委书记胡明做了报告，岳志坚副主任做了总结。先进单位的荣誉，更加激励着大连化物所人在科研工作中勇担重任、敢打硬仗、奋力拼搏的精神。

二、科技开发的探索

　　党的十一届三中全会后，实行改革开放政策，确定全党工作的重点以经济建设为中心，实现从计划经济向市场经济的转变，1985 年中共中央正式公布了《关于科技体制改革的决定》。中科院在贯彻《决定》的过程中，提出了"一院两种运行机制"的战略构想。1988 年大连化物所召开科技开发工作会议，贯彻中央和中科院科技体制改革的精神，研讨把科技开发工作搞上去的策略措施。时任常务副所长杨柏龄同志找我征求意见，想把我调往技术开发处工作，我同意接受新的工作挑战。1988年的 10 月份，我做好研究生部所承担工作的交接，走上了新的岗位。此后，在所领导的直接关注和参与下，团结全处的同志，分工合作，加强和组织科技开发力量，探索了实现科技成果转化的多种途径。纵向承担国家攻关项目和企业合作，实现科技成果转化，建设工业性实验基地，为工业应用直接提供产品或成套工艺技术。横向接受企业的难题，合作开发，实行技术总承包，向企业转让技术。接受国家有关部门和社会企业委托，开展多方面的技术咨询和服务等。例如，替代进口的中空纤维氮氢膜分离器装置，使国家终止了从美国引进的计划，在化肥、化工行业的引用，节省了大量外汇；被列为中石化公司"五朵金花"之一的催化裂化干气制乙苯技术，在石化行业的成功应用，引起国际重视；甲醇制低碳烯烃中试工作的成功，取得了国际领先水平的成果；在技术咨询和服务方面，也为国家重要部门、工农业企业排忧解难，得到了广泛好评。

除了上述探索多种科技成果转化方式之外，还探索了通过创办科技开发经济实体，实行独立核算，自主经营，实现科技成果的产品化、产业化。在 1988 年，所长张存浩和党委书记杨柏龄等 5 人，前往深圳、广州和北京等地学习考察了院、所办公司和开发工作的经验。当年，大连化物所集资创办了三达煤气新技术开发公司。1990 年 10 月，独资成立了大连化物所高新技术总公司，下属 1987 年成立的大连化物所科技开发公司和 1990 年 7 月成立的大连经济技术开发区凯飞科技拓展公司。1991 年成立了中科院三联气体技术中心大连化物所分部，1993 年，成立大连膜工程研究发展中心和大连依利特科学仪器有限公司、大连科化进出口公司等。这些公司的成立和运行，使大连化物所的横向创收不断增加，从 1986 年的 150 万元增长到 1993 年的 4911 万元，其中公司的创收 3027 万元。在 1997 年，公司的总经营额达 9681 万元。1998 年，进入中科院首批知识创新工程试点单位以后，又有了大的发展。据 2010 年统计，大连化物所控股公司的经营额 17312 万元，参股公司的经营额为 63738 万元。

创建公司形式的经济实体，有利于科技成果向生产力的转化，但对研究所来说这是从头开始的事业，必须处理好研究所和公司之间经济、技术、人员之间的关系，集中和分散问题，以及公司自身发展的合理体制和运行机制等问题。随着改革的深入，经验的积累，对所办的科技开发公司在运行发展中不断规范完善管理，经历了成立公司董事会、公司管委会，制定公司管理的规定等。1996 年成立凯飞高技术发展中心，除了从事甲氰菊酯农药等新开发的重大项目外，对原来创办的总公司、三联气体技术中心等均为中心下属的单位进行管理。直至 1998 年开始吸收社会资源，进行股权方面的改革，2004 年进一步加大股权社会化的力度，2010 年初步建立了现代企业制度。现在，我所在催化化工、膜技术、洁净能源、生物技术、现代分析等方面有 16 个（控股或参股）公司正常运行。

我在 1988—1994 年共 6 年多尽心尽责地投入科技开发管理工作，和技术开发处的同志一起，认真落实所领导的决策，攻坚克难，也分享了取得成绩时的欢乐。1989 年，大连化物所研制的中空纤维氮氢膜分离装置在安庆石化总厂的美国进口设备上运行取得和美国分离器相当的实验结果，我参加成果鉴定会时，深为打破美国的技术垄断而高兴。1991 年，打破日本对高效低毒的甲氰菊酯农药的技术垄断，用我们独有的技术路线，在大连金州染料厂和农药厂合作下，生产出国际同类水平的产品，被列为大连化物所知识创新工程十年十大重要科技成果之一，和全体参加攻关的科技人员在工厂现场合影时，也共享了成功后的喜悦。 H70 燃料分解催化剂在国防上的重要贡献和甲醇制低碳烯烃重大科技成果，通过广泛利用社会优势资源，创办具有相当规模的新兴能源科技有限公司等，被正在进行产业化运行的业绩而鼓舞。

三、研究生教育的发展

大连化物所是我国最早招收研究生的单位之一，在 1955 年中科院首批招收的 72 名研究生中，有 8 名到大连化物所报到入学，至 1965 年的十年中，共招收了 73 名研究生，1966 年后因"文化大革命"而中断。1978 年迎来科学的春天，国家恢复了研究生招收制度，大连化物所首批招收了 25 名研究生。1981 年国家实行研究生教育学位制度，大连化物所被批准为首批博士和硕士授予单位之一，1982 年首批招收了 8 名博士研究生。

1984 年初，楼南泉所长和裴宗涛书记分别找我谈话，强调研究生工作的重要性，决定让我到教育处从事研究生教学管理和兼职政治辅导员的工作。那时我在第九研究室络合催化光解水组工作，从事科研工作是我来所前的本意，在该组经过五年多的实验研究，对这个课题也感到了兴趣。顾以健所长有次来到我的实验室个别交谈时对我的工作给予肯定和鼓励，他说："只要有本事，干什么工作都行。"但新一届所领导从所的全局考虑，让我从事新的工作，党的组织观念使我自觉地服从了安排。当时中科院在上海召开的研究生工作座谈会给我帮助很大，周光召院长在会上的讲话和上海兄弟单位交流的经验，使我在认识上有提高，对开创有学位的研究生教育的探索有了思路，积极投入边学边干的工作状态。1985 年成立研究生部之后，为进一步加强了管理力量，所里任命具有教学经验的徐荫成同志兼任主任，薛俊同志和我配合默契，分工合作，在研究部全体同志的共同努力下，在原有工作的基础上，按中科院和国务院学位委员会的规定和要求，在研究生学籍管理，博士、硕士学位研究生培养方案的制定等教学管理方面制定了相关的规定，先后成立了研究生党支部和研究生会，设立专职政治辅导员，和研究室党支部配合，组成研究生的政治思想工作网络等。为了提高研究生学位课程的教育质量，经大量的组织筹备工作，从 1986 年开始，除了化工专业以外，其他专业的硕士研究生自行开设硕士学位课程。博士研究生的学位课程设置和考核，也做出了明确的规定。从整体来说，研究生的培养工作的组织和制度走向健全和完善，各项工作从被动走向了主动。据 1988 年统计，1978 年以来共招收研究生 398 人，其中博士生 81 人；在学研究生 140 多人，其中博士生 67 人；已授予硕士学位 159 人，博士学位 14 人。1985 年，国务院学位委员会办公室抽查了我所 1981 届物理化学和有机化学专业的硕士论文，获得优和良的评价。

1994 年，新的一届所领导班子换届时，管理机构做了局部调整，科技处和技术开发处合并为科技开发处，新上任的杨柏龄所长将我调回研究生部工作，接替李文钊副所长临时兼任研究生部主任的工作，这时候我离退休只有五年时间，应该做好这最后一个岗位的工作。新一届所领导班子也把研究生工作放在重要位置，在

1995 年初的所工作会议上，本届所领导班子任期目标中关于人才培养方面提出了
"扩大招生规模，提高培养质量"的要求。我在年轻而富有活力的在任副主任邸凌
的积极配合下，和研究生部全体同志一起，加大招生宣传的力度，争取优秀生源；
积极参与研究生教育改革试点，经所学位委员会讨论通过和所领导同意，开展硕博
连读培养博士研究生的试点，制定相应的培养方案；制定并实施《关于推荐有实践
经验的优秀在职人员攻读博士学位的办法》和《关于在职人员以研究生毕业同等学
力申请硕士学位的实施细则》；加强研究生的党建工作，积极慎重地吸收研究生中
符合条件的积极分子入党；改善研究生的学习和生活条件，制定实施《关于研究生
奖学金和各种补贴、津贴的发放办法》等。据 1998 年统计，在学研究生达 215 人，
其中博士生 101 人，硕士生 114 人，这是在学研究生人数最高纪录，而且博士生超
过硕士生的人数。1995 年，参加了国务院学位委员会组织的学位和研究生教育评估，
并参加按化学一级学科行使博士学位授权的选优评估，排名第八，在中科系统排名
第三；1996 年，和大连理工大学联合申请生物化工授权博士点得到国务院学位委员
会的批准；1997 年，被评审批准为中科院博士生培养基地；1998 年，被批准为化
学一级学科学位授权单位。1998 年实施知识创新工程试点以后，研究生教育有了更
大的发展，据 2018 年统计，大连化物所共授予学位 2791 人，其中博士 1901 人，
硕士 890 人；在学研究生 904 人，其中博士生 579 人，硕士生 325 人。

我所研究生教育的发展，及时补充了我所科技队伍的新鲜血液，也为国家培养
高级专门人才做出了贡献，涌现出不少优秀人才。当选为院士的就有 5 名，分别是
李灿（2003 年）、赵东元（2007 年）、杨学明（2011 年）、刘中民（2015 年）、张涛
（2018 年）。其中在大连化物所第十一届领导班子中，张涛任所长（现任中科院副
院长），李灿任副所长；现任的第十二届领导班子中，刘中民任所长，杨学明任副
所长。担任过所领导的还有：邓麦村曾任大连化物所第十届所长（现任中科院秘书
长），曾任副所长的还有黄向阳（后调任中科院计算机网络中心主任）、王承玉和梁
鑫淼。现在，有相当一部分大连化物所培养出来的博士和硕士，作为负责人或骨干
活跃在研究室、组和管理岗位上。我近年被返聘，因工作经常来所，每当遇到我当
年在研究生部工作时熟识的研究生时，他们总是非常尊重地和我打招呼，有时还聊
上几句。前些日子我到所行政楼办事，在走廊巧遇多年未见面的重大办主任吴江时，
他马上拉着我的手进他办公室，倒了杯热水，亲切问候，办公室其他认识我的同志，
也热情相待。我顿时感到身上涌起一股暖流，感悟到 1999 年在中国科学院建院六
十周年之际，院人事教育局授予我的纪念牌上"桃李不言，下自成蹊"的含义。

作者简介：施宗遂，男，1939 年 7 月出生，1964 年 8 月到大连化学物理研究
所工作，研究员。曾任技术开发处处长、研究部主任等职。现已退休。

忆参加王宽诚先生诞辰九十周年纪念庆典活动

谭志诚

我于 1963 年从武汉大学化学系毕业后，考取大连化学物理研究所热化学实验室招收的第一个热化学专业研究生，1966 年研究生毕业后留所工作至今。受到从张大煜所长到刘中民所长等历届所领导的亲切关怀和鼓励，以及我的老师何学伦先生的精心指导，刘金香、周立幸等组内老同事的热情帮助和支持，使我在热化学这一基础性很强但被看作是"冷门学科"领域内愉快地学习和工作了半个多世纪，并和组内新老成员一道奋力拼搏，使热化学实验室和这个课题组，在我所知识创新工程的惊涛骇浪中乘风破浪继续生存和发展起来。值此七十周年所庆到来之际，我回顾在化物所这个温暖而又充满创新活力的大家庭度过的激情燃烧的科研岁月，心情难以平静。尤其是忆起 1997 年 12 月 3 日被邀请参加在人民大会堂举行的王宽诚先生诞辰九十周年纪念庆典活动时的情景，更是心潮起伏，难以忘怀。

王宽诚先生是香港著名企业家，知名爱国人士。1985 年，王宽诚先生出资一亿美元，在香港成立了王宽诚教育基金会，致力于国家教育事业。其目的在于为中国培养高级科技人才，对中国大陆、台湾及港澳学者出国攻读博士学位、博士后研究及学术交流提供资助。自 1987 年起，王宽诚教育基金会与中科院竭诚合作，在中科院设立了王宽诚教育基金会奖学金，至 1997 年十年间，王宽诚教育基金会资助了四百多名中国学者出国进修和来华从事合作研究，为中科院和中国高级科技人才的培养做出了突出贡献，取得了丰硕成果。

我所热化学实验室从 1962 年建立以来，在热力学和量热学研究领域取得了较好进展，但缺乏与国际同行直接交流和相互学习的机会。1978 年以后，在改革开放浪潮的冲击下，我们也渴望能有机会走出国门与国际同行进行学术交流，并学习国际先进量热技术，为此我们通过所领导向王宽诚教育基金会提出了去法国学习和合作研究的资助申请。1991 年 9 月，申请被获准，我被授予王宽诚法国科研中心博士后研究奖学金，赴法国科学院马赛热力学及微量热研究所进行合作研究。这个研究所不仅是欧洲，而且也是世界上一流水平的热力学研究中心。一到这个研究所，我就像旱天的鹅见到水一样，一头扎进实验室，每天废寝忘食地工作和学习到十四个小时以上，不仅提前完成了双方商定的中法合作课题"与能源和环保有关的有机化合物热力学性质的微量热研究"计划，而且还系统学习和掌握了国际上最先进的微量热学基础理论和实验技术。法国同行对我们中国学者这种奋力拼搏的科研精神，十分赞赏，1993年3月合作研究期满临近回国前，该实验室主任，R. Sabbah教授还特别写信给时任中科院院长的周光召先生，要挽留我在该实验室继续工作，我婉言谢绝了他的挽留，按时回到了我工作的大连化物所热化学实验室。

为祖国工作的成就感和为中华民族争光的自豪感是驱使我潜心在自己的实验室工作的最大动力。回国后不久，我就被国际著名出版社爱思唯尔 (Elsevier)邀请担任《国际热化学学报》(*Thermochimica Acta*)编委，这是第三世界国家担任这一国际杂志的第一位编委。

由于我所热化学实验室在纳米材料研究领域取得开创性进展，1996年8月，我又获得王宽诚教育基金会资助，赴日本参加第十届国际化学热力学会议，在会上我宣读了我所在纳米材料热化学研究领域取得的开创性进展的论文：我们首次直接用精密量热实验，揭示了纳米材料与同构常规材料在热力学特性方面的显著差异。这一发现引起国际同行的极大兴趣及会议学术委员会的高度重视。这篇论文被推荐到国际权威性学术杂志《纯粹及应用化学》(*Pure and Applied Chemistry*)发表，这次国际大会交流的六百余篇论文中，只有22篇被评选为优秀论文并直接推荐到此学术杂志发表。

1997年12月3日，中科院在北京人民大会堂隆重举行了王宽诚先生诞辰九十周年暨与王宽诚教育基金会合作十周年纪念活动。这次国家级的庆典活动，由中科院副院长白春礼主持，中科院院长路甬祥致辞。全国人大常委会副委员长陈慕华、雷洁琼、王光英、卢嘉锡，全国政协副主席王兆国、钱伟长、孙孚凌，国家自然科学基金委主任张存浩及国家十二个部委的领导同志及王宽诚基金会董事王明勤先生等三百余人出席了纪念活动。我因曾两次荣获王宽诚教育基金会资助并取得突出成绩，这次被特邀参加纪念活动，并作为十年来中科院四百多名获资助的科学家代表，在纪念大会上作了专题发言。我的发言赢得了大会热烈掌声；庆典会上，卢嘉锡、路甬祥、张存浩、白春礼和王宽诚教育基金会董事、王宽诚的长子王明勤先生亲切接见了我并分别合影留念。在纪念会上放映了卢嘉锡题名的录像片《悠悠报国志，拳拳赤子心》，我所热化学实验室的科研活动和学术成就在影片中得到了很好的反映。看了影片并听了我的发言后，卢嘉锡副委员长握着我的手热情地鼓励我说："你在热化学实验室坐冷板凳啃硬骨头潜心钻研三十多年，做出了这样好的工作成绩，很不简单，值得表扬，希望继续坚持下去。"王宽诚基金会董事、王宽诚的长子王明勤先生也十分感动地说："如果王宽诚基金会资助的学者都能像谭志诚这样，为中华民族跻身世界先进科学之林做出重要贡献,先父在天之灵亦会为之感到无限欣慰。"

王宽诚先生诞辰九十周年纪念庆典活动虽已过去了二十多年,但学术前辈的谆谆叮咛,学术部门领导的亲切接见,王宽诚教育基金会的殷切期望却一直在我脑海中回旋,成为鼓励我所热化学实验室的后继者奋力拼搏,锐意创新,不断前进的强大动力。2002年我所热化学实验室引进博士后南照东,经我推荐又荣获了王宽诚教育基金资助,顺利地完成了我所热化学实验室开展的重要创新研究课题"无机热超导材料热力学特性及其传热机理的研究"任务。

作者简介:谭志诚,男,1941年10月出生,1963年9月到大连化学物理研究所学习工作,研究员。从事热化学研究。现已退休。

一　条　路

周立幸

在我们星海二站所区有一条连接山上和山下实验楼群及市内交通的道路。之所以这样布局，那是因为在 20 世纪 50 年代中后期我所承担了重大国防科研任务而由市委领导批拨给我所的一块土地。星海二站在那时的旅大市已基本算是郊区，这既能满足保密和安全的需要，又方便与市内所本部的联系。在这片坡地上，北面是一道较高的山梁，东西两侧各有一座小山岗。基于国防科研保密和防火防爆安全工作的考虑，实验室都建在离交通大道和人群居住较远的北山坡面，而职工的集体宿舍、食堂和行政管理所需的办公室都安排在山下建的一座小楼里（即现山下的食堂所在地）。在修建这些科研用房的同时，也开辟了一条连接山上山下的土路，这也是二站所区内唯一的主干道。出于保密工作的需要，二站所区不设大门，也不挂单位名牌。为与在市内的所本部相区别，二站所区统称为二部。为加强二部的保卫工作，经批准在山上驻有一个排的警卫部队，他们的营房就在现生物楼那里。在每座实验大楼的门前都有解放军战士值守，检查出入人员的通行证件。60 年代初，从事这些国防科研任务的几个研究室，都相继从一二九街老所区全部搬到二站新所区了。

那时，我们单身职工都住在山下的集体宿舍，而散居在市内的职工则每天早上在一二九街集中，乘所里作为班车用的两台大卡车上下班，一年四季天天如此。冬天或雨天在卡车上搭个帆布的防雨棚后依旧发车。由于人多车少，大家只能身靠身、互相牵拉着挤在车上。只有抱着尚在哺乳期婴幼儿上班的女职工，才可以获得坐在驾驶室内的优待。这一状况直到后来我所先后从科学院分配到两台大客车后才得到改善。在二站上班的那些年月里，夏天经常要沿着这条路头顶烈日走上好几遍，或外出办事，或去山下食堂吃午饭，路面的泥土被太阳烤得炙热，路上连一棵可供遮阳的小树都没有；到冬天，从北山上刮过来的下坡风异常猛烈。上坡时，我们总是低着头、弯着腰、眯着眼、顶着呼啸的北风往山上走，耳边只听见风声呼呼着响，宛如腾云驾雾一般。下山时，往往是顺着大北风，一路连跑带颠小跑似的来到山下。听老同志们说过，曾先后有几位同志被骤然而起的大北风刮得止不住脚，险些掉到路边山沟里去的经历。每当议论到这一情景时总会有人联想到唐代诗人岑参写的"轮台九月风夜吼，一川碎石大如斗，随风满地石乱走"的诗句。继而又猜想这可能就是诗人在生活中的真实写照，而绝非文学上的艺术夸张。在这条路的山下东侧有一处邻近部队的养猪场，在一排排猪圈的矮墙上都有用石灰水画的许多大白圈和用刷子刷出的一道道白印。面对这些白圈和白印，我们中一些从南方过来的大学生十分不解，也曾议论道，这不应该是抽象派的艺术壁画，问过后才得知那是在盖猪圈初期为了防止狼来叼猪用的。据养猪的战士们说，在初期，山上的确有过狼活动的踪迹，在山上还发现过狼的粪便。我不知道那些狼是否害怕这些大白圈，但我确实知道这些大白圈的传闻让我们集体宿舍的几位女职工紧张害怕了一阵子。在山下通往我们宿舍的小路旁，还有一大片由部队同志耕种的玉米地，夏天绿油油的一片。每当雨后的夜里，上下夜班的同志从这片地边走过时总会听见从地里发出噼噼啪啪的响声，起初有些同志还有点害怕，后来才知道那是玉米在往上生长拔节时从玉米秆上发出的爆裂声。我想，这些声音对耕种者来说应该是美妙的乐曲吧。

随着时间的推移，我所的规模逐渐扩大，任务和学科方向也都发生了较大的变化。在市内一二九街所区的实验室和职工宿舍日渐短缺。但20世纪六七十年代正是我国国民经济处于极其困难的时期。所领导不但从市里拿不到土地，也不能从上级领导部门那里得到资金的支持。面对这一情况，所领导只能将主馆内的地下室、天棚和其他一些闲杂难用的房间改作为实验室、会议室、教室或库房以解当时的燃眉之急。

20世纪70年代中后期，党中央在粉碎了"四人帮"篡党夺权的阴谋后，便以教育和科学为突破口迅即恢复了高考和招考研究生的制度。随后就召开了全国科学大会，重申科学技术是生产力，明确指出现代化的关键是科学技术现代化，知识分子是工人阶级的一部分。1978年底便召开了具有深远历史意义的中共十一届三中全会。全会号召全党应把工作重点转移到社会主义现代化建设上来，使我国进入到以改革开放和社会主义现代化建设为主要任务的新时期，新时期的历史任务是把我国建设成为社会主义现代化的强国。从而揭开了我国社会主义改革开放的序幕。这接踵而来的喜讯和党中央一系列的英明决策使我们科学院的郭沫若院长兴奋不已，他吟诵道"日出江花红胜火，春来江水绿如蓝。这是革命的春天，这是人民的春天，这是科学的春天！让我们张开双臂，热烈地拥抱这个春天吧！"这充分体现了老院长的欣慰之情，也向世人昭示我国科学的春天业已开启。

在科学的春天里，在改革开放大潮波及全国的大好形势下，我们化物所是不甘落后的，我们化物所人有这样的优良传统。那时二部的几个研究室早已移交给七机部并调往三线，实验大楼腾出来了，警卫排的营房也已腾空，这一切都为我们展现出很大的发展空间。面对这一情况，所领导在经过一系列调研后逐渐凝析出向二站转移的构想。与此同时，所内有关领域的学术带头人都在积极向上级部门反映情况争取支持。几年下来，我所已争取到催化国家重点实验室、分子反应动力学国家重点实验室、化学激光实验室、分离膜基地等大项目，并相继在山上和山下盖了实验楼。在此后几届所领导的精心规划和推动下，我所向二站转移及对环境的整治等一系列工作都相继有序地展开。

昔日那条"随风满地石乱走"的道路已经铺成了平整宽阔的沥青路。在山坡上种了许多小松树和花草。在路的两侧，都整整齐齐地种了一行小杉树和银杏树，两树间还有修剪十分整齐像花坛似的灌木丛。在银杏树一侧是用红砖铺成的人行道，在这条路的山下部分还有一段带有小木桥的木栈道。沿着这条人行道继续前行，穿过一片修剪得平平整整的草坪，便是我所的大门。这座大门修建得比较大气，也很方便实用。实行人车分行，人行门是自动刷卡的门禁，车行门是机动门闸。在门外，有一座约十米宽、两米多高屏风似的门墙。它坐落在花岗岩的基石上，周围还用花岗岩镶边。在黑色的大理石墙面上镌刻着"中国科学院大连化学物理研究所"这十四个金色大字，显得十分庄重，也很气派。门外一排排整齐的职工宿舍和远处两座十余层高的研究生教育大厦。这一切都向人们昭示，这是个实力雄厚的研究所。

我有幸在退休之前还能在这优美的环境里工作几年，有机会感受一番在这崭新的环境中工作的心情和滋味。每当春天来临时，路旁及山坡上的迎春花总是最先感知春天的信息，还没等到枝叶繁茂，金黄色的星形花瓣便争先绽放，一簇簇一条条的迎春花在春风中摇曳，似乎在提醒人们春天来了。过不了多久，实验室和道路旁的玉兰花也迫不及待地开放，它晶莹剔透、洁白如玉、香气袭人。待到五一节前后，各种树的树叶都舒展开来，一片翠绿。这时山桃、山杏和一些不知名的小红花都不甘寂寞，争相开放。从这条路向上远望过去，朵朵娇艳的红花点缀在翠嫩的绿叶之中，相互映衬，煞是好看！五月中，山坡上和山谷里的槐花也相继开放，洁白的槐花开的十分饱满，一串一串的，多株槐花树连在一起形成白花花的一片，又是一番景色，空气中也飘逸着槐花的阵阵清香。遇到风和日丽的天气，我总愿意在这条我曾行走过无数遍而今又面貌一新的路上漫步，一路欣赏路边和所区的美景，也一边聆听山坡上和山谷里各种小鸟的鸣叫，声音此起彼伏、时远时近、十分动听，恰似在音乐厅中欣赏立体声的百鸟奏鸣曲一般，真令人心旷神怡！有时一帧帧、一幕幕地回忆起来，还真觉得是一种享受。

古人云，前人栽树后人乘凉。我们现今已经在这条路上种植了许多杉树和银杏树，在山坡上也种满了各种花木。我希望这些小杉树能尽快长成高大挺拔的青杉，银杏树也尽快长出硕大浓密的树冠。到那时，如果我还活着，我一定要到这条鸟语花香的林荫道上来再走一走。我还希望在所内能多种植些花木，以便我们这些化学工作者的嗅觉神经细胞能尽可能地从实验室里的各种溶剂、药品的刺激性气味中解脱出来，多享受一些大自然所赋予的芳香。

　　作者简介：周立章，男，1940 年 6 月出生，1962 年 9 月到大连化学物理研究所工作，研究员。从事热化学研究。曾任图书情报室主任。现已退休。

感恩大连化物所

赵世开

人生如登山，登一座永远也登不到顶的山。山上或布满荆棘，或有悬崖峭壁，有些人受阻而徘徊于山脚下，有些人努力不懈寻找登山的路。上学读书就好比是找到了一条上山的路，书本上的知识，就好像是前人为我们所开的路；老师就好像是那先行者，为我们引路，关键的时候拉我们一把；而同学则是一起登山的伙伴，或搀扶鼓励，或争先恐后。有时当我们气喘吁吁爬上一座山峰时，发现富二代或官二代早已经坐着缆车上来了。但我们登山的经历会让我们有能力有胆量攀登更高的山峰，甚至是缆车也到不了的高峰。

我在中国科学院大连化学物理研究所读研究生的三年，没有遇到悬崖峭壁，也没有遇到太多的荆棘。化物所七十年庆典的征稿，唤醒了我对化物所的美好记忆，激起了我对化物所的感激之情。

第一次听说化物所，还是在大学四年级准备考研究生的时候。我从小到大没怎么出过远门，考大学时从丹东考到了位于沈阳的辽宁大学，后来考研时也不想走太远，怕去外省旅途劳顿，就想在省内找个地儿读读。大连化物所对我来说，似乎门槛太高，但对工科我又不感兴趣，只好孤注一掷，在化物所的招生简章上仔细搜寻，选择了顾以健研究员和曾宪谋副研究员为我的导师。作为 1977 年恢复高考后上大学的第一批毕业生，我和来自于全国许多学校的同学于 1982 年初来到了大连化物所，开始了新的学生生活。

化物所的领导和老师对我们这一级学生充满了期待和厚望，也对我们的学业做了详尽的计划。开学伊始，所里就为我们安排了丰富的课程，或在化物所上课，或在大连工学院（现为大连理工大学）上课，充分利用了两个单位的师资力量。实验室的科研条件比大学又高了一个层次。课题组的老师们也给了我们这些年轻学子以厚爱，对我们在工作生活上关怀有加，可以说课题组就是我们学生的家。曾宪谋老师引领我开始了研究生的科研项目，教导我如何做金属有机合成反应，开启了我的科研生涯。205 组的邹多秀老师、孙同升老师、马兆兰老师和蒋筱云老师，在曾老师出国进修时，对我的实验都给予了宝贵的指导和帮助。我的实验室隔壁就是核磁共振室，韩秀文老师拨云见日，让我合成的化合物的结构都得以解析。郭和夫研究员和陈希文老师虽然不是我的研究生导师，但都指导和帮助过我。随着学业上的进步和实验技能的提高，我的第一篇文章也得以发表在《科学通报》上。这么多年过去，现在回想起来，每位老师的音容笑貌仍然历历在目，205组的休息室还是那么温馨美好。

研究生同学来自于不同的学校，家乡是天南地北，专业是各干一行，但大家相处融洽，很少有争执口角发生。我知道的唯一一次吵架发生在我和我师兄弟之间。可笑的是，我们不是为了学术观点的不同，也不是为了谁不扫地谁不打水，而是为了谁先看一本新到的文学杂志，友谊的小船说翻就翻。过后大家彼此尴尬了一段时间就又恢复了交往，毕竟是师兄弟嘛。同学之间科研上的交流我就不说了，互相练英语口语我也不说了，只想说说当时研究生的文体活动。刚入学的时候，有那么几次同学们下午在一起打排球。我以前从来没打过排球，但也上去凑热闹。可想而知，我是上去搅局的。会打的同学们特别耐心，没有因为打不好而让我坐冷板凳。后来大家都进了各自的课题组做实验，也就没人打排球了（或许高手们打球时不再喊我了）。我再次摸排球，已经是20年以后的事了，并且一打就歇不下来。十几年下来，我已经熬成我们当地排球队的队长了。当初的偶尔为之，成为我现在的最爱。每当有新手加入我们排球队，我总是特别耐心，使劲儿鼓励，因为我相信，当年的我如今都能当上队长，那么任何新手都会成为高手的。

还值得一提的是大导师顾以健研究员。顾老师1947年毕业于浙江大学化学系，1948年赴美国圣母大学研究生院攻修有机化学，1950年获理学硕士学位。回国后，积极从事和推动基础研究和应用研究包括火箭推进剂等领域。顾老师是粉碎"四人帮"后化物所的第一任所长，为化物所科学事业的发展做出了重要贡献。虽然顾老师身居高位，但他对学生和蔼可亲，令人敬而近之。虽然顾老师后来到北京担任中科院秘书长，但他对研究生的遥控还是很紧。不论是他回大连，还是我去北京，作为学生，我总是有机会得到顾老师的耳提面命，接受他的谆谆教导。读研后期，顾老师希望我能去国外见识见识，所以安排我去科学院北京研究生院进修了一个学期的英语，接着又推荐我去圣母大学化学系读研究生，继续研究金属有机化学。后来我又搞过一段药物化学，但最终定位在碳水化合物的稳定性同位素标记这个研究和生产领域。虽然我发表的文章屈指可数，文章的质量入不了《自然》《科学》，但仍尽己所能为糖化学、糖生物等领域做出微薄但不可或缺的贡献。

顾老师享年95岁，已于前年安息。曾老师夫妇身体健康，这几年回国见到他们都倍感亲切。我现在的年龄比当年刚进化物所时导师们的年龄还大。不记得在哪见到一句话，"到了一定岁数，自己就得是那个屋檐，再也无法另找地方躲雨了"。我虽然不能像当年导师们那样为年轻人遮雨挡风，但我也知道自己在家庭、职场和社会上的责任和义务,尽力去担当去影响。

如果说辽宁大学奠定了我人生的基础,化物所多学科全方位的研究领域则让我站到了一个新的高度,有了新的视野,让我对科学研究不再有神秘感和畏惧感,科学的珠穆朗玛峰不再是那么高不可攀。如果不是因为化物所,我的人生也许走的是另一条路径。花也许还一样香,路也许还一样宽。但回头看看,我还是庆幸我所走过的路,珍惜我的今天,也就由衷怀念化物所的经历,感谢化物所老师们的教导和提携。我由衷祝愿化物所的同学同仁继续发扬光大化物所几代科学家坚韧不拔的精神,在科研工作中不断取得新的成就,为人类社会的进步做出更大的贡献。

作者简介:赵世开,男,1957 年 12 月出生。大连化学物理研究所 1981 级研究生,师从顾以健研究员和曾宪谋研究员,后留学美国,获圣母大学博士学位。现任职于 Omicron Biochemicals, South Bend, Indiana, USA,从事稳定性同位素标记碳水化合物的产品开发和生产。

大化所：成果背后的故事更惊艳

李大庆

采访大化所已经有十多年的时间了，曾多次走进这个坐落在辽东"半岛之尖"的大门。在这个大门里，随着地势的逐渐抬高，我的认识也慢慢地升华，仿佛是使用了极紫外自由电子激光装置，对事物的认识越来越透彻。

一、领军人才

我从大化所杨学明的身上深刻理解了什么是领军人才。就字面而言，领军人才很好理解，一定是率领着一支队伍，在战略上前瞻部署，指挥作战。这个说法没错，但这只是个通用答案，不够形象。2008 年，我从北京到大化所采访。那时杨学明作为"百人计划"入选者，正全力从事创新研究。他对记者不卑不亢，说得不太多。大化所人是这样介绍杨学明的：他是"指兔子"者。

在大化所，我第一次听到了"打兔子理论"：一个科研队伍，要想在工作中取得好成绩，既要有"指兔子"的人，又要有"打兔子"的人，还要有"拣兔子"的人，三者缺一不可。杨学明善于捕捉领域前沿的课题，能够为团队的科研指明方向，所以他是"指兔子"者。

太形象了。再不懂化学学科内容的人也会理解"指兔子"的重要。

我在此后多年的报道中，特别愿意寻找、采写"指兔子的人"，希望能把他们的科学精神告诉读者。

二、成功中的偶然因素

对于大化所，我采访次数最多的项目是甲醇制烯烃项目。项目与陕西煤化签约时，我在现场曾看到中科院副院长李静海来助阵，获得国家技术发明奖一等奖时，我在北京国宏宾馆听所长张涛对项目的推介，一步步地熟悉了这个项目，也熟悉了项目的负责人刘中民。

慢慢地，通过甲醇制取烯烃，通过刘中民，我又渐渐地认识了大化所人，进而认识到了中国科研人员，知道了科技发展的一个小小的曲折过程，理解了波澜壮阔的科技改革大潮中的一朵小小的浪花。

2015 年 1 月，当甲醇制取烯烃项目获得国家技术发明奖一等奖时，刘中民到北京来领奖。我把他堵在了宾馆房间中，做了一次长谈。这不是很正式很规范的那种采访，而是一次推心置腹的交流。

如果问甲醇制取烯烃成果获奖的原因，估计项目人员都会谈到持之以恒啊、坐冷板凳啊、刻苦啊、不怕失败啊……

我对刘中民说，这些原因不用你说，我都能想到，如果不用专业术语，把这些原因放到任何一个获奖项目上，放到其他二等奖、三等奖上也照样成立。"我想换个角度。这么多中国的科研成果'躺在抽屉里睡觉'，你们的甲醇制烯烃能转化成功，并且获得国家技术发明奖一等奖，肯定有一些别人所不具备的特殊原因。我就想知道这个'特殊'或'偶然'是什么？"

我想起了 2006 年底中科院在北京召开的全院成果转移转化工作会议。副院长施尔畏在会上介绍了科技成果转化的五个案例和七点启示。他举的第一个例子就是大化所甲醇制烯烃的技术转化工作。五个案例之外，他本来还想找一些成功中的偶然因素和不成功的一些教训，但各个研究所都讳莫如深。

事后，我想如果把转化工作中那些偶然的因素分析出来，把不成功的因素找到，那么对成果转化工作不是大有益处吗？

在与刘中民的聊天中，我就想更多地了解甲醇制烯烃的"偶然因素"。

石油涨价算偶然因素。20 世纪 80 年代，大化所人开始研究煤经甲醇制烯烃时，国际上一桶原油的价格还不到 10 美元。那时绝大多数人都认为这项研究没有意义。但包括刘中民的导师在内的一批研究人员克服重重困难，永不气馁，在别人的冷眼中，持之以恒地钻研，为这项技术如今的工业化奠定了基础。而进入 21 世纪后，每桶原油曾飙升到 100 多美元了。甲醇制烯烃技术就有了施展的空间。再加上我国已成原油进口大国，供求矛盾日渐突出。刘中民团队才有了做工业性试验的机会，也才有了甲醇制烯烃技术的重大突破。

石油涨价是偶然因素。但没有大化所人的前瞻研究积累，没有经历过别人的冷眼相待，能获得技术发明奖一等奖吗？

我没想采访大化所人坐冷板凳的情况，但偶然因素导致的成功也终归离不开持之以恒这种必然因素。

持之以恒搞研究不是偶然因素，但课题组内有一两个能持之以恒找经费的人，某种意义上属于偶然。在中国，一个不错的成果有时就是因为缺了一个持之以恒寻找经费的人而不能变成生产力。

要想成功，用刘中民的话讲，就得"厚着脸皮"要经费。甲醇制烯烃是国家的战略需求，但不是就这一项属于国家战略需求，还有很多研究都可以说是国家战略需求。不搞来经费维持住这个研究团队的存在，不让技术精益求精，就是石油价格涨到 200 美元一桶，也不可能实现成果转化。

科学研究之外寻找经费的持之以恒，"厚着脸皮"的持之以恒，这或许也是甲醇制烯烃成功的一大重要因素。

三、也曾后悔过

甲醇制烯烃获得国家技术发明奖一等奖。其荣誉巨大，可当初项目实施时的压力也超常的。

对甲醇制烯烃这个项目，刘中民说他曾经后悔过。

2004 年，刘中民团队与陕西新兴能源公司等合作开展攻关试验。这是该技术的第一次工业化试验。

陕西省省长拍着刘中民的肩膀说，陕西是个穷省，拿出这点钱不容易啊。刘中民压力陡增。他心里明白，甲醇制烯烃技术环节绝对没有问题，但他还是特怕试验中某个装置或环节发生事故，一旦爆炸，没人说是试验的某个环节出问题，而会说是甲醇制烯烃技术不行。

担惊受怕，精神压力巨大。试验装置建在一个离采石场不太远的地方。每每听到采石场的炮声，刘中民便会紧张，有时夜里听到炮声，他会一下子从床上坐起来，看看试验场中的火炬是否还在正常地燃烧。他也曾想到过，一旦发生爆炸等事故，由他导师所开创的甲醇制取烯烃的事业就会葬送，会辜负导师的厚望，他的团队将没有未来。

刘中民说："做到一半时越想越后怕，早知这么大压力当初就不该干这事，把自己难为得够呛，进也不是退也不是。天天愁眉苦脸的，精神压力太大了。"

采访大化所，让我真正了解了成果转化之难，感受到了大化所人逆水行舟、不畏艰难的追求。之所以说是逆水行舟，因为大约在十年前，我感觉在中科院有一种潜在的不好的观念，那就是不论你为国家经济社会发展做出多大的贡献似乎也不如发表一篇 *Nature* 或 *Science* 文章更牛气。

采访大化所，我慢慢体会到：从事科学与技术的研究不像一些人想象的那样都是风光的时日，它既有曲折有痛苦，更有压力有风险。那些隐藏在背后的故事或许更能彰显中国科学家的精神风貌。

作者简介：李大庆，男，科技日报资深记者，从事科技报道和编辑工作 30 年。采写过多篇关于中国科学院科技体制改革的文章；对中国科学院多个研究所做过较为广泛的报道。

星海二站科研园区环境建设的几个片段
回顾和启示

栗书志

大连化物所星海二站科研园区环境建设经历了半个多世纪几代人的努力。作为他们中的一员，1999—2004 年我和综合管理处的同事组织和参与了园区环境建设的部分项目。二十年的光阴，当年种下的树木长高了，花草成型了，园区的景色也更美了。每每看到这些，亲切和欣喜都会油然而生，过去的那些平凡、琐碎的一幕幕场景，一个个片段又浮现在眼前。

一、1999 年 "221" 工程

所谓 "221" 工程，是 1999 年大连市实施在连 9 所高校 1 个研究所的园区绿化工程，我们所列入其中，根据其市、区、校所绿化经费负担的比例称之为 "221" 工程。对于这样一个难得的机遇，所班子的决心是明确的，投入 100 万元，借助市、区两级的支持提升园区规划和建设的水平。刚刚进入中科院知识创新工程试点不到一年的化物所，各个方面的建设都需要投入，这样的力度的确是需要勇气，在星海二站科研园区环境建设的历史上也是空前的。根据所班子的部署，综合管理处成立了由相关人员组成的工作小组，组织、参与、配合工程的开展。施工开始之前，主管这项工作的张涛副所长和我带着设计方案参加了大连市政府召开的工程汇报会。施工期正值盛夏，工作小组和承担施工的大连市、西岗区城建局工作人员一起不辞辛苦，克服困难，精心施工，顺利完成了园区主要的广场和楼前绿地的绿化改造，更换新式路灯 22 盏，所区环境建设初具规模。

"221" 工程作为政府重点督办的工程项目，主管部门认真负责，在规划设计、工程队的选用、绿化土和苗木质量等方面还是比较到位的。我们在施工进度、经费控制方面也做得比较成功。"221" 工程的实施为我们所的园区建设提供了良好的开端，为后续建设奠定了坚实的基础。由于是初次组织、参与这样规模的绿化工程，缺乏必要的绿化方面的知识和项目管理的经验。总结起来有成功的方面，比较得意

的要数园区上下山主通道东侧排水沟的处理。这条排水沟由于受到常年的冲刷，形成了一定深度且岩石裸露，有碍观瞻也影响到了路面的保养。此前采取的措施是在上面部分覆盖栽植了一些月季花，但是夏季一场暴雨过后又恢复了原来的模样。彻底解决这个问题让人颇费了脑筋，在广泛征求设计、施工人员特别是有位年长的施工队负责人的意见后，决定对雨沟用土进行全部覆盖，和东侧小茅山自然衔接坡度，种植草坪和常绿植株，形成与道路西侧协调呼应绿化走廊和景观带。在小茅山的山腰开挖一条与绿化带并行的截止和疏通雨水的壕沟，现在看来选择这个方案还是行得通的。规划时，我们考虑了绿化养护的基础设施方面的建设。大连是个缺水的城市，使用自来水养护绿地不仅费用高，也面临着指标限制的问题。利用这个契机先后在山上和山下各打了一眼水井，铺设了抽水和喷灌的地下管线。施工过程中还连带整治了星海二站家属区的环境。星海二站家属区位于所大门前，与所科研区毗邻，也是所的脸面。通过"221"工程拆除了临中山路 500 延长米的储藏小房，改之以通透的铸铁护栏，绿地花卉和植物，疏通排水，整修步道。当然，也有不足的地方，像在催化楼前小广场铺设了表面光滑的理石板，看起来效果不错，冬天下雪行人走起来就要摔跟头了。

工程竣工不久，恰逢江泽民总书记视察大连化物所，良好的园区环境也为迎接总书记做了锦上添花的铺垫。

二、2000 年"两点一线"建设

2000 年，所班子批准预算经费 200 万元，进行"两点一线"绿化改造。主要是"221"工程遗留的所区东侧原激光楼、警卫排建筑，西侧原药品库、肼分解楼和工厂等周边环境，连接所区东西道路和道路两边的绿化规划。进行了化工楼、激光楼道路修整，道旁树、草坪和景观植物的种植，铺设了人行步道砖，架设了路灯，解决了"摸黑道"的问题，对高低压电线、电缆等做了落地处理，净化了所区的天空，园区面貌为之一新。我清楚地记得一位老同志对我说："所庆 50 周年的时候，我拍照片一不小心镜头中就挂进去了'蜘蛛网'，这回好了，再不用担心了。"10月份，所工会以园区建设为题，组织全所职工开展了摄影大奖赛，还制作了专题台历。是年，大连化物所被评为辽宁省花园式单位。

三、2003 年"香榴园"及周边规划

2003 年 7 月，所班子决定对南起膜中心广场、北至化工楼前广场的这段自然形成的山沟进行规划建设，在保持原有植被和状态的情况下，依山势地貌建一条蜿蜒其中的人行步道，适当栽种些植物，配备健身器材和石椅石凳，为员工和学生提

供一个思索、交流、休闲的去处。施工 23 天，开通人行步道，沟顶基建回填土绿化，增加绿化面积 8000 余平方米，并安装木制花架两座。所里为此组织了该园的征名活动，得到职工、研究生和离退休职工的热烈响应，先后有 30 人（含网上）提出了 37 个名字，最后经网上投票定名为"香槐园"。名字取好了，寻找镌刻名字的材料倒是费了一番心思，除了质地、形态也要与周边环境吻合，大小也得适当。在跑了大连多个石材场后，终于在甘井子的一处地方找到了。

7 月 25 日下午，化物所在新建成的"香槐园"入口处——膜中心广场举行了"香槐园"揭幕仪式，黄向阳副所长主持了仪式并发表了热情洋溢的致辞，中科院党组副书记郭传杰及所党委书记张涛为"香槐园"揭幕。仪式过后，参加揭幕的领导及所内职工、研究生、离退休老同志沿着园内崎岖小路拾阶而行，体会园中园的感觉。"香槐园"也成为所内园区建设的一处亮点。

其后，又对化工楼广场进行了绿化，在膜中心门前架设了木制栈道，使断续的人行通道连接起来。

回顾这段工作，也给我们一些启示：一是认识方面。所班子把园区环境建设作为所全面建设的一个重要部分加以考量，通过环境展示精神风貌，体现人文关怀，提升科研水平。基于这样的认识，才会有全面地、高起点、持续不断规划和建设，这是我认为很重要的启示。二是支持方面。这里包括了地方政府、职能部门和研究室的支持，更离不开全所员工的支持。从 1999 年起，我们就陆续接待了多批中科院兄弟所慕名而来的参观访问，从后来反馈的情况看，有一些是学了也做了，而有些是学了做不了，症结在于支持上没有到位。一个所的处长和我说，刚动手拆迁因为阻力太大就进行不下去了，而我们在不到两年的时间里拆除园区和家属区临建和小房达数百间，星海二站家属区小房拆除从通知发出到拆除用了一周左右的时间。化物所员工表现出顾大局、识大体的高尚风格，的确让人感动。三是规划方面。星海二站科研园区占地 22 万平方米，三面环山，面向渤海湾，一条南北干道连接山上和山下两个科研区，形成"T"字形的园区建筑格局。在绿化过程中，我们注重因地制宜，搞好规划，避免了在低层次徘徊和重复建设的路子，两年上了两个大台阶。贯穿了生态造园，植物建景，预留空间，适度超前的原则。做到了乔、灌、藤、花、草科学合理搭配，尽可能地降低养护的难度和费用。较好地处理了所区自然植被保护和新建绿化的衔接，没有出现一方面花钱搞绿化，一方面严重破坏植被的现象。对暂时没有规划的地方先做绿化处理，既消除了死角，也为今后的发展预留空间。

作者简介：栗书志，男，1956 年 5 月出生，1997 年至 2005 年在大连化学物理研究所工作。曾任综合管理处处长。

全面战略合作，助力渤化产业升级

天津渤海化工集团有限责任公司

2019 年是新中国成立七十周年，也是中国科学院大连化学物理研究所（以下简称"大连化物所"）建所七十周年。近年来，在天津渤海化工集团有限责任公司（以下简称"渤化集团"）和大连化物所的共同努力下，双方合作不断结出累累硕果，为渤化集团加快实现高质量发展、为大连化物所早日建成"世界一流研究所"做出重要贡献。

一、强强联合，结成战略合作伙伴

在七十年的发展历程中，大连化物所始终紧密围绕国家需求，为国民经济建设、国家安全和科技进步做出了重要贡献，发展成为在国际上具有重要影响的综合性化学化工研究所。自 1998 年实施知识创新工程以来，大连化物所持续加强体制、机制建设，不断推进管理制度创新，在用人制度、职称评定、绩效考评、收入分配等方面进行了大胆的改革，取得了显著成效，涌现出甲醇制低碳烯烃（DMTO）、催化裂化干气制乙苯、全钒液流储能电池、氢能及燃料电池氢源、煤经二甲醚羰基化制乙醇（DMTE）等一批能源化工领域重大应用、开发成果，多次获得国家级科技奖励。

渤化集团具有百年发展历史，范旭东、侯德榜、李烛尘等创建的久大精盐、永利制碱、黄海化学工业研究社，奠定了中国化工发展的历史。近年来，渤化集团抢抓机遇，全面推进"产品、产业、资本、组织、人才"五大结构调整，实现了"人才技术、资金管控、规划实施、重大决策"集约管理，建成投产了"渤海化工园"和"精细化工基地"，形成了"布局基地化，产品系列化，产业多元化"发展新格局，经济总量大幅跃升，安全环保总体稳定。2018 年经济总量达到 1203 亿元，实现利润 21 亿元。渤化集团正全力实施"两化搬迁"暨南港建设，重点发展甲醇制烯烃和乙烷裂解制乙烯两大产品链，加快实施以 C1（甲醇）、C2（乙烷）、C3（丙烷）为主要原料的龙头产业建设，重点发展"清洁能源、高性能树脂和精细化学品"，推进氢能利用和烯烃原料路线多元化、轻质化、低碳化。渤化集团的发展方向与大连化物所的技术专长具有很高的契合度，为双方长期合作奠定良好的基础。

为充分发挥渤化集团在产业、资源等方面的优势和大连化物所在技术、人才等方面的优势，实现强强联合，提升我国化工行业的技术水平和在国际市场上的竞争力，经双方协商，确定共建"渤化集团—大连化物所催化与化工新材料联合研究院"。2016 年 8 月 17 日，双方在天津迎宾馆签署全面战略合作协议，决定深入开展高层次、宽领域、全方位的科技合作。

二、务求实效，创新合作体制机制

渤化集团结合自身特点，从多方面入手，认真做好双方的全面战略合作，务求取得实实在在的效果。

一是突出顶层设计，强化组织领导。集团党委高度重视与大连化物所的合作，把与大连化物所的合作列入日常工作的重要议事日程。集团主要负责同志亲自上手，研究方案，推动落实，集团党委书记、董事长赵立志同志多次率队访问大连化物所，主持签订战略协议，洽谈落实重点项目，亲力亲为，有力推进了双方的合作。

二是突出组织落实，强化协调推动。为了顺利推进双方的合作，渤化集团与大连化物所成立双方合作领导小组、技术委员会和联合办公室。渤化集团为此专门向二级企业印发《关于成立集团公司与中科院大连化物所合作机构的通知》（津渤化科发〔2016〕7 号）。领导小组成员由双方主要领导担任，负责研究制定工作目标和重大合作项目，协调、解决合作中出现的重大问题。技术委员会成员由渤化集团企业总工与大连化物所各研究室主任担任，负责确立研究方向，组织项目申报、论证、批准和验收。联合办公室成员由渤化集团各企业科技部门负责人和大连化物所负责院地合作的同志担任，负责合作日常工作，制定年度合作计划，落实推进具体合作项目、报告合作进度，编写年度工作总结，及时协调解决有关问题。2016 年以来，双方召开领导小组会和技术委员会会议 6 次，联合办公室组织各种技术交流 150 余次，有力促进了双方的人才与技术合作。

三是突出目标引领，夯实合作基础。渤化集团明确企业（子公司）是"产学研"合作的主体，对每个子公司在"产学研"合作方面都提出了明确要求，即"每个子公司、每个骨干产品、每项重大引进技术"都要建立自己的"产学研"合作伙伴。集团公司把"产学研"合作作为对子公司党政一把手业绩考核的重要内容，签订责任书，量化指标，严格考核。按照集团公司部署要求，每个子公司都成立了"产学研"办公室，做到人员落实、经费落实、责任落实。通过与大连化物所"产学研"联合攻关有力促进了重点产品技术的持续创新和不断改进。

四是突出政策支持，激发创新活力。渤化集团在与大连化物所签署全面战略合作协议之际，召开了集团公司千人参加的科技创新大会，刘中民所长作了《甲醇转化利用新技术》的专题报告，受到科技人员的广泛好评。渤化集团出台支持创新创业的指导意见，包括建设集团研究总院、企业研发平台和渤化众创空间三级创新体系、着力推进产学研合作、鼓励科技人员创新创业、加快科技成果转化、加强创新创业人才队伍建设、营造浓厚创新创业氛围等六个部分共 20 条。指导意见的出台极大地调动了广大科技人员的积极性，创新创业在渤化集团蓬勃开展起来。

三、精准对接，深化人才交流合作

自建所以来，大连化物所造就了若干享誉国内外的科学家及一大批高素质研究和技术人才，先后有 19 位科学家当选为中国科学院和中国工程院院士。为了充分利用大连化物所丰富的人才资源，渤化集团通过设立院士工作站、聘任青年讲座研究员和设立研究生奖学金等措施，吸引大连化物所高端人才为渤化项目服务。

一是设立院士工作站。渤化集团与大连化物所商定在渤化集团园区共建"院士工作站"。围绕甲醇制烯烃及其他大宗化学品、低碳烃类资源转化与利用、合成气下游转化与利用、精细化学品开发、新能源新材料开发与利用等发展方向，大连化物所推荐相关领域院士，指导研究院规划制定，并牵头指导相关项目实施。

二是聘任青年讲座研究员。渤化集团与大连化物所共同制定青年讲座研究员管理办法，明确青年讲座研究员承担双方合作项目，并根据实际情况每年在渤化工作2 ~ 3 个月。人员由大连化物所推荐，双方共同确认。渤化集团根据合作项目的需要，聘任高进、楚文玲、王红心等三位研究员担任渤化青年讲座研究员，每人每年 10万元津贴，实现柔性使用高端人才。高进研究员多次前往渤化现场指导，解决催化剂加入等难题，顺利完成中试实验，逐步形成丁辛醇系列产品全面合作；楚文玲研究员指导渤化派驻大连化物所的技术骨干开展催化剂评价实验，在完成试验过程中锻炼人才；王红心研究员多次赴渤化单管实验现场，指导催化剂评价实验，解决取样、分析等一系列问题。青年讲座研究员的聘任有力推动了双方合作项目的顺利实施。

三是设立渤海化工研究生奖学金。渤化集团出资在大连化物所设立渤海化工研究生奖学金，自 2017 年起每年对大连化物所能源和化工领域的优秀研究生进行奖励，大连化物所优先推荐优秀毕业生来渤化集团工作。渤化集团与大连化物所已组织两届奖学金评选，28 名博士获奖，涉及有机化学、分析化学、物理化学、工业催化、环境工程、化学工程（新能源电池）等专业，提升了渤化集团在大连化物所的知名度，有助于吸引优秀毕业生来渤化集团发展，优化提升渤化集团的人才结构。

四是组织双方人员互访。渤化集团选派科技骨干，赴大连化物所挂职锻炼三个月，熟悉课题组研究成果，了解科技管理运行模式，"产学研用"精准对接，发现与集团产业有契合度项目和潜在方向；大连化物所选派青年科学家赴渤化集团企业学习交流，提升工程化和产业化能力。

四、项目带动，助推渤化产业升级

按照天津市打造全国先进制造研发基地的要求，渤化集团全力推动与大连化物所合作，甲醇制烯烃、丁醛一步制丁酸丁酯、丙烷氧化制丙烯酸、丙烯双氧水直接氧化制环氧丙烷等一批合作项目取得突破性进展。

一是通过技术持续优化，提高搬迁新建项目竞争力。甲醇制烯烃项目是渤化集团"两化"搬迁一期建设项目的龙头，为氯碱一体化、环氧丙烷联产苯乙烯、聚丙烯等项目提供原料，项目建成后将改变过去单纯依赖外部采购乙烯的局面。渤化集团自 2012 年启动 MTO 项目的规划调研工作，经过深入比选、国际竞争性招标，最终新兴能源科技有限公司和鲁姆斯技术公司联合中标，2012 年底签署技术许可合同。渤化集团与大连化物所、中石化洛阳工程公司通过多次沟通，持续合作优化设计，可显著减少设备投资。根据测算，采用新型催化剂，装置原料消耗（吨甲醇/吨烯烃）、烯烃产品的生产成本预计均可下降10%左右，将显著提高产业化装置的竞争力。

二是通过技术合作开发，延伸现有产品的产业链。渤化集团目前拥有 50 万吨/年的丁辛醇装置，丁醛是丙烯羰基化过程中形成的中间产物，年产量为 54 万吨/年，可直接作为生产丁酸及丁酸丁酯等产品的工业原料。大连化物所高进研究员和渤化永利公司李云辉博士团队经过两年多的不懈努力，建成丁醛一步制丁酸丁酯中试装置，实现了中试装置的连续运行，单程丁醛转化率 92%～95%，丁酸丁酯选择性≥95%，产出 99.2%的合格丁酸丁酯产品 600 多公斤。2018 年 12 月 24 日，通过了由中国石油和化学工业联合会组织的科技成果鉴定，达到国际领先水平。未来，双方还将利用现有中试平台，开展异丁醛一步法制备异丁酸异丁酯的研究，开展异辛酸、丁酸等精细化工产品的研发，进一步延伸丁辛醇的产业链。

三是通过技术合作开发，拓展低碳烷烃下游应用。大连化物所杨维慎研究员团队经过多年的积累，开发出性能优异的丙烷氧化制丙烯酸催化剂。目前丙烷主要用于燃料和脱氢生产丙烯，下游应用有待拓展。渤化集团是华北地区最大的丙烷贸易商，具有苯氧化制顺酐丰富的工程设计和生产经验，因此开发与苯法顺酐类似的丙烷氧化制丙烯酸工艺具有非常便利的条件。渤化集团建成了低碳烷烃转化单管评价实验装置，与大连化物所团队合作开展了 1400 小时的催化剂评价实验。双方将继续探索开发新工艺，目标实现丙烷氧化制丙烯酸的工业应用，拓展低碳烷烃的下游应用。

四是通过技术合作开发，替代传统产业的高污染工艺。环氧丙烷的生产工艺有氯醇法、共氧化法和直接氧化法，其中氯醇法因污染大面临淘汰，丙烯双氧水直接氧化法制环氧丙烷（HPPO）是国家大力鼓励实现国产化的绿色工艺路线。渤化集团大沽化工公司先后建成了 1500 吨和万吨级的 HPPO 装置，具有较好的工作基础。大连化物所黄家辉研究员通过现场调研，结合前期研究基础，采用微颗粒催化剂、浆态床反应器，完成了 1000 小时的小试实验，与目前国内外采用固定床反应器相比，催化剂的活性、寿命、PO 选择性上有一定优势，具备进一步放大条件。大沽化工与大连化物所合作共同开发 HPPO 中试工艺包，目标实现产业化，逐步替代高污染的氯醇法生产工艺。

五是通过探索性项目合作，引领未来产业发展方向。微化工技术实现化工过程节能降耗和化工系统微型化，提高过程安全性。渤化集团通过交流了解陈光文研究员在微化工领域的深厚造诣以及在万吨级微混合系统的贡献，特邀请陈光文研究员来渤化讲解微化工技术，并与相关企业进行详细交流，促成与汉沽盐场采用微化工技术制备氢氧化镁探索性项目，实现了对氢氧化镁平均粒径、粒径分布及比表面积的精确调控，所得产品平均粒径在 0.5 ~ 1.5μm，比表面积小于 10m^2/g。未来随着微化工技术的发展，应用领域将进一步拓展。

工业生产中，天然气转化为 CO+H$_2$ 合成气需要三步，天然气制备合成氨原料气（N$_2$+H$_2$）需要六步。大连化物所杨维慎研究员、朱雪峰研究员提出利用陶瓷膜反应器以天然气、水蒸气和空气为原料一步生产上述两种合成气。大连化物所在前期膜面积 1cm^2 硬币状透氧膜基础上已成功制备了膜面积超过 100cm^2、长 20cm 的管状透氧膜，将在渤化永利现场调试高压实验装置，开展工业条件下膜反应器操作条件优化与膜反应器寿命考察，验证膜反应器一步生产两种合成气的工业应用可行性。未来一旦实现产业化，将会彻底颠覆天然气制甲醇行业，并且可通过改造实现联产合成氨。

展望未来，渤化集团将与大连化物所继续深化合作，在天津共建催化剂转化平台和生产基地，致力于攻克制约我国化工行业核心竞争力的"卡脖子"技术，实现更高水平、更宽领域合作。

七十年光辉岁月，大连化物所硕果累累；展望未来，大连化物所必将产出更多造福中国乃至全世界的科研成果，再攀高峰，再创辉煌！衷心祝愿大连化物所早日实现建成"世界一流研究所"的目标。

我眼中的化物所

高著衍

第一次听说中国科学院大连化学物理研究所是在大二的物理化学课堂上，老师向我们介绍说"大连化物所是国内乃至全世界一流的催化科学研究机构"。当时，除了为中国科研水平的提高感到骄傲外，我对化物所还并没有特别明确的认识。十分幸运，一年以后，也就是 2015 年，全国高校保研政策改革，具备保研资格的学生可以自由选择高校或研究所攻读研究生，不再受保内保外名额的限制。我当时的成绩保内有余保外不足，毕竟只有专业前两名才能获得保外的资格。学校领导十分开明，并未死死留住学生不放。兴奋之余我便毫不犹豫地报名参加了当年化物所的夏令营并有幸被录取。夏令营的具体细节已经记不清楚，唯一印象深刻的是准备面试的头天晚上复习的东西，居然很多都在第二天派上用场，可能化物所与我，真的有那么一点缘分吧。

来到所里之后，才真正全方位地感受到这个与新中国同龄的研究所的与众不同。

化物所基础研究与应用研究并重。回想自己在选择保研学校时还在工科与理科之间犹豫，但来到化物所之后，才发现基础研究与应用研究可以在一个所，甚至是在一个组内结合得如此紧密。在中科院发布的"中国科学院改革开放四十年 40 项标志性重大科技成果"中，大连化物所提出的单原子催化新概念、甲烷无氧制烯烃和芳烃催化过程入选纳米科技创新类科技成果；大连化物所开发的具有自主知识产权的甲醇制取低碳烯烃（DMTO）成套工业化技术、煤经二甲醚羰基化制乙醇（DMTE）技术、煤基合成气一步高效生产烯烃技术入选煤炭清洁高效利用核心技术和工业示范类科技成果；大连化物所与理化所、物理所、半导体所等单位合作研制的一系列国际首创/领先的深紫外激光前沿科学装备入选非线性光学晶体研究及装备研制类科技成果。这其中既有基础研究，又有应用研究。在这样的氛围下，无论是以催化、能源、分析还是以生物等为研究重点的研究组，几乎都有着一颗"将论文写在祖国大地上"的雄心，都希望自己的研究能够面向世界科技前沿、面向经济主战场、面向国家重大需求。当我进一步了解到化物所历史的时候，才明白这原本就是化物所辉煌历史的传承。化物所从诞生之初就紧密配合国家发展需要，先后在石油化工、化学激光、航空航天、能源化学等领域做出重大贡献，为国民经济发展、国家安全提供保障。在奋斗过程中凝练出锐意创新、协力攻坚、严谨治学、追求一流的化物所精神。

化物所重视国际交流。科学研究只有在不断的交流碰撞中才会冒出新的火花。每年在化物所以定期或非定期形式举办的会议、讲座、论坛大大小小数以百计，例如张大煜讲座、洁净能源高端论坛等，作为普通的研究生也可以有很多机会近距离与国内外知名学者交流，而所内的研究人员或学生也有不少出国参加会议的机会。这大大拓展了科研的视野，有利于我们将目光放到更为广阔的世界范围内来审视自己的研究工作，也有利于把我们最新的成果及时展示在世界的舞台上，提升我所的知名度。

化物所内既有合作，也有竞争。化物所在中科院系统中算是体量比较大的研究所之一，所内几十个研究组的研究范围也不尽相同。这就为所内进行多学科交叉的研究提供了得天独厚的平台。我有幸旁听过几次所内的学术会议，常常报告人在讲自己的工作时激起别的研究员的兴趣，表示在某个问题上可以进行合作，所内也提供联合基金鼓励这种交叉研究。但是，研究方向的分散也为考核提出了难题，怎样才能公平公正地对每个组的科研成果作出评价。为此，化物所制定了完备的绩效考核规则，涵盖了包括论文、专利、经费、成果转化、标准制定、人才培养、实验室安全等在内的方方面面，并且每两年进行一次大的考核，实行末位淘汰制。正是在这种相互合作而又相互竞争的氛围下，一项项突出的科研成果才不断产生。

化物所注重学生的培养。研究所与高校的不同之处在于高校是以学生为绝对主体，培养人才是首要的目标，而研究所承担着更多的科研任务。但是化物所丝毫没有把学生当作科研的工具，而是实实在在去培养未来的科技人才。在一个学生五年的学习生涯中，除了常规的开题答辩、中期考核和毕业答辩，还需要参加相当数量的学术讲座，完成两期研讨课（seminar）。几乎每个组都会鼓励学生参加学术会议，锻炼学生做学术报告的能力。正是在这一次次听与讲的过程中，人的演讲水平、应变能力与逻辑能力就被潜移默化地培养起来。

化物所内并不显得沉闷呆板。作为年轻人占绝对多数的单位，化物所内有各式各样的文体活动。在所工会、研究生会等筹办下，新年晚会、歌手大赛、足篮排等体育比赛、趣味运动会以及几乎每个组都会组织的户外活动穿插在平时的科研生活中。这里有能歌善舞的文艺青年，也有能参加马拉松的运动达人。在平时的操场上、球场里、活动室，也常常活跃着年轻的身影。尽管已经建所七十年，但有这些年轻的身影，化物所永远充盈着朝气蓬勃向上的气氛。

化物所主所区面朝大海，依山而建，门外虽然是大连最为繁忙的中山路和最为繁华的星海湾，但门内却是安静的做学问之地，实属难得。大隐隐于市，在这片树木掩映着的红屋内，新一代的化物所人已经默默背起行囊，沿着老一辈的足迹，继续攀登科学的险峰。

作者简介：高著衍，男，1994年8月出生，2016级大连化学物理研究所在读博士研究生。

致 DICP 先生的一封信

蒋　慧

亲爱的 DICP 先生：

您好！

2016 年 7 月 15 日，那是我第一次与您见面的日子，心里既紧张又激动，像揣着一只乱撞的小鹿展开了我们的交流、接触和互动。

在交流的过程中，我了解了您的过往。1948 年 11 月中旬，由"关东工专"屈伯川校长带领第一期应化系 23 名同学代表政府进驻"中央实验所"，为您的出生夜以继日地忙碌。1949 年，您在一片欢呼声中落地，落地时您被称作"大连大学科学研究所"，您与中华人民共和国同龄，您的成长伴随着共和国的成长。1952 年，您转属中国科学院并更名为中国科学院工业化学研究所。1954 年，您更名为中国科学院石油研究所，当然，这与当时所处的历史环境有一定的关系，当时您正在为了满足国家的生产计划和需求，主攻从煤制合成气制备液体燃料。1962 年，您在青岛举行的会议中被改名为大连化学物理研究所（Dalian Institute of Chemical Physics, Chinese Academy of Sciences）。青岛会议是您成长过程中的一个转折点，会议讨论了您未来的研究方向和发展规划，拟定了六个学科领域，也开创了学术争鸣、学术民主的传统。1959—1971 年，您先后将自己的骨干派遣至兰州、太原、七机部四院，分别成为了现在的中国科学院兰州化物所、中国科学院山西煤化所，您为国家培养和造就了大批人才骨干。您的成长并非一帆风顺，作为知识分子的代表，在"文化大革命"期间您受到了严重的打击，是市里面的"重灾户"。经历过沉痛的打击后，您没有一蹶不振，在国家的帮助下您又重新站起来了，再次成为科学界的栋梁，为国家为人民贡献自己的光和热！

爱国，从出生起就一直是您的精神支柱。几十年如一日制国家所需，急国家所急。1954 年，主攻液体燃料；20 世纪 60 年代初，研制出固液火箭推进剂；1965 年，将我国合成氨工业建设至世界先进水平；1966 年，建成我国自行设计的规模最大的航空煤油厂；1969 年，研制出用于不同型号卫星姿态控制的多种系列肼分解催化剂；20 世纪 70 年代。合成氨工业和石油化工工业……1990 年，催化裂化干气制乙苯……不胜枚举的成果，直到今天，您一直怀揣着对科研的热情为国家的进步而不懈努力。

我和您的故事才刚刚开始。2016 年 7 月，经过一个星期的相处，我暗自下定决心，我以后也要成为您的一分子，成为一个优秀的科研人。2017 年 7 月，我大学毕业。2018 年 8 月，我来到这里和您会合。平时除了做实验以外，我也参加了很多活动。8 月份，我作为志愿者参加了第二届洁净能源高端论坛，见到了很多科研界的"大牛"，明白了"交流"不分国界，"交流"也是做科研中重要的一部分。9 月份，我参加了"趣味嘉年华"运动会，在实验之余也丰富了生活、锻炼了身体。10 月份，见证了中国科学院大学能源学院的成立；11 月份，和一群志同道合的小伙伴们组织了"缘来是你"单身派对，科研生活两不误。12 月末，和小伙伴们为全体师生打造了一场接地气的"元旦晚会"。科研事业推动科技的发展和进步，文体活动能够让科研人更加充满活力的去迎接挑战。至此，我和您的故事未完待续。

最后，在庆祝您的七十周年华诞之际，献上我最真挚的祝福，祝愿您永远朝气蓬勃，桃李满天下！

此致
敬礼

您的仰慕者：蒋慧
2019 年 2 月 24 日

作者简介：蒋慧，女，1995 年 8 月出生，2018 级大连化学物理研究所在读硕士研究生。

科 研 篇

"拟人耗氧"的日日夜夜

张 涛

2019 年是中国科学院大连化学物理研究所（以下简称大连化物所）七十周年华诞！建所七十年来，大连化物所面向国家战略需求，面向世界科学前沿，发扬"锐意创新，协力攻关，严谨治学，追求一流"的化物所精神，取得了一大批成果，培养了一大批人才，为我国的经济社会发展和国防事业做出了重要贡献。我非常荣幸能够成为大连化物所大家庭的一员，在这里学习和工作了近四十年，从研究生到研究员，从课题组长到所长，经历了研究所的许多大事，目睹了研究所的巨大变化，至今许多事件仍历历在目，感受很多，有失败时的郁闷，更有成功时的欢呼雀跃……在此，回忆记录一段自己刚刚担任课题组长时的亲身经历，期望对现在的年轻组长有所帮助。

一、上　任

1995 年春天，春寒料峭，接到研究所的通知，把我从 802 组副组长的岗位调离，担任 801 研究组的组长。从此，我开始了自己独立主持科研工作的职业生涯。当时我的年龄还不到 32 周岁，职称为副研究员，感觉肩上的担子沉甸甸的。

大连化物所 801 组是一个有着光荣历史的研究组，20 世纪 60 年代末，伴随着我国航天事业的发展，航天一院和五院希望中国科学院能够研发空间飞行器姿态控制催化剂（推力器）。大连化物所由于在催化剂方面的实力，受中国科学院指派，承担了这项光荣的任务，并为此专门成立了攻关组，这就是 801 组的前身。姜炳南、杨宝山、周业慎研究员相继担任负责人。经过二十多年努力，先后完成了几个牌号的催化剂，并已成功应用于我国多个航天飞行器的飞行试验，为我国航天和国防事业做出了重要贡献，也为大连化物所乃至中国科学院争得了荣誉。

然而，在 20 世纪 80 年代中后期和 90 年代初，这样一个为国家做出重要贡献的课题组也面临着重重困难，举步维艰，甚至到了被解散的边缘。当时，我国的航天发射活动非常少，上级下达的科研任务非常有限，导致整个课题组的生存遇到了很大困难。老组长周业慎主动与航天部门多次沟通，希望承担更多任务，但收效和进展不大，因此，开始带领大家从事其他民用科研项目。例如，相继开展了顺酐加氢以及葡萄糖加氢等技术开发工作，以维持课题组的生存。但是科研工作面临的问题很多，科研经费紧张，队伍老化，整个课题组正式的研究人员已不足十名，并且没有一位博士毕业的年轻人，研究所曾一度考虑停掉这个课题组。我正是在这样一个时刻担起了这副重担。

二、生　　存

上任之初，如何维持课题组的生存，马上就是一个巨大的考验。我和每位组员进行了认真的谈话，倾听大家的意见建议，共同寻找课题组发展的方法措施。当年研究所已开始全成本核算，维持课题组正常运转，维持实验室基本的试剂以及材料消耗，支付水电房租，保证大家工资的正常发放和少量奖金，就成为当务之急。根本谈不上更新仪器设备，引进人才。课题组当时的两个民用项目，其中顺酐加氢遇到了困难，但葡萄糖加氢制山梨醇加氢有较好的基础，开始在东北制药厂试用，出售催化剂可以有一些效益。但是催化剂的性能还有一些不稳定，我和几位老同志多次到东北制药厂，深入到生产车间，听取工程师和一线工人们对我们催化剂性能的意见，摸清催化剂存在的问题。我来801组上任之前，曾在原802组从事钯炭加氢催化剂的开发，在贵金属加氢催化剂的制备和应用工艺上有些经验，这些经验积累正好用上。针对在工厂一线发现的问题，改进活性炭载体的性质，优化催化剂制备工艺，使得用于葡萄糖加氢制山梨醇的钌炭加氢催化剂综合性能有了较大的改善，得到了东北制药厂的认可，形成了较稳定的供货合同，使课题组有了一定的收入。我记得到了1995年底，全组的科研收入虽然仅有90万元，但是平常精打细算，年底在完成各项科研任务扣除成本之后，课题组经费还略有结余，于是给每位组员发了几百元的奖金，大家都很高兴，觉得我这个小组长基本上称职。我就这样带领课题组艰难地走出了第一步。

三、机　　遇

1996年春天，我已买好了去佳木斯的火车票，准备去该市的一个制药厂推销我们的钌炭加氢催化剂，这时接到了研究所科技处的一个通知，告知我航天医学工程研究所宿双宁室主任（后任该所所长以及中国载人航天办公室副总师）到大连化物所调研。该所为我国载人航天工程航天员系统总体单位，正在为研制载人飞船环境控制与生命保障系统寻找关键技术和相关装备，希望该技术能够模拟航天员在飞船里的呼吸耗氧以及产生热量和产生二氧化碳的过程。当我意识到这是我国载人航天工程急需的一项关键技术，是国家的重大需求时，就在第一时间暗下决心，我们一定要不惜一切代价，抓住这个机遇，尽快为国家的重大工程做点贡献。同时，也希望通过承担这样的重要科研项目，尽快扭转课题组经费紧张的局面，实现课题组的稳定发展。我当即退掉了火车票，和来访的宿双宁主任做了深入的交流，带领他参观了研究所的许多实验室，竭尽所能介绍了我所的实力和成果。我们两人一见如故，谈得很投机。宿双宁同志对大连化物所的科研能力很赞赏和认同，希望我所能够尽快提出一个方案，参与任务竞标。

经过讨论了解，逐步清晰了任务的研究背景。我国要发射载人飞船，必须确保航天员的生命安全。但如何才能知道飞船舱内是否安全？大家有了争论。国外已有许多方案，其中最直接的就是用猴子模拟航天员上天，替人先走一回，先探探路。如果猴子能安全返回，就证明飞船载人舱内的生命保障系统可靠有效，之后，再让航天员乘飞船上天。但大家在方案论证时认为该方案有两个缺点：其一，这种方案虽然相对保险，但需要从建立养猴场开始，需要养很多猴子，还要经过长期的培养、训练和选拔，才能找到几只合适的猴子。经费投入比较大，关键是时间周期太长，无法满足我国载人航天工程的进度要求。另一方面，猴子也是有情绪的，即使经过严格训练认真选拔的猴子，发射等关键时刻如果受到惊吓，也有可能无法配合实验工作。其二，这种方案是国外的旧方案，即使成功了也没有什么创新性，大家非常倾向于我国应该走一条创新之路，设计一个"模拟人"，替代航天员呼吸耗氧以及产热和产二氧化碳，去检验飞船舱内生命保障系统的可靠性。当时，国内已有一些方案在论证，例如催化炭燃烧方案等。但是由于存在一些安全隐患问题，总体单位不满意。因此，宿双宁主任希望大连化物所能够开动脑筋，想出新点子，设计出更为安全和可靠的方案。特别是要求重点针对呼吸耗氧和产热这些关键指标。二氧化碳的产生则可用其他更为安全的方式去分别加以解决。

从化学的角度看，可以耗氧放热的化学反应有很多，但是要在飞船舱内给定的有限空间和有限重量的前提下，万无一失高可靠地完成耗氧和产热任务，则非常具有挑战性。当时给出的指标要求大致是在有限的空间（约 $0.1m^3$），利用有限的重量（约 20kg）实现模拟 1 人 48 小时呼吸的耗氧和产热。经过同事们的认真讨论，我们很快提出了利用固体耗氧材料来模拟人体呼吸耗氧和产热的方案，并且我们利用不到两个月的时间很快研制出一种新型高耗氧容量的固体耗氧材料，其耗氧容量是常规工业脱氧剂耗氧容量的 10 倍，并进一步完成了原理样件的设计和试验，在经过大连、北京多次的现场实验考核和专家会议评审以后，我们在几个方案中脱颖而出，被选为正式方案。原总装后勤部机关和总体单位航天医学工程研究所很快和我所签订了研制任务书。第一次签订了百万以上的研制合同，当时大家都非常高兴。

虽然初战告捷，合同也签订了，但是后续试验中很快出现了意想不到的问题。一次实验中，尾气中突然出现了刺鼻的气味，这是飞船舱里绝对不能允许的！经过反复排查，发现是由于原料以及反应过程中的残留杂质所致。原因找到了，自然也就有了解决问题的办法，大家很快通过原材料的质量控制以及工艺的优化，特别是还原温度的提高，彻底解决了拟人耗氧反应过程中尾气排放的安全性问题。第一个难题刚刚解决，第二个拦路虎又接踵而至，耗氧材料的强度要求之高超出了我们的估计。过去，石油化工反应中常用的脱氧剂，主要是考虑脱氧剂的容量以及气体的净化深度，对于强度虽有要求，但是并不是那么高。我们为了在有限的飞船空间内达到较长的拟人耗氧时间，必须使航天耗氧材料的耗氧容量增大，这就必须提高其活性组分含量，降低黏合剂的用量，这样一来，势必会影响到固体耗氧材料的强度。容量和强度在此时就是一对矛盾，是跷跷板的关系，你高我低，很难平衡。时间紧迫，大家没有了休息日，天天连轴转，经过反复摸索，终于研制了一种强度相对较高，同时耗氧容量也能达到要求的耗氧材料，验证试验基本满足要求。正当大家以为马上大功告成时，却在模拟航天发射的振动和冲击试验中出了大问题。我和两位同事兴冲冲地扛着刚刚研制出的反应器组件到北京进行联试。振动实验开始，似地动山摇，严酷程度大大超过我们之前想象的剧烈程度，心里马上就有了不好的预感。试验结束后，我们迫不及待地打开反应器组件进行检查，发现安装在反应器里的颗粒状的固体耗氧材料被彻底震成了粉末状，反应器里的其他部件也稀里哗啦乱作一团。大家当时灰头土脸，感觉脸面丢尽，恨不得找个地缝钻下去。

在北京的振动和冲击试验失败后，我带着两名同事扛着我们反应器组件，连夜乘火车返回大连，火车上几乎一夜未眠，思考新的设计方案。总体工程进度排得很紧，如果由于我们的工作问题，延误了总体工程进度，将会产生严重的政治影响，损害中国科学院和大连化物所的声誉。大家压力很大，下了火车，大家都没回家，直接奔实验室，反复分析失败的原因，最终提出利用弹簧限位的方法克服火箭发射时的振动和冲击，并找到了大连理工大学、大连弹簧厂进行了技术咨询和讨论，经过反复计算和设计验证，终于设计和加工出长度和体积紧凑、耐高温又有足够弹力的特种弹簧，并和反应器腔体、气体分流器、耗氧材料、保温材料进行一体化设计优化，在规定的空间和重量条件下，仍然实现了超过合同指标的耗氧容量。经过多次的反复试验和优化，全系统最终顺利通过了严酷的振动和冲击试验。按照工程进度要求，保质保量研制出满足航天飞行的"拟人耗氧反应器组件"，并成功应用于我国的神舟飞船，为我国载人飞船的顺利发射，特别是为保障航天员的生命安全，做出了重要贡献。

四、发　展

"拟人耗氧反应器组件研制"的实验室工作完成之后，我们进一步按照总体部门的要求，生产出一批正样产品，其中部分正样产品安装在神舟飞船载人舱。经过发射和飞行试验可考核，所有参数达到考核指标，受到了总体单位和有关领导机关的表扬。中国载人航天工程总工程师王永志院士、副总工程师宿双宁等亲自参加了验收会，对这项技术给予高度赞扬。航天英雄杨利伟、聂海胜、景海鹏等也先后对该技术给予了充分肯定。

该项目的圆满完成使得大连化物所 801 组的战斗力得以提升，凝聚力得以加强，影响力得以扩展，在业内获得了良好的声誉，也为大连化物所和中国科学院赢得了荣誉。

在此项目成功之后，国家的重要科研任务不断向我们招手，我带领课题组又相继抓住了多次机遇，先后承担了国家多项重要科研项目，例如飞机应急动力肼-70分解催化剂、无毒推进剂过氧化氢催化分解技术、凝胶推进剂催化分解技术等。许多技术和产品目前已成功应用于我国的重大工程之中，其中两项技术荣获国家技术发明奖二等奖，多项技术获得省部级奖励。课题组不断发展壮大，一大批青年博士加入到我们的团队并成长为我所的重要科研骨干，当年不足十人的小课题组现已发展为超过百人的研究室，成为我国航天航空催化新材料研发和生产的最重要基地。

上述小故事只是大连化物所面向国家战略需求，勇于承担国家科研任务，不断取得科研成果，不断拓展科研领域的一个缩影。老的故事已成过去，新的篇章已经开启。在大连化物所这片科研沃土上，一大批科研新秀正在辛勤耕耘，我相信在不远的将来，你们一定会收获到更加丰硕的果实！

作者简介：张涛，男，1963 年 7 月出生，1983 年 3 月到大连化学物理研究所学习工作，中国科学院院士，研究员。从事能源化工及催化新材料等方面的研究。曾任大连化学物理研究所所长、党委书记。现任中国科学院副院长、党组成员。

探索中前行，变革中发展

刘中民

　　我国改革开放四十年来取得了举世瞩目的成就，正在朝着实现中华民族伟大复兴的中国梦砥砺前行。在这场前所未有的变革大潮中，大连化物所也以骄人的发展成就迎来了所庆七十周年和国庆七十周年。我本人自 1983 年大学毕业后进入大连化物所攻读硕士、博士学位，之后留所工作至今，工作性质也从单纯的科研逐步走向领导岗位。回顾自己的成长过程和研究所的发展，感慨良多。探索中前行，变革中发展，也许是我这一代同龄人的共同感受。很多同事、同学及年轻人与我交流中希望能从我的一些经历得到启发，我也多次答应在所里做一个"我如何做组长"的报告，但至今没有实现。在此仅从个人的角度，通过一些亲身经历的事情的情节或片段，反映自己的成长、大连化物所的发展，庆祝大连化物所七十周年，也向关心和关注我的同事们交差。

一、从 SDTO 到 DMTO

　　1990 年底，我博士毕业后正式成为大连化物所的职工。按照当时的规定，新入所职工必须到工厂或大项目实习半年，我被分配到甲醇制烯烃（MTO）固定床中试项目实习。见证了从事这项工作的老师们的辛苦与努力，自己也对中试装置流程和操作有所熟悉，对日后的工作大有帮助。

　　1991 年是国家"八五"科技计划启动年，蔡光宇老师牵头申报成功"合成气制低碳烯烃（85-513）"国家"八五"重点科技攻关项目。其中，一个课题是合成气直接制烯烃（85-513-01），另一个课题是合成气经由二甲醚制取低碳烯烃（85-513-02）。所里将蔡老师领导的 123 组分成了两个研究组，由王清遐老师领导新成立的 124 组专攻第一个课题，我则成为了 123 组的副组长，配合蔡老师攻关第二个课题。该课题还分为四个专题，分别是合成气制二甲醚多功能催化剂研制(85-513-02-04)、二甲醚等制低碳烯烃用催化剂研制(85-513-02-05)、未反应原料分离及循环利用工艺研究(85-513-02-06)、合成气经二甲醚制低碳烯烃单管试验(85-513-02-07)。后来蔡老师为这个新工艺起了一个代号叫做 SDTO，我写英文文章时，用 syngas via dimethylether to light olefin（SDTO）勉强做了解释。

蔡光宇老师在领导 123 组和组织"八五"攻关课题中，从一开始就注重年轻人的培养和锻炼，四个专题中安排了三个年轻人做专题负责人，我负责 05 专题，石仁敏和孙承林分别负责 04 和 07 专题。后来，何长青、常彦君等作为骨干也加入了123 组。蔡老师不仅是我的博士辅助导师，工作期间也注重培养我管理方面的能力，组里很多事情是他主动找我商量之后确定的，但我的主要精力仍然是做研究。

大连化物所从 80 年代初部署甲醇转化研究开始，相关的工作一直没有中断。"八五"攻关项目启动时，王公慰老师正在领导一个大团队紧锣密鼓地进行甲醇制低碳烯烃固定床中试试验。而"八五"攻关的目标就是要发展新一代技术。以 ZSM-5 分子筛为基础的催化剂进入中试后，梁娟老师领导的研究团队继续探索新型分子筛催化材料并取得了很好的进展，早在 80 年代后期就发表了一系列小孔分子筛催化甲醇制烯烃的结果，显示出了更高的乙烯、丙烯选择性。1984 年美国联合碳化物公司一系列磷酸硅铝（SAPO）分子筛专利公开后，梁娟等老师敏锐地率先对这一类新材料的合成及催化甲醇反应性能进行了研究，在国际上首次报道了 SAPO-34 分子筛的优异结果。

我承担的二甲醚制烯烃催化剂研制任务，首要工作就是确定研究的大方向，既要充分借鉴前期积累，又要考虑风险，保障技术的成功和实用性。当时，ZSM-5 系列的催化剂已经有工业化应用的例子，分析下来其工业应用风险不大；而 SAPO 系列小孔分子筛还没有工业化应用的先例，这一类分子筛是否具备工业应用的可能性需要预先给予科学的判定。因此，与蔡老师讨论后提出了不放弃 ZSM-5 催化剂，同时快速开展 SAPO-34 合成和性能研究的策略。

调节 ZSM-5 性质提高选择性的研究取得了进展，进展更大的则是有关 SAPO-34 的研究。根据文献报道的方法，很快合成出了不同组成的纯 SAPO-34 分子筛样品。影响 SAPO-34 分子筛工业应用的主要是其稳定性，即低温吸附水后的稳定性和高温水蒸气存在条件下的水热稳定性。黄兴云老师用 X 光衍射方法帮助我们系统研究了 SAPO-34 低温吸附-脱附水过程中骨架结构变化情况，证实虽然吸附水会有影响，但其骨架结构在脱附水之后基本可逆地恢复；且可以选择适当的钝化和保存条件对其稳定性予以保障。100%水蒸气及高温 800℃的连续处理监测结果，也证实了该分子筛具有工业应用的潜力。研究重点也因此迅速转移到 SAPO-34 分子筛方向。

接着产生的是催化剂的寿命、工艺路线选择（特别是反应器类型）和催化剂成本等相互关联的一系列问题。SAPO-34 分子筛的小孔和骨架"笼"结构特征决定了其具有较高的低碳烯烃特别是乙烯、丙烯选择性，但其反应寿命也因结构的限制难以大幅度提高。虽然我们曾合成了多种小孔 SAPO 分子筛，并系统研究过将元素周期表中所有可能的元素改性分子筛，但结果更多地体现在选择性变化，寿命依然难以有较大幅度提高。这样的催化剂和反应特征对应的较理想反应方式是流化床。其实在项目立项的初期，蔡光宇老师已经对此有了初步判断，并有所思想准备。流化床反应器本身也有很多种（鼓泡床、湍流床、快速床、提升管等），但不论哪一类，催化剂的物理性能完全不同于固定床，催化剂磨损是不可避免的，直接关系到烯烃的生产成本。当时文献报道的合成 SAPO-34 的唯一方法采用价格昂贵的四乙基氢氧化铵为模板剂原料，这在工业上是难以接受的。为此需要发展廉价合成 SAPO-34 的新方法，且其催化性能指标不能降低。我们成功发展了以三乙胺、二乙胺、三甲胺及混合模板剂等一系列新的方法，主要是何长青负责完成的。这方面的工作虽然难度很大，但可以通过自己的努力而克服。比较难的是从实验室小试到中试等一系列与流化反应及流化催化剂相关的事情。

我所早期历史上曾开展过流化反应方面的研究工作，一批很有建树的老师，如张存浩、沙国河、何国钟等先生，但早就转行到别的学科了。"八五"攻关开始的时候，全所没有人从事这方面的研究。我自己大学所学是化学，到所里后也一直是理科的物理化学，化工方面的基础知识很少，甚至思考问题的方式还经常习惯性地停留在化学层面。开展二甲醚转化流化反应和工艺及催化剂方面的研究不仅对我自己、对全所也是一项挑战，特别是新的工艺技术处于探索和开拓的时期，几无可以直接借鉴的文献。我自己除抓紧补习化工尤其是流态化方面的知识、培养化工思考能力外，更多的是靠蔡老师帮助；他是学石油炼制出身的，且有工厂实践经验。蔡老师动用了他所有可以利用的同学、朋友、同事关系，先后联系了兰州化物所、吉林化学工业公司、北京化工冶金研究所（现中科院过程工程研究所）、北京化工研究院等单位，有很多时候亲自领我去拜访、参观学习。实验室流化评价方法的建立就借鉴了兰州化物所丁烯氧化方面的经验；中试装置的设计、加工和安装等均是北京化冶所王中礼、罗保林的团队帮助完成的，他们也直接参加了反应中试研究。

分子筛合成和催化剂研制的实验室工作还算顺利，为了准备中试所用催化剂，1993 年夏天蔡老师联系了抚顺石油三厂，利用该厂的分子筛工业合成装置进行 SAPO-34 分子筛合成放大。在实验室大量研究工作的基础上，我与何长青、常彦君三人，在工厂大致用了一个月的时间完成了三个配方的分子筛合成，从实验室 2 升合成釜直接放大到 2 立方釜，均取得了成功。据我所知，这应该是世界上首次 SAPO-34 分子筛的工业放大。

流化床催化剂的制备完全不同于固定床，有球形度和粒度分布及密度的要求，一般是通过喷雾干燥制备的。因喷雾干燥过程与颗粒在塔内的停留时间密切相关，小型的喷雾干燥装置难以达到流化床的基本要求。在实验室没有大型喷雾干燥设备的情况下，我们又多次求助其他单位才得以解决。其中，我和常彦君两人在兰州化物所花了两个多月的时间，利用他们的实验室中型（直径 50mm）干燥设备（日本大和公司），在周士相等老师的指导下，进行了大量浆料配制和催化剂配方实验，以此为基础对催化剂进行了实验室定型（编号 DO123）和相关的工艺研究。为了准备中试所用催化剂，我们利用北京化工研究院的较大型（直径 1.5m）喷雾干燥设备，进行了多批次的样品制备，并最终完成了 300 千克催化剂制备。

　　流化床反应也完全不同于固定床反应。与相关专家交流后，终于明白流化反应放大效应非常严重，与流态化的形式密切相关，若反应器直径太小是难以得到可靠结果的。这就意味着要完成的不是攻关任务书中所写的单管试验，而是中试试验，而经费是按单管试验批准的。

　　中试试验得益于上海青浦化工厂的帮助。当初该厂曾对二甲醚作为液化石油气替代燃料感兴趣，也就是对我所的合成气制二甲醚技术感兴趣。在黄炳坤等老师的帮助下，上海青浦化工厂同意免费提供场地和公用工程及操作人员供大连化物所中试所用。中试现场由孙承林负责，合成气制二甲醚及二甲醚分离都相对顺利，但二甲醚制烯烃部分，我们试过稀相快速床（并流、逆流两种）和气-固快分技术，结果不太理想。后来考虑到稀相快速床技术虽然先进，但还没有工业化的例子，担心工业化进程不顺利，最终还是选用密相循环流化床（类似于催化裂化Ⅳ型）完成了中试。

　　反应和分离中试都是在上海青浦化工厂完成的，123 组所有的人都长期住在厂里，我自己也不例外，大约两个月回所里一次，但心思还是在中试上。1995 年上半年的一天，试验正紧张的时候，突然有电话告知我是 123 组的组长了，我只好承担起这份责任。为了解决经费不足和后续课题，我多次到中科院高技术局和化工材料处，发挥年轻人的冲劲软磨硬泡，想办法向院里要经费；人是全混熟了，但经费还是没有。后来有领导提示我说，没有你这么要钱的，至少要拿个中试的数据来，说明进展到什么程度了，预计什么时候完成等；可当时我们真的没有像样的中试数据啊。我幡然醒悟，不是领导不帮忙，要帮也得有依据，人熟悉是没有用的，完成中试才是硬道理。两个多月后，我再次向院里汇报的时候，拿的是超额完成的全套中试结果，请示的是如何开鉴定会和验收会的事情了。院高技术局体谅我们确实经费不足的困难，年终，郁小民副局长和化工材料处的领导将局里当年剩余的一些经费（约 30 万元）全给了我们。

　　大连化物所完成合成气经由二甲醚制取低碳烯烃中试的消息不胫而走。1995年秋，国际著名的石油公司 Exxon 公司发来传真，要求交流并探讨合作。以今天的眼光或当时发达国家的眼光看，我们的中试装置确实是简陋的吧。但 Exxon 公司看过我们部分中试结果和中试装置后，明确提出要与我们合作在"九五"期间进行进一步的放大试验，他们可以匹配与国家支持力度相同的经费。我国当时还不够开放，与国外公司共同申请国家项目在当时是不可想象的事情，这件事虽然多方努力但最终并未实现。但在郭燮贤和梁娟老师的帮助下，促成了我们与该公司长达 4 年的基础研究合作，不仅有效缓解了科研经费紧张的局面，也为以后的国际合作积累了经验。也许部分由于 Exxon 公司的关注及其名声大的原因吧，SDTO 项目获得了一致的好评，不仅于 1995 年底顺利通过了验收，完成了鉴定，还于 1996 年度获得了科学院科技进步奖特等奖（申报一等）和国家"八五"攻关重点成果奖。

1995 年 10 月份左右，在我们召开 SDTO 技术鉴定会之前，美国 UOP 公司（其部分业务来自于因印度农药事件而倒闭的 UCC 联合碳化物公司）在北京召开了甲醇制烯烃（MTO）技术发布会，宣布完成了 0.5 吨/天的中试试验，可以直接建设工业化装置。我在中国石油天然气公司的帮助下参加了会议，对 UOP 公司的技术发展情况有所了解。至今仍不清楚 UOP 匆忙召开技术发布会是否由于我们完成中试的原因，但也深深地感到，合成气或甲醇制烯烃技术面临的将是一场国际竞争，而对手是著名的国际公司，无疑是强大的。

作为技术接力棒的传承者，我深感责任重大，也明白自己的能力有限，需要广泛地调动相关力量才能推进技术的工业化进程。中试完成后的第一时间，林励吾老师帮助联系了洛阳石化工程公司陈俊武院士，王清遐老师与我一起赴洛阳拜见陈院士。陈院士是中国著名的催化裂化专家，设计了包括中国第一套催化裂化装置在内的众多大型工业装置，在业界德高望重。陈院士非常客气地接待了我这个年轻人，认为合成气或甲醇制烯烃是国家需要的战略方向，勉励我要坚定信心，同时也强调从中试到工业化并非一蹴而就的事情，还有很多难关要越过。我自己除了请教之外，特别关心以我们的中试技术为基础，是否能够像 UOP 公司一样直接工业化。陈院士的回答是，最大可以做每年 10 万吨烯烃的装置，再大是有风险的，国外的技术也是如此。多次与陈院士交流之后，终于明白从中试到工业化必须要做工业性试验或示范级别的工作。因此，后续的技术推广主要是找企业合作做工业性试验。

STDO 技术完成中试后的几年时间里，正好赶上国际油价的低迷期。1997 年的最低油价低于每桶 10 美元，这也为技术推广造成一定的困难。同一时期，我国在天然气勘探开采方面取得了大的进展，公开报道陕北发现了世界级整装天然气田，又让人的希望多了想象空间，因此早期的技术推广主要是冲着天然气制烯烃去的。现在我已经记不清究竟去了多少地方，联系了多少公司，试图说服对方投资进行工业性试验。所里科技处对我们很支持，很多时候是时任科技处副处长的陆晓同志陪我到各处跑。印象比较深的是，到过中石化四川维尼纶厂，到过当时总部还在甘肃庆阳的中国石油天然气集团公司（CNPC）的长庆油田，经宋永瑞老师联系，到过拟将废弃油田改成天然气储气田的大港油田，到过兰州、大庆等地方，不仅推广甲醇/二甲醚制烯烃，也希望推广合成气制二甲醚技术。曾经在林励吾老师的带领下拜访 CNPC 的侯祥麟老部长（曾任石油部副部长，与我所有深厚的渊源关系），也曾通过李文钊老师去拜见他的老同学，时任 CNPC 炼化公司总工程师的邱孝培老师。邱总曾在长岭催化剂厂工作，是催化裂化催化剂专家，至今我仍然记得与他交流催化剂制备和放大时，他一连串问题问得我满头冒汗的情景。这些交流与拜访，大部分对大方向是肯定的，但至于工业化试验还是没有着落。一度接近成功的是与 CNPC 的合作，在侯部长和邱孝培、王贤清（时任 CNPC 炼化局局长）、门存贵（时任 CNPC 炼化局总工程师）等老师的举荐下，CNPC 终于认为 SDTO 技术在缺油的四川是有用武之地的，洛阳院帮助做了概念设计，多次交流之后我们又补充了大量的实验数据，项目的可行性报告也完成了。但最终因 1998 年的部委大调整及 CNPC 领导变动，特别是油价比较低，经济上的可行性难以保障等原因，项目没上马就夭折了。听说性格刚直的门存贵老总听到这个决定后甚至流着眼泪拍桌子；我自己当然也深感惋惜和无奈。

随着时间的推移，陕京天然气管线启用后，好像中国又没有那么多天然气了。国际油价抬头缓慢，似乎供应也比较充足。我感到合成气制烯烃技术从战略急需可能要变成战略储备项目了，技术推广及工业性试验恐怕是个持久战。另外，在与众多的企业交流中，我也深深地认识到技术还有许多需要完善和改进的地方，而技术的不断进步是应用的基础。技术若停滞不前，真有了工业性试验的机会，也许根本把握不住。因此，在不放弃技术推广的同时，我们又回头加强了基础研究和应用基础研究，补齐技术的短板，但继续研究的经费仍是个大问题。所咨询委员会的老师同意我的想法，出点子向科学院借钱。我向杨柏龄所长汇报，他也赞同，并表示所层面想办法促进。机会是路甬祥院长视察大连化物所时出现的。在向路院长汇报工作的会上，杨所长特意安排我坐在离领导比较近的地方，我选择时机，在路院长对我们的工作肯定的时候，适时地将盖了所章的借款一百万的报告递了上去。路院长当场表示，这个战略方向院里要支持。后来与院里高技术局沟通时，王玉兰处长问我借款如何还，我回答说既然是借款一定要还的，但还真不知道如何还；真要还不上，"儿子"借"老子"的钱也许不必还吧。她透露高技术局还有些机动经费，干脆直接要，不要说借了，局里也没有借钱的先例，也不知道该如何处理。最终的结果是直接以项目的形式给了 100 万元经费。我们用这笔经费专门购置了中型喷雾干燥装置（水蒸发量 200 千克/小时），重新对催化剂配方和催化剂喷雾干燥成型进行了研究，新的催化剂无论成本和性能均有较大幅度改善，进一步打牢了技术基础。1999 年 10 月，包信和院士负责的"天然气、煤层气优化利用的催化基础研究"项目启动，我负责其中的第三个课题（天然气制烯烃，G1999022403），又全面展开了连续 5 年的合成气制二甲醚和二甲醚/甲醇制烯烃的基础和应用基础研究。

2000 年之后，国际油价抬头的趋势越来越明显，中国处于煤化工大发展的前期，我们的 SDTO 技术又有了很大的进步。考虑到天然气或煤大规模制甲醇技术已经成熟，且有超大工业装置投产成功，国内煤制甲醇产业正方兴未艾；而合成气制二甲醚虽然有一定的优势，但毕竟是新技术，也存在逐级放大的问题，我们将技术推广的重点放在了甲醇制烯烃方面。因二甲醚是甲醇的脱水产物，二者转化为烯烃的原理和催化剂是相同的；事实上，我们很多实验室催化反应评价都是用甲醇为原料进行的。新的形势下我们又接触了很多企业，包括上海焦化厂、新奥集团等，国际上一些公司也表现出兴趣，如陶氏化学、Sabic 公司等。与新奥集团的交流甚至已经到了洽谈合同的阶段，但突然被陕西方面的合作要求打断了。

2004 年春天，时任陕西省省长的贾治邦同志到陕北视察，拟规划发展陕北大型煤化工基地。讨论煤制烯烃技术来源时，随同视察的陕西省政府顾问李毓强和王贤清、门存贵等专家，极力反对采用国外价格十分高昂的甲醇制烯烃（MTO）技术，积极推荐与大连化物所合作发展自主知识产权的技术。为此，王贤清和门存贵两位老师还专门到所里了解我们的技术持续发展情况。在贾省长的指示下，陕西省发改委贺久长（陕北煤化工基地主任）和陕西省投资集团的袁知中（集团副总经理）等立即到大连进行洽谈。合作协议很快达成，陕西方面专门成立了公司（陕西新兴煤化工科技发展有限公司，后改制并更名为新兴能源科技有限公司），与大连化物所及洛阳石化工程公司联合进行工业性试验。袁知中是公司的董事长和试验领导小组组长（包信和为副组长），从项目洽谈到确定试验场地及协调各方合作做出了很大努力。他发表过一篇文章详细描述了事情经过和一些关键事件的决策过程，这里就不再详述了。陕西省领导也非常重视工业性试验，陈德铭和袁纯清等省领导均多次到现场视察指导。

工业性试验项目总投资 8610 万元，其中试验装置建设总投资 4530 万元，试验费用 4080 万元。装置建设期间，大连化物所在相关民营企业和正大集团的帮助下，顺利完成了分子筛放大合成，生产了 25 吨专用催化剂，并在实验室新建的中试装置上进行了各种模拟试验。洛阳石化工程公司在陈俊武院士指导下，由刘昱负责设计。装置建设在新兴公司袁知中董事长、闵小建总经理和马行美、张军民等副总经理领导下于 2005 年 12 月竣工。2006 年 1 月正式进入工业性试验。

试验分为四个主要阶段，惰性剂流化试验，投料试车阶段，条件试验和考核运行阶段，甲醇累积投料时间近 1100 小时。曾在中石化抚顺研究院任工艺室主任的吕志辉加入了我们的团队，正好赶上工业性试验，作为大连化物所方面的现场负责人发挥了很大的作用。中国石油的张新志老师（原副总裁）也专门赶到现场，帮助我们熟悉和分析装置及流程。除了我们自己团队所有的人之外，合作各方在工业性试验现场汇聚了上百人，大家怀着参加世界首套甲醇制烯烃工业化试验的自豪感和责任感，日夜连续奋战，齐心协力，克服各种难以想象的困难，辛苦而快乐地取全了工业装置设计所需的各种基础数据，通过了中国石油与化学工业联合会组织的专家现场考核。DMTO 工业性试验从 2004 年 8 月 2 号启动，至 2006 年 8 月 23 号通过技术鉴定，翌日在人民大会堂召开了新闻发布会，历时两年终于取得了圆满成功。我自己也如释重负，因曾告诉过家人，投资这么大、这么重要的试验，若因技术原因失败了，我这个负责人恐怕再也无颜在化物所和国内学术界混下去了，出路可能就是终老海外了。

需要说明的是，本次工业性试验的技术不论是催化剂还是反应工艺均有别于国外同类技术，考虑到技术来源、后续商业化和知识产权保护等问题，应该有一个可以注册的工艺代号。但当时确实拿不准甲醇制烯烃的英文缩写 MTO 是否已经被其他单位注册了。经与吕志辉等同事多次讨论，大家最后同意用我提议的 DMTO 作为技术名称。专业层面的解释是，二甲醚或/甲醇制烯烃（dimethyl ether or/and methanol to olefin），其中 D 也隐含着两种原料（double）或大连（Dalian）的意思。在很多场合，一些领导讲 DMTO 就是大连化物所的 MTO 的意思，我默认，并经常内心一笑。

二、从 DMTO 到煤制烯烃工厂

DMTO 工业性试验在进行过程中就引起了时任国家发展改革委副主任张国宝的关注，第一阶段工业性试验后，我就专门到北京向他做了汇报，后来张主任经常打电话问我试验进展情况，人越来越熟悉了，才知道原委。起因是大连化物所所长包信和参加全国人大会时向温总理汇报了甲醇制烯烃工业性试验的事情，引起了在场的张主任的高度重视，近期张主任对此事有专门的回忆记述（见本书）。

得益于张国宝副主任的大力支持，DMTO 工业性试验完成后，神华集团在大连化物所仅出具同意使用 DMTO 技术函件的情况下，就迅速在 2006 年 12 月拿到了在包头建设 60 万吨/年煤制烯烃项目的国家发改委核准批文，成为了世界首次煤制烯烃技术的工业化实践者。2007 年 9 月，与神华集团公司多轮谈判达成协议后，工业项目正式启动。我在很多场合发自内心地向神华集团的信任和敢为天下先的勇气表示感谢。但是这件事也衍生了别的结果，陕西省投资工业性试验是计划第一个上煤制烯烃项目的，但却慢了一步被神华集团抢了先。领导很生气，后果自然严重。很快新兴公司董事长袁知中和总经理闵小建被免了职。其实真正的第一个煤制烯烃工业项目合同仍然是签给了陕西的公司（20 万吨/烯烃，项目拖到至今也没有干）。不是讲好了合作共赢吗？做出重大贡献的人反倒被撤职了，令人震惊，也使我长久地深感内疚，同时也体会到中科院的追求与地方政府或企业的目标是并不完全一致的。这件事的另外一个直接影响是，2009 年我们与陕西方面合作完成 DMTO 的升级技术（DMTO-II）之后，即使在没有合同约定的情况下，因担心会出现类似的情况，仍然尊重对方第一个上工业化项目的意愿。结果是陕煤化集团公司用 DMTO-II

技术建设的工厂投产后，对外技术许可才开始，但却失去了市场机会，这是后话了。

　　说实话，我自己所在的团队也曾完成过工业项目，但从没有像煤制烯烃这么大（180万吨/年甲醇处理量），心里很忐忑。DMTO的工业化，是对技术的首次实践检验，是否成功，关系到中国煤制烯烃新兴战略产业能否顺利健康发展，也必然会产生广泛的国际影响；关系到大连化物所的科研声誉，也与我们团队的发展和前途密切相连。实际的过程，见证了中石化洛阳工程公司的工程化开发实力，也验证了大连化物所的技术和团队的科研能力。这其中，有陈俊武院士的指导做后盾，刘昱的高度负责和专业精神为基础，有大连化物所的技术和服务做支撑，也有神华集团的优质工程质量为依托，更有多方同心合作做保障。

　　2008年，DMTO专用催化剂生产工厂投产。2010年8月8日，甲醇制烯烃工业装置正式投料，当天装置负荷很快达到90%，各项技术指标达到预期，投产顺利成功！在包头现场，我用短信向张涛所长报告这个消息，据说张所长忍不住地高兴，临时中断正在举行的大连化物所战略研讨会，当场宣读，全场响起了热烈的掌声。在包头的庆祝会上，大家的脸上写满了兴奋与幸福，不少同事的眼泪互相攀比着哗哗地流。我理解这眼泪背后的艰辛，多少同事在孩子牙牙学语时满怀牵挂进驻现场，多少同事在对生病的孩子和对年迈父母的惦记中又熬过了不眠之夜……我心里是清楚的。我自己当然也很欣慰，终于将技术的接力棒传到了中国煤制烯烃产业的起跑线上。

　　DMTO技术因占有世界首次工业化的先机而得到顺利推广。截至目前，DMTO系列技术已经签订了24套装置的技术实施许可合同，烯烃产能达1386万吨/年，预计可拉动上下游投资超3000亿元，新增产值1500亿元，实现新增就业约20000人。已投产13套工业装置，烯烃（乙烯+丙烯）设计产能达716万吨/年，每年新增产值超过750亿元。DMTO技术荣获2014年度国家技术发明奖一等奖，由习近平总书记亲自颁发，我深知这荣耀属于合作集体；2015年，我自己也被遴选为中国工程院院士，背后是我所在团队和大连化物所及众多对MTO事业的支持者。为了感谢所里的支持，我们团队将DMTO技术许可收入的一部分（5000万元）上交所里，在张涛所长和李灿院士支持下，成立了一亿元的"煤代油"研究基金，以促进所里基础与应用研究的融合；该基金至今仍在发挥作用。

　　科学与技术的进步没有止境，MTO事业仍在继续。长期的基础研究使我们对MTO反应的机理及反应体系的复杂性有了更深入全面的理解。从基础研究到工业化的总结性文章自2015年发表后一直高居 *ACS Catalysis* 杂志高阅读文章之首。为了使更多的科技工作者了解实验室研究到工业化的过程，我们编著了《甲醇制烯烃》一书，尽可能地将我们的理解和经验做了公开。新一代DMTO催化剂于2018年正式投产，工厂使用达到降低3%甲醇单耗的效果。新一代的DMTO-III技术已经完成千吨级中试，我们具备了将其直接应用于设计建设工业化装置的能力。DMTO-III 的技术经济性也将大幅度提升，达到单套装置年处理 300 万吨甲醇、生产 115 万吨乙烯和丙烯的产能，相信很快就有采用新技术的工厂建成。

大连化物所从 20 世纪 80 年代初开始布局 MTO 研究，到 MTO 固定床中试，SDTO 的"八五"攻关，再到 2006 年的 DMTO 工业性试验和 2010 年的首次工业化，前后几代人，历经数十载。回想起来，这一过程，更像一场跨越世纪的马拉松接力赛。我自己有机会作为这一过程的参与者和接力棒的传承者，深感荣幸和自豪。我怀着感恩的心情记下其中的情节或片段，感谢那些贡献者和曾经提供过帮助的人，但人数实在太多，请恕我不能一一提及了。我时常想，在 DMTO 的发展过程中，虽然困难重重、历程波折，为什么每到关键的时候总有人伸出援手？每逢重大困难总能顺利克服而迎来柳暗花明？冥冥之中似有天意？后来终于明白了，哪里有什么天意，分明是 MTO 事业对国家具有战略意义的感召力使然，是提供帮助者的爱国心的朴素表达！我自己只不过因与这事业有关，成为了常常受助的幸运儿。平心而论，单纯从技术角度，假如国外公司在完成 MTO 中试之后能够及时启动工业性试验，煤制烯烃首次工业化的机会未必是我们的，中国煤制烯烃的产业能否达到今天的局面也未可知。国外公司的战略失误有其必然性，我们的成功不仅在于对手的失误，更在于我们始终能够坚持，因这坚持的背后是众多随时提供帮助的巨大爱国主义精神力量在支撑。这种精神在今天复杂的国际形势下更值得发扬光大。

三、从组长到室主任

"文化大革命"后恢复高考制度，对当代中国影响至深至远。恢复高考后的前几届大学毕业生受到了普遍的重视，我也不例外，偏得了许多机遇。1990 年底我博士毕业不久就被任命为副组长，但主要工作仍然是做研究；"八五"攻关任务明确而艰巨，从来也不想什么时候能够做组长的事情。1995 年所里电话告知我是 123 组组长的时候，确实很突然。所里同时决定将张盈珍老师领导的 122 组并入 123 组，使我感觉身上担子又重了许多。1998 年，王公慰老师领导的研究组也并入了 123 组；稍后，因赵素琴老师组解散而独立的李宏愿、郭文珏等老师也加入了，123 组短期内几乎变成了所内最大的团队。我自己酷爱做研究，还特别喜欢自己动手做实验。但作为组长不得不思考研究组的学术方向、研究课题、团队建设、条件改善等问题，不仅要为自己的行为负责，还要为团队和职工个人的发展提前谋划；不仅要处理好各种矛盾，还要带领大家形成一个敢于和善于攻克科技难关的团结的集体。刚做组长的两三年时间里，我和副组长孙承林配合默契，在蔡光宇、王公慰等老师的帮助下，主要解决的是"做什么"和缺经费的制约问题。

"九五"期间，李文钊老师牵头组织了"天然气综合利用"中科院重大项目，安排我和几个年轻人参与项目的主持，同时有课题和经费的支持。也许是由于 SDTO 项目的影响吧，中科院高技术局对我们特别看重，除了前面提及的路院长特批的"二甲醚制烯烃催化剂改进"项目外，几年内连续给了我们几个方向性项目（每个项目约 600 万元经费），再加上郭燮贤、梁娟老师帮助促成的国际合作，973 项目，以及与 CNPC 公司发展了良好的合作关系，1999 年之后至今，从研究组的角度我们就再也没有愁过经费的事情了。

值得特别提及的是，1998 年的部委调整的结果之一是中国石油天然气集团公司（CNPC）和中石化的业务重组，虽然我们的 SDTO 项目因此下马，但因中国石油下游石油加工和石油化工科研力量不足，为我所与其合作创造了新的机会。时任中国石油副总裁的张新志老师多次带队到所里考察，并选定八室（我刚成为室主任）作为主要合作对象。我与张总很投机，他也没有官架子，我们经常性地交流到深夜。我自己在炼油和石油化工方面的知识，一部分是这一段时间系统看书补充的，但更多地得益于张总的指导。他可能感觉到了我对炼厂并不太熟悉，亲自组织了中石油抚顺公司少数领导参加的内部规划讨论会，通过为期两天的闭门讨论，我不仅熟悉了炼厂的全流程，还带回了许多新课题。但张总第一次参观八室时的评价对我刺激很大，他说人都很优秀，就是设备太差，似乎担心我们承担不了大任务。我决心要改变这个局面。

刚组建的八室确实没有什么能够拿得出手供人参观的好设备，也许有人还记得 02 楼西头几个组公用的大反应间的乱象，设备陈旧，气体管线如蛛网。全室 5 个研究组，一年的经费也就七八百万。我曾经调查过，总共 59 台气相色谱仪，几乎全是早期上海分析仪器厂的手动 103、102 型，大约一半处于随用随修的状态。如果做催化剂寿命试验，按照规定的每班两人、四班倒计算，确实也承担不了几项任务。催化剂分析表征的大型仪器根本谈不上。因此，所里也几乎从不安排领导到访八室。我与室里的几个组长商量，每个组拿出 60 万元，没有经费的研究组由 803 组和 804组（我和徐龙伢分别为组长）先垫上，建设公共的分析测试平台。但钱还是不够，向开明的邓麦村所长打报告，说明事情的严重性和紧迫性，结果是所里又匹配了 150万元。很快，原本目不忍睹的大反应间变成了摆放全新仪器的整洁的新平台。但这些仍然解决不了承担课题能力不足的问题。

我又与组长们商量，大家均认为应该对催化反应的监测与结果分析进行自动化更新，关键在于采用电脑控制的全自动化在线取样分析色谱。但若按部就班地做，势必影响发展速度。我又借机向邓麦村所长反映，提出了向所里借 500 万元的想法。理由是，一个研究组每年若连 20 万元的仪器设备更新还做不到，就应该走向消亡了；八室的五个组都可以做到，但希望一次性更新，之后逐渐过渡到按计划更新；

钱是要还的，计划每年向所里还 100 万元。正式报告后，所里又再次开明地同意了。两次大动作，我们用 950 万元购买仪器，比全年总经费还多。效果很明显，承担课题的能力和研究效率大大提高，路院长视察时所里还特意安排到八室听取我们的工作汇报。他知道我们借钱买仪器、做研究的事情后，给予了很高的评价。

这些事的另外效果是，中国石油将八室作为自己的研究基地，每年发函两次要求上报课题。八室各研究组互相商量，近中远结合，配合中国石油"轻变重"（合成气转化）和"重变轻"（重油裂解及综合利用）发展战略，承担了大量的科研任务。仪器更新后的第二年，八室研究经费达到 1500 万元，之后逐年大幅度增加。从 1998 年有两个组考评亮黄牌，到 1999 年 5 个研究组已经全部进入了知识创新序列。研究组长们定期开会讨论工作，全室以组长联席会和公共分析平台为纽带，形成了互相交流的互助合作关系，大家士气高昂，呈现出了与知识创新工程相适应的新面貌。

2003 年初，影响全国的一件大事是"非典"，即急性严重呼吸道综合征（Severe Acute Respiratory Syndrome, SARS）。自 2002 年 11 月 26 日广州出现第一例患者后，至 2003 年 4 月份达到流行高峰并蔓延至全国多个省份及城市。全国重点地区从城市到乡村对流动人员采取严格的隔离措施，以防范病毒的进一步传播，我所也将出差人员进行了隔离观察，全国进入了紧急状态。林励吾老师在所里召开会议，号召大家在国难之时发挥作用。我提出以吸附和催化的原理灭活 SARS 病毒，得到大家认可。所里随即责成我牵头召集催化材料、膜分离、分析和生物技术等领域有关专家，并联合大连医科大学病毒研究室成立了 SARS 攻关小组。我任组长并负责从全所范围内征集吸附和催化材料，许国旺研究员任副组长并负责吸附洗脱实验筛选，杨凌研究员负责材料毒性实验，大连医科大学张卓然老师团队负责用副流感病毒对筛选的材料进行灭活实验。一场与时间和生命的赛跑开始了。我们快速建立了各种方法和联动机制，每天汇总工作进展，短短一两个月就制备并检测了 100 多种催化材料，确证多种催化剂可以吸附并灭活副流感病毒。选择 5 种材料送交军事医学科学院进行检测，结果是其中的 3 种具有灭活 SARS 冠状病毒的作用，达到了预期的结果。我们的材料研制成功的时候，"非典"事件已经接近尾声，虽然并没有最终派上用场，但这件事体现了大连化物所主动为国为民的精神和善于联合攻关的风格。

2003 年换届后所里探索研究室主任轮换制，我从室主任岗位退下，变成了所长助理，2007 年升为副所长，再做室主任（兼职）的时候是 2008 年了。原因是国家发改委启动了国家工程实验室建设计划，我所申请的"甲醇制烯烃国家工程实验室"获得批准。所里同意以 803 组为基础筹建国家工程实验室（所内编号 12 室），任命我为主任。经历过工业性试验和工业化项目之后，我一直在思考采用什么样的方式才能发挥联合优势，既能在实验室快速突破，又能将实验室成果快速工业化；

这是一个探索的好机会。我向所里申请并得到批准以 B 类组群的方式建设新的 12 室，从基础研究、应用基础研究、过程放大到工程化进行研究组部署。每一个研究组既有相对独立的学术方向和发展空间，又能快速联合起来围绕重大项目联合攻关。经过十年的探索实践，我感觉还是比较成功的。期间，我们又得到了国家能源局的强力支持，建设国家能源低碳催化与工程研发中心。

在不太长的时间内，我们已经发展成为整建制的研究室。目前，团队拥有 60 多位职工和 50 名学生，其中，10 个研究员（7 个博导），有高级职称者 50 人，有博士学位者 36 人。团队固定资产超过 1.2 亿元，拥有 400 项有效发明专利，其中国外专利 200 多项。除 DMTO 外，还完成了丙烯水合制异丙醇、甲醇制二甲醚、丁烯制醋酸丁酯等技术的工业化，完成了世界首次二甲醚羰基化加氢制乙醇工业示范，实现了丙烯水合制异丙醇整套技术出口印度，技术支撑我国每年新增工业产值约 800 亿元。近期完成了新一代甲醇制烯烃（DMTO-III）、甲醇制丙烯、甲醇甲苯制对二甲苯联产烯烃等一批新技术的中试试验，相信这些技术很快就能够实现工业化。我们的团队，从基础研究到工业应用，从学术界到产业界，正在发挥越来越重要的作用和影响。而科研要务实报国，正是我们共同追求的价值目标和精神支撑。

新中国成立七十年发生了翻天覆地的变化，特别是后四十年改革开放，使我国有底气规划新的蓝图，追求中华民族伟大复兴的中国梦。四十年来，我作为改革开放的受益者和亲历者，也通过大连化物所融入了这改革的大潮，在探索中前行、变革中发展，随着化物所的事业发达而成长。回顾过去，虽辛苦而快乐，宁白头而不悔；展望未来，当不忘初心，牢记使命担当，为国富民强再自强！

作者简介：刘中民，男，1964 年 9 月出生，1990 年 12 月至今在大连化学物理研究所工作，中国工程院院士，研究员。从事应用催化研究。现任大连化学物理研究所所长、青岛生物能源与过程研究所所长、甲醇制烯烃国家工程实验室主任、国家能源低碳催化与工程研发中心主任。

我所化学激光五十年发展历程的一点儿感悟

金玉奇

我所的化学激光研究开展了五十多个年头,从白手起家,到我国 HCl 化学激光首光;从坚持"非共识"创新,到成功研制我国第一台 HF/DF 化学激光器,再到成功研制我国第一台氧碘化学激光器,再到特殊 HF/HBr 化学激光关键技术突破,化学激光研究实现了从无到有、从小到大、从弱到强、由理论基础研究到关键技术攻关,再到技术集成,不断突破、不断升级、不断超越,这一路走过的历程值得我们去深深感悟。

一、国家任务的需求就是我们的选择,任务的发展带动了学科发展

我所从成立之初,科研方向一直面向国家重大任务需求,"急国家之所急、想国家之所想",国家使命也一直引领着我所化学激光研究不断向前。1960 年 7 月,美国科学家梅曼首先实现了世界上第一台红宝石激光;1961 年,加拿大科学家 Polanyi 首先提出了通过化学反应产生振转布局反转实现红外化学激光设想。在西方国家开始探索利用激光作为各种光武器的尝试背景下,毛主席对激光有专门的批示:"死光,搞一批人专门去研究它,要有一小批人吃了饭不做别的事,专门研究这个,搞下去终究能搞出来的。"为此,为了完成国家任务,我所 1962 年成立了化学激光研究小组,开始了化学激光的探索研究。化学激光是当时世界的前沿科技,加上国际上的前沿科技对我国是封锁的,没有任何参考资料可寻,再加上绝大部分人对化学激光的基础知识不了解,很多人都没有接触过激光相关的知识,与激光相关的仪器设备非常之少,专用设备更是凤毛麟角,另外,研究人员对能否最终实现化学激光出光心里没底,缺乏信心,可见完成这项任务的难度可想而知。面对这些重重困难,他们表现出了决心、恒心和信心。基础薄弱就集中组织学习激光原理,交流心得体会并派部分同志去相关研究所学习深造,凭着锲而不舍的精神和坚忍不拔的毅力,终于在 1966 年,成功研制出我国第一台利用光引发的化学能泵浦 HCl

化学激光器，比美国科学家 Kasper 和 Pimentel 实现的世界上第一台脉冲 HCl 化学激光，仅晚两年时间。

为了使化学激光器能量更大、质量更好、效率更高，开始转入燃烧驱动的化学激光研究，这也就预示着我所正式踏上了我国高能化学激光研究新征程。1973 年 1 月成立了化学激光研究室，我所多位从事液体燃料和火箭推进剂研究的科研骨干，面对国家重大任务需求，毅然决然地投身化学激光事业，正是我所固液火箭发动机研究所积累的化学燃烧和气体动力学学科基础，有力保证了我所转向高能化学激光的研究。1974 年成功研制出我国燃烧驱动连续波高功率 HF/DF 化学激光器。在研制化学激光的同时，研究室十分注重化学激光的机理和基础理论研究，20 世纪 80 年代，我所率先开展了新"泵浦"反应和分子碰撞传能动力学方面的研究，以此为基础，开创了我国分子反应动力学研究领域。

由于 HF/DF 化学激光波长较长，研究室又转向短波长化学激光新体系的探索研究，经过艰苦卓绝地努力拼搏，终于在 1982 年成功研制出我国第一台氧碘化学激光器，拉开了我国高能短波长氧碘化学激光研究的序幕。然而化学激光研制过程中一直饱受研究经费的困扰，为了将高能化学激光坚持到底，研究室想方设法节省开支，并向院里借钱开展科研工作，直到 1986 年，国家启动重大科研计划，经过艰难的积极争取之后，终于将氧碘化学激光项目列入国家重大任务发展计划之中，从此迎来了我国高能氧碘化学激光发展的春天。

此后，为突破氧碘化学激光器能量相对较小、体积相对较大等技术瓶颈，研究人员在 1994 年成功研制出超音速流动的连续波氧碘化学激光器，使激光器体积效率有了量级的提高；1995 年，研制出新一代氧碘化学激光器，光束质量因子 $\beta < 10$，这使得我国高功率氧碘化学激光技术进入世界先进水平行列，仅次于美国，居世界第二位。同年，成功完成了初级技术综合演示试验，160 余次试验中，成功率 100%，这对于化学激光走向应用具有重要里程碑意义。1998 年，化学激光研究团队又开始新一轮联合试验再次获得圆满成功并获得国家高度重视。首长亲临试验现场，寄望化学激光加快实用化进程；863 专家组王大珩、陈能宽、张存浩先后书写题词祝贺试验成功。

多年来，我所围绕国家需求，圆满完成了多项重大任务，在不同任务发展的带动下，夯实了以物理学、光学、化学、化工、流体力学、分子反应动力学为代表的一大批学科基础，化学激光研究迎来了全面发展的新局面。

二、协力攻关、矢志奉献一直是我们的传统

几代研究人员在化学激光研究领域的矢志奉献，使我所的化学激光研究成果创

造了多项国家第一，填补了国内多个空白，许多成果达到了世界领先水平。5 项成果获国家科技进步奖、国家自然科学奖等奖项，2 项获中国科学院科学技术进步奖特等奖，近 20 项获省部级奖项。2005 年，荣获中国科学院杰出科技成就奖；2013 年，高能化学激光的奠基者和开拓者张存浩院士获得国家最高科学技术奖，这些是对化学激光研究人员奉献精神和成绩取得的最好褒奖。

老一辈研究人员历经的"大罐会战"就是协力攻关的最好例证。在 HF/DF 化学激光器放大验证过程中，需要三个 50m³ 真空罐，按照当时的技术条件，在短时间内是不可能完成的。为此，所党委决定打破所内部门界限，组织各方面协同作战。所条件处到中科院、冶金部求援调拨钢板 20 吨，所仪器厂成立大罐设计加工一条龙会战组，所里临时将 04 楼前的空地组建成露天车间。为保障按时完成任务，室里科研人员和工人师傅一起，每天工作 10 多个小时，饭在工作现场吃，晚上就在 04 楼礼堂里面住，这样一直奋战 40 多天，终于按时保质完成了加工任务。今天的化学激光研究人员依然继续和发扬着前辈留下的精神和意志，当国家任务下达之时，相关人员迅速向着任务靠拢，不同专业、不同组别的人员不分彼此，精诚团结投入到国家任务攻关之中。

新一代研究人员参与的"联合外场试验"就是奉献青春的最好映照。面对国家重任，他们不畏艰辛、肩挑重担，一步一个脚印、几年一个台阶，夯实基础之后将化学激光研制成功转入应用阶段。外场作业队一次又一次地踏上征程，在联合试验外场，他们承受着巨大的任务压力，克服着艰苦的生活条件，压抑着长期的思乡之苦，夜以继日进行试验，为国家的化学激光事业做出自己的贡献。联合外场试验与实验室科研工作有很大不同，联合试验以任务可靠性为首要关注点，在任务剖面内必须做到所有性能万无一失，任务下达只允许成功，不允许失败。另外，联合试验任务繁重，每天凌晨需要进入岗位，很晚才能结束，而且连续作战，这使得参与人员身心非常疲惫，为了不耽误第二天试验，节省来往路上时间，关键岗位人员只能在场地"凑合一宿"。外面天寒地冻、场地条件简陋，在这样的环境和条件下，大家能够承受着巨大的心理压力，将任务放在首位，心无旁骛、无怨无悔地工作。与完成任务相比，环境和条件的艰苦都显得微不足道，因为试验一旦出现故障而导致任务失败，一方面会造成巨大的国家财产损失；另一方面，联合试验的每个岗位不是代表岗位上的某个人，而是代表整个团队、代表研究所，出现故障时上百双眼睛都会聚焦到故障岗位，心理压力像巨石压顶一样让人难以呼吸。因此，每次试验前，各个岗位队员都要一遍又一遍地检查试验状态，确保试验万无一失。正是在这样的努力和奋斗下，我所化学激光研究历经多次联合试验，每次试验都取得了圆满成功。

几代研究人员在挑战前沿、献身科学的强国奋斗中，形成了协力攻关、矢志奉献的优良传统，这些传统一直推动着化学激光研究不断向前发展。

三、精神代代相传才能实现事业更好地发展

物换星移，随着化学激光研究事业的不断发展，研究人员队伍壮"大"，由十几人的研究组变成了百余人的化学激光重点实验室；组织结构转"变"，由垂直的单一结构变成了面向国家重大项目、有"横"有"纵"完善的组织体系；实验场地翻"新"，由几十平方米的实验室变成了两万余平方米的实验基地；仪器设备变"好"，由几台简陋设备变成了近百台套的国际先进仪器。

今天的化学激光重点实验室传承着几代研究人员的优良传统，在圆满完成每一次国家交予重任的同时，不断丰富精神文化和团队建设，开展了青年论坛、先进标兵评选、离退休职工走访团拜等特色活动，人文建设水平迈上新台阶。青年论坛主要是拓展领域视野，激活大家研究兴趣，围绕自身攻关方向，分享研究成果，搭建起科研创新的交流平台。先进标兵评选活动主要是选树身边典型，激励大家共同奋进。研究室每年都会结合工作实绩，甄选不同岗位、不同类别，评选各类标兵（爱岗敬业标兵、创新发明标兵、默默奉献标兵、优秀青年标兵、三好学生标兵、优秀室务标兵、特殊贡献标兵），让每个群体都有自己的优秀代表，肯定他们的成绩，引导大家向榜样学习，勤勉敬业。离退休职工走访团拜活动主要是不忘过往贡献，激发大家传承精神。研究室每年都坚持组织离退休职工走访和团拜活动，不忘老一辈研究人员为化物所和研究室所做的贡献，引导年轻一代传承好优良传统。

未来，我所化学激光研究还将持续面向国家重大战略和需求，坚持聚焦"往高处走""往实用化走""往多样化走"的时代任务，重点围绕"大""小""变""新""好"等方面继续开展探索研究。我们相信，在新时代国家需要的召唤下，新一代研究人员必将继承和发扬化学激光传统和精神，面向我国高能激光新使命，再次谱写化学激光新的篇章。

作者简介：金玉奇，男，1965年11月出生，1988年7月至今在大连化学物理研究所工作，研究员。从事化学激光研究工作。现任大连化学物理研究所副所长，中国科学院化学激光重点实验室主任。

青春年华奉献祖国科技

李　灿

1983 年我来大连化物所读研究生，先后师从吕永安老师攻读硕士学位和郭燮贤老师攻读博士学位，其间获联合国教科文组织奖学金在日本东京工业大学（导师为大西孝治教授）完成博士论文研究，1988 年回国，1989 年毕业留所工作；1993年赴美国西北大学进行博士后研究，历 3 年，又返所，工作至今，凡三十六年。1999年纪念研究所五十周年之际，曾撰文《情系大连化物所》。转眼间二十年又过去，华发渐生，初心依旧，情系我的老师、同事、朋友、学生，情系大连化物所。本文上接前文，采撷最近二十余年在研究所工作的点滴，以作为建所七十周年华诞纪念。

一、攻坚克难，研制成功紫外拉曼光谱技术

1996 年 8 月，我携全家辞别美国西北大学，回到大连化物所，一转眼二十三年过去了。赴美国前，我曾在日本留学，短期访问过欧洲几个国家，但学术视野仍有限，特别希望去美国学习深造一段时间，以期深入了解美国催化科学的发展，所以精心选择了美国西北大学的催化研究中心。这个中心于 20 世纪 30 年代由 Vladimir N. Ipatieff 教授等人创始，在炼油催化领域做出过原创性贡献，在国际催化界负有盛名，前后出现过两任国际催化理事会主席。20 世纪 80 年代初期，荷兰壳牌（Shell）研发中心的著名催化专家 Wolfgang H. Sachtler 教授受聘出任该中心主任，汇聚有一批国际催化界知名的教授，例如，Herman Pines（石油炼制催化），Robert Burwell Jr.（多相催化动力学），Tobin J. Marks（均相金属有机催化），Harold H. Kung （选择催化氧化），Peter Stair（表面催化），一时间，西北大学催化中心成为国际催化界的朝圣之地。我在西北大学利用一切机会学习了解美国的催化技术前沿，同时参加多个教授的研究组组会，以全面了解美国催化教育和催化研究。这段时间的深造学习对我后来研究风格的形成影响很大。在西北大学心无旁骛，埋首于研究，三年时间匆匆过去，取得研究成果非常充实，有点留恋不舍，但回国的向往更加强烈，希望在自己的国家做出更多的科研成果。

回所后的当天下午，我就进实验室开始了实验工作。回国后开展的第一个研究

课题是启动我国紫外拉曼光谱催化表征研究。我在美国时利用其优越的实验条件已经对紫外拉曼光谱技术做了一些初步探索，初期的实验结果确认紫外区的拉曼光谱可以避开催化剂荧光干扰。因此，首先着手研发解决催化研究前沿问题的紫外拉曼光谱技术。当时，踌躇满志，信心满满，但马上就遇到了研究经费困难问题。

1996 年，尚没有对回国年轻人的特殊资助，所幸回国当年我获得了国家基金委杰出青年基金资助，但远远不足以购买研发工作必要的仪器部件。中国科学院基础局钱文藻局长得知这个情况后，表示基础局特批资助 100 万元，并建议研究所也匹配 100 万元。时任所长杨柏龄非常重视这项工作，要求从国家重点实验室的设备更新费中拨出专款予以资助，经过一番努力，经费勉强有了着落。

刚回国，我没有研究生，所内外多位博士生导师让我作辅助导师，协助他们培养研究生，使我的研究工作很快开展起来。组里辛勤老师，所里林励吾、李文钊、杨亚书诸老师让我协助指导学生，我还给所外的中石化北京石油科学院的闵恩泽先生、李大东先生协助指导学生。给这些老师们做助手，一方面学习如何培养学生，如何做导师，同时又帮助我推进紫外拉曼光谱的研制和催化表征研究工作。

紫外拉曼光谱技术的研制历经波折。由于国际上当时连续波紫外激光器刚问世不久，获得稳定激光光源很困难。其次，紫外区高灵敏 CCD 探测器也不成熟，光路系统的紫外区光通量极低，必须针对紫外拉曼光谱区的光谱仪反射镜和光栅进行特殊镀膜。更困难的是缺少收集紫外区微弱的拉曼散射光的有效方法。因为传统的光学透镜存在荧光和球差等效应无法满足精确的紫外拉曼散射光的聚焦，为此，我抛弃传统的透镜，研制了紫外镀膜的内反射椭圆球镜，解决了这一难题。经过两年多的苦战，逐一克服所遇到的这些难题，终于在 1998 年底成功获得积碳分子筛催化剂的紫外拉曼光谱（积碳产生强荧光本底，无法获得分子筛的常规拉曼光谱），标志着我国第一台紫外拉曼光谱仪研制成功。由于这项技术的创新性和对催化材料表征的重要意义，研制成功后立即受到国内外好评，*C&E News* 评述为继 STM、SFG之后的研究表面催化的三项重大进展之一，先后获得中国科学院发明奖和国家科技发明奖二等奖。

二、分子筛表征，紫外共振拉曼研究初显成效

紫外拉曼光谱研制成功后被应用于解决催化研究中长期存在的基础科学问题，几个典型例子如下：

20 世纪 80 年代出现的以 Ti-Silicalite-1（TS-1）为代表的过渡金属杂原子分子筛催化剂成为国际催化领域的一个前沿方向和热点，受到国际催化学术界和工业界的高度关注。这一类催化剂在许多绿色催化反应中表现出优异的催化活性和选择

性，但当时并不清楚为什么。核心科学问题是这一类催化剂的活性中心结构是什么。TS-1 分子筛是最具代表性的过渡金属杂原子分子筛，是一种全硅分子筛中含微量 Ti（一般小于 2 at%）的杂原子分子筛，这种分子筛具有优异的丙烯环氧化绿色催化性能。为了解决催化剂结构鉴定问题，国际上许多科学家穷尽了各种表征方法，例如 XRD、NMR、FT-IR、TEM、EXAFS 等，但由于分子筛骨架中有效 Ti 含量很低，很难获取可信的活性中心结构信息。利用紫外拉曼光谱的优势：避开荧光、短波长散射高灵敏度和紫外区的共振拉曼效应，通过选择性激发 TS-1 分子筛的 Ti-O-Si 的 O 2p→Ti 3d 电子态跃迁，高灵敏、高选择性地探测到四配位于全硅分子筛骨架中的高度隔离 Ti 离子活性中心，并可明确区分各种不同配位环境的 Ti 离子活性中心，这些光谱表征结果得到 DFT 理论计算结果支持，同时建立了不同配位环境 Ti 离子中心与烯烃环氧化选择性之间的关系。由此，在国际上第一次用紫外共振拉曼光谱技术解决了 TS-1 杂原子分子筛活性中心的结构表征问题。目前，国际上过渡金属杂原子分子筛研究多采用紫外共振拉曼技术表征其活性中心。

三、鉴定异相结，深化认识光生电荷分离现象

紫外拉曼光谱表征催化剂结构的一个意外的创新贡献是解决了过渡金属氧化物微纳米粒子表面物相结构的鉴定问题。由于表面结构重构等原因，大部分的微纳米粒子催化剂的表面结构与体相是不同的，而金属氧化物表面结构表征极具挑战，许多常用的表面分析技术都难以确定纳米尺度金属氧化物的表面物相结构。实验结果发现，由于拉曼光谱的激光光散射深度随激发光源波长变短而变浅，当紫外区有吸收时激光穿透深度急剧变浅（从毫微米级到微纳米级）。因此，紫外拉曼光谱可以更灵敏地探测金属氧化物表面层的物相结构。基于紫外拉曼光谱表面区灵敏的特征，发现了 TiO_2、Ga_2O_3 等光催化剂的表面异相结及其光生电荷分离效应，揭示了金属氧化物半导体光催化剂表面电荷分离的机制，为发展高效光催化剂提供了理论指导，由于异相结现象普遍存在于半导体光催化剂体系，此概念也被光催化领域的科学家广泛引用和应用，成为继 p-n 结、异质结之后发现的光生电荷分离的又一个策略。

四、深入催化表征，获国际催化界好评

紫外拉曼光谱由于其高灵敏和高选择性，可在水相、气相、高温、高压条件下研究催化剂和催化反应，更有利于进行催化反应条件下的 in situ 和 Operando 研究，紫外拉曼 Operando 研究揭示了分子筛合成的机理，以及分子筛催化剂上积碳失活的机理，在催化研究的多个方面显示其强大的功能，成为国际催化界一种标志性研究进展。紫外拉曼光谱的技术早在 1999 年获得国家科技发明奖二等奖，12 年后紫

外拉曼光谱的催化研究成果又获得 2011 年度国家自然科学奖二等奖，我本人主要因紫外拉曼催化研究工作获得国际催化奖（International Catalysis Award）。2004 年在巴黎举行的第十三届国际催化大会（ICC）上作了授奖大会报告（这也是中国催化科学家第一次在 ICC 上做大会报告）。后来，紫外拉曼光谱研究从催化研究拓展到材料表征等更广泛领域，国际上大部分光谱表征实验室配备了紫外和中紫外拉曼光谱仪。近年来又将紫外拉曼光谱技术成功应用于我国深海探测；在紫外拉曼光谱技术研究基础上，先后又研制成功国际上第一台深紫外拉曼光谱仪和第一台短波长手性拉曼光谱仪。

紫外拉曼光谱研究是我回国后第一个有影响的工作，主要得益于我所优良的科研环境和国家改革开放的时代机遇，使我回国后能够很快在科学研究中取得这些进展。

五、汽柴油脱硫，助力蓝天保卫战

2000 年前后是我科学研究最为活跃的时期之一，在进行紫外拉曼光谱催化研究的同时，又布设了两个重要的研究方向：多相手性催化合成和燃料油超深度脱硫的研究。

手性合成是药物合成的重要方向，手性化合物主要通过均相催化不对称合成和酶催化合成，面临分离和纯化的一系列问题。基于在多相催化方面的知识和研究积累，我提出多相手性催化合成的策略，试图通过固相手性催化剂的创新走出一条不同于均相不对称合成的路子。这个工作首先从 Sharpless 手性环氧化催化的多相化开始，国际上第一次成功地将 Sharpless 催化剂组装于 MCM-41 纳米孔中，获得了比均相不对称催化更优的性能，之后又扩展到 Mn（Salen）类多相手性催化剂的合成，初步观察到纳米空间对于手性诱导的限阈效应。后来与杨启华研究员合作，先后确认了微纳米空间中手性催化反应的限阈效应，发现活性中心耦合加速效应以及酶催化的稳定化效应等。在国内外均相-多相手性催化学术界产生较大影响，研究成果曾获辽宁省自然科学奖一等奖。这个方面的研究形成催化基础国家重点实验室的一个重要学术方向，仍然在继续进行中。

在我回国之初还部署了燃料油超深度脱硫的研究工作。20 世纪 90 年代，国内还没有强制性的清洁燃料油法规，对于油品中硫和氮的含量没有严格限制。20 世纪 90 年代，我在欧洲、美国访问时就了解到西方国家十分重视汽柴油的清洁化问题，如美国加州在 1990 年左右就已经推行欧 Ⅵ 标准（燃料油中硫含量在 50ppm 以下），而同时期我国大部分地区国三标准（300ppm）还未普及推广，可见比西方发达国家落后许多年（这也就是后来我国雾霾频发的原因之一）。预见到我国家用车数量将迅速增加，大气污染问题将会愈加严重。由于对环境生态的重视，回国后的 1997 年，我开始超深度脱硫的基础研究，先后探索氧化脱硫、吸附脱硫和新型催化加氢脱硫几条路线。发现过渡金属杂多酸盐与 H_2O_2 可形成乳液体系，在室温下仅消耗化学计量的 H_2O_2，就可高效高选择性地将柴油中数百 ppm 的含硫化合物氧化为砜类分子而容易脱除，使几百 ppm 硫含量降低到 0.1 ppm 以下，这是目前为止报道的最好结果，与中石化抚顺石化院合作，采用撞击流反应技术进行规模放大试验取得与实验室小试结果相近的结果，可将柴油中含硫化合物完全脱除，这远远优于国内外清洁油品标准要求，一时间乳液催化受到学术界和工业界高度关注，并继而激发乳液催化有机合成的研究。

经过十多年的努力，油品超深度脱硫的应用基础研究成果最后形成汽油和柴油超深度脱硫两项工业化技术而得到推广应用。例如，汽油催化反应吸附脱硫技术，可将 FCC 加氢汽油中的硫含量从 100ppm 左右降低到低于 10ppm 水平，达到国五标准。此技术在陕西延长万吨级工业化示范后，在山东、辽宁、黑龙江等地企业推广。

燃料油超深度脱硫的工作虽然是石油炼制工业一个比较传统的课题，但它是直接关系空气质量的大问题。20 年前人们并不重视，也不看好这个方向的研究，但我坚信随着我国经济发展，人民群众生活质量日益提高，大气环境质量问题会越来越重要。所以超前部署了这一研究。果不其然，到了 2010 年之后，我国多地雾霾愈加严重，我国政府连续出台史上最为严苛的空气环境保护法，要求短短几年内我国汽柴油都必须全部达到国五标准（与欧 V 相同，油中硫含量<10ppm），此时我们的研究成果正好发挥作用。汽油、柴油这两项成果是我和我的团队从基础研究走向工业化应用的一个典型例子，体现了基础研究的重要作用。这方面的经验所得到的启发是：（1）科技工作者要有社会责任感、关切人民的需求；（2）课题立项要有前瞻性；（3）催化研究应从重大应用背景中抽提科学课题（切忌只是从书本上和文献中找课题、更不应该简单地跟风追热）；（4）要重视培育基础和应用融合的研究团队。

六、千禧年之际，启动太阳能光催化研究

2000 年是世纪之交，也是千禧年之际，国际上发生了多个重大事件：2001 年中国加入世贸组织（WTO），进入了经济发展的快轨道；美国纽约发生"9·11"事件，中东反恐战争成为世界政治热点；中国科技在多年积蓄的基础上进入快速发展的时期；中国科学院实施知识创新工程取得初步成效；那个年代，还有一个不为人们关注的重大事件，就是国际气候组织开始呼吁全世界关注人类生存的地球家园的生态问题，启动京都协议议定书签署。早在 1997 年 12 月，在日本京都由联合国气

候变化框架公约参加国三次会议制定了《京都协议议定书》，其目标是"将大气中的温室气体含量稳定在一个适当的水平，防止剧烈的气候改变对人类造成伤害"。

这些事件看上去与催化没有直接关系，其实影响未来催化乃至整个科学的发展走向。这个时期我考虑得最多的问题是传统催化向哪里发展，催化科学新的机遇在哪里？更加关注催化与人类社会可持续发展的问题。催化已历经百年辉煌，为人类的物质文明做出了巨大贡献。过去百年的催化主要在解决化石资源作为能源和材料的转化过程中发展繁荣起来，而过度使用化石资源导致人类社会在资源方面的不可持续发展、环境污染、生态恶化，人类生存环境受到威胁。京都协议隐隐唤起我作为科技工作者的良心和责任：不仅仅满足于自己的科学兴趣，而还需关注当下的环境问题和思考更久远未来人类生存的生态问题。以中国为代表的许多发展中国家主要依赖化石资源（煤、石油、天然气），其可持续发展问题和环境、生态问题日益严重，这些问题虽然不是短时间能够解决的，但作为一个科技工作者，社会责任感和使命感驱使我常常思考这些问题，如何破解这些人类社会面临的大问题。一个人的作用是微不足道的，但古人云：勿以善小而不为，勿以恶小而为之。

1999—2000 年我先后利用在英国利物浦大学做短期访问教授和在日本做 JSPS Professor 项目的机会，带着这些思考对欧洲和日本进行了学术考察，尤其对日本进行了较为深入的调研，因为日本对于未来的生存危机感极强，非常重视生态环境的研究，极其重视发展洁净能源技术。我对从北海道至九州主要从事太阳能研究的大学和研究机构进行了访问交流，之后做了我科研生涯中一个重大的决定：将正在进行的传统催化研究的重心转向以太阳能为代表的可再生能源的研究，决定启动太阳能光催化分解水制氢研究。

七、砥砺前行，直面光催化难题

太阳能光催化分解水的研究在 20 世纪 70 年代从日本兴起，之后各国学者也曾在这个领域做过大量的探索研究，但并未取得实质性进展，我所也有不少学者曾做过光催化分解水研究，到 20 世纪 90 年代，国际上仍有一些研究组坚持在这一方向上工作，但由于课题的巨大挑战性，进展缓慢，到 2000 年前纷纷转向。我国几乎没有人继续坚持光解水制氢研究，我所唯一的一个光催化研究小组也因为进展和经费的困难不得不终止光催化研究。大凡科学研究追热点易，鲜有从极冷处入手，可见在此种情况下启动光催化分解水研究面临多大的压力。

光催化研究之初要从一片空白开始，设备、经费都没有着落。我在日本东京工业大学堂免一成教授帮助下装配了第一套光催化分解水实验装置，实验算是慢慢可以做起来了，但我很快意识到研究经费是个大问题。由于这是一个战略远景的研究方向，过去曾经对传统催化资助的工业界的项目陆续终止。我早期获得的唯一的一项工业界资助是中石化科技部洪定一主任特批的 30 万元探索基金。当时有一天恰遇洪主任来我所检查应用催化室的几个中石化合作项目，在讨论期间我提到了刚刚启动的太阳能光催化分解水制氢研究，洪主任认为这是未来极具战略意义的方向，值得探索，建议给予支持。当时我很受鼓舞，因为这种长线研究即使是一些基础科学领域的专家和领导都会认为太难、太远，何况中石化这样完全以应用为导向的国有企业要给予资助。此后，随着研究进展，所幸陆续得到国家基金委、科学院和科技部的资助，使太阳能光催化的研究发展起来，一直坚持到现在，一转眼十八年过去了，中间有坎坷，有困难，也有困惑，但勿忘初心，始终充满希望！

光催化分解水的实验工作启动起来了，但更大的困难是这个领域核心科学问题的凝练和分析。尽管国内外许多科学家曾做过大量探索性研究，但对于光催化分解水的关键科学问题并不十分清楚，许多学者往往受经费和发表文章导向，一阵热潮过来，大家都涌进这个领域，遇到困难又急流而退，不能坚持在这个方向上研究，难以取得实质性进展，这也就是这个领域几起几落进展缓慢的一个原因。传统催化领域的许多学者认为只要解决了催化反应的问题，解决了催化剂活性结构、反应动力学问题就可以解决光催化问题了；而材料科学的学者认为只要能筛选出有效吸光的材料就可解决问题了。其实这些认识都只是强调了光催化的一个侧面，而实际的光催化剂是一个多功能集成的系统，只有解决了系统中多个关键问题才有望发展出高效光催化体系。因此，研究初期主要精力集中在甄别决定光催化系统的最关键的因素，经过大约三四年时间的探索努力，我们基本上搞清楚决定光催化体系性能的三个瓶颈：捕光、光生电荷分离和表面催化，即太阳能分解水制氢效率=催化剂捕光效率*光生电荷分离效率*催化转化效率，且后二项互为卷积关系。由此可见，只解决其中一个问题是不能解决太阳能高效转化为化学能的问题。明确了基本科学问题，我随后的研究分别在高效捕光材料、光生电荷分离机制和高效助催化剂三大方面（戏称"三大战役"）部署研究课题。为了将这几个方面形成合力，我建议在洁净能源国家实验室成立太阳能研究组群，鼓励年轻学者集中攻克这些关键科学问题，相继在宽光谱捕光材料、电荷分离机制和双助催化剂方面取得初步进展，国际光催化领域开始关注我们的研究。

八、道法自然，合成太阳燃料

光催化分解水和二氧化碳转化是道法自然光合作用的过程，所以，我们特别重视从自然光合作用中学习，仿照自然光合作用原理，在国际上首次构筑自然光合作用的 PSⅡ（光系统Ⅱ）与人工光催化剂杂化体系，借助 PSⅡ的高效水氧化功能和人工光催化剂的质子还原产氢的功能，成功实现了完全分解水放氢和放氧的过程，之后又进一步将 PSⅡ 与光电化学体系耦合，实现了高效水完全分解过程；在模拟自然光合作用体系水氧化放氧活性中心（$CaMn_4O_5$）结构的过程中发现嵌入氮化石墨烯的单核 Mn 催化剂的水氧化活性可媲美自然光合作用的催化剂，这是目前报道的本征活性最高的人工合成多相水氧化催化剂。在光催化基础研究方面，我们在十余年的探索中先后取得这个领域的多项标志性成果：合成了含氮含硫复合物半导体捕光材料，捕光范围拓展到 600 nm；提出双助催化剂策略，光催化质子还原制氢反应量子效率达到 93%，至今仍为世界纪录；发展了异相结电荷分离理论；发现晶面间光生电荷分离效应；提出空穴储存层概念；多个光催化体系的效率达到国际最高水平。基于表面光电压谱和开尔文探针原理发展了光生电荷的成像表征技术，在国际上最早直接观察到光催化剂表面光生电荷的分布，定量测定表面光生电荷形成的光电压势。这些基础研究的进展引起国际学术界重视，先后多次被邀在国际顶级学术会议戈登会议（Gordon Research Conference，GRC）上作主旨报告，被邀担任会议主持人（discussion leader），并被选为太阳燃料的 GRC 主席；先后受邀两次在光催化强国日本举行的东京先进催化科学与技术大会（TOCAT）上作光催化大会报告（Plenary Lecture）和在日本光化学大会上作大会报告，并被授予日本光化学学会颁发的光化学奖；由于在国际光催化领域的突出工作，先后两次参与和主持 CS3 五国化学会（中国、日本、美国、德国、英国）高峰论坛并形成太阳能研究国际白皮书，在全世界发布，为推动国际太阳能人工光合成研究发挥了一定作用。

科学原理表明，太阳能光催化、光电催化（PEC）可以和电催化（EC）在电荷参与化学反应方面的基础是相通的，而解决问题的技术策略可以有所不同，在研究光催化核心科学问题的同时，在光电催化和电催化分解水制氢方面也取得重要进展：在以 Ta_3N_5 为光阳极的 PEC 研究中取得接近理论极限的最高电流效率，发展了以 Si 基为光阳极的 PEC 分解水体系，性能达到单节 Si 电池所能达到的最高值，显示重要的潜在应用前景。利用太阳能等可再生能源的电催化分解水研究，研发出碱性体系目前国际上最高活性、长寿命、廉价电催化剂，使电解水效率由传统的 60% 左右提高到 80% 以上，目前正在进行工业放大试验。这为规模化太阳燃料合成奠定基础。

除了科学兴趣之外，驱使我全身心投入太阳能光催化研究的另一个原因是太阳能科学利用是有望从根本上解决人类生态环境问题的途径或唯一途径。在多年光催化、光电催化和电催化分解水制氢研究的基础上，受自然光合作用中光反应和暗反应机制的启发，我提出将光反应和暗反应分开进行的策略实现太阳燃料（俗称液态阳光）合成，即利用太阳能等可再生能源实现分解水制氢（光反应），然后解决 CO_2 加氢制甲醇等燃料（暗反应）的两步法合成太阳燃料。为此发展高效电解水催化剂，并研发成功 CO_2 加氢制甲醇 $ZnZrO_2$ 混合氧化物固溶体催化剂，中试结果表明在工业化条件下，这个催化剂耐硫中毒、热稳定性良好，在循环反应体系中 CH_3OH 选择性可达 98%以上，可以规模化制备，基此进展论证了太阳燃料合成的工业化生产工艺的可行性。利用太阳能光伏发电、风电和水电分解水制氢和二氧化碳加氢制甲醇两个过程均可在技术上实现规模化过程，因此，太阳燃料的规模化生产具有可行性。

九、勿忘初衷，回归人类生态文明

为什么要执着于太阳能等可再生能源的研究？这是人类恢复生态平衡、拯救人类赖以生存的地球村的巨大工程。地球的形成在大约 45 亿年前，大约 30 多亿年前开始有初等的光合作用。人类开始出现在地球上的时间才是几百万年前的事情，在此前，地球上的光合作用经过数亿年的演化才形成了一个适合人类出现和生存的大气生态环境，在这样的生态环境中历经百万年的逐步演化才到现代人类，近万年时间，现代智人主要靠自然生存，近几千年历经农耕社会，人类虽然掌握了简单的生产工具，但也主要是依靠自然光合作用提供的物质生存，没有能力剧烈地改变自然，地球生态平衡得以维持。先秦哲学家老子洞悉自然与人类和谐共存的道理，告诫人类要"无为而治"，最好的方式就是"顺其自然"，实际上就是告诫人类不要破坏自己赖以生存环境的生态平衡。

现代科学引发 18 世纪的工业革命，主要是从瓦特发明蒸汽机开始，过度开发煤、石油、天然气等化石资源（在人类出现前经过大规模的自然光合作用形成），向大气环境排放大量污染物和巨量的二氧化碳、甲烷等温室气体（进入 21 世纪每年排放大气的二氧化碳近 400 亿吨），严重破坏了数亿年形成的大气生态平衡，导致极端天气频现，海洋酸化，生物物种加速灭绝，更危险的是温室效应导致地球大气环境温度上升，两极冰川融化加速，海平面上升，近年来上升速度加快。最近，联合国气候组织根据各地观测的气候数据警告世界各国，若不采取有效措施，一旦二氧化碳等温室气体的排放超过阈值，人类很难控制升温，将给人类造成不可逆转的灾难性后果。目前的科普严重滞后，社会大众对此多不以为然。现在的人类不能只顾自己的生活，应该为子孙后代负责；过度开发使用化石资源，不仅提前消费后代的资源，而且破坏地球生态环境，直接危及人类后代的繁衍生息！

其实，国际上有识之士早已大声疾呼，人类离灾难已不远矣！科学家更应该肩负人类可持续生存发展的责任。解铃还须系铃人，人类自己的行为破坏了自己的地球家园，需要自己去修复和保护。发展利用太阳能及以太阳能为源泉的各种可再生能源是人类修复地球生态平衡的根本出路。利用太阳能等可再生能源转化二氧化碳的人工光合成就是人类揭示自然奥秘、师法自然、模拟自然的科学途径，经过巨大的努力，终究会还人类蓝天白云、碧水青山、生态平衡的地球村。我深知这是一个长期的研究，只有抱有愚公移山的决心，历经几代人的不懈努力才可根本上取得成效，这不是一个人和一个团队能够完成的宏大任务，需要唤起人类社会的共同决心，不以善小而不为，只有千千万万个个体的努力才可汇聚为人类的行动。故勿忘初心，坚持从太阳能人工光合成研究做起，为人类生态文明建设不懈努力下去。

十、感恩时代，为祖国科学奉献青春

我 1983 年来大连化物所学习、工作，不知不觉时光已经过了 36 年，在大连化物所我度过了人生最好的青春年华。恰逢改革开放四十周年，感慨万千。我的小学、中学经历了"文化大革命"，感谢邓小平同志结束"文化大革命"，及时恢复高考，让我一个西北偏远农村的农家孩子有了学习深造的机会；我感恩大连化物所的导师们的悉心培养，使我走上科学研究之路；我感恩改革开放这个伟大时代，使我在科学研究中能够发挥作用，有幸参与了中国科学快速发展的过程，能为祖国伟大变革贡献自己的青春年华，这是我人生最大的幸运；还要感谢与我共同奋斗的同事们，特别怀念我的两位英年早逝的助手：任通博士和蒋宗轩研究员；也特别要感谢我的历届研究生和博士后，没有他们共同的努力，我也不会有什么作为。

祝愿研究所的明天更加辉煌，为国家乃至人类社会的永续发展做出更大贡献！

作者简介：李灿，男，1960 年 1 月出生，1989 年 5 月至今在大连化学物理研究所工作，中国科学院院士，研究员。从事催化基础及应用研究。曾任国际催化理事会主席、催化基础国家重点实验室副主任、洁净能源国家实验室（筹）主任、副所长。现任太阳能研究部部长。

创新科学仪器，是推动科技发展的原动力

——我的科研经历与感悟

杨学明

我与大连化物所结缘始于 1982 年。那年，我在家乡浙江读完大学，怀着无比憧憬的心情来到美丽的大连，在大连化物所继续深造。来到大连化物所是偶然也是必然。我在浙江师范大学读的物理系，但是我在中学就喜欢上了化学。因此，我很自然地走上了化学物理研究这一条路。当初，我在报考研究生的时候，偶然间看到化物所化学激光专业的招生简章，这对我产生了巨大的吸引力，斗胆报考了化物所的研究生。在化物所的三年中，我走进了科学的大门，进入了化学物理和物理化学领域。化物所的三年为我打下了科学研究的基础，我开始向往从事前沿科学研究。硕士研究生毕业之后，我又很幸运地去美国加州大学圣巴巴拉分校留学，并且在普林斯顿大学和加州大学劳伦斯伯克利国家实验室从事博士后研究，而后在宝岛台湾的原子和分子科学研究所从事了多年的研究工作。2001 年经历了多年海外学习和研究之后，我终于回到了自己科学生涯的起始地——大连化物所。回顾几十年的科学生涯，我始终工作在实验物理化学和化学物理领域，一直从事新的科学仪器研发，利用这些新的科学仪器开展前沿科学研究。我们组取得大多数研究成果都与创新科学仪器的发展是密不可分的。我深刻地体会到，实验科学研究要想实现跨越发展，必须把注重新科学仪器的研发放在极其重要的位置。

一、创新仪器研制的科研生涯

在读硕士研究生期间，我的研究课题是"高分辨红外分子光谱的研究"，师从张存浩老师和朱清时老师。可以说，正是这两位科学界的前辈把我带入了分子反应动力学这个当时看起来还非常新颖的领域。然而，也正是这个领域，让我开启了一生为之着迷的科研工作。两位老师开阔的学术视野让我受益匪浅，我也开始学会使用红外光谱等科学仪器开展实验科学研究。两位先生知识渊博，非常支持学生在前沿科学领域的发展。我后来的科学研究发展得到了两位先生对我的指导和大力帮

助，他们的支持和帮助使我有机会在科学研究的道路上勇往直前。张老师非常重视实验科学领域的发展，这为我未来的发展指明了方向，使得我无怨无悔地走上了实验科学的研究道路。

硕士研究生毕业后，我赴美国加州大学圣芭芭拉分校开始了我博士研究生的生涯，我的博士论文导师是国际著名的动力学专家 Alec M. Wodtke 教授，研究方向是"高振动态光谱与动力学研究"。在博士研究阶段，我领悟了先进的科研仪器对实验化学物理基础研究的重要作用，学会了独立思考寻找重要科学问题和解决问题的能力。博士阶段的研究工作使我对未来的独立科研工作树立了信心，进一步加深了我对实验科学研究的兴趣和热情，并坚定了我发展新的高端仪器用于科学研究工作的决心。

博士毕业之后，我在普林斯顿大学化学系从事了近两年的博士后研究，使得我在团簇分子的高分辨红外光谱研究方面有了很好的基础。第一次有机会亲自研制复杂的整套科学仪器，是我在美国劳伦斯伯克利国家实验室做博士后期间。我的导师，也就是 1986 年诺贝尔化学奖得主李远哲教授，对我的科研发展产生了深远的影响。伯克利先进的科学仪器和研制能力更开拓了我的科学眼界。1993 年，伯克利就建成了世界上最早的第三代先进的同步辐射光源，名为"先进光源"(Advanced Light Source，ALS)。这类光源对科学研究的推动达到了一个前所未有的高度。我开始在同步辐射光束线上搭建一个分子束仪器用于开展化学动力学研究。李先生当初给我很好的建议，要我跟着工程师们好好学习一下怎样设计精密的科学仪器。我心里清楚，"工欲善其事，必先利其器"，要想在科学研究中取得别人没有做到的成果，首先要拥有别人都没有的高精尖仪器设备，因此，我欣然接受了这个挑战，开始一门心思地研究如何设计和研制自己的仪器。就这样，我花了整整一年的时间，跟着劳伦斯伯克利国家实验室的工程技术人员，在计算机上设计人生中第一套复杂仪器的图纸，并且成功地把设计图纸变成世界上首套利用同步辐射的交叉分子束科学仪器。从此之后，我开始着迷于科学仪器的研制和发展。通过这一经历，我更加认识到，自己研制仪器要做到有的放矢，在设计的过程中，根据想要解决的科学问题来设计科学仪器，这样研制的新仪器才能真正在科学研究中发挥重要作用。更重要的是，自己设计搭建的仪器要有独特性，只有这样，我们才有可能做出独特且领先的科研工作。

我在以后每一个阶段的科研工作中都践行这样的理念，坚持根据实际科学需求设计研制科学仪器。在随后的几年里，我们研究小组先后设计研制了多台先进的交叉分子束仪器装置，发展了一系列高灵敏度探测技术，在分子反应动力学研究领域取得了系列性科学突破，多项科研成果发表在 *Science*、*Nature* 等国际顶级刊物上。可以说，正是这些新科学仪器的研制帮助了我们在科研领域取得不断的突破。我越来越深刻地体会到，创新实验方法和科学仪器是实验物理化学和化学物理等基础研究发展的重要原动力。

二、梦想的实现：大连相干光源研制

近几十年来，新的科学技术不断涌现，科学研究越来越依赖于先进的大大小小的科学装置。在新科学仪器领域，投资规模更大、性能更优异、技术更先进的重大科技基础设施成为了世界各国发展原创科学技术的必备法宝。这种大科学装置对于科技的发展是以前那些常规仪器和手段都不可比拟的，所覆盖的学科范围之广也远远超出人们的想象。当我在伯克利做博士后期间，我就有幸亲身体验了当时世界上最先进的第三代同步辐射光源的强大力量。这是一种前所未有的先进光源，利用这台光源发射出来的高亮度极紫外光，可以更清晰地探测原子、分子等物质微观世界的变化，有效提升化学反应动力学的研究水平，对我产生了很大的影响。1993—1995年期间，我在伯克利从事博士后研究工作的时候发现同步辐射有很多优点，但是也有不少缺点，如探测灵敏度相对于激光还是较差。当时，我就在想如果有一台工作在极紫外波段的激光器那就太好了。而那时自由电子激光技术开始受到重视，也使我对这一新的技术产生了浓厚的兴趣。

第三代光源发展以来，全世界进入了一个建设大型先进光源发展的热潮，我国也相继有了北京光源、合肥光源、上海光源等大科学装置。2000年之后，高增益自由电子激光技术有了飞跃发展。这是一种全新的激光光源，峰值亮度比第三代最先进的同步辐射还要高出10个量级，脉冲宽度短3个量级，相干性提升3个量级以上，而且可以在极紫外到X射线区域产生激光。自由电子激光在极紫外区域的优异特性研究的我来说无疑有着极大的吸引力。从在伯克利时期开始，我就一直在思考如何发展属于自己的极紫外自由电子激光光源，这是我二十多年的一个梦想。

2001年我正式回国，回到曾经熟悉的大连化物所开展工作。回所后，我得到了化物所领导和同事们的鼎力支持和帮助，科研工作很快就开展起来，并且取得了很多不错的科研成果，分子反应动力学国家重点实验室得到了进一步的发展。我一直没有忘记要研制极紫外自由电子激光装置的初心和梦想，并为此做着很多积累和努力。通过调研我们发现，全世界正在建设的高增益自由电子激光装置中，还没有一台是工作在极紫外区域的。而极紫外区域又是探测分子、原子和外壳层电子结构最为有效的光源，在科学研究中具有重要且独特的作用。如果能在这个领域有所突破，我们将有望填补国际的空白，在相关研究领域抢占先机。

从2007年开始，我和上海应物所的合作者们就开始酝酿极紫外自由电子激光装置的研制计划。经过多年的讨论以及上海自由电子激光团队相关技术上发展的基础上，2011年我们联合向国家自然科学基金委提出了要建设"大连相干光源——大连极紫外自由电子激光"计划的申请。由于我们前期做了充足的调研和准备，科学目标和技术指标非常清楚，得到了基金委首批国家重大科学仪器研制项目的支持，获得了1亿多元的资助，这是基金委历史上资助的第一个过亿的研究项目。虽然获得了资助，但是我们深知要完成这一装置的研制任务具有巨大的挑战。为了迎接这一挑战，我们开始了更细致的准备和调研，并于2013年底确定了技术方案。2014年10月，大连相干光源主体实验楼破土动工。2016年9月24日，在破土动工不到两年的时间，就完成了主要基建工程和主体光源装置的研制，并实现了光源装置的首次出光，这创造了同类大型自由电子激光科学装置建设的新纪录。之后，经过我们的研发团队几个月卓有成效的调试，大连相干光源相继成功实现了自由电子激光自发辐射自放大模式（SASE）和高增益谐波放大模式（HGHG）的饱和输出。这是我国第一台真正用于科学实验的自由电子激光大型用户装置，同时也是世界上唯一工作在极紫外波段的自由电子激光装置，是世界上最亮的极紫外光源。该装置可以在整个极紫外波段（50~150纳米）实现波长连续可调，重复频率达到50赫兹，种子激光在1皮秒级（1皮秒相当于一万亿分之一秒）和100飞秒级（1飞秒相当于一千万亿分之一秒）两个工作模式下切换。此外，我们的研发团队还在世界上首次在种子型自由电子激光中采用了"taper波荡器"技术，使得HGHG模式的极紫外激光脉冲峰值功率达到了210微焦，是设计指标的2倍。该装置90%的仪器设备均由我国自主研发，标志着我国在该领域相关技术已达国际先进水平，有望引领全球极紫外自由电子激光及相关领域的发展。

在这里，我非常感谢基金委对我们的信任和支持，感谢上海应物所赵振堂、王东等的合作，感谢中科院和化物所对于这一项目的大力支持。我也要非常感谢我们合作研发团队在光源建设过程中投入的辛勤努力。正是有了这些，使我在二十年前的一个梦想才能最终得以实现。2018年，大连相干光源通过了验收，专家组一致认定，这是一台独特的极紫外自由电子激光装置，整体技术指标已经达到国际领先水平。

现如今，大连相干光源已经正式投入运行，并且已经开始发挥出巨大的推动作用。很多科研工作，例如水的三体解离、中性团簇结构解析等方面，都取得了很多非常好的实验数据和成果。国内外已有多个知名科研团队表示希望借助大连相干光源开展实验研究。英国皇家学会院士、著名化学动力学专家、英国Bristol大学Mike Ashfold教授已经在大连相干光源开展了部分实验工作，重点进行星际化学方面的研究，成为首个国际用户；德国哥廷根大学教授兼马普协会Fritz Haber研究所所长Alec M. Wodtke得到了马普协会200万欧元资金，计划在大连相干光源建立表面化学研究实验站。未来，大连相干光源还将进行进一步的升级，并有望在燃烧、表界面催化、光催化、大气雾霾等重要科学领域的研究发挥更大的支撑作用。

三、百尺竿头、更进一步：大连先进光源计划

梦想的追求是永不停歇的。近些年，国际上又兴起了一种更新光源技术的发展，那就是基于超导加速器技术的高重复频率自由电子激光。这类光源跟基于常温加速器技术的自由电子激光相比，最大的进步就是重复频率大幅度提高。常温加速器自由电子激光的重复频率最高只能达到一百赫兹，而超导加速器自由电子激光的重复频率可以达到几万甚至百万赫兹。重复频率指的是单位时间内装置能够发出的脉冲数量。重复频率越高意味着实验学家在同样的时间内获得的实验数据和信息就会成千上万倍的增加，这对于转瞬即逝的超快过程研究无疑是非常宝贵的，同时也将大大缓解用户的机时紧张等问题。对此，我们敏感地察觉到这一技术的巨大潜力，并于 2016 年和上海应物所的合作者一起，去国外调研了更新一代高重复频率自由电子激光技术的发展。这次调研更加坚定了我们要在国内申请建设高重复频率自由电子激光装置的决心，因为这是国际上刚刚兴起的一项技术，目前只有少数发达国家正在推动发展。如果我们能率先布局，那就意味着我国在这一领域能真正实现在国际上领跑，具有深远的影响。

基于这样的思路，我们提出了在大连建设更新一代高重复频率极紫外自由电子激光（简称"大连先进光源"）计划。大连市政府也给予了我们非常大的支持，在资金和土地方面对大连先进光源的预研项目提供大力支持。有了这样的基础，我们将努力争取这一项目获得国家的支持。如果这个项目能够最终落实，我国将会在几年后拥有一个世界上独特的高重复频率自由电子激光装置，这将奠定我国在这一领域的国际领先地位，为我国的能源基础科技创新注入更加强大的动力。

后　记

2019 年是大连化物所建所七十周年，我衷心地祝愿我们的研究所七十周年生日快乐，祝福研究所在今后的发展更加蒸蒸日上。我是在这里开启我的科学梦想，我也非常荣幸能够在这里继续着我的科学梦想，和大家一同度过了充实、快乐的时光。我要感谢中国科学院、大连化物所的各级领导对我和我的团队的大力支持，感谢全所职能部门对我的帮助，感谢我的团队全体职工和学生多年来的努力和付出。未来，我们将继续努力为化物所的发展贡献自己的一份力量！

作者简介：杨学明，男，1962 年 10 月出生，2001 年 10 月回国到大连化学物理研究所工作，中国科学院院士，研究员。从事气相及表面化学动力学研究。曾任分子反应动力学国家重点实验室主任、副所长。

化学反应共振态的研究之路

张东辉　杨学明

一、反应共振态的研究意义

化学反应动力学研究的一个根本任务是认识反应过渡态是如何控制化学反应的速率和产物分布，因此直接观察反应过渡态长期以来一直被认为是化学科学研究中的一个"圣杯"。但是对于多数化学反应来说，反应过渡态寿命非常短(飞秒数量级，1 飞秒等于 10^{-15} 秒)，不同碰撞参数之间的反应过渡态的特征差别并不大。而一个化学反应的完成，是通过比较大范围内的碰撞参数而进行的。因此，这些不同过渡态特征的细微区别，就进一步地被不同碰撞参数所"平均"掉了。所以，实验上直接观测这些短寿命化学反应过渡态是极其困难的。反应共振态是化学反应体系在过渡态区域形成的具有一定寿命的准束缚态，类似于分子中的光谱特征线所对应的振动转动态。对于不同碰撞参数，在一定程度上，这些共振态对化学反应的不同影响是可以区分开来，并在实验上可以直接观测到的。因此，它提供了一个让实验直接观察化学反应在过渡态附近行为的契机，进而可以利用共振态对化学反应的一些细节开展详细的研究。几十年来，寻找反应共振态一直是反应动力学研究的一个备受关注的重要课题。此外，化学反应共振态能极大地影响化学反应速率和产物量子态分布，可以帮助我们进一步提高对化学反应中动态过程的认识和理解。在更深的层次上，因为共振态是一个量子力学现象，研究反应共振态还可以帮助我们认识量子力学是如何直接影响化学反应动态过程的，这对于我们从根本上如何理解化学反应过程具有重要的学术意义。

二、反应共振态的前世今生

在 20 世纪 70 年代，理论动力学家通过在模型势能面上简单量子动力学计算指出了反应共振态存在的可能性。1984 年，李远哲等首次利用交叉分子束实验装置在 $F+H_2$ 反应中观测到了 $HF(v'=3)$ 的前向散射现象。当时人们普遍认为直接反应中的前向散射就是共振态的充分证据，因此他们认为在该反应中观测到了反应共振态存在，在当时引起了很大的轰动。1986 年李远哲和 Herschbach, Polanyi 同获诺贝尔化学奖，而 F+H$_2$ ——→ HF+H 反应则成为一个研究化学反应共振效应的经典教科书例子。但是，这一推测一直没有被精确的动力学理论所证实。相反地，1990 年之后，更为精确的理论研究发现直接反应中的前向散射并非一定是由共振态所引起的，并对 F+H$_2$ 体系的反应共振态推论提出了质疑。2000 年，台湾原子与分子科学研究所刘国平等首次在 F+HD ——→ HF+D 反应中随反应能变化的积分截面曲线上，观察到一个由反应共振态所引起的明显台阶，证实了该化学反应中确实存在反应共振态 (Phys. Rev. Lett., 85(2000)1206)。他和理论学家 Skodje 教授基于 Stark-Werner 势能面对该反应共振态开展了详细的研究，阐明了化学反应共振态对于该化学反应的作用。

2005 年以来，我们所带领的研究团队在 F+H$_2$/HD(v=0)反应共振态研究中取得了一系列重要成果。我们利用自行研制的具有国际领先水平的高分辨交叉分子束装置；采用高水平量子化学方法，构建了高精度的势能面，基于所发展的高精度的势能面，开展了详细的量子动力学反应散射理论计算，并通过实验与理论的紧密结合，首先于 2006 年在 F+H$_2$ ——→ HF+H 反应中观察到了由反应共振态所引起的 HF(v'=2) 前向散射现象(Science, 311 (2006) 1440)，紧接着于 2008 年成功解释了李远哲等首先发现的 HF(v'=3) 前向散射的非反应共振动力学机制(PNAS, 105 (2008) 6227)，并实现了在光谱精度上对 F+HD ——→ HF+D 反应共振态的研究(PNAS, 105 (2008) 12662)。2010 年通过理论预测，进而首次实验上在 F+HD ——→ HF+D 反应中观察到了化学反应分波共振态，即反应共振态的转动结构(Science, 327 (2010) 1501)。

与此同时，世界上其他动力学实验研究小组还在几个多原子反应体系中发现了反应共振态的可能迹象。这些研究都大大提升了对化学反应共振态的认识，并且得到了一些共振态研究普遍性的重要结论，如反应共振态往往能产生前向散射现象，并在后向散射随碰撞能变化关系上呈现振荡结构，但前向散射和振荡现象并非只能由反应共振态所引起，即使对于直接反应来说。因此，要严格证实反应共振态需要在较高精度的势能面上开展量子动力学研究，在总反应几率与碰撞能关系上找到振荡现象，并找出对应的共振态波函数。在这一研究课题上，我们的研究团队发展了一整套系统的实验和理论相结合的方法来研究和寻找化学反应共振态。同时，随着上述共振态研究的不断深入，一些更深层次的问题出现在我们面前：反应物振动激发对共振态有什么影响？是否能在 F+H$_2$/HD 这一特殊反应以外的三原子反应中找到共振态？一个更有意义的科学问题是：化学反应共振态是否真的是很稀有的？

三、探索的脚步一直在路上

2013 年，我们通过自主研发窄线宽的 OPO 激光，在利用 Stark-induced Adiabatic

Raman Passage (SARP)技术高效制备振动态激发分子方面取得了重大进展，对 D_2 分子从($v=0, j=0$)到($v=1, j=0$)的激发取得了高于 90%的效率。这个发展使我们掌握了利用 Raman 激发在分子束中高效制备振动激发态 H_2/HD 的技术，使得在交叉分子束中研究振动激发 H_2/HD 分子的反应散射动力学成为可能。利用该实验技术，我们首先对 F+HD($v=1$)反应进行高分辨交叉分子束研究，发现一定的前向散射信号，并在后向散射信号随碰撞能的变化曲线上存在振荡现象。为解释实验发现，我们利用实验上提出的势能面多级构造法构造了 F+H_2 体系目前最为精确的势能面。在新的势能面上，我们的动力学理论计算结果与实验结果符合得非常好。进一步的理论研究发现，实验所观察到的振荡现象是由束缚在产物 HF($v'=4$) 绝热振动曲线上的两个全新的共振态所引起的。更有意义的是，研究发现 HF($v'=4$) 绝热振动曲线在反应物端与 HD($v=1$)态相关联，因而这些共振态只能通过 HD 的振动激发来经历，而不能通过平动能的增加。这些研究表明对于化学反应，分子振动激发不仅提供能量，也能开启新的反应通道，从而使我们能观察到在基态反应中所无法观察到的共振现象。这项研究同时证明了 F+HD 振动激发态反应中也有共振现象的存在(Science, 342 (2013) 1499)。通过这一系列的研究，我们理解了 F+H_2 的反应共振来自于反应势垒后存在的量子共振态，是一种很特殊的量子动力学现象。而一个更有普遍意义的科学问题：量子共振态是否存在于更多的反应体系中？它们的可能机理是什么？

2015 年，我们又利用该技术研究了 Cl+HD($v=1$) $\longrightarrow$ DCl+H 反应。前人的研究工作表明这一反应在 HD 处于基态时是没有任何共振现象的迹象的，这与 F+H_2 反应体系有很大的差异。我们的实验发现产物 DCl($v'=1$)后向散射信号随碰撞能的变化曲线上存在着明显的振荡现象，但前向散射信号非常小。为解释这些实验现象，我们重新构建了该反应高精度的势能面，在此基础上开展了精确的量子动力学计算。理论研究找到了反应共振态波函数，确认了该反应中共振态的存在，从而首次在 F+H_2 体系以外的三原子反应中发现了反应共振。与以前在 F+H_2 体系中发现的 Feshbach 共振态不同，新发现的共振态兼有 Feshbach 共振态和 Shape 共振态的性质，因而寿命只有 20fs 左右，大大短于 F+HD 反应共振态的寿命（100fs）。理论分析表明，由于 H 与 DCl 的相互作用，过渡态区域 D—Cl 化学键在第二振动激发态($v'=2$)的绝热势能曲线上明显被"软化"，使得该绝热势能曲线在反应过渡态区域形成一个明显势阱，这与 HD 基态反应中过渡态区域明显存在的势垒有很大的差别。由于 Cl+HD($v=1$) $\longrightarrow$ DCl+H 反应主要是沿着该绝热势能曲线进行，共振态对其有重要影响，从而使该化学反应显现出明显的反应共振特征。研究还发现共振显著提升该化学反应的反应速率常数并且极大地影响了产物的振转态分布，因此对于认识该化学反应有着重要的意义。

进一步的理论分析表明，此类化学键"软化"现象是由于反应过渡态附近的非谐性所导致的，而几乎所有的化学反应的过渡态附近都存在非常大的非谐性，因而往往能在振动激发态绝热势能面上能造成一定的势阱，并有可能支持共振态。比如说，在另外的反应通道，Cl+HD(v=1) ——→ HCl+D，理论研究发现了同类反应共振态的存在。因此，这类反应共振态并非是稀有的，可能具有相当的普遍性，也就是说反应共振态在反应物振动激发态反应中很可能是一个普遍现象，这对于化学反应动力学研究具有重要的学术意义。这项研究还能大大帮助我们认识燃烧化学等过程中普遍存在的分子激发振动态反应的动力学真面目。从上述理论与实验紧密相结合的研究中，我们揭示了物理化学家们长期寻找的化学反应共振态的"新机理"——化学键软化，这项研究大大扩展了我们对化学反应共振现象的认识和理解，为今后的反应共振态研究指明了一个新的方向（Science, 347 (2015) 60）。

通过这个研究，我们发现产物量子态分辨的后向散射信号随碰撞能的变化是实验探测反应共振态的最有效方法。由于后向散射信号主要是由一小部分低总角动量的分波所贡献的，当这些分波的反应几率随碰撞能呈现振荡结构时，后向散射信号能较好地保留这些振荡结构。我们称这个后向散射方向信号随碰撞能的变化为后向散射谱方法(BSS)。其实我们以前对于 F+HD(v=0) ——→ HF+D 反应分波共振态，以及对于 F+HD(v=1) ——→ HF+D 反应共振态的实验探测都是通过 BSS 的测量而取得的，表明 BSS 方法是实验探测反应共振态的利器。

由于反应共振态对于化学反应机理研究的重要意义，在将来研究中，我们相信会有更多反应体系和更多类型的反应共振态被发现并被详细研究，帮助我们更深刻地理解化学反应过程。同时，反应共振态对于研究化学反应动力学过程的意义，随着实验技术和理论计算方法的发展，在将来势必也会在更广泛的研究内容上被揭示出来，从而更加凸显出研究反应共振态的重要作用。

作者简介：张东辉，男，1967 年 1 月出生，2004 年 1 月回国到大连化学物理研究所工作，中国科学院院士，研究员。从事化学反应动力学理论研究。现任分子反应动力学国家重点实验室主任。

杨学明，男，1962 年 10 月出生，2001 年 10 月回国到大连化学物理研究所工作，中国科学院院士，研究员。从事气相及表面化学动力学研究。曾任分子反应动力学国家重点实验室主任、副所长。

科学的春天

——化物所改革开放四十年回顾

辛 勤

　　新中国成立以来的实践证明了一个硬道理：科技强则中国强。回首改革开放大潮下的这些年，中国的综合国力愈发强大，"科学技术是第一生产力""科教兴国"等与科技相关的主题词成为最响亮的时代音符，中华民族迎来了一个又一个充满生机的"春天"。改革开放四十年来，中国科学院大连化学物理研究所（以下简称"大连化物所"）人沿着科技报国之路，为国家、为社会做出了自己的贡献！大连化物所也成长为兵多将广、设备精良的综合性研究所。

　　为了解国际催化学术界和向国际催化学术界介绍中国，1980 年，中国派出郭燮贤、林励吾等人首次参加了在日本东京举行的第七届国际催化大会。郭燮贤应邀在会议上作了题为《中国催化研究概况》的报告。报告介绍了中国催化研究历史、现状、队伍、研究领域、实验设备……这一系列内容引起了国外同行的注意。

　　为了聚集人才强化国家急需的科学技术，国家采取了一系列重要举措，其中一个重要举措是成立国家重点实验室以及国家工程中心。大连化物所催化基础国家重点实验室就是在这样的背景下首批建成的实验室，也由此开启了中国催化界同仁走向国际催化学术交流平台的新阶段——了解和学习阶段。国家开始向美国、欧洲、日本派出大批访问学者和留学生，邀请国外知名科学家访问中国。大连化物所前后派出上百名访学时间长短不等的不同层次的访问学者、留学生，这些人中有些留在国外，其中有的已成为知名教授或事业有成；大部分学成回国，成长为栋梁之材和催化学术界精英。改革开放四十年来，经过几代人的努力，大连化物所成为催化学科领域的领头羊，也成为国际上颇具影响的催化研究中心，国际名家、教授访问讲学频繁，合作研究来往不断。

　　催化基础国家重点实验室乃至中国催化学术界如何尽快走向国际催化学术交流舞台，并在这一过程中培养造就大批学贯中西的人才，是当时中国催化学术界重点考虑的问题。鉴于当时的条件和形势，郭燮贤先生等筹划：先后开展同以美国加州大学教授 A.T.Bell（时任加州大学化工系主任、国际催化委员会主席），日本东京大学教授田丸谦二（时任东京大学副校长、国际催化委员会主席），日本北海道大学教授田部浩三（时任北海道大学校长），比利时鲁汶大学教授 B.Delmon（比利时皇家科学院和工程院两院院士），法国巴黎第六大学教授 M.Che（时任国际催化委员会主席）等为代表的国际学术合作。

合作方式以举办和参加双边、多边国际学术会议为主。例如：先后主办了中日贵金属学术会议，中日美催化会议，第四届国际溢流会议（我国催化界组织的第一个由 15 个国家参加的国际学术会议），第五届无机膜国际会议等。会上签订双边协议，开展实质性国际学术合作，实验室以这种方式派出了上百名学生和访问学者。

回顾当年，为组织、筹备中日美催化会议，郭燮贤先生等可谓煞费苦心，竭尽全力促成会议圆满召开。第一届在大连召开的中日美催化会议举办得非常成功，为后来的国际催化精英聚会开了个好头。随后在北海道（札幌）、厦门、芝加哥、札幌、北京又召开了 5 届中日美三国催化学术会议，这 6 届中日美三国催化会议成为颇具代表性的系列国际学术会议。2000 年，在西班牙哥拉纳达国际催化大会上，中日美三国催化学术会议拓展为亚太催化大会（以下简称 APCAT），常设秘书处在大连，肖丰收教授任秘书长。后来，APCAT 会议分别在韩国、日本、中国、澳大利亚、新加坡等国举办。这个系列会议已连续举行了 13 届，已经成为与北美催化会议、欧洲催化会议并列的世界催化三大区域性系列会议，其规模和学术水平、影响仅次于四年一届的国际催化大会（ICC）。

改革开放实施的一系列举措，极大促进了我国与国际催化学术界的频繁交流，加强了我们与国际的联系，我国科学家也逐渐赢得了国际学术声望与地位，以及学术交流的话语权。1984 年，蔡启瑞、郭燮贤被推举为国际催化理事会理事（第二任是郭燮贤、陈懿，第三任是李灿、何鸣元，现在是包信和、王野）。李灿还被推选为国际催化委员会副主席，随后升任主席。

国际催化大会是催化学术界的最高盛会，如同奥运会一样，每四年召开一次，我国几代催化人连续三次申办，终获成功。2016 年，国际催化大会在北京举行，标志着中国进入世界催化大国行列，进一步增进了国际交流与合作。

改革开放前由于各种原因实验室设施陈旧，设备水平低，催化基础国家重点实验室仅有色-质谱仪、多功能电子能谱仪、原位红外光谱装置。工欲善其事，必先利其器。改革开放后，国家不断增加科学研究投入，大连化物所引进了大批先进仪器设备：超高分辨分析电镜、多功能能谱仪、高分辨分子光谱仪、固态核磁谱仪……现在的大连化物所实验室设备很精良，来实验室访问或进行学术交流的同行都赞不绝口。

不但如此，大连化物所还自行组装了许多国际很少有的大型仪器设备，如原位红外-质谱-热脱附装置、紫外拉曼光谱、皮秒时间分辨荧光光谱仪、深紫外光电子发射电子显微镜等；还研制建立了各种原位装置、紫外拉曼光谱、时间分辨红外光谱仪、激光诱导荧光光谱、纳秒瞬态吸收和发射光谱仪、皮秒时间分辨荧光光谱仪、飞秒瞬态吸收和受激发射光谱仪、深紫外光电子发射显微镜、极紫外自由电子激光装置……这些仪器、设备、装置的设计、加工、安装、调试和运行成功，大大强化了大连化物所的原始创新能力，保证了大连化物所站在学科前沿进行科技创新。

为了提升科研人员对这些大型高精尖仪器设备的使用水平，大连化物所举办了各种讲座、学习班。其中，从 2007 年至今，在大连、金华、成都、合肥、桂林、兰州、抚顺、郑州、广州等地先后举办了十届高级讲习班，做到"理论助技艺，仪器显威力"。

大连化物所老一辈科学家、科研组织者多年来形成了优良传统：科学研究始终同国家、社会的重大需求密切结合，从新中国成立初期直至"文化大革命"期间为国家建设做出了重要贡献。合成氨净化流程三个催化剂使我国合成氨工业从 20 世纪 40 年代水平提升至 20 世纪 60 年代水平（当时的国际水平），重水分离技术为原子能事业的发展助力，航空煤油工艺技术解决喷气飞机的燃料问题……

改革开放四十年以来，大连化物所人与时俱进、奋发有为，不断开拓创新，为国家做出了新贡献，取得了一系列重大成果。

当下，我国正在从催化大国向催化强国迈进，我们尚需强化科学和团队精神，就像西游记中唐僧、孙悟空、猪八戒和沙和尚，"你挑着担，我牵着马"，各有各的任务，一同去取经。祝愿大连化物所不断取得新成绩，祝愿大连化物所人为国家、为社会做出更多更大的贡献。

作者简介：辛勤，男，1939 年 4 月出生，1962 年到大连化学物理研究所工作，研究员。从事催化化学研究。现已退休，任大连化学物理研究所咨询委员会副主任。

DICP 的核磁共振研究回顾

韩秀文

结构化学早在 1962 年就被列入我所十年发展规划中拟建立的六个学科领域之一。所里先后成立了质谱和红外等题目组。

20 世纪 70 年代末期，时任所长的有机化学家顾以健和副所长郭和夫研究员意识到结构化学对有机化学和络合催化研究的重要性，于是在二室组建了"结构化学"题目组，胡皆汉任组长。先后装备了红外、顺磁共振和紫外等仪器，并从美国进口了我所第一台傅里叶变换的核磁共振波谱仪（FT-80A），结构化学组已初成规模。

同时期，随着 414 任务的结束和所二部大部分人员被调整到七机部四院等单位，我被调入结构化学组负责核磁共振工作，安排我参加了北师大举办的全国核磁共振学习班，系统学习了核磁共振基本原理、谱仪的结构组成等。FT-80A 谱仪是电磁铁的，安装在一二九所区的六馆二楼，除了谱仪本身，还需要建立完备的冷却水系统。因为这是所里第一次引进美国的谱仪和接待美国的安装工程师，党委书记王坪亲自领导、组织和安排安装条件的准备及接待工作，组里配备了高水平的仪器维修人员，安装和验收工作十分顺利。

谱仪安装后，作为一个固体火箭推进剂专业的我进入了一个完全陌生的交叉学科领域，我们加倍努力学习，在短时间内掌握了谱仪的各种功能和软件程序。在美国应用工程师为国内同期谱仪用户培训班上，我们所得到了时任翻译的石化院陆婉珍院士的表扬。1981 年，与北师大王金山教授合作，首先在国内开展了二维 J 谱核磁共振及 ^{13}C 晶格弛豫研究。我们承担了胡皆汉主持的国家"七五"科技攻关项目和国家自然科学基金课题，开展了有机物、络合物结构确定、反应机理以及金属多核核磁共振研究，确定了百余种未见文献报道的新化合物的分子结构，为所内外的合成化学研究做出了积极的贡献。我们参加了每一届的北京 BCEIA 国际会议和全国波谱会，在国内波谱界产生了一定的影响。

80 年代后期，顾以健所长已调任中科院秘书长，但他在所里还有研究生和科研工作，在他的推荐下，我于 1987 年初至 1988 年赴瑞士、西德进修，学习和掌握了现代脉冲 NMR 理论和二维核磁共振实验技术。1988 年以后，北京药物所引进了国内第一台 500 兆超导谱仪、兰州化物所和兰州大学先后装备了 400 兆超导谱仪，我应邀担任他们的核磁共振指导和顾问。而此时我所 FT-80A 谱仪的功能已远远不能满足研究的需要了，从我进修学习回国到 1996 年长达八年的时间里，在所里没有高场超导谱仪的情况下，我们还是一直活跃在国内高场和现代脉冲 NMR 研究领域。我们利用上述研究所的谱仪坚持从事二维 NMR 波谱学研究，完成所承担的科研项目。在国内多次举办"二维核磁共振实验方法和应用"讲习班，为所内外多名博士生的研究课题提供了准确的有机物和天然产物等结构信息。我们还得到了香港中文大学欧阳植勋教授的大力支持，他无偿地让我们使用他们的高场液体和固体高分辨谱仪长达一年之久，使我们有可能承担和完成了与日本大 INK 公司的国际合作项目；1995 年 L. Frydman 建立了多量子魔角旋转（MQ-MAS）方法，这是不需用任何硬件就能实现消除半整数四极核四极作用的固体二维新技术，1996 年我们在欧阳的实验室里成功实现了 SAPO-34 的 3Q-MAS 谱，如今该方法已经成为我们实验室催化剂研究的常规方法。

　　我国杰出有机化学家梁晓天院士是在国内率先应用核磁共振技术等新的谱学手段研究天然活性物质化学结构的开创者，他编著的《核磁共振高分辨氢谱的解析和应用》（获全国科学大会奖）对在全国推广核磁共振技术起了重要的推动作用，是我国科技人员的启蒙书。在北京药物所，我有幸结识和接受到梁先生的指导，我们经常共同探讨解析复杂药物分子的结构，梁先生严谨、谦虚的治学态度和平易近人、对年轻人栽培、关爱的情景时时呈现在我的眼前，成为我永远学习的榜样，他虽已作古，但他的精神永存！

　　1991 年 10 月 22 日至 11 月 24 日我作为中国科学院"生命过程中的化学问题"考察团成员（团长：原上海有机所所长、时任科技部副部长的惠永正研究员）赴美国考察了美国 Scripps 研究所（The Scripps Research Institute）、美国碳水化合物研究中心、哈佛大学、MIT、斯坦福、伯克利等十多所美国著名的大学化学系、化学研究所和著名化学公司研发部，与多名美国著名的化学家（含几位诺贝尔化学奖得主）进行了交流，其中参观美国著名的有机化学家 K. Barry Sharples 教授在 Scripps 的实验室给我们留下了深刻印象，他的不对称合成研究结果于 2001 年获得了诺贝尔化学奖。由于惠永正副部长精湛的有机化学背景和敏锐的思维、十分流利的英语交流能力和雷厉风行的工作作风，这次考察十分有成效。我们得到最深的印象是美国的化学研究已全面转向生命过程中化学问题的研究方向。

　　随后，在惠永正的主持下，启动了"九五"攀登预选项目："生命过程中主要问题研究"，我参加了其中由上海有机所牵头的"复杂寡糖的分子动力学模拟"项目，继而承担了国家自然科学基金、国际合作、科学院重点及省市科委等科研项目。将核磁共振应用研究范围从有机化合物金属有机、过渡金属络合物扩展到天然产物、手性药物、功能寡糖和生物分子溶液构象的研究中。

1992 年初，袁权所长主持了"生命科学和生物技术中的化学和化工问题学术报告会"，请惠永正作了有关糖化学研究的精彩报告。我介绍了美国各院所高场核磁共振在蛋白质、核酸和复杂寡糖等生物分子构象和构效关系的研究。这次考察和报告会可能对于在我所开展生命科学和生物技术中的化学和化工问题研究起了一定的促进作用。

1995 年，包信和作为中科院引进人才入所。

1996 年，在张玉奎副所长策划下，在杨柏龄所长和包信和的大力支持下，催化基础国家重点实验室装备了固液两用超导核磁共振谱仪（DRX-400），随后，所里将我所在的结构化学组进行整合，我被调入催化基础国家重点实验室包信和研究组。我们采用固体高分辨核磁共振技术，开展了多相催化剂结构、性质、催化过程及催化机理的原位核磁共振研究。

大连化物所的核磁共振波谱研究工作一直得到国内同行的高度评价。受中国物理学会波谱学专业委员会委托， 2002 年 10 月 8 日至 12 日，我所承办了第十二届全国波谱学学术会议，来自全国各地包括港台地区的 200 余位波谱学专家学者参加本届会议，这是一次盛况空前的全国波谱会。包信和作了"DICP 固体核磁共振在催化中的应用"大会邀请报告，与会代表对我所的波谱学研究工作给予了极高的评价。会议期间，传来了 K.Wüthrich 教授由于建立了生物大分子溶液结构的核磁共振方法而荣获 2002 年度诺贝尔化学奖的喜讯，与会代表们受到极大鼓舞，这是核磁共振发展史上的又一里程碑，是继 Bloch，Purcell（1952 年）和 R. R. Ernst (1991年)之后核磁共振方法学发展以及应用研究第三次获得诺贝尔奖，2003 年 P. C. Lauterbug 和 S. P. Mansfield 因核磁共振成像的发现和应用又一次获得了诺贝尔奖。这在科学史上也是罕见的，充分说明了核磁共振波谱学在生物大分子和药物分子结构测定、化学、物理学、生物学和医学的应用中发挥了巨大和十分重要的作用。会议期间，包信和所长邀请了叶朝辉院士等近 20 位全国波谱学专家，为我所核磁共振谱仪的配备献计献策，专家们一致认为，针对我所的多种学科，是需要装备多台液体和固体高分辨核磁共振谱仪。 2003 年，实验室装备了一台 400 兆宽腔固体高分辨核磁共振波谱仪(Infinityplus 400 WB)，我们还成功地实现了 DRX-400 谱仪的带磁场搬移，建立了新的核磁共振实验室。

2001 年我应刘尚斌教授邀请访问台湾中研院原分所，学习 ^{129}Xe NMR 方法，研究了甲烷芳构化催化剂孔结构、金属落位与性能的关联。随后包老师指导设计了催化剂脱水、吸附装置，在实验室建立和开展了 ^{129}Xe NMR 研究多孔材料孔结构的实验方法。

2004 年底引进了院百人张维萍，在包老师的大力支持和刘尚斌教授的帮助下建立了原位连续流动超极化 ^{129}Xe NMR 装置。在包老师的指导下，研究组采用一维和二维多核固体核磁共振技术，开展了多相纳米催化剂结构和性质的表征、催化剂的失活机理、反应物吸附和扩散、催化过程、催化反应动力学及催化机理的原位核磁共振研究，为阐明多相催化反应中的各种基础科学问题及为多相催化剂的优化等奠定了理论基础，研究成果在国际杂志上发表了多篇研究论文。在国家 973 项目"甲烷无氧芳构化"课题中，成功地创建了原位研究高温催化反应过程的核磁共振新方法，为碳—氢键选择活化新过程的发现，提供了实验证据。该项目实现了甲烷芳构化理论和技术的新突破，获得了 2005 年度国家自然科学奖二等奖。这期间我们培养了多名硕士和博士研究生，有些现已成为杰青、教授、研究员，活跃在国内外科研和教学岗位上。

2011 年，包信和与刘中民科研团队联合装备了 600 兆固体 NMR 谱仪（AVANCE III 600MHz）。同年 3 月 20 日包信和主持举行了"600 兆固体 NMR 谱仪启用和固体核磁共振在催化材料中的应用"研讨会，叶朝辉院士等近二十位全国固体核磁共振专家作了精彩的学术报告，大家进行了热烈、积极的讨论和交流，对我们开发 600 兆固体 NMR 谱仪的功能用于催化研究起到了很好的促进和推动作用。

2013 年 5 月 6 日至 9 日，全国波谱专业委员会及中科院大连化学物理研究所在我所共同举办了"2013 年中法固体核磁共振波谱学讲习班"，吸引了一百多位代表参加。来自法国里尔科技大学催化与固态化学实验室主任 Jean-Paul Amoureux 教授等 14 位在固体 NMR 领域卓有成就的美国、加拿大、中国大陆和中国台湾学者的精彩报告受到了与会者的好评，大家讨论热烈，收获颇丰。近年来，固体核磁共振波谱学得到了迅猛发展，新的实验方法和技术层出不穷，在材料科学及生物大分子的研究中得到日益广泛的应用。

我们所一直是中国物理学会全国波谱专委会委员单位，胡皆汉、韩秀文和包信和先后成为专委，分别于 1990 年和 2014 年承办了第六届和第十四届全国波谱会前的专委审稿会。我们与国内波谱界的专家及其团队一直保持着良好的合作关系，密切交流，相互支持，共同发展。

2017 年，从国外引进侯广进博士，成立了"固体核磁共振与催化化学组"创新组，院里的修购计划为我所装备了 800 兆固体 NMR 谱仪。所里的固体核磁共振实验室已成规模。核磁共振研究骨干和工作圆满地完成了新老接替。

2019 年 6 月 12 日，由中科院条件保障与财务局进行业务指导和监督成立"中国科学院磁共振技术联盟"，旨在加强磁共振使用管理与应用技术交流，提高自主创新能力，促进磁共振技术发展，支撑相关领域科技创新。武汉物理与数学研究所与我所等十所优势学科单位成为首批成员所。

从 1964 年入所，我亲身经历的近 55 年的研究生涯里，大连化物所研究工作的发展真是突飞猛进！从 1980 年至今，我所从事的核磁共振波谱学研究近 40 年里，从第一台电磁铁 80 兆谱仪，到现在我们所平台和各研究室的液体和固体高场超导核磁共振波谱仪已达 9 台，曾经的永磁铁和电磁铁谱仪早已成为历史"文物"了。然而，我所核磁共振波谱学的发展仅仅是所发展史中的一个小亮点、化物所百花园中的一朵小花和一片绿叶而已。我为能成为化物所大海中的一滴水，为所的发展贡献了自己的一点微薄之力而深感欣慰。

作者简介：韩秀文，女，1941 年 3 月出生，1964 年到大连化学物理研究所工作，研究员。从事核磁共振波谱学和结构化学研究。现已退休，任大连化学物理研究所咨询委员会委员。

微流控芯片二十年

林炳承

恰逢所庆七十周年，作些许回忆，纪念从事微流控芯片研究二十年。

1978 年，我参加了改革开放后的第一次全国研究生统考，10 月，被中国科学院录取，成为大连化学物理研究所的研究生，并先后师从张乐沣教授和卢佩章教授取得硕士、博士学位。毕业后留所，随即入选为德国洪堡基金的学者，到德国，随后又在比利时从事色谱研究。1989 年 5 月回国，带领课题组开启我国的毛细管电泳研究，历时 10 年，赶上了它作为主流技术主导人类基因组工程和大规模测序的历史进程。90 年代后期，我将课题组引入全新的微流控芯片领域，至今整整 20 年，从芯片电泳到芯片实验室，从简单分离到大规模筛选，现已完成了以微流控芯片为基础平台，以细胞为核心对象，覆盖从单细胞分析到全器官仿生的整体布局。

微流控芯片又称芯片实验室，是一种以在微米尺度空间对流体进行操控为主要特征的科学技术。现阶段，主流形式的微流控芯片指的是把化学和生物等领域中所涉及的样品制备、反应、分离、细胞培养、分选、裂解等基本操作单元集成或基本集成到一块几平方厘米甚至更小的芯片上，由微通道形成网络，以可控流体贯穿整个系统，用以实现常规化学、生物医学、材料学、光学等不同实验室的各种功能的一种技术。微流控芯片实验室的基本特征和最大优势是多种单元技术在流体可控的微小平台上灵活组合、规模集成。

微流控芯片已被认为是当代极为重要的新兴科学技术平台和国家层面产业转型的战略领域。2017 年，科技部把微流控芯片定位为一种"颠覆性技术"，而微流控芯片中的重要分支——器官芯片则被世界经济论坛（达沃斯论坛）评为 2016 年世界"十大新兴技术"之一，与无人驾驶汽车、石墨烯二维材料、区块链等并列。

20 世纪 90 年代后期起，我们在中国科学院大连化学物理研究所开始了长达 20 年的微流控芯片研究历程。

1999 年，差不多在国际范围微流控芯片研究刚刚兴起的同一时间段，我们在十年毛细管电泳研究的基础上建立了微流控芯片研究团队，第一阶段的工作是从芯片电泳入手，集中于芯片设计研制，检测装置搭建和单元操作的芯片化。在此后的几年时间内，我们搭建了第一台微流控芯片激光诱导荧光仪，用注塑法制得第一批 PMMA 微流控芯片，并开始了第一轮应用研究，其中包括完成了对 226 例高血压病人、159 例肿瘤病人和 200 例乙肝病人的相关基因检测和筛查。特别是，在 2003 年 SARS 肆虐期间，课题组实现了基于微流控芯片的 18 例疑似 SARS 患者咽拭子样品冠状病毒的快速检测。2005 年，课题组第一批成果"全集成微流控芯片体液 DNA 分析系统"和"运动员体能指标微流控芯片检测系统"的研制先后通过了中国科学院和科技部组织的现场验收，得到了与会专家的高度评价，认为成果符合未来疾病诊断家庭化、个体化的趋势，具有广阔的市场前景。

在这一阶段，课题组长年有 20~30 名学生在实验室工作，以博士生为主。他们来自化学、医学、药学、生物学、物理学和工程学等不同专业，其中有医学背景的占到了四分之一，满足了微流控芯片作为一种典型的多学科交叉科学技术的特殊需求。在这样一种环境中，同学们得以在学生时代就学会和不同领域的同学、同事密切接触，相互理解、相互渗透。2004 年，我们搭建了大连化物所第一个细胞实验室，开始规模化微流控细胞芯片研究；经过 2~3 年的艰苦努力，课题组完成一系列的细胞培养，多种细胞共培养和多种细胞三维共培养的工作，其中，关于细胞水平高通量和高内涵药物筛选的研究，细胞水平药物代谢研究，以及模式生物水平高通量药物筛选研究的工作，在一年多时间内连续三次被本领域最重要刊物 Lab on Chip 作为封面文章刊登，引起国际微流控芯片和药物筛选领域的广泛关注。模式生物线虫的工作发表后，下载量和引用率居高不下，并很快被英国皇家学会的 Chemical Biology 作为亮点报道。2009—2010 年，课题组在国际上率先提出用蜡作为疏水性材料和硝酸纤维素膜取代普通滤纸，用喷蜡打印的方法，大规模制备一次性使用的纸质芯片。论文入选为 Web of Science 数据库高引用论文（highly cited paper），并被 Analytical Chemistry 杂志重点介绍。团队重要论文的高引用率被长期保持，以至于到 2018 年，我仍入选了 Elsevier 中国高被引用学者（Chinese Most Cited Researcher）的名录。

从 2006 年到 2013 年，我们先后撰写，并由科学出版社出版了《微流控芯片实验室》《图解微流控芯片实验室》和《微纳流控芯片实验室》3 部专著。成书过程中，团队从思想、内容到逻辑、文字，对全书的方方面面作了反复的讨论、充实、推敲和斟酌，力求引证梳理兼有，综合分析并重，迹浅意深，言近旨远。特别是，以作者实验室的工作贯穿始终，字里行间渗透着来自第一线劳作的艰辛。与此同时，在我入选英国皇家化学会会士、担任国际 Electrophoresis(电泳)杂志副主编和 Lab on a Chip (芯片实验室)杂志编委期间，还先后主编了 Lab on a Chip：Focus on China（ RSC 出版社），Miniaturization in Asia Pacific，Micro-Nanofluidics in Asia Pacific（ Wiley 出版社）等 5 本专辑和 1 部英文专著 Microfluidics: Technologies and Application

（Springer 出版社）。这 3 部中文著作、1 部英文著作和 5 本英文专辑，连同团队关于微流控芯片的近 300 篇学术论文、70 余项专利等，作为微流控芯片领域极为宝贵的财富积累，对我国及国际微流控芯片事业的发展起到了非常重要的推动作用。基于以上这些研究成果，我们团队先后获得 2002 年辽宁省自然科学奖一等奖，2007 年辽宁省科技进步奖一等奖，以及 2010 年国家科学技术进步奖二等奖。2009 年，中国科学院大连化学物理研究所建所六十周年大庆，评选全所自 1999 年到 2009 年十年间的十大科研成果，课题组的"生物医学中的微流控芯片"作为生物技术部的唯一项目入选。2009—2010 年，课题组先后完成兔软骨组织培养，以及带有肝微粒体的药物代谢等器官芯片的前期工作；2010 年 10 月，在北京香山会议上，我向与会代表正式宣布启动微流控仿生器官芯片的研究。

2011 年 6 月，受所领导委托，我曾为所里的青年研究人员作了一个题为"思想先行"的报告。在报告中，我提到科学家要有扎实基础、敏锐直觉和宽阔视野，科学家应该具备的基本能力是"看得准，抓得住，做得好"。也就是说，在科学发展的关键时刻，一定要能精准把握科学研究的前沿方向，看准是引导的基础；看准之后，要摆脱种种干扰，努力抓住，允许小的偏离，确保大势不变；真正抓住之后，更要"大胆假设，小心求证"，宁拙毋巧，宁朴勿华，倾其所有，一丝不苟地把它做好。在报告最后，我提到了这么一段话："学术界总是要有点思想的，好的学术思想一般是独立的，独立的学术思想是一个科学家有别于其他科学家的本质属性，形成独立的学术思想应当被看成是科学家一生最重要的追求。"在这种行为准则的影响下，我们不断强化前瞻性学术思想，精准操控自身的学科方向，带领团队，跨过一个个艰难险阻，超越自我。"思想先行"的典型例子是，从 1992 年到 2007 年的 15 年中，我们课题组以 92%的极高成功率申请到包括 3 项重点基金在内的 11 项国家自然科学基金，这些数据，无论是密度还是强度，至今依然在大连化物所名列前茅。

此后，按所里政策，大连化物所微流控芯片团队的工作交由团队培养的博士秦建华管理。2011 年 5 月，我受聘于大连理工大学，帮助原大连化物所微流控芯片团队博士、大连理工大学罗勇建立大工微流控芯片药学研究组，恢复器官芯片研究；次年，大工细胞室建成；2012 年，原大连化物所微流控芯片团队博士后、大连医科大学刘婷姣研究组开始微流控肿瘤芯片研究；年末，在刘中民教授支持下，微流控芯片材料研究小组在大连化物所低碳催化与工程研究部成立，开始基于微流控芯片的高性价比材料研制工作；2013 年，科技部新药重大专项课题"基于微流控芯片的新药研究开发关键技术(2013ZX09507005)"启动，大连团队的器官芯片研究纳入国家重大计划；2015 年，原大连化物所微流控芯片团队博士陆瑶在耶鲁大学从事 5 年研究工作后回所，中国科学院大连化学物理研究所单细胞分析研究组成立，承担基于微流控芯片的单细胞分析和器官芯片微环境精准测量工作，我重新回组；2016年，化物所陆瑶组、大工罗勇组和大医刘婷娇组等三个由中国科学院大连化学物理研究所微流控芯片研究团队衍生的研究组正式联合，成立理-工-医学科交叉，研究所和高等学校融为一体的大连微流控芯片研究团队，把大连的微流控芯片研究推向一个全新的阶段。

2014年，中国科学院大连化学物理研究所刘显明博士主持的数字液滴项目和南方科技大学程鑫教授的半导体有源矩阵技术结合，合作开始微流控数字液滴中央处理器的设计与实施研究，探讨两种截然不同的芯片深度对接的可能性，一旦成功，精准操控在平面上移动的成千上万计的用作反应器的数字液滴，有望被用于大规模测序中的文库制备；同年，大连理工大学罗勇微流控芯片药学研究组和大连医科大学林洪丽教授团队合作，开始微流控肾芯片研究；此后，大连微流控芯片研究团队先后和中国科学院过程研究所杜昱光团队、东南大学黄宁平团队、大连医科大学马国武-刘慧颖团队等合作开展肠芯片、心脏芯片、口腔芯片等的研究，2018年，科技部"中医药现代化研究"重点专项"基于器官芯片技术的中药安全性有效性评价体系"获批，大连微流控芯片研究团队承担其中的器官芯片构建与应用，第一次把器官芯片直接应用于一个实际领域；2018年3—5月，我以德国洪堡基金学者的身份，再次到德国作学术访问，构划《器官芯片》一书撰写大纲，并和国际微流控芯片研究先驱，欧洲生物技术终生成就奖得主 Andreas Manz 教授一起探讨微流控芯片的下一轮发展趋势；2019年2月，大连微流控芯片研究团队根据多年研究的积累，由林炳承、罗勇、刘婷娇和陆瑶合著的《器官芯片》一书脱稿，交由科学出版社于2019年秋出版。与此同期，大连微流控芯片研究团队一批成果也先后在 PNAS，Biomaterials 和 Advanced Science 等重要刊物发表。

微流控芯片的重要性在于：它是当代极为重要的新兴科学技术平台和国家层面产业转型的潜在战略领域，是一种注定要被深度产业化的科学技术，微流控技术需要向产业转化，微流控事业需要薪火相传。我曾在2001年被评为全国优秀博士论文指导教师，也曾在美国、加拿大等国家的很多所大学或研究机构担任客座教授，现已直接培养了70余名学生，以博士研究生和博士后为主，至今仍有一些学生在读。现在，这批学生中已有三十多位教授、副教授和公司的老总或高管，他们仍然从事微流控芯片领域的工作，正领导着各自的微流控芯片研究团队或微流控芯片公司，活跃在全国各地，有些团队的研究工作已卓有成效，有些公司的队伍和产品已初具规模，第一个微流控产业化研究院已在广州成立。这些大连化物所的微流控芯片校友在中国微流控芯片事业的发展中占有举足轻重的地位，他们是中国第一代微流控芯片研究和开发队伍的中坚力量，他们的工作和国内其他团队的工作一起，构筑了中国微流控芯片研究和开发的核心基础。我们已经建立了一个大连化物所微流控芯片校友的年会制度，年会定位为小型、高端，并以需求导向、产业引领、学科交叉和深入讨论为主要特色，现已持续六届，正逐渐发展成全国性的微流控芯片重要论坛。

滴水成渠，星火燎原。二十年的不舍，终于成就了一件对国民经济的产业转型和可持续发展具有战略意义的利国利民大事，欣慰之心，油然而生，纵然有难以忘却的风风雨雨，终究无悔无怨。

作者简介：林炳承，男，1944 年 11 月出生，1978 年 10 月到大连化学物理研究所学习工作，研究员。从事毛细管电泳和微流控芯片研究。现已退休，任大连化学物理研究所咨询委员会委员。

忆甲氰菊酯新农药的研发

——纪念郭和夫先生诞辰一百周年^①

陆世维

郭和夫先生 1917 年 12 月 12 日生于日本冈山市。今年是郭和夫先生诞辰一百周年。

郭先生是已故郭沫若老院长的长子，1949 年春在党的关怀下回到祖国，怀揣周恩来同志的亲笔信来到大连，是新中国诞生前夕学成归国的高级知识分子，也是我所的元老之一，为我所的建设和发展发挥了特殊的作用，为我国的科学研究事业做出了重大贡献。

郭和夫先生在因公出差途中突发脑出血，经多方抢救无效，于 1994 年 9 月 13 日在哈尔滨逝世，享年 77 岁。

郭和夫先生是著名的有机化学家，在出成果、出人才等诸多方面都有突出贡献。他是一位热爱祖国、热爱人民、热爱中国共产党、热爱科学、热爱大自然的德高望重的杰出科学家。他的过早逝世，使我们深感悲痛和惋惜。记得在向他遗体告别的那一天，自发前往的所内职工达 500 余人，足见全所同志对他的敬仰和爱戴。在先生逝世后，全所上下、国内外学术界纷纷以各种形式表示追思与缅怀。为此，我们于 1997 年 9 月在大连编辑出版了《郭和夫纪念文集》，收集了有关领导、社会各界人士、所内同志及日本友人、亲属等撰写的纪念文章 70 多篇，多方面表达我们的思念。在日本，由郭和夫先生在京都大学的同窗好友、诺贝尔化学奖获得者福井谦一教授作序，也出版了追忆郭和夫先生的纪念文集。之后，在中国科学院大连化学物理研究所所志、《光辉的历程——大连化学物理研究所的半个世纪》以及《中国科学院人物传（第一卷）》等史志资料中都从不同角度反映了郭和夫先生的一生业绩和崇高品德。

我 1963 年大学毕业来所，1972 年到郭和夫先生主持的第二研究室工作。之后一直受到郭先生的亲切关怀和热情帮助，先后从事沸石分子筛、化学模拟生物固氮、

---

① 本文作者于 2017 年为纪念郭和夫先生诞辰一百周年而作。

化学肥料长效化等工作。1983年从日本归国后仍在郭先生领导下从事金属有机、金属原子簇络合物、C1化学等研究工作。1988年10月至1991年5月受所领导班子委托并征得郭和夫先生的同意和支持，让我担任甲氰菊酯新农药建厂工作组组长，承担总体、组织和技术总负责等工作。后来甲氰菊酯农药工作又归属国家催化工程技术研究中心主管，这样，我就有较长一段时间负责该项工作。通过工作实践，我对郭先生在此项工作中无可替代的卓越贡献就有了最为直接、深刻、全面的了解。很多同志都说这一项目是郭先生的人品、人格、学风、学识的集中体现。今年，恰逢甲氰菊酯农药项目获得国家科技进步奖二十周年，当时申请的一些相关专利也已经二十多年了。甲氰菊酯新农药产业化的成功，圆了郭和夫先生的一个梦。因此，本文想通过回忆甲氰菊酯工作的若干历史事实：当初是怎么选题的？为什么要做甲氰菊酯？这项工作是怎么做的？是如何研究开发做成的？……以缅怀郭先生的丰功伟绩，促进后人奋发努力，以此纪念郭和夫先生诞辰一百周年。虽然是回忆真实的过程，但由于本人水平有限，恐有不当之处，恭请批评指正。

一、急国家之所急　想人民之所想

拟除虫菊酯杀虫农药，是继含氯、含磷农药之后，可称为第三代的人工合成农药，其特点是高效、低残毒。甲氰菊酯则是人们已经合成的数十种合成菊酯类农药中的一个优良品种，它杀虫谱广，兼杀螨虫，可广泛用于棉花、水果、蔬菜和茶叶等多种经济作物。

世界上有很多国家可以不生产农药，需要的时候进口就行，但是中国却不同。中国是一个农业大国，需要的农药很多，必须要自己生产。而我国农药行业一直比较落后，品种少，数量也不足，高效优质品种更少，技术水平又低，一些农药厂还只是半合成状态，或进口分装，或复配，难以满足实际需要。20世纪80年代初，改革开放刚开始，百废待兴，首当其冲的就是农业，以解决全国人民的吃饭穿衣问题。当时人们认为工业支农有三大项，化肥、农药与薄膜。而在农药方面，从安全环保的角度出发，国际上已禁止使用含氯高毒农药，又要禁止含磷高毒农药。科技落后的中国面临着极其严峻的形势，迫切需要高效优质的新农药是国家着急、人民着急的大事。

1978年，郭和夫先生参加了全国科学大会。当"科学的春天"来临之际，郭先生以极大的革命热情投入工作，关心国家的科研方针，探索符合中国国情的科研道路，凝练学科的发展方向，积极安排学术活动、知识讲座，学习量子化学、金属有机、络合催化等课程，悉心派人出国学习均相催化、络合催化、金属有机化学、金属原子簇化学、X射线单晶衍射结构分析、核磁共振结构分析技术等，还亲自抽空认真仔细地校对了由我本人翻译的《C1 化学——创造未来的化学》和《匀相催化与多相催化入门——今后的催化化学》，以及由陆熙炎、陈惠麟翻译的《金属有机化学》等专业书籍。此外，郭先生还在人才培养、队伍建设、科学知识的更新学习、近代仪器设备等诸多方面排兵布阵，做了强有力的准备，急国家之所急，想人民之所想，急切寻找，努力选好为国民经济服务的好项目。

功夫不负有心人，机遇总是与有准备的人相遇的。终于，甲氰菊酯农药项目进入了郭先生的视野。

记得事情是这样的。在 20 世纪 80 年代初（1983 年我自日本学习回国不久），郭先生访日回来后兴奋地讲到，在日本地铁车站候车时，翻阅着住友的宣传广告资料，久久凝视着甲氰菊酯的分子式。在有机合成方面功力深厚的郭先生，通过逆合成的分析方法，将复杂的甲氰菊酯逐步分解成若干较小的碎片，又组合了我们研究室内有机化学、金属有机、催化化学、烯烃聚合等科研基础积累，一个创造性的由合成四甲基乙烯、合成菊酸和合成菊酯三大部分构成的合成流程在他的脑海中形成了。

郭先生向所领导和同志们报告了要立项研制甲氰菊酯农药的想法和决心，以极大的热忱亲自准备详尽的资料，在全所举行了公开的开题报告，得到全所上下的支持。随即组织董明珏、李子钧组与陈惠麟、赵成文组分工协作，联合攻关，开展小试研究。前者以丙烯为原料，经齐聚制得四甲基乙烯，后者则以此出发，制取甲氰菊酸，进而合成甲氰菊酯。由于充分发挥了两组的特长和积累，小试很快取得好结果，随即被列为中国科学院的重点项目。全体参与工作的同志深深懂得这是为了推进农药行业，支援农业建设，为了振兴中华，感到无比兴奋和自豪，增添了强大的工作动力。

1986 年，"甲氰菊酯农药主体原料——四甲基乙烯研制"通过了中国科学院的鉴定，"甲氰菊酯合成"也同时通过了中国科学院的鉴定，获中国科学院科技进步奖二等奖。

项目上马时正是我国农药奇缺的时候，国外厂商对我国实行技术封锁，只卖给我国最终的乳油农药产品，且价格昂贵，每吨 20%的甲氰菊酯乳油农药（商品名为"灭扫利"）要 8400 美元，还有种种附带条件，极其廉价地得到该农药在我国农田上的实际使用效果的数据。在我们进行技术研发放大的时候，一方面有人散布该农药制备技术难度大，中国人是搞不出来的；另一方面在农药产品打入我国市场的同时，各种广告也蜂拥而至，住友的彩色广告中有这么一段话："灭扫利是国产农药吗？不。灭扫利是日本住友化学工业株式会社生产的，是进口农药。"我们将这段话复印给科技人员人手一份，以此激发我们为国创新的斗志，誓要改变这种状况，拿出中国人自己生产的高效优质农药来。

人们说，好的选题是完成任务的一半，就是因为工作方向正确、目的明确、知道为谁而干、为什么干的缘故吧。

二、突出创新　精益求精　争创一流

选好题目以后怎么做？郭和夫先生带领大家以唯物辩证的思维方式和工作方法，基于丰富的基础知识和积累，结合我国的实际情况，敢于创新，精益求精，力争做出一流的成果来。现在看来，甲氰菊酯工作有如下几个特点：

一是立足于国内，从最基本的原料出发打通全流程。当时国内不少单位都在从事多种菊酯类农药的合成，多数将重点放在最终菊酯类化合物的合成上。这样，一些重要原料或中间体需进口而受制于人。在郭先生构思的蓝图中，从中国的实际国情出发，原料设备都要立足于国内。工作从最基本的原料丙烯出发，完全不依赖从国外进口昂贵的中间体，工作量大了，难度也大了，即使小试成功后，寻找合适的协作伙伴开发放大时，花了两年时间都难以找到"婆家"。农药厂不能胜任丙烯二聚制四甲基乙烯的合成工作，隔行而不熟悉；石化企业则认为丙烯二聚用量太少了，不值得一做。到了 1988 年，在参加全国人大会议期间，郭先生向时任大连市市长魏富海极力推荐本项目，希望大连市支持产业化。魏市长非常支持郭先生的建议，立即责成大连市政府、金州区政府和大连化物所合作，加快速度在大连建设国内第一个甲氰菊酯生产厂。经研究协商后，将整个工艺流程切成两段，分别找金州染料厂和大连农药厂承接，建设年产 250 吨 20%甲氰菊酯乳油农药的装置，这才能进行产业化的工作。可是，其他一些不是从基本原料出发，而是靠进口中间体来制备菊酯的工作，据说热闹一时，却都终因受外国牵制而难以真正产业化。唯甲氰菊酯由于原料和设备都完全立足于国内而能产业化并稳定生产。

二是抓住技术关键，研创五项催化剂，把握自主知识产权。郭先生是深知近代有机合成化学的前沿和国际发展方向和趋势的。合成化学催化化，催化合成手性化，尽量采用计算机及信息技术，尽量采用先进的仪器设备和分析方法。因此，在领导所内、室内的研究工作中，从意识上，从人员培养上，从仪器设备更新上都花了大量的精力，努力使我们的研究工作水平跟上国际潮流，在大连化物所的大催化环境的熏陶下，更使我们深深懂得催化剂不仅可以改变已知反应的速度，如同书本上的经典定义，而且催化剂还可以实现加速新的反应，创造新的物质，更有其能动的一面。

郭先生倡导的分为三大部分的全流程共有十一个工序，而其中核心技术就是创制了五项催化剂：丙烯二聚催化剂、烯烃异构化催化剂、环丙烷化催化剂、皂化消相剂和氰醇化相转移催化剂，使整个流程达到较为先进的水平，尤其是利用事故后恢复建设的时间，着力进行了工程化开发研究。通过不断改进，精益求精，大大提高了整个流程的技术经济水平，并且形成完整的专利技术和知识产权，其结果是：

第一部分丙烯二聚合制取的四甲基乙烯，质量好，得到了纯度大于95%的四甲基乙烯，实际工业产品的质量可与国外进口试剂的标准媲美。

第二部分的催化环丙烷化反应，国外专利上的小试实例收率为40%～50%，本技术在工厂稳定生产中的收率均超过60%，并且消除了诱导期，操作安全、稳定、可控，在改进的重氮化反应中，在已有的乙酯路线的基础上还打通了丁酯路线，通过中间体菊酸丁酯（这是我们首次得到的新化合物，在美国化学文摘CA上给予了新的专用化合物编号）得到了高质量（含量大于98%）的2，2，3，3-四甲基环丙烷羧酸（简称菊酸）。

第三部分氰醇法制甲氰菊酯，专利上要用脱酸剂，小试实例收率83%。本技术省去了脱酸剂，在工厂正常生产中收率高达85%～90%，得到了初始浓度较高（>30%）的甲氰菊酯母液，便于后加工。

三是加强开发放大工作，加速为国民经济服务。郭先生认为实验室取得成功，这是整个工作极其重要的一部分，是基础，而将科研成果转化为生产力，生产出产品，为国民经济服务，为社会谋福利，这才是根本，而这是一件不容易的事情，既有思想观念上的转变问题，又有科学技术发展不同阶段的种种新问题和新困难。郭先生很是着急，身体力行，多方奔走协商，终于得到大连市政府的大力支持。1988年，市政府决定大连化物所要在技术上全面负责，承担可行性论证、工程设计、人员培训，以交钥匙工程的方式，提供完整的生产技术，包括工艺流程设计、设备选型、安装调试、安全环保、物料平衡、三废处理、循环回收、工业原料选择和试验、工业装置开车投料试车操作规程等一系列工程化开发放大研究，直至工人师傅能规范操作，达标稳定生产后验收移交。这样，化物所的担子是很重的。郭先生义无反顾，勇敢坚定地担当了此重任。对此，所领导极为重视，由李文钊副所长牵头，成立有郭和夫、陆世维、董明珏、陈惠麟、李子钧等人参加的甲氰菊酯工作小组，随即又和金州区政府成立建厂领导小组，并委任李文钊负责建厂的日常领导工作，并有效组织所内各方面力量，联合攻关，从事技术开发和工程化开发研究。比之实验室的小试工作，成果转化开发放大产业化的工作投入了更多的人力、物力和时间，在1988—1991年间，克服了包括技术上、物质上、经费上、人力上的种种困难，其中还经历了意外的偶发事故。最终，高速优质地生产了20%甲氰菊酯乳油农药。

1991年工程化开发放大成功，建成年产250吨20%甲氰菊酯乳油农药的装置，形成工业生产能力，协助工厂取得三证，出产品上市为农业服务，达到了安全可靠、操作简便、经济合理、技术先进，可持续稳定生产。生产的中间体菊酸于1990年经国家科委等四部委批准为国家级新产品，20%甲氰菊酯乳油农药则被中国农药协会评得优秀产品奖，并获全国星火计划金奖，被评为"农民信得过产品"。

随着国民经济的发展，甲氰菊酯农药的生产规模也不断扩大，由于技术的先进性和成熟性，每次放大都取得了一次试车成功的好结果，经济效益和社会效益也日益增加。

三、努力不在人后　成功不必在我

回想起来，在精准选题，提出流程，确定路线，组织力量，抓住关键，攻坚克难，打通流程获得产品，完成实验室小试，接着不懈努力寻找合作伙伴，组织团队，开发放大，工程化产业化……在研究工作做什么、为什么做、怎么做、怎么开发的全过程中，郭和夫先生自始至终发挥了独一无二的无可替代的杰出作用。每当遇到困难的时候，总能看到他坚毅的目光和不知疲倦的高大身影、克敌制胜的力量、聪敏的智慧和澎湃的爱国热情。

记得在小试工作之初，郭先生已将一二九街六馆门口的办公室小屋让出做实验室了，而搬到楼上和我们一块挤在实验室里，所以我们知晓他的去向。那时每周必有 2～3 天要亲赴星海二站陈惠麟组关心指导工作，曾有数次打电话要我帮助查找一价铜化合物的特征。因为当时我们正在从事 C1 化学中的金属有机，研究利用一价铜吸附以及催化活化一氧化碳的工作。郭先生知道一价铜具有对一氧化碳和烯烃双键的特殊选择性吸附和络合活化的优良性能，所以要选择合适的一价铜化合物作催化剂，高活性和高选择性地进行烯烃的配位活化再与重氮化合物反应生成含环丙烷结构的化合物，尤其是要消除诱导期以便安全稳定操作，这是一大技术关键。一直到在工厂放大试车时，郭先生还数次站在反应釜前仔细观察起始滴加的反应状态，确认反应平稳，无明显的诱导期。甚至在大雾之夜，还艰难坐车一个多小时赶到金州现场指导工作。又如，在发生意外偶发事故后，正是郭先生率先回到实验室搭建装置亲自动手做实验寻找原因和做改进试验，后又积极支持组织青年博士蔡家强等年轻同志组成突击攻关小组，对原有工艺技术做全面的复核和改进研究，最终对整个流程的第二、三部分都做了重大改进。合同原定第三部分的总收率为 60%～70%，改进后的一号方案和二号方案分别可超过 73%、84%。郭先生再三嘱咐，改进后的工艺流程要反复核实，稳定可靠，数据重复，除了让所内有关同志上岗可重复操作无误之外，还请工厂工人师傅来到实验室，重复小试操作，进行所谓实验室验收，确保技术真实过硬，可控、可简便准确操作。

郭先生一贯重视对年轻人才的培养和帮助，待人和气、热情、诚恳、乐于助人。这是室内外、所内外乃至国内外人所皆知的。自谦为"南郭先生"的郭燮贤先生曾将郭和夫先生趣比"东郭先生"，意思是自东瀛归来。其实郭和夫先生确有与人为善、知人善任、俯首甘为孺子牛的美德。

　　在甲氰菊酯的工作中郭先生除发挥个人的巨大作用之外，还十分重视团队的力量，将各方面的人才组织起来，人尽其才，用其所长，甚至将刚分配入所工作的大学生或研究生在分到室组之前先组织到工厂小分队投入实践中培养锻炼成长。

　　1991 年工业化试产成功后，"甲氰菊酯新农药——年产 250 吨 20%乳油技术"通过了中国科学院与大连市政府的联合鉴定，1992 年获辽宁省科学技术进步奖一等奖。先期申请的首批专利技术 1995 年获全国第九届发明展览会金奖、化工部化工杯奖，1996 年获辽宁省专利金奖，获北京国际发明展览会金奖。郭和夫先生于 1996 年获得了大连市科技金奖。"甲氰菊酯农药生产技术"于 1997 年获国家科技进步奖三等奖。1999 年，甲氰菊酯农药生产专利技术被国家知识产权局批准为首批"促进专利技术产业化示范工程"，2，2，3，3-四甲基环丙烷羧酸（菊酸）、甲氰菊酯项目获国家知识产权局颁发的"促进专利技术产业化示范工程"证书。

　　国产甲氰菊酯问世以后，我们也印刷了数款精美的彩色广告，并且醒目标清：大连农药厂生产，中国科学院大连化学物理研究所监制。一方面将灭扫利挤出国内市场，另一方面我产品逐步打入国外市场参与国际竞争。正如李文钊同志在总结时指出的"甲氰菊酯农药的研制成功，使我国成为国际上第二家能生产该农药的国家，打破了日本独家垄断的局面"。至 2002 年日本住友来华与我们签订了长期协作合同，决定购买我国生产的中间体甲氰菊酯，并逐年增加。

　　1991 年，建厂工作小组获中科院大连化物所先进集体称号。现在回想起来，再看看 1991 年下厂工作组的全家福照片中郭和夫先生笑容可掬，真是"待到山花烂漫时，她在丛中笑"。郭先生甲氰菊酯国产化之梦终于圆满实现。

　　参加甲氰菊酯农药下厂工作小组团队的人员很多，最多时达 40~50 人之众。大家都为工作忘我劳动，为工作的成功而高兴，也希望榜上有名，有的希望名列前茅。此时，郭和夫先生却非常诚恳、认真又严肃地找我谈了几次，强调工作是大家做的，阐明他的多种理由，要求在上报材料上不要列入他的名字，不要对外宣传，不要公开于宣传媒介。实在没办法，使我不得不在上报材料的主要研究人员的名单上，将郭先生的名字列在最上位，并且写明：名列首位，应本人要求，对外不宣传，不参与名次排列。（最后正式申报奖项时，根据所领导和科研人员的意见，仍将郭先生放到了首位，这是众望所归啊！）

　　现在看来，如同张大煜老所长在 20 世纪 60 年代带领我们用半年的时间高质量高水平高速度创制了合成氨原料气净化新流程三项催化剂，使我国合成氨的生产技术水平赶上当时的世界水平，有力地支援了农业一样，甲氰菊酯农药的研制成功，除了农药高效优质有着明显的经济效益并对我国农业发展有贡献之外，更有着深远的社会效益，充分体现了我国社会主义制度的优越性，充分发挥了中国科学院研究所作为科技国家队敢想敢干、开拓创新、率先引领的作用，而且对化肥化工行业、农药化工行业起到很大的推动作用，有助于解放思想、破除迷信、敢于创新、勇于攻关，促进行业内科技发展。同时，使大连化物所的催化研究水平赢得赞誉，在国内外多种行业中显露锋芒，呈现光辉，为各行业、各工厂企业培养了一批能掌握先进精细合成催化技术的骨干，还促进了相关化工原料、化工机械、催化剂生产等事业的发展。

然而，郭和夫先生想得更远，很想具有知识产权自主权，探索利用甲氰菊酯得到的经济效益，促进实验室的研究工作，以图达到良性循环。

回忆甲氰菊酯的工作历程，我们看到郭和夫先生伟大的人格，高尚的人品，严谨的学风，渊博的学识，这就是我们敬仰爱戴的"老郭头"。

"忆往昔，峥嵘岁月稠。"前辈们在科学救国、科教强国、振兴中华的道路上做出了重大的贡献，积累了宝贵的经验，值得我们学习。

看今朝，在党的英明领导下，吾辈必能在进军科技强国、创建世界一流、为实现振兴中华的伟大中国梦征途上取得更大的成绩。

作者简介：陆世维，男，1940 年 7 月出生，1963 年 9 月到大连化学物理研究所工作，研究员。从事有机催化化学研究。曾任国家催化工程中心主任。现已退休，任大连化学物理研究所咨询委员会委员。

诞生在科学的春天

——分子反应动力学实验室的四十年

王秀岩

2017年元旦后不久，喜讯传来，分子反应动力学实验室杨学明院士主持的"大连光源"1月15日发出了世界上最强的极紫外自由电子激光脉冲，成为世界上最亮且波长完全可调的极紫外自由电子激光光源。我听到这个消息感到无比的兴奋，因为大连光源诞生在我工作一生的分子反应动力学国家重点实验室，标志着这个实验室又登上了一个新的高度。正如时任中国科学院副院长王恩哥所说，这是中国科学院乃至我国又一项具有极高显示度的重大科技成果，装置中90%的仪器设备均由我国自主研发，标志着我国在这一领域占据了世界领先地位，将大大促进我国在能源、光学、物理、生物、材料、大气雾霾、光刻等多个重要领域研究水平的提升。更让化物所人骄傲的是，从事化学研究的科学家主持建造如此大型的科学装置还是第一次。作为老一代的科学工作者，我非常赞赏这些年轻科学家敢于创新、敢于攀登科学高峰的精神！同时也为这个实验室经历40年发展，达到国际一流水平感到自豪。

谈起分子反应动力学实验室的诞生，还得从1964年化学激光被发现时说起，当时我所老科学家楼南泉、张存浩、陶愉生等敏锐地意识到激光技术也会给物理化学带向新的时代。陶愉生先生领导的小组首先在我所探索化学激光，1966年成功地实现氯化氢化学激光。化学激光建立在原子分子激发态的生成、分子间能量传递、激发态受激发射等理论基础之上，要在激光方面有创新，必须开展分子反应动力学研究。"文化大革命"前他们便提出了开展微观反应动力学研究的规划，然而"文化大革命"的十年，三位老科学家被迫离开了科学研究的岗位，他们的分子动力学的研究规划成为泡影。这期间，美国和欧洲一些发达国家的科学家们已经将分子束、计算机、激光、高灵敏度探测和超高真空技术用于研究反应微观过程。我国已经被远远抛在后面，在大量的学术论文中找不到中国人身影，我国的科研人员既心急如焚又无可奈何。1976年"四人帮"被粉碎后，中国的科学工作者重返科学研究一线，楼南泉教授等几位老科学家的中国分子反应动力学梦想终于变成了现实，在中国科学院召开的科学发展规划会议上得到了方毅院长和其他领导的支持。1978 年初我国第一个"微观反应动力学研究的实验室"在大连诞生。

记得实验室刚刚成立时确立的目标是：填补我国分子反应动力学基础研究的空白和赶上国际水平。大家开玩笑地用"十几个人，七八条枪"来形容刚组建的新实验室，前十年，实验室面积很有限，我们 5 个人聚在一个 16 平方米的办公室，还有一些人没有办公桌。对分子反应动力学实验研究的核心技术分子束从来没有见过，更没有激光器了，仅有一两台分辨率很低的老式示波器。1983 年，为了记录化学发光光谱，我还用着玻璃感光板。由于"文化大革命"期间没有人敢搞"脱离实际"的科学研究，我们甚至连量子力学的基础知识，如势能面、分子反应的非绝热过程等等基础知识都已经生疏。

面对一穷二白的落后状况，摆脱精神枷锁的我们满腔热情地投入到创业过程。国内找不到一本有关微观动力学的书，大家边看文献边讨论。实验技术和设备落后，经费严重不足，就自己设计建造热管炉反应器，用旧镀膜机改造成的第一台分子束反应装置，开始了艰苦的创业过程。

国家的改革开放为我们提供了向国际先进学习和学术交流的机会。1979 年，楼南泉和曾宪康参加在意大利召开的国际分子束会议，这是中国科学家第一次参加国际分子束大会。以后的几年又派出十多名科研人员去美国和欧洲，科研队伍得到了快速的成长。何国钟教授在美国加州大学全面掌握了分子束实验技术，回国后就组织了交叉分子束大型实验装置的研制。经过十年的努力和国际交流，实验室培养了一批能设计科学仪器装置的人才，带动我国的分子反应动力学研究从无到有，并成为国际该学科大家庭中的一员。1986 年，实验室创业期间取得的研究成果获得了国家自然科学奖二等奖。

1987 年，国家正式批准建设分子反应动力学国家重点实验室，筹建领导小组，组长为楼南泉先生。从"微观反应动力学实验室"到"分子反应动力学国家重点实验室"，我们进入了科研国家队的行列。经过前十年的人员培养和知识积累，进入了快速发展阶段，明确了要创建在国际上占有一席之地的分子反应动力学实验室。沙国河小组很快在分子碰撞传能研究上发现了量子干涉现象，并在国际上产生重要影响，被国际著名的戈登（Gordon）会议确定为中心议题，张存浩院士到会作特邀报告。该成果同时被选为 2000 年中国十大科技进展新闻。该团队的"双共振电离法研究激发态分子光谱和态分辨碰撞传能"获得了 1999 年国家自然科学奖二等奖。

进入 21 世纪，年轻的科学家杨学明回到这个实验室，发展了高灵敏度的"氢原子里德堡态飞行时间探测技术"，分子动力学的实验研究进入新的高度。他积极与量子化学理论科学家张东辉合作，首次在实验中观测到了氟原子与氢分子反应共振现象，并被张东辉等人提出的理论模型所证实，解决了国际上 30 多年来化学研究中一个悬而未决的难题，这一成果发表在当年《科学》杂志上，并入选"2006年中国十大科技进展新闻"。2007年，他们在氟原子与氘分子反应中发现，在低碰撞能下激发态氟的反应性居然比基态氟高出很多，说明玻恩-奥本海默图像在这个反应中完全失效，精确的理论计算有力地支持这一重要的实验结果，这项具有重大学术意义的研究结果发表在当年《科学》杂志上，又一次入选"2007年中国十大科技进展新闻"。正是这个团队的雄心壮志、执着探索，被化学家认为最难观测的反应过渡态有了新的重要发现，进入当时过渡态研究的最高水平。研究成果获得了2008国家自然科学奖二等奖。这个实验室从2006年以后，连续十多年，科研成果发表在《科学》(Science)或《自然》(Nature)上，为化学反应动力学的学科发展做出了重要贡献。近年来，态-态分子反应动力学研究获得2014年国家自然科学奖二等奖，这个实验室的缔造者之一张存浩获得2013年度国家最高科学技术奖。

今天当你走进分子反应动力学国家重点实验室，展现在眼前的是坐落在所区的大连相干光源的实验大楼，现代化的实验装置和仪器，朝气蓬勃的研究团队，一篇又一篇高水平的论文成果，成为名副其实的国际一流的科学研究基地，每年都有国内外同行们慕名来这里进行合作研究与学术交流。这个诞生在科学春天的实验室已经开放出绚丽的花朵，人们正期待他结出更丰硕的果实奉献给国家。

作者简介：王秀岩，男，1942年3月出生，1973年6月到大连化学物理研究所工作，研究员。从事分子反应动力学研究。现已退休，任大连化学物理研究所咨询委员会委员。

一项天然气高效干法脱硫科学技术的发明轨迹

吴迪镛

题记：“3018干法脱硫剂及技术”是应我国石油天然气工业迫切需求而研制开发的具有自主知识产权的适合野外无人操作的干法脱硫技术。攻关组科研人员以“敢为天下先”的创新精神，仅三年多的时间，实现了从“概念创新”到“形成关键技术”，到“脱硫剂及技术产业化”的全过程。该技术具有世界领先水平，获得了中国发明专利，并先后获得了中国科学院和国家技术发明奖二等奖。目前已在我国四大油田同时使用。

　　“创新”是科学研究的灵魂，是科学家活力的体现。创新成果是我们科学工作者终生追求的目标。
　　创新就是要“敢为天下先”。看起来，它是科学家的气魄和胆识，是思想意识形态的内容，然而它却有着深厚的物质基础——“生产实践的迫切需求”与“长期科学实践的积累”。而“灵感”和“火花”同样是物质世界在科学家大脑中的反映。下面是一段我亲身经历的“敢为天下先”的创新案例。
　　我1960年从北京石油学院（石油大学前身）毕业后，一直没有机会到油田第一线。1994年春，一个偶然的机会，我随时任所长袁权院士赴长庆油田洽谈“天然气膜法脱除酸性气体”项目，与会油田专家介绍，我国正处在天然气大规模开发的前夜，“陕—京天然气输气工程”即将启动，这一工程已确定使用成熟的“湿法脱硫”和“三甘醇脱水”技术。我国很需要适合野外使用的简便、高效的干法脱硫技术，长庆81号井（长庆试验基地）采用美国技术已经建有一套日处理量为12万 m^3 的干法脱硫装置，而我国还没有自己的可用于油田野外作业的干法脱硫剂。会上，长庆石油管理局史副局长询问袁权院士，大连化物所能否研制开发我国自己的“天然气干法脱硫剂”，并表示油田方面将大力配合。“天然气干法脱硫剂在我国是空白、现场只能用美国的干法脱硫剂……”这一现实重重地捶击着我所这些科学工作者的心，第一次到油田现场的欣喜之情很快被沉重的心情所代替。当即，袁权院士和我交换了意见，认为化物所有化学反应工程的基础，又有煤制气脱硫的实践，有条件搏一搏，这一课题正符合我们"国家最需要，我们最合适"的选题原则。于是，我们同意先进行试探性研究，并提出了唯一的要求：一旦大连化物所拿出了干法脱硫剂，希望在长庆 81 号井现有的脱硫装置上，卸下美国的脱硫剂，用中国的脱硫剂进行现场工业试验，有效果再签合同。就这样，为满足生产第一线的需求，凭一颗科学工作者的爱国心，我们接下了研究我国自己的脱硫剂这项攻关任务。

在招待所的客房内、在返回的旅途中，我们就开始了新的脱硫剂的策划。回所后，袁院士带领我们认真分析国内外现有干法脱硫剂存在的技术缺陷，找到了最主要的问题有两方面：一是脱硫速率太低，二是工作硫容太低，这就导致了现有的干法脱硫技术虽然具有流程简单、设备少及操作方便的优势，但在成本和规模上无法与湿法脱硫技术相匹敌，使现有的干法脱硫技术主要用于精脱硫工艺。也就是说，只有提高其反应速率以及工作硫容，干法脱硫剂才能改变目前的局面。技术难点找到了，并不等于有了解决难点的思路和办法，更重要的是首先必须提出一整套创新方案。然而，制定一个什么样的方案，摆在我们面前有两种办法：一种是走别人的老路去填补中国的空白；另一种是走自己的路，开创新局面。在这一点上，袁院士的态度是明确的，他一贯认为走别人的老路，做得再漂亮也总是修修补补。走自己的路，每一步都是新的。作为一名科技工作者，就应当敢于碰世界级的难题。还记得在"六五"攻关时，国家科委下达"常压水煤气部分甲烷化制城市煤气"任务时，有关技术领导问我们采用什么样的催化体系时，当时袁权院士的回答是："我们不用以往的体系来划分我们的工作，而是以任务的实际需求，应当是什么就是什么'系'，以此形成我们的体系。"结果在短短的三年时间里，我们拿出了"不结炭""不飞温"、单程转化率达到 99% 的"活性非均布"甲烷化催化剂，走出了一条前人没有走过的路。当世界银行的专家听到这一闻所未闻的结果后，非常惊奇，认为这是中国的创造。就这样一项创新成果，我们在全国相继建了 10 个工程，并获得了中国科学院技术发明奖一等奖和国家发明奖三等奖。

那么，我们研制脱硫剂的新思路又在哪里呢？我们几位主要发明人一起分析了现有脱硫剂的脱硫原理，认为最有前景的应当是催化氧化脱硫，而且既然要脱硫，就必须不产生硫的二次污染，即脱硫产物必须是单质硫。也就是说，我们必须将天然气中的硫化氢和少量有机硫选择性氧化为单质硫。在进一步从反应工程角度深入分析后，我们找到了制约提高反应速率的"瓶颈"和硫容太低的原因。于是，我们进一步集思广益，制定了解决"瓶颈技术难点"的创新思路，提高硫容技术举措……终于，一条新型高硫容天然气干法脱硫剂的研究思路在我们脑海中鲜明地形成了。

时间不等人。从 4 月 10 日我们回所后，几天内我们就组成了有技术人员参加的制备、评价、分析、测试的攻关队伍，仅仅一个多月，我们已取得了下列结果：我们加入了没有催化作用的微量物质，大大提高了脱硫剂的催化反应速率，结果反应活性提高了 5～10 倍，反应空速提高了 10 倍；我们在催化担体上下功夫，大大提高了硫容，工作硫容达到 70%（湿）～100%（干）。一项催化反应工程新成果问世了，一个我国自有的新的天然气干法脱硫剂诞生了。6 月，我们与长庆局商谈了准备做工业试验，并派出了刚来所工作的博士带领技术人员赴 81 号井进行 12 万 m³/天的现场工业试验，10 吨首批批量生产的 3018 脱硫剂装车启程了，要与美国的干法脱硫剂一决高低。这段时间我们经历了从无到有、一次次改进、提高、生产放大试验及批量生产。11 月中旬，在长庆油田一次投产完成了工业试验，两个多月的时间里，下厂的同志吃、住都在无定河边的沙漠现场。这些成绩的取得，与研究集体团结攻关的传统团队精神是分不开的。

从课题立项到工业试验完成，为时 8 个月，我们就拿出了高硫容的高效"天然气干法脱硫剂"。在当年的全国天然气公司会议上，大连化物所作为唯一的公司外代表，宣布了这一成果。

虽然干法脱硫剂在短时间内研究成功，并工业化，但是更多深入的工作仍摆在我们面前，比如：脱硫反应机理、反应控制步骤、脱硫产物的形态分布的研究、规模化生产的工艺流程的建立以及如何将成果尽快转化为生产力。"九五"期间，3018 脱硫剂的应用工程开发作为国家攻关项目，得到了国家科委和中科院的支持。1999 年，陕—京输气首期工程于"十五大"前向北京送气，用的就是"3018 干法脱硫剂"。就在这次应用中，脱硫剂达到了 61% 的工作硫容的好结果，得到了时任中国科学院院长路甬祥通报表扬以及长庆局的好评。紧接着克拉玛依油田 60 万 m³/天的石油伴生气开工，大庆油田 60 万 m³/天的天然气脱硫装置开工，接着更多用户找上门来，要求采用这一技术。而开发中更实际的技术问题要我们去解决，3018 应用范围也在日益扩展，目前已从天然气脱硫扩展到伴生气、煤制合成气的脱硫，既可用于各种工业气源初脱硫（20mg/m³），也可用于精脱硫（0.1mg/m³）。1994 年 1 月，中原油田 24 万 m³/天精脱硫装置已通过验收，烃类产品硫已全部合格。而且，处理费用也较低，以长庆为例，在含硫不太高的情况下，其设备一次投入和运行成本远低于湿法。而我们和美国脱硫剂硫容相比，硫容提高到了 4 倍，成本降低了 50%～60%。而且，脱硫条件也很温和，脱硫温度 5～45℃，脱硫压力不限。3018 脱硫剂从制造、使用过程及使用后，均对环境友好，不产生"三废"，是一项绿色脱硫技术。

就这样，我们在干法脱硫剂的研究开发工作开拓了一个新的局面。在我们科研集体里，又完成了一项"敢为天下先"的技术发明。2004 年一项羰基硫一步法催化氧化脱硫剂项目又在我们集体里创新成功，经查新未见报道，目前已在工业上使用。

作者简介：吴迪镛，男，1937 年 1 月出生，1960 年 9 月到大连化学物理研究所工作，研究员。从事化学化工研究。现已退休，任大连化学物理研究所咨询委员会委员。

孜孜以求，逐道而行

——芳香杂环化合物手性氢化的探索之路

周永贵 吴 波

手性是自然界的基本属性。手性科学与生命、材料、环境、人类健康和国民经济密切相关。手性氢化具有高效、清洁、原子经济性高的优点，是目前在工业中获得应用最多的手性催化反应。手性合成研究组自 2002 年建组以来，一直致力于芳香杂环化合物手性氢化领域的研究，针对芳香化合物的结构特点，成功发展了催化剂活化、底物活化和仿生接力催化三类策略，实现芳香杂环化合物的手性催化氢化。为手性杂环化合物的合成提供了一条新的途径，推动了手性催化化学的发展。研究组发展的催化剂、策略和方法被国内外 40 余个课题组应用于相关领域的研究中，部分方法已被应用于治疗小便失禁手性药物索菲纳新、抗生素氟甲喹和 NK1 受体拮抗剂等的快速合成中，在国际学术界产生了重要影响，对相关领域的发展起到了推动作用。研究成果"芳香杂环化合物手性氢化"被大型有机化学工具书 *Organic Reactions* 收录，是第一篇以中国内地学者工作为主的章节，该工作还获得了 2016 年度辽宁省自然科学奖一等奖。

一、不忘初心 砥砺前行

手性化合物在有机合成、药物化学、精细化工和材料科学领域具有举足轻重的地位和广阔应用前景，为这些学科提供物质基础。2001 年诺贝尔化学奖授予了三位从事这一研究领域的科学家，以表彰他们做出的开创性工作和杰出贡献。随着环境污染程度的日益严重以及手性化合物需求规模不断扩大，迫切需要发展手性化合物的快速、绿色化合成方法。在诸多获得手性化合物的方法中，手性催化由于其具有手性增殖快、经济性高和环境污染小等优点而成为获得手性物质最理想的途径。

2002 年，周永贵受聘来到大连化学物理研究所组建研究团队。研究组成立伊始，如何选择和规划研究组未来的研究方向，是我们不得不思考的问题。认真听取老一辈科研工作者的建议并且经过反复的思量后，我们坚信，基础科学研究方向的选择不应该随波逐流、追捧热点,而是应该勇于挑战困难,选择长期而且符合国家需求的研究方向。

手性杂环化合物是手性化合物中最重要的一类,在全球销售额前一百名的手性药物中,一半以上含有手性杂环骨架。通常手性杂环化合物可由传统的合成方法获得,一条新的途径是通过芳香杂环化合物的手性氢化得到。其优点是步骤短、效率高、原料易得和环境友好等,符合国家可持续发展的方针。但是由于存在芳香稳定性、同时氢化多种类型双键和底物与催化剂结合困难等挑战,使芳香杂环化合物手性氢化成为手性催化领域最具挑战性的难题之一,当时还很少有人涉及。经过深思熟虑,我们没有退却,最终选择了芳香杂环化合物手性氢化作为研究组的主要方向。

由于破坏芳香结构需要较高的活化能,温和条件下实现芳香杂环化合物手性氢化可谓充满着坎坷与挫折。在仔细分析了的关键科学问题之后,通过反复的实验论证,提出了设计和发展新的高活性和高选择性的氢化催化剂。利用卤素及其类似物作为活化剂活化金属铱催化剂的策略,实现了芳香杂环化合物喹啉的手性氢化。这一催化剂活化策略,不仅对芳香杂环化合物喹啉有效,对喹喔啉、异喹啉和吡啶也是适用的。这是首例芳香化合物喹啉手性氢化,开拓了由芳香杂环化合物手性氢化合成手性杂环化合物的新方向。这一进展报道后,得到国内外学术界的广泛关注,目前,已有国内外 40 余个课题组在此基础上陆续开展了喹啉手性氢化的研究工作。芳香杂环化合物喹啉和异喹啉手性氢化的工作也被收录于 2010 年出版的美国大学化学教材 *Organotransition Metal Chemistry* 中。

不忘初心、砥砺前行。虽然催化剂活化策略成功打开了芳香杂环化合物手性氢化的大门,但是该策略并非十全十美,存在一定的局限性。如何开辟新策略解决这些局限性一直是我们思考和探索的关键核心。经历无数次的摸索,发现采用活化剂活化底物的策略,不仅提高了氢化反应活性,同时抑制了底物和产物对催化剂的毒化作用,实现吡啶、喹啉、异喹啉、吡咯和吲哚等多类芳香杂环化合物的手性氢化。底物活化策略具备良好的实用性和通用性,公开报道后引起国内外同行的广泛关注和跟进,目前已经成为芳香杂环化合物手性氢化研究中常用的反应策略。英国勃林格殷格翰公司将研究组发展的吡啶手性氢化合成方法学作为关键步骤,成功应用于治疗 Ⅱ 型糖尿病的活性化合物的合成中。

通过催化剂活化和底物活化的策略,成功实现芳香杂环化合物手性氢化之后,手性合成研究组没有停下探索的脚步,意识到这一领域仍然还存在很多没有解决的问题。在孜孜以求和锐意进取的精神指引下,基于大量细致的工作基础,他发展了两个催化剂进行接力催化实现芳香化合物的手性氢化,底物用非手性催化剂氢化得到部分氢化的中间体,接着利用手性催化剂进行接力催化,高对映选择性地得到目标产物。接力催化的策略可以增加手性氢化催化体系的多样性并且拓宽底物范围。

二、 源于自然　追求创新

自古以来，自然界就是人类各种技术思想、工程原理及重大发明的源泉。自然界具有一种独特的手性转移氢化方式。其利用辅酶 NAD（P）H 来传递氢和电子可以实现生物催化还原。这个生物过程由三部分组成：循环，辅酶和还原。自然界能进行手性还原，我们就思考能否向自然学习，模拟自然界实现手性氢化。根据生物催化还原的原理，提出氢气再生辅酶 NAD（P）H 模拟物的方法来实现芳香杂环化合物手性氢化。最终的还原剂是氢气。要实现这个过程，团队意识到其关键点是：容易再生和进行氢转移的辅酶 NAD（P）H 模拟物的合理设计和合成；再生催化剂和转移催化剂的选择和兼容性。通过对辅酶 NAD（P）H 结构的分析，2012 年，研究组发展了一种非手性可再生的 NAD（P）H 模拟物：二氢菲啶。二氢菲啶可以在均相催化剂和氢气条件下进行原位再生。同时用手性磷酸作为转移催化剂，通过氢键活化实现芳香杂环化合物喹啉和喹喔啉的仿生手性还原。

以二氢菲啶作为 NAD（P）H 模拟物，成功实现仿生手性还原。研究组并未安于现状，而是勇于开拓创新、不断超越自我。结合之前的工作，提出了新一代的仿生手性还原策略，把 NAD（P）H 模拟物设计为手性并且可再生，这样手性控制因素来自辅酶模拟物，就不需要手性的转移催化剂，只需要使用商业提供的简单非手性路易斯酸、布朗斯特酸和氢键催化剂即可。2018 年，首次成功设计合成了一系列基于二茂铁骨架的手性可再生辅酶 NAD（P）H 模拟物，以氢气作为终端还原剂，利用简单的稀土路易斯酸或布朗斯特酸作为转移催化剂，通过配位活化或氢键活化作用，成功实现芳香杂环化合物喹啉、亚胺和缺电子烯烃等多类底物的仿生手性还原。

三、探索工业应用　着眼未来发展

经过多年坚持不懈的努力，始终围绕着由芳香杂环化合物手性氢化合成手性杂环化合物这一研究方向，针对芳香化合物的结构特点，研究组成功发展了催化剂活化、底物活化和仿生接力催化三类策略实现芳香杂环化合物的手性催化氢化。为手性杂环化合物的合成提供了一条新的途径，推动了手性催化化学的发展。研究成果"芳香杂环化合物手性氢化"被大型有机化学工具书 *Organic Reactions* 收录，还获得了 2016 年辽宁省自然科学奖一等奖。周永贵获得了基金委的"杰出青年基金"、科技部的"中青年科技创新领军人才"和教育部的"长江学者"特聘教授。

我们没有满足于已有成绩，坚持与时俱进，着眼于基础研究的前沿，着眼于国民经济主战场，正在积极进行研究布局。优势方向上继续做深做强，向特色化、实用化发展，让"芳香化合物手性氢化"项目实现由"书架"到"货架"的转移，实现芳香化合物手性氢化反应方法学的工业应用。同时，将积极针对目前工业中的需求开发手性催化工艺，促进手性催化在工业生产中的应用。最近，我们正在和制药公司合作，探索一个抗癌药物的商业化，其关键步骤是含氮芳香杂环化合物的手性氢化，希望通过该新过程的发展，显著提高该药物的合成效率。手性合成团队在科学研究和工业应用的路上会不忘初心、锐意进取、开拓创新、不断超越，开启未来的新篇章！

　　作者简介：周永贵，男，1970 年 12 月出生，2002 年 8 月至今在大连化学物理研究所工作，研究员。从事手性合成研究。现任精细化工研究室主任。

　　吴波，女，1988 年 12 月出生，2018 年 6 月至今在大连化学物理研究所工作，副研究员。从事手性合成研究。

上九霄赏月，下深海探宫，服务大众

——纪念仪器分析化学研究室转型二十载

关亚风

仪器分析化学研究室始建于 1953 年，原名分别为"分析化学研究室（1953—2002）"、"现代分析与微型仪器研究室（2002—2008）"早期主要从事已知样品分析、未知样品剖析和化合物结构定性的研究工作，20 世纪 70 年代开始了小规模的仪器研制工作并取得填补国内空白的成果。1999 年，新上任的研究室主任关亚风根据国际上分析化学和分析仪器领域的发展方向，结合我国经济快速发展对分析仪器的需求，建议全室工作转型——从以分析服务为主，转型为以分析仪器和关键器件研发为主、二噁英分析为辅的发展战略，并得到所班子认可。经过全室人员二十年的团结奋斗，仪器分析化学研究室已经发展成为以分析仪器和关键器件研发为主的全国著名研究室，每年的科研经费额度持续 6 年超过三千万。这期间不仅承担多项科技部重大和重点科学仪器专项、自然科学基金委创新仪器专项和中科院创新仪器项目，而且承担载人航天型号任务、国防委托项目和中科院战略性先导科技专项 A 类项目。在载人航天领域，研制成功并交付首套微量有害组分在线分析仪，用于我国首艘载人空间站核心舱气体在线分析，并将连续 15 年提供轨道可更换组件。仪器性能满足合同指标，部分性能优于合同指标，且体积重量和功耗都远低于国际空间站同类仪器；在国家安全领域，研制出并交付大气中痕量氙气快速分析仪，与其他仪器协同，使我国有能力履行联合国赋予的对周边国家核爆炸试验进行监测的任务。该仪器已经免维护免消耗品正常工作十年，为我国的国家安全和履行联合国的任务做出贡献。在深海探测领域，研制出能在 4500m 深海使用的荧光传感器并完成了海试，灵敏度指标与国际最好水平相同，但功耗仅 1W，设计使用寿命 2 万小时以上；研制出硅基弱光检测组件 AccuOpt 系列并小批量生产，替代进口光电倍增管检测荧光信号，响应线性范围超过 5 个数量级，受强光照射后秒级恢复正常且不受损伤，耐受振动冲击和电磁干扰。用 AccuOpt 替代光电倍增管，研制的液相色谱仪用黄曲霉毒素荧光检测器，对黄曲霉毒素 B1 的检测下限 0.03μg/kg，与进口检测器中最好的指标相同,但功耗仅是进口仪器的 1/40,光源寿命比进口仪器长 7 倍以上,成本为进口仪器的 1/3~1/4。推出市场后,进口荧光检测器降价 30% 以上。在生态环境领域,我室建立了我国首批二噁英分析实验室并通过中国合格评定国家认可委员会(CNAS)认证,成为我国重要的二噁英分析检测实验室,每年为全国各地分析大量样品;我室研制的烟道气采样器,已经实现技术转移和产业化,助力我国烟道气采样设备和分析技术的进步。在样品制备技术领域,该室与企业合作,研制出我国第一台全自动加压溶剂萃取仪并实现商品化,获得大连市技术发明奖一等奖、北京分析测试报告会及展览会金奖,产品占国内市场份额中国产品的三分之二。该设备广泛用于固体类食品和粮食、中药材、环境固体样品、地质勘探岩心等样品中有机组分的快速提取,是上述样品中有机物微量分析和痕量分析必备的样品前处理设备。

　　该室在现场检测仪器、样品处理技术、高灵敏检测技术以及色谱应用理论等方面的成果,分别获得了国家科技进步奖二等奖 1 项(食品和饮水安全快速检测、评估和控制技术创新及应用,2017,单位排名第二)、天津市科技进步奖一等奖 1 项(食品安全风险因子检测与控制技术及设备研发,2015,排名第二)、辽宁省科技进步奖二等奖(优控污染物监测关键技术与应用,2016,排名第一);辽宁省技术发明奖二等奖 2 项(微型固态萃取器技术,2008;激光诱导荧光检测器,2010。都是排名第一),以及中国科学院自然科学奖二等奖 1 项(毛细管色谱程升保留值理论计算和定性通用性,1995,排名第一)。这项色谱理论与技术结合应用、实现无标样定性活数据库的成果,被美国科学家称之为"关氏方法"。

　　仪器分析化学研究室的发展离不开以卢佩章院士为代表的老一辈科学家打下的理论和应用基础,培养理论与技术结合的人才,强调面向国家重大需求的指导思想,以及将科技成果转化替代进口产品的意识。20 世纪 80 年代初期卢先生就身先士卒,与企业合作生产液相色谱柱和色谱填料,以满足国内需求。在合作过程中,卢先生从中总结出科技成果转化的规律:我们研发出满足市场需求的技术,由企业家将其产品化、商品化,我们不能代替企业家,而应强-强联合,合作共赢。这些宝贵的经验至今仍然指导着我室的成果转化工作,并取得成功。

　　作者简介:关亚风,男,1957 年 6 月出生,1976 年 3 月至 1978 年 2 月和 1982 年 3 月至今在大连化学物理研究所工作,研究员。从事分析化学研究。1998 年 12 月至 2017 年 6 月曾任分析化学研究室主任。

勇于探索、敢于创新，走别人没有走过的路

——记"纳米限域催化"的创新脚步

潘秀莲　姜秀美

能源是人类生存和发展的重要物质基础，是从事各种经济活动的原动力，也是社会经济发展水平的重要标志。过去一百年中，得益于医疗技术进步和农业产量的大幅提升，地球人口出现了前所未有的快速增长，据统计，2017 年，中国拥有 13.9 亿人口。人口的快速增长和矿物燃料的大规模开采造成能源供给和消耗方式在环境、经济和社会等方面不可持续。习近平总书记等党和国家领导人对此高度重视，积极鼓励能源的清洁化高效利用。我国能源结构特点为富煤少气缺油，煤炭作为主要能源的状况在未来较长时期内不会发生根本性改变。如何将煤和天然气等非石油资源高效清洁地转化为必需化学品和燃料，对我国具有极为重要的战略意义。近年来，我们团队围绕国家这一需求，积极探索煤和天然气等传统化石资源的高效转化，取得了系列成果，开创出煤和天然气变革性核心技术，三年内两次入选"中国科学十大进展"。多年来，团队瞄准目标，坚持自己的梦想，勇于探索，敢于创新，最终取得了一系列令人瞩目的成绩。

一、甲烷直接转化制烯烃，破解甲烷转化百年难题

甲烷 C—H 键活化为能源化工领域百年难题。团队提出纳米限域催化新概念，首创甲烷无氧制烯烃和芳烃催化过程，实现一步高效转化，该成果入选 2014 年度"中国科学十大进展"，团队负责人包信和院士获国际天然气转化杰出成就奖。

1. 坚持不懈，永不言弃

以天然气替代石油生产液体燃料和基础化学品，一直以来都是学术界和产业界研发的重点。由于天然气的主要成分——甲烷分子具有四面体对称性，是自然界中最廉价和最稳定的有机小分子，甲烷分子的选择活化和定向转化一直是世界级难

题，被称为催化乃至化学领域的"圣杯"。迄今为止，天然气的转化利用基本上还停留在传统的"二步法"，不仅投资高、消耗大，碳利用率低，在获得产物的同时放出大量二氧化碳，对生态环境也有一定影响。

在无氧化剂参与的条件下实现甲烷的高效转化，是催化界的一个重大挑战。1993 年，我所科学家在全球首次发现"无氧条件下"甲烷分子可以在 Mo 负载的ZSM-5 分子筛催化剂上进行碳氢键活化，避免了活化的碳物种与氧气结合形成碳氧物种（包括一氧化碳和二氧化碳）。自 1997 年开始，包信和院士带领的研究团队与徐奕德研究员带领的研究组合作，针对"无氧活化"技术难点进行攻坚。尽管相关课题研究曾获得国家 973 计划的支持以及国家自然科学奖二等奖表彰，但是，反应的效率和催化剂失活等问题一直没能得到很好解决。

十五年过去了，国际上最初对该项研究饶有兴趣的四五十个课题组只剩下了不到十个，这个曾经热门的研究方向也逐渐变成了少有人问津的"冷板凳"。但是，我们团队仍然坚定地坐在这"冷板凳"上，每年都会投入力量进行艰难的探索。

2. 厚积薄发，协力创新

功夫不负有心人。五年前，在研究碳包覆的纳米铁催化剂催化甲烷无氧脱氢的实验中，当反应温度上升到以前的甲烷芳构化从未到达的高温条件时，研究人员发现催化剂表现出了优异的甲烷脱氢活性和产物选择性。团队敏锐地抓住了这个闪光点，经过近四年的不懈努力，与所内外理论和实验团队协力合作，以硅化物晶格限域的单中心铁催化剂终于诞生了。在这个催化剂上，成功实现了甲烷在无氧条件下选择活化，一步高效生产乙烯、芳烃和氢气等高值化学品。与天然气转化的传统路线相比，该技术彻底摒弃了高耗能的合成气制备过程，大大缩短了工艺路线，反应过程本身实现了二氧化碳的零排放，碳原子利用效率达到 100%。相关结果申报了PCT 专利，进入多个国家，基础理论成果发表在《科学》杂志上。

这一催化过程和催化剂的发现看似偶然，但所谓厚积薄发，偶然中有必然。研究团队一直坚持以"纳米和界面限域"为指导思想，在国际上率先提出了"限域催化"的概念。在催化过程中，催化活性中心往往是配位不饱和的金属原子，一方面这些物种具有亚稳态、可变化的特征，表现出高度的催化活性；另一方面，维持这种非稳态物种需要提供合适的化学环境。因此，催化活性中心的可变性和限域环境所表现出的拒变性是催化的根本特征。基于纳米和界面尺度上的催化限域作用，团队在贵金属 Pt 表面上创造性构建了具有配位不饱和的亚铁纳米结构，成功地实现了室温条件下分子氧的高效活化，由此发展出"界面限域催化"的概念。

科学研究成功的那一刻是非常兴奋的，然而成功背后却蕴含着许多挫折与煎熬。记得 2014 年冬天，为了考察催化剂的寿命，需要做 1000 小时不间断实验，就是 40 多天夜以继日。最关键的时刻正值春节放长假，又遇上大连多年不遇的狂风暴雪，我们团队成员齐上阵，轮班工作。为了让科研人员能吃上热乎的饭菜，家属顶着风雪严寒来单位送饭，一日三餐，精心准备，那幅场景真是特别感人。

研究取得突破，尤其当无论是竞争对手，还是合作伙伴都在为你喝彩时，作为科研人员的那种感觉真是无以言表。

二、煤基合成气直接转化制烯烃，被产业界同行誉为 "煤转化领域里程碑式的重大突破"

在合成气催化转化研究中，摒弃了延续九十多年的 F-T 路线，从原理上创造了一条低耗水、低耗能的煤基合成气转化制烯烃的新途径。该成果入选 2016 年度"中国科学十大进展"，包信和院士获国际 Alwin Mittasch 奖。

1. 不忘初心，坚持梦想

有梦想，才会有动力，为实现梦想而努力，更能体会到成功的喜悦。早在 2007 年，研究团队就提出了采用双功能耦合催化剂体系，探索合成气直接转化制烯烃的构想。这是一个让人激动万分的科学构想，如果能够实现，将对传统的工艺路线是一个颠覆性的变革，对我国的能源安全战略也具有深远的意义。怀揣着这样的梦想，我们踏上了这段未知却充满希望的征程。

但是，科学研究从来都不是一帆风顺的。让我们意想不到的是，这条路却是无比的艰辛和漫长。

起初，我们从催化剂的基本原理入手，设计了"核壳"催化剂，将活化一氧化碳的催化活性中心放在催化剂"球体"的中心位置，四周包裹多孔分子筛，希望合成气可以通过多孔孔道进入到核层的活性中心，经活化之后生成的中间体扩散经过分子筛孔道时实现碳-碳键偶联，从而生成目标产物。但是，理想很丰满，现实很骨感，实验结果总是达不到预期效果。一次又一次失败，一次又一次优化改进，长时间没有很好的研究成果，我们有些失落，也曾经气馁过，面对同学们疑惑而迷茫的眼神，团队每一个人都感到了巨大的压力。

然而，我们并没有就此放弃，而是一次次重整行装，从头开始寻找问题所在。明明原理上可行，为什么就行不通呢？就在山穷水尽之际，我们决定另辟蹊径，转变一下方式，将活性中心与分子筛分开，让它们各司其职，这样做是不是可以呢？于是，我们沿着这条思路，将控制反应活性和产物选择性的两类催化活性中心分开到一定距离，从而形成了一种复合的双功能催化剂体系。实验结果令人十分振奋，没想到就是这样一个思路的转变，捅破了这层"窗户纸"，解决了一直困扰我们的问题。瓶颈突破之后，结果便水到渠成。2016 年 3 月 4 日，美国《科学》杂志刊登了这一研究成果，并同期刊发了以"令人惊奇的选择性"（ Surprised by Selectivity ）为题的专家评述文章，认为该过程未来在工业上将具有巨大的竞争力。

当从事费-托过程制烯烃（FTTO）研究二十多年的德国 BASF 公司专家 Schwab 博士了解到这一过程的基本情况后，沮丧地说："这个点子为什么不是我们先想到的？"包信和院士不无自豪地回答道："你们想到的点子已经很多了，也该轮到我们了"。说这话的底气来自于一个研究团队长期的坚守和中国日益提高的创新能力的支撑：仅仅这一项研究，团队就耗费了近十年的时间。在这期间，团队除了申报了多件中国发明专利和国际 PCT 专利以外，没有公开发表一篇相关研究的文章。

2. 肩负使命，砥砺前行

十年磨一剑。在收获鲜花与掌声的同时，团队成员感到肩上的担子更重了。

我国能源结构特点是富煤贫油少气，随着对环保、健康和可持续发展的要求日益提升，煤炭的清洁利用对我国能源结构调整具有重要意义。李克强总理在 2016 年主持召开国家能源委员会会议时的讲话时指出"把推动煤炭清洁高效开发利用作为能源转型发展的立足点和首要任务。"因此将这一原创性成果转变为真正的生产力，为我国洁净煤技术发展提供一条全新的技术路线，成为我们又一个新的奋斗目标。

为了推进这一成果的工业化应用，我们尝试基础研究和放大研究"两条腿走路"。一方面，为了提高过程的经济性，需要提高反应的转化率和烯烃的选择性，我们积极摸索，对催化剂的组成、结构进行了进一步优化；此外，我们还一遍遍重复实验，确保数据的准确性。另一方面，我们团队与刘中民院士带领的应用研究团队组成了攻关小组，并与企业签订合作协议，共同推动该成果的产业化进程。

3. 心有多大，舞台就有多大

开始品尝到成功的喜悦之后，团队又开始了新的梦想。我们在已经取得的原创性成果的基础上，开始进一步拓展"氧化物-沸石分子筛"（OX-ZEO）的概念，希望将 OX-ZEO 过程建成为继费-托技术平台和甲醇技术平台之后的合成气转化的第三个技术平台。

梦想的翅膀是我们对自己设计的催化剂的了解和自信。这项技术的创新之处就在于它将"活化"与"偶联"这两个本该"一气呵成"的过程分两步走。首先，合成气在金属氧化物催化剂上变成活泼的中间体，随后，中间体小分子在"笼子"（沸石分子筛孔道）中连接在一起形成产品。这样，氧化物催化剂决定了中间体的种类，分子筛孔道大小、结构及其环境决定了最终得到什么产物。按照设想，大孔道里可以得到较大分子的产品，比如汽油；小孔道里可以得到较小分子的产品，比如乙烯、丙烯。因此，通过调变氧化物类型和分子筛孔道大小、结构和环境及两者之间的匹配耦合，就有可能实现产品组成的调控，合成气制烯烃的体系也将由此拓展到制芳烃、制汽油等领域。这一成果如能成功实现工业化，将给我国的煤化工领域带来新的革命性影响。

三、勇于探索、敢于创新，在科研道路上乘风破浪

虽然这一系列研究都还在摸索阶段，在未来的一段时间内，仍需要多方支持和努力，进行大量的基础研究和应用研究工作，但是我们坚信胜利就在不远处。怀揣梦想，我们笃定前行。

2017年5月27日，在庆祝全国科技工作者日暨创新争先奖励大会上，团队骄傲地接过了我国首届"全国创新争先奖"的奖牌。这是继国家三大奖之后，我国批准设立的又一个重要科技奖项。这是对团队数十年如一日默默耕耘的褒奖和肯定，是团队未来继续勇攀科学高峰的鞭策和鼓励。

"科学研究，只要方向对，就不怕路途遥远。只要坚持，再冷的板凳也能坐热。"这是团队的坚定信念和真实写照。科学研究困难重重且长路漫漫，只有认定方向，持之以恒，方能乘风破浪，直济沧海。团队的每个成员甘于拼搏奉献，勇于开拓创新，我们将以更加积极主动的姿态，迎接新挑战，续写新篇章，再创新辉煌。

作者简介：潘秀莲，女，1973年11月出生，2003年11月至今在大连化学物理研究所工作，研究员。从事纳米结构碳和氧化物多孔催化材料的制备，及其在能源转化中的催化作用基础的研究。现任能源基础和战略研究部副部长。

姜秀美，女，1980年11月出生，2014年4月至今在大连化学物理研究所工作，高级工程师。从事化学化工研究。

不对称催化产业化技术研究回顾

胡向平

我是 1999 年在中国农业大学农药学专业硕士毕业后慕名考入化物所有机化学专业攻读博士学位的。当时的化物所在农药产业化上、特别是拟除虫菊酯类农药和手性农药的合成开发上在国内农药界具有很高的声誉。

我是在中国农业大学攻读硕士学位阶段开始接触到当时处于农药研究前沿的手性农药课题，并对基于不对称催化反应的农药手性合成技术产生了浓厚兴趣。但农大农药学研究的重心更多集中于新农药的设计开发和筛选技术，对不对称催化的基础和产业化研究兴趣不大，因此我放弃了在农大继续攻读博士的机会，考入化物所精细化工研究室不对称催化研究组，师从陈惠麟研究员和郑卓研究员从事不对称催化研究。自此我与手性农药的合成新技术开发和不对称催化产业化研究结缘，除中间短暂出国一年有余，至今已整整 20 年。

国际上，不对称催化产业化在 20 世纪 90 年代取得了一系列突破性进展，其中最具标志性的事件是 1997 年瑞士先正达公司基于铱-催化亚胺的不对称氢化技术实现了手性除草剂-精异丙甲草胺大规模不对称合成产业化，年产量超过 1 万吨。而同一时期国内的不对称催化研究刚刚兴起，研究力量还非常薄弱，建立我国自主知识产权的不对称催化产业化技术还停留在大多数那个时代从事不对称催化研究者的梦想之中。化物所是国内较早从事不对称催化研究的科研机构，更是国内不对称催化产业化研究的先行者和探索者之一。当时不对称催化研究组正承担着农业部手性农药产业化相关的科技攻关项目，主要品种包括手性菊酯、精异丙草胺和精甲霜灵等。化物所的铜催化不对称环丙烷化制备手性菊酸技术经过 20 世纪 90 年代多年研究积累，在 2000 年左右，应该说具备了进行工业放大的一些技术条件，但研究组在手性催化剂制备技术并不完善，还不能满足规模化生产的情况下，组织和投入大量的人力和物力开展催化不对称环丙烷化制备手性第一菊酸的产业化工作，在项目决策上存在过分自信和对项目难度认识不足等问题，这也直接导致了该项目的最终失败。实际上，即使当时的催化不对称环丙烷化技术侥幸产业化成功，但在当时非常淡薄的环保意识下以及与广泛使用的手性拆分技术相比，在商业和经济上也不可能取得成功。（实际上，即使经过近 20 年的重大技术改进和经济性的极大改善，我们与盘锦古德科技有限公司成功实现了中试运行，但在经济性上仍然存在很大的问题。）这一项目的失败，对当时研究组的打击是长远的，之后研究组再也没有组织力量进行不对称催化产业化研究。在催化不对称环丙烷化产业化轰轰烈烈开展的时候，我刚刚进入研究组学习，对这一过程的参与仅仅是学习、辅助性质的，因此对项目失败的痛楚和失落应该说并没有实质上的感觉。但研究组在不对称催化产业化探索上的首次失败的经验与教训让我对不对称催化产业化的挑战和难度开始有了清醒的和深刻的认识，并对不对称催化产业化中的核心问题开始认真思考，对参与建立我国自主知识产权的不对称催化技术产业化有了更多的期待和使命感，而正是这种使命感支撑着我 20 年来一直坚持在不对称催化产业化的道路上。

2000 年，我在完成半年的博士基础课程学习后进入课题组开展博士论文工作，被安排在尚处于探索阶段的精异丙甲草胺不对称合成产业化研究小组。化物所是国内最早从事精异丙甲草胺产业化的科研机构，当时的目标是破解瑞士先正达公司的精异丙甲草胺不对称合成工艺，核心是构建基于平面手性二茂铁骨架双膦配体。瑞士先正达公司正是基于平面手性二茂铁双膦配体，发展了高效的铱-催化亚胺不对称氢化技术，实现了大规模的精异丙甲草胺不对称合成产业化，到目前为止仍是规模最大的不对称催化工艺。我博士论文的核心工作是发展平面手性二茂铁胺膦中间体的有效构建方法，这是制备先正达手性二茂铁双膦配体的关键中间体。我们设计了从二茂铁出发，经 6 步反应合成平面手性二茂铁胺膦中间体的路线。由于缺乏可借鉴的可靠制备方法，而且那时国内文献资料和试剂的获取并不像现在这么方便，许多现在可以从国内试剂公司大量购买的常规试剂，如丁基锂都需要自己制备和标定浓度，因此整个的研究工作开展得异常艰难，直到 2002 年才打通了平面手性二茂铁胺膦中间体制备全流程，具备了经济、规模化制备这一中间体的条件，为发展先正达手性二茂铁双膦配体扫清了障碍。（这一合成方法被详细记录在我的博士论文里，成为国内许多公司商业化的制备方法。）2003 年我博士毕业留组工作，由于经历手性菊酸产业化失败等的影响，研究组对精异丙甲草胺产业化的热情已基本消失殆尽。我当时忙于出国的准备工作，组里对我的研究工作没有刻意的安排，我得以继续从事先正达手性二茂铁双膦配体的制备和精异丙甲草胺产业化的研究，但结果并不理想，催化剂的效果和对映选择性远远达不到先正达报道的工艺技术指标。研究陷入困顿和迷茫，坚持更多是一种情怀。我因此萌生了抛弃先正达催化工艺，开发全新手性催化剂体系的想法。郑卓研究员给了我很高的科研自由度，让我可以自由探索手性配体和催化剂体系的设计开发。正是在这段时间，我们提出了非对称性杂化的手性配体设计理念，并以此设计合成了一系列高效的手性膦-氨基膦、手性膦-亚磷酰胺酯、手性膦-亚磷酸酯及手性双膦等类型的氢化配体，为我们筛选全新的精异丙甲草胺氢化手性催化剂体系奠定了基础。2005 年初，我离职前往英国爱丁堡大学从事博士后研究，组里精异丙甲草胺产业化的研究也因此中断，直到 2006 年 6 月我重新回到研究组工作。但此时研究组的经济状况已大不如前，好在有几个博士生受我指导。我把所有研究生的论文工作都集中到新型非对称杂化配体的设计合成和应用研究上，这样能使学生在从事基础研究的同时也为筛选新型催化剂体系提供源源不断的手性配体。期间我们筛选到几个潜在的高效手性配体骨架，并对其进行了精细的结构修饰和改造，到 2009 年底，我们终于获得了一个在实验室测试可以媲美先正达催化剂的配体结构，为此我们兴奋不已，着手在更大规模装置上确证这一配体的催化效能。但当时研究组的运行状况已不可能为精异丙甲草胺产业化项目投入起码的资源，经过朋友的牵线搭桥，江苏扬农化工股份有限公司承接了催化剂后续的规模化活性测试研究。测试研究前后坚持了有半年多时间，但效果并不理想，不同批次制备的催化剂甚至同一批次催化剂不同投料批次间，催化反应的活性和选择性都出现了巨大差异，由于始终找不到解决的方案，江苏扬农化工股份有限公司最终失去进一步测试的热情。彷徨、无助，更多的是心灰意冷。但测试中偶尔出现的理想结果就像黑暗中蹦出的一丝火花，给了我们继续坚持下去的一丝希望。对测试结果的反复、细致的分析让我们更加坚信新型催化剂体系的有效性是毋庸置疑的，问题应该出现在手性配体与中心金属的配位稳定性上。

2011 年初，我受聘担任功能有机分子与材料创新特区组组长，解决生存问题成为研究组面临的头等大事，加上国内企业对精异丙甲草胺产业化兴趣不大，新型催化剂体系的可靠性和稳定性研究时断时续，但从未搁置。到 2014 年，研究组在新型催化剂体系可靠性问题研究上取得可喜进展，不同批次的催化剂在实验室评价中能够获得稳定一致的催化效果，各项经济技术指标都超过先正达催化剂报道的数据。以此为基础，研究组先后发展了 3 代催化剂，催化剂活性、选择性及经济性稳步提升。在这一时期，由于安全性、环境影响等问题，乙草胺、都尔等多个大型除草剂品种的使用在国际上开始受到限制并逐步退出市场，作为主要替代品种的精异丙甲草胺的产业化在国内受到重视。2017 年，研究组就第三代精异丙甲草胺催化不对称合成技术与南通江山农药股份有限公司开展合作，验证研究表明新型手性催化剂的各项经济、技术指标都超过先正达催化剂，催化剂的可靠性和稳定性均达到产业化的要求，精异丙甲草胺的产业化终于迈出实质性的一步。到目前为止，我们已与三家企业就三代催化技术签订了技术转让、许可合同，基于新型催化剂体系的精异丙甲草胺催化产业化技术即将迎来大规模应用阶段。

百尺竿头须进步，十方世界是全身。如今，我们研究团队正站在新的起点，以发展新型手性配体和新的不对称催化过程为使命，扬帆起航，乘风破浪！

作者简介：胡向平，男，1974 年 7 月出生，2006 年 6 月至今在大连化学物理研究所工作，研究员。从事有机化学研究工作。

在无机膜与膜催化领域砥砺前行

杨维慎

反应和分离是化学工业的两大基本过程。将两者耦合构建膜反应器，实现反应-分离一体化是一项极具挑战的世界性难题，是国际膜科学家、材料化学家、化学工程专家争相研究的焦点。三十多年岁月长河，充满奇幻的"膜"法世界始终令我神往，无论多少艰难险阻，都无法动摇我的初心。迷雾重重时，我告诉自己沉着冷静，方能找准前行方向；拨云见日时，我更加坚定信心，向着目标奋力冲刺。也正是这份对科学研究的挚爱，一直如灯塔般激励和指引我不断向前。

一、十年"膜"一剑，执着丰满梦想羽翼

1990 年，我 26 岁，在大连化物所获得理学博士学位后便担任研究组长。在导师林励吾院士的建议下，我选择无机膜与膜催化作为未来团队的研究方向，提出将膜分离与催化过程相耦合，于膜反应器中选择性地移除催化反应产物，在推动反应平衡的过程中，实现反应-分离的高度一体化。这项研究涵盖材料科学、催化化学和化学工程等诸多学科，过程机理十分复杂。我意识到，膜材料的设计和合成将是整个研究的关键。

开始的那段岁月，很艰难。我的第一间实验室，虽只是一间阴暗潮湿的库房，却至今令我深深怀念；我的第一笔科研启动经费仅 6000 元，却开启了我们的征程。那时虽艰难，却也充实、快乐。1998 年，我获得中国化学会青年化学奖。同年，我带领研究团队顺利进入中科院知识创新序列，并与其他相关课题组进行资源整合，实验空间得到极大改善。

守得云开见月明。经过此番整合，我带领的"无机膜与催化新材料"团队初具规模，科学研究也进入快速发展时期。忆往昔，恩师教诲犹在耳畔，沉淀于心令我受益匪浅；忆往昔，峥嵘岁月历历在目，历练于身令我毕生受用。十年"膜"一剑，是那份执着丰满了梦想的羽翼；十年"膜"一剑，我们在艰难中砥砺成长，更烙印坚强。

二、"膜"力全开，整装直迎新征程

"心系国计民生，以科学研究服务生产生活"，这是我在科研道路上前行的源动力。"以创新为出发点，做有价值的科学研究"，这是我在科学海洋里乘风踏浪的明亮灯塔。多年研究中，我和团队始终以提高过程效率和降低能耗作为首要原则，并将研究重点放在分子筛膜、透氧膜、膜分离与催化反应耦合的相关领域当中。我和团队携手走过春秋冬夏，在这片希望的田野上耕耘。多年求索，我们终于在无机膜与膜催化领域取得阶段性的重要进展，并因此获得 2006 年辽宁省自然科学奖一等奖。

为了将目前工业上高塔林立的高能耗过程向节能环保型过程转变，我们设计和合成了具有分子尺度分离性能的无机膜，并实现了膜反应器中分离与反应的强化耦合新过程。通过对透氧膜材料中氧离子扩散的电场效应与空间效应、平均金属-氧键能与结构容限因子等因素的系统研究，提出了透氧膜材料优化设计原则，解决了膜材料氧渗透性与稳定性相互制约的关键性科学问题，该项研究引领国际透氧膜材料的研究方向；基于透氧膜氧渗透过程中膜表面高活性氧物种的生成机理，首次提出了利用透氧膜连续可控地提供活性氧物种来提高选择氧化反应选择性的新概念，解决了选择氧化反应选择性低的关键性科学问题，为开拓化工领域分离-反应耦合过程提供了新思路；首次合成了择优孔道取向的 MFI 型分子筛膜和金属-有机骨架分子筛纳米粒子构筑的混合基质膜，解决了分子筛膜扩散孔道优化调控的科学问题，实现了膜渗透通量的数量级提高，为分子筛膜在生物炼制领域的广泛应用奠定了科学基础；基于微波的体相加热和选择性加热效应，率先提出了微波合成分子筛膜的新概念，解决了分子筛膜无缺陷合成的关键性科学问题，成功实现了膜晶界结构和晶粒形貌的纳米尺度调控，获得了具有分子尺度分离性能的分子筛膜，该项研究受到国内外同行的广泛认可，被称为分子筛膜合成领域的重要进展。

2015 年，我主持完成的"分子尺度分离无机膜材料设计合成及其分离与催化性能研究"项目获得国家自然科学奖二等奖。荣誉只代表过去，脚下的路，才是新的起点。我告诉自己要时刻牢记肩上的责任和使命，"膜"力全开，整装待发，直迎新的征程。

三、初心未改，在"膜"法传奇中不断创新

近年来，我们在基础研究的创新性方面提出了更高的要求。过去五年，分子筛膜研究取得突破性进展。首次成功实现二维金属-有机骨架材料剥层，并获得单分子层厚度的分子筛纳米片，通过可控热组装方法得到厚度小于 5nm 的超薄分子筛膜，并利用其规整筛眼型孔道实现了对尺寸差异仅为 0.04nm 的氢气和二氧化碳分

子的快速、精确筛分，达到二氧化碳燃烧前捕获应用要求（Science，346（2014）1356），被同行评价为里程碑式的研究进展。在此基础上，拓展了二维 MOF 纳米片膜。通过选取新型层状 MOF 前驱体，并将剥层制备的双层纳米片组装为超薄膜，实现 H_2/CO_2 快速高效分离。由于纳米片上配位水与 CO_2 间的氢键相互作用，CO_2 沿纳米片层间扩散得到有效抑制，膜分离性能随温度升高显著提升（Angew. Chem. Int. Ed.，56（2017）9757）。上述工作为设计合成具有优异分离性能的二维纳米片膜指明了新方向，推进了超薄二维膜在实际气体分离领域工业化应用进程。我们也提出以限域负载离子液体的方法来精细调变材料的孔道结构，并以此构建出具有优异性能的金属有机骨架分子筛分膜，在 CO_2 燃烧后捕获和天然气纯化领域展现广阔前景（Angew. Chem. Int. Ed.，54（2015）15483）。此外，我们也致力于无缺陷分子筛膜的合成方法优化。经过多年探索，利用自行开发的电化学离子热合成方法，原位合成出了高度面内取向的无缺陷分子筛膜，极大克服了原位晶化和二次生长等传统薄膜制备方法膜缺陷多、步骤烦琐的缺点，为实现更多分子筛膜的放大和工业化奠定了科学基础（Angew. Chem. Int. Ed.，54（2015）13032）。透氧膜研究同样收获颇丰。经过多年研究，我们发现低温透氧膜因硫杂质迁移输送而导致的性能衰减问题，提出在膜表面涂覆多孔氧活化层来容纳从体相扩散渗出的硫杂质，实现了透氧膜在低温区间的长时间稳定运行，解决了低温透氧膜关键性科学问题（Angew. Chem. Int. Ed.，52（2013）3232）。并在此基础之上，针对膜材料低温相变引发的性能衰减问题，提出以纳米粒子钉扎晶界形成"路障"，通过限制金属离子沿晶界的扩散来抑制异相成核和新相形成，极大提高了易相变膜材料的低温稳定性（Nano Letters，15（2015）7678）。基于前期膜材料设计，我们又提出构建混合导体透氧膜反应器 1 步同时制备氨合成气和液体燃料合成气新概念，对现有工业制备氨合成气的至少 6 步和制备液体燃料合成气的至少 3 步复杂工艺进行高度集成强化，能耗比现有工业过程降低 63 %，且对环境友好，无直接 CO_2 及有害气体排放（Angew. Chem. Int. Ed.，55（2016）8566）。此外，我们提出在陶瓷基透氧膜反应器中实现氢分离的新概念。氢分离速率较质子导体膜提升了 2～3 个数量级，氢分离性能可与钯基金属膜相媲美。且在含 200ppm H_2S 的气氛下长期运行，氢分离性能没有发生衰减（Energ. Environ. Sci.，10（2017）101）。可用于为燃料电池、半导体制造、光伏电池生产等产业高效地提供高纯氢或超高纯氢。基于分子筛膜与透氧膜在基础研究领域的重要进展，我和团队撰写出版《金属-有机骨架分离膜》（科学出版社，获 2016 年国家科学技术学术著作出版基金资助）中文专著及 *Mixed Conducting Ceramic Membranes: Fundamentals，Materials and Applications*（Springer）英文专著各一部，并同时获得 2018 年辽宁省自然科学学术成果奖（著作类）一等奖。

　　在应用研究方面，我们在国际上率先实现 A 型分子筛膜微波合成工业放大，并建成 4 套分子筛膜脱水分离工业应用装置，分别为 10 万吨／年乙醇／水分离，5 万吨／年异丙醇／水分离、3 万吨／年乙醇／水分离以及 1 万吨／年丙酸丙酯／水分离工业装置，并完成百万吨/年级混合醇工艺包设计，为建设资源节约型和环境友好型社会提供有力的技术支持。此外，针对低碳烷烃催化转化和利用开展了广泛深入的研究。经过 30 余年的探索，完成乙烷氧化脱氢制乙烯（大宗化学品）实验研究；开发了具有自主知识产权的新型丙烷脱氢制丙烯（大宗化学品）催化剂；完成丙烷选择氧化制丙烯酸（精细化学品）单管实验以及工艺包编写。

　　站在世界最前沿，应是我们每一位科学工作者都始终秉承的研究理念。以国家需求为根本导向，突破化工生产过程中的制约与瓶颈，更应是我们每一位科学工作者最朴素和真挚的心愿。多少年风雨兼程，唯有不忘初心，孜孜以求，方能攻坚克难，勇立潮头。三十余载的执着和信念，将激励我们不断追求卓越，以满腔报国之心，在无机膜与膜催化这一"膜"法传奇中不断创新！

　　作者简介：杨维慎，男，1964 年 2 月出生，1990 年 3 月至今在大连化学物理研究所工作，研究员。从事无机膜与膜催化研究。

催化干气制乙苯技术的产业化创新之路

朱向学　徐龙伢　陈福存

　　具有我国自主知识产权的"催化干气制乙苯"技术，是中国科学院大连化学物理研究所、中国石油抚顺石化公司、中国石化洛阳工程有限公司、中国寰球工程公司辽宁分公司联合开发成功并实现工业生产的项目。该技术从小试、中试到工业化生产，从第一代技术发展到第五代技术的全过程中，科研、企业和设计单位一直紧密结合，发挥各自优势，缩短了从研发到工业应用的进程。这一技术开发过程中体现的产学研的结合模式，被称为"干气模式"。

　　催化干气制乙苯系列技术共获得中国、美国、欧洲、日本等国家和地区的授权专利 40 余件。基于其先进性、经济性和优异的节能减排效果，在石油和化学工业获得大规模推广应用，技术转让、应用于中国石油、中国石化、中国化工集团及地方炼企共计 23 套工业装置，累计规模 200 余万吨/年，创造了重大的经济和社会效益。并获得包括 1991 年中科院科技进步奖一等奖、1997 年国家技术发明奖二等奖、2006 年中国专利优秀奖、2007 年首届辽宁省科技成果转化奖一等奖、2008 年国家科技进步奖二等奖、2010 年中国产学研合作创新成果奖等十几项国家和省部级科技奖励，为烃类资源的高效利用、缓解我国乙苯-苯乙烯供求矛盾以及促进我国石油和化学工业的可持续发展提供重要科技支撑，入选大连化物所创新 10 年十大标志性成果。

一、从资源出发　选择适合国情的技术

　　催化干气制乙苯技术，是将炼油厂催化裂化、催化裂解等装置产生的干气中的乙烯与苯反应生成乙苯的技术。催化裂化是我国最重要的石油加工路线，我国催化裂化装置产能位居世界第二，副产大量的干气资源。本技术开发前，由于没有合适的技术将干气转化成化工产品，这一宝贵资源都被直接烧掉，俗称"点天灯"。"点天灯"不但造成资源的浪费，在燃烧时还会产生大量的二氧化碳，进一步加剧环境的负担。如何变废为宝，将干气中的乙烯进行利用？这是摆在中国石化行业面前的重要课题，也是摆在石化领域科研人员面前的重要课题。

1985 年，时任中科院大连化物所副所长李文钊带队到抚顺石化公司考察，依据中国石化总公司"综合利用炼厂气资源"的意见，经过与抚顺石化公司金国干总工程师等技术人员讨论，提出催化裂化干气不经精制直接制乙苯技术路线。

之所以选择这一路线，首先是与国外已有的技术进行区别，更主要的是考虑到当时我国苯乙烯生产主要采用纯乙烯与苯生产乙苯进而脱氢的技术路线，而乙苯脱氢技术已经非常成熟。可以说，提出催化裂化干气制乙苯的课题是从国家经济建设的需求和行业技术需求出发，解决制约石油化工行业发展的关键技术难题。2017年，我国乙苯-苯乙烯需求量已 1060 余万吨，其中进口量超过 330 万吨。至 2019年 1 月，已建和在建的干气制乙苯工业装置生产能力 200 余万吨/年，极大缓解我国乙苯-苯乙烯供不应求的状况，并有效提高石油资源利用率。

1986 年 9 月，大连化物所、抚顺石油二厂与中国石化总公司签订了"催化裂化干气制取乙苯的研究"技术开发合同，由大连化物所负责催化剂研制和小试试验，抚顺石油二厂负责工艺开发。由于该课题的研发要求技术起点高，具有很大的难度和风险，所以当时仅作为一个试探性课题给予了资助。

在稀乙烯与苯烷基化制乙苯方面，当时国外采用与纯乙烯和苯制乙苯相似的技术，将干气经脱水、脱硫处理后，利用深冷分离除去丙烯，然后与苯进行烷基化反应生产乙苯。如果模仿国外技术，自然降低研发风险，但干气预精制部分的投资高，占整个装置投资的 60%。当时，大连化物所在分子筛合成与应用领域已有较深厚的学科积累和优势，在 Y、ZSM-5、SAPO-34 等分子筛的合成及其在烃类催化转化的研究方面取得许多进展。王清遐、张淑蓉等科研人员通过仔细分析论证，大胆采用催化裂化干气不经精制直接进行烷基化的技术路线。

这条路线的难度非常大：一方面由于原料气中有水和硫化氢等杂质，这就要求所开发的催化剂在具备高活性的同时，还要具备很好的抗硫化氢等杂质性能和强的水热稳定性，因此研制新型催化剂成为该技术的核心；另一方面，干气中含有0.5% ~ 2.0%的丙烯不可避免地生成丙苯，而只有生产出的乙苯纯度达到 99.6%以上，才能满足乙苯脱氢生产苯乙烯的要求，因此要开发相应的分离工艺流程是该技术的关键。

在深入研究 ZSM-5 和 ZSM-11 分子筛晶化机理、晶化动力学及模板剂作用机理的基础上，采用廉价的己二胺为模板剂，首次合成出新型稀土-ZSM-5/ZSM-11 共结晶分子筛，由于 ZSM-5/ZSM-11 共结晶分子筛中 ZSM-5 和 ZSM-11 的协同作用，显著增强了分子筛的酸性、水热稳定性及耐杂质性能。以此为突破口，通过催化剂优化制备，开发出水热稳定性好、耐 H_2S 等杂质能力强的干气中乙烯与苯烷基化催化剂，1987 年终于成功地完成了催化裂化干气不经精制直接制乙苯技术小试，并于当年 10 月通过中国石化与中国科学院组织的成果鉴定，取得了具有国际先进水平的成果。

　　在完成小试试验后，大连化物所以"推动发展，扩大规模，利益共享，风险同担"的思路，坚持走产学研相结合的道路。1987 年 10 月，大连化物所与抚顺石油二厂承担了中国石化总公司重点科研开发项目"500 吨/年催化裂化干气制乙苯催化剂及工艺开发"，同年 11 月"催化裂化干气制乙苯的研究"得到了中科院重大科研项目的支持，加速了该技术的中试放大试验进程。在王清遐、贺忠民、张淑蓉等全体工作人员的共同努力下，于 1990 年顺利完成了 1000 吨/年中试试验，并于当年 12 月进行了中试成果鉴定，为该技术的工业化试验奠定了基础。1991 年催化裂化干气与苯烃化制乙苯技术（中试）获得了中国科学院科技进步奖一等奖。

　　中试试验完成后，中国石化总公司迅速作出反应，将催化裂化干气制乙苯技术3 万吨/年的工业化试验列为中石化"八五"重点科技攻关"十条龙"之一。大连化物所和抚顺石油二厂联合洛阳石化公司设计院共同参与工程设计与开发，形成了科研、设计和生产单位紧密结合的联合开发体，加速该技术的工业化进程。

　　1992 年，干气中乙烯与苯烷基化生产乙苯催化剂的放大生产在抚顺催化剂厂成功实现。1993 年，由中国石化总公司投资 4700 万元、洛阳石化公司设计院董世达等负责设计、抚顺石油二厂 3 万吨／年的干气制乙苯工业化试验装置建成并实现一次投产成功，生产出纯度达 99.6% 的乙苯，达到当时的世界先进水平。所开发的干气制乙苯新技术，干气无需精制，不用增压直接与苯进行反应；开发了两级多段固定床反应器和冷干气分段进料工艺；同时开发了配套的尾气吸收新工艺及产品分离新流程。催化裂化干气制乙苯成套技术为干气的综合利用及乙苯生产开辟了一条新的技术路线，该技术于 1994 年通过中国石化和中科院组织的技术鉴定，鉴定认为达到当时世界先进水平，被誉为中国石化总公司的"五朵金花"之一。1996 年获得中国石化总公司科技进步奖一等奖，1997 年获得国家技术发明奖二等奖，1998 年被列为第三世界科学院具有创新性成果。所开发的分子筛、催化剂及干气制乙苯新工艺，获得中国、美国、欧洲、澳大利亚、日本等国家和地区的 20 余件授权专利。

二、迎接国际挑战　勇于技术创新

　　催化裂化干气制乙苯第一代技术工业化后，立即引起美国 ABB Lummus 等公司的重视和合作兴趣，并积极参与该技术的国际化推广。但是，随着国内外技术的发展，在不到 2 年的时间内，第一代干气制乙苯技术就落后了，Lummus 公司的态度也慢慢消极。同时，国外 UOP、CD Tech 等公司也相继开发出用纯乙烯生产乙苯的新的工业化技术。面对对手的发展，摆在科研人员面前的只有一条路：要想保持催化裂化干气制乙苯的技术优势，就要不断地进行技术创新。

为了提高竞争力，科研人员把降低二甲苯杂质的含量和生产能耗及提高催化剂性能和工艺水平作为新一代技术的突破点。1995 年，大连化物所与抚顺石油二厂承担了中国石化公司干气制乙苯第二代技术 "500 吨/年催化裂化干气制乙苯催化剂的开发" 项目，经过催化剂及工艺改进，开发出催化裂化干气中乙烯与苯的气相烃化反应和多乙苯与苯的气相反烃化反应分开的第二代技术，并分别于 1996 年和 1999 年在大庆林源炼油厂 3 万吨/年和大连石化公司 10 万吨/年干气制乙苯装置上成功投产，延长了催化剂使用寿命，使产物中二甲苯含量由 3000ppm 降到 2000ppm，满足了通用聚苯乙烯的质量要求。

针对干气制乙苯前两代技术中反应温度较高、催化剂单程寿命短、产品中二甲苯含量较高的不足之处，徐龙伢、王清遐等研究人员在认真分析国内外技术发展和市场需求的基础上，提出开发催化裂化干气制乙苯气相烃化与液相反烃化优化组合的第三代新技术。

1997 年，大连化物所与抚顺石化公司石油二厂承担了中国石化总公司干气制乙苯第三代技术 "液相法多乙苯与苯反烃化制乙苯催化剂" 项目，在深入研究 β 分子筛晶化机理、晶化动力学及优化合成条件的基础上，成功合成出高比表面、高结晶度的超细晶粒 β 分子筛。以此为突破口，经过 β 分子筛特殊的改性来调节其酸量及酸性分布，制备出低温下高活性的多乙苯与苯液相反烃化制乙苯催化剂，并于 1998 年在抚顺石油二厂完成了中试试验，使多乙苯与苯液相反烃化制乙苯反应温度由先前 430℃ 降至 230～260℃，多乙苯转化率由 50% 提高到 70%（达热力学平衡转化率），产品中二甲苯含量降至 1000ppm 左右，反烃化催化剂单程寿命从 5 个月延长的 2 年以上，降低乙苯生产能耗和成本，并为工业化装置工艺包的设计提供了重要基础数据。与此同时，改进了烃化催化剂的制备工艺，提高了乙烯与苯烃化催化剂的活性，使烃化反应温度由 380℃ 降低至 320℃，烃化催化剂单程寿命从 5 个月延长至 1 年左右，进一步降低烃化过程中的生产能耗和成本。

1999 年，在抚顺催化剂厂成功实现了液相反烃化催化剂的放大生产，2001 年上半年，由洛阳石化公司设计院负责设计的 3 万吨/年第三代技术工业化试验装置在抚顺石油二厂开工，在徐龙伢、张淑蓉、贺忠民等人的共同努力下，工业化试验成功完成，并于 2001 年 8 月通过中科院沈阳分院组织的成果鉴定，专家认为该技术达到国际领先水平。

2002 年，抚顺石化公司决定将 3 万吨/年干气制乙苯装置扩建为 6 万吨/年，由大连化物所提供工业装置催化剂及基础设计数据，抚顺设计院曾蓬、杜喜研负责装置设计。2003 年 9 月，抚顺石化分公司 6 万吨/年干气制乙苯第三代技术工业装置成功投产，装置烃化反应乙烯转化率 99.9%，反烃化反应多乙苯转化率大于 70%，乙苯选择性大于 99.5%，催化剂性能和工艺各项指标均优于合同要求。该装置的成功运行，为干气制乙苯第三代技术的进一步推广奠定了技术基础。

为了抓住国内苯乙烯市场供不应求、国际石油价格不断上涨、国内石油资源相对匮乏的契机，面对该技术推广中遇到的问题，2003 年，项目负责人徐龙伢就干气制乙苯技术的推广与合作单位进行了多次协商，达成共识，确定大连化物所作为干气制乙苯技术推广的牵头单位负责该技术的推广，从而，开创了该技术成果转化的新局面。2004 年到 2005 年，干气制乙苯气相烃化与液相反烃化组合的第三代技术相继转让给锦西炼化总厂、锦州石化公司、海南实华嘉盛公司、华北石油管理局、大庆林源炼油厂等单位。

2007 年起，在中科院东北振兴计划重大项目等支持下，该技术又相继转让给中国石油、中国石化、中国化工集团、地方炼企等所属的近 20 家企业。截至 2019 年初，在国内开工建设和投产的工业装置共 23 套，总规模达到 200 余万吨/年乙苯的生产能力，实现投资总额达 120 余亿元。

2009 年，在庆祝建所六十周年之际，干气制乙苯第三代技术入选大连化物所创新 10 年入选十大标志性成果；该技术还获得 2010 年中国产学研合作创新成果奖、2008 年国家科技进步奖二等奖、2007 年第一届辽宁省科技成果转化奖一等奖（首届）、2006 年中国优秀专利奖、2005 年大连市专利金奖（首届）等奖项，项目负责人徐龙伢获得中国科学院与省市、企业合作先进个人一等奖等奖励，入选新世纪百千万人才工程国家级人选。

三、顺应技术进步　推动持续创新

1997 年开始，徐龙伢领导的课题组与抚顺石油二厂研究所合作，承担了中国石化总公司（1999 年由中国石油天然气公司接手管理）"催化裂化干气与苯液相烃化制乙苯"项目，开发出适于液相中烃化反应的β和 Y 分子筛催化剂，于 1999 年完成催化蒸馏制乙苯第四代技术小试试验，2000 年在抚顺石油二厂完成中试试验，乙苯产品中二甲苯含量由 1000ppm 降到 200ppm，大幅度提高了产品质量。该技术于 2001 年 8 月通过中科院沈阳分院组织的成果鉴定，相应催化剂及工艺发明专利已获授权，并获得 2003 年度辽宁省技术发明奖二等奖。

2004 年起，大连化物所又开发了更具创新性和经济性的干气制乙苯变相催化分离第五代技术，研发出新型小晶粒 Y 分子筛催化剂及相应工艺，使烃化反应温度由 380℃降低至 180℃，并实现了烃化过程与反烃化过程的有机统一，降低过程能耗与投资，而且产品中二甲苯含量由 1000ppm 降至 100ppm 以下，满足生产食品级产品要求。2006 年 5 月该技术通过辽宁省科技厅与中科院沈阳分院组织的成果鉴定，鉴定认为大连化物所开发的干气制乙苯变相催化分离第五代技术达国际领先水平。

此外，近年来，研究团队在先期技术基础上，进一步以新型分子筛材料的合成为突破，开发了 DL0822 新一代烷基化催化剂，具有更优异的活性稳定性和更低的二甲苯杂质含量，已应用于已投建的干气制乙苯工业装置。尤其，2017 年以来，根据行业和企业技术需求，团队进一步研发了低碳烷烃制乙苯新技术，突破原料制约瓶颈，大大拓展乙苯生产原料来源，产品规模可达 50～60 万吨/年，目前已完成 30 万吨/年工艺包设计，其未来推广应用将为低碳烷烃的高效转化利用和乙苯-苯乙烯的生产提供一条新的技术路线。

大连化物所立足国情，发挥特长与优势，持续开发、不断创新的催化干气制乙苯技术已经形成了具有自主知识产权的系列专有技术，并先后在中国、美国、欧洲等多个国家和地区获得发明专利授权 40 多项。该技术的推广应用，不仅产生了巨大的经济效益和社会效益，而且对维护国家能源的战略安全、优化利用石油资源、提升我国石化科技水平、促进能源/资源的节约利用和高效转化等方面都具有重要意义，为促进我国石油和化学工业的可持续发展做出了重要贡献。

四、梳理转化模式　致力未来发展

在被问及从事技术开发和成果转化的体会和经验时，历经多个项目，从技术研发、小试、中试、工业试验到工业应用的徐龙伢研究员说："作为应用研究，必须要面向国家和行业关键需求，面向国民经济主战场，结合团队特色优势，进行关键技术攻关。核心技术突破后，要产学研用紧密结合，发挥科研—设计—企业各方优势，进行放大及工业应用，缩短技术成熟期。同时，要加强知识产权保护，合作中明确各方责权利，在技术推广和产业发展中使各方的投入和付出获得更大的回报。"正是坚持了这种模式，2006 年至 2017 年间，在徐龙伢研究员的带领下，团队进一步开发了醛氨合成吡啶（打破国外垄断，投建全球最大规模吡啶装置在内的 5 套装置）、液化气芳构化（投产 20 万吨/年等工业装置）、清洁车用燃料生产（投建多套工业装置）等多项技术，并应用于多套工业装置，为资源的高效转化利用、大宗关键化学品/清洁车用燃料的生产以及石化行业的可持续发展，提供了重要科技支撑。

2018 年，研究团队完成了新老交替。这一年，团队研发的择形烷基化生产甲乙苯高效催化剂及技术投产万吨级/年工业装置，这是该类技术在国内的首次应用，打破国外垄断；此外，团队研发的其他多项烃类高效转化及大宗关键化学品生产技术正在中试放大及工业化试验进程中。在徐龙伢研究员的指导下，朱向学、李秀杰正带领这支"务实创新，团结协作，不断进取"的团队，努力奔跑，筑梦未来。

作者简介：朱向学，男，1975 年 10 月出生，2006 年至今在大连化学物理研究所工作，研究员。从事催化化学研究。

徐龙伢，男，1964 年 4 月出生，1988 年 12 月至今在大连化学物理研究所工作，研究员。从事催化化学研究。曾任化石能源与应用催化研究室主任。

陈福存，男，1969 年 9 月出生，2003 年至今在大连化学物理研究所工作，高级工程师。从事催化化学研究。

把论文写在祖国的大地上

丁云杰

学生时期，钱学森、邓稼先等老一辈科学家，不惜放弃国外的优越环境和待遇，冲破百般险阻坚决回国，并为国家建设发展奋斗一生的事迹，就深深地感染了我。那时我就立下志向，将来我也要当他们那样的科学家，为祖国的繁荣富强做出贡献。所以，1999 年在美国完成博士后工作时决定回国工作，因为我深知，祖国才是我需要用一生回报的地方，更是我实现人生梦想的地方。

回国以后不久，我回到了大连化物所工作，并担任了一碳化学与精细化工催化研究组（805 组）的组长，致力于催化新材料以及多相催化反应的研究，聚焦于合成气转化和精细化工催化等领域。20 年来，我带领科研团队，把目标锁定在赶超世界一流、解决国内急需的关键技术上，以只争朝夕的精神，攻克了一系列核心技术难题，开发了多项工艺技术，现在已经有 7 项技术实现了工业示范或工业化，总产值约 20 亿元/年。研究组也成为本领域、国内外有影响力的科研团队之一。20 多年来，我们发表了文章 200 多篇，申请专利 200 多件，授权专利近 60 多件。其中国际专利 6 件。发表著作 3 部，主编专著 1 部，《煤制乙醇技术》是该领域的第一部专著。

一、"煤变油"的故事

我们组的一个重要研究方向是合成气化工。合成气是一氧化碳和氢气的混合气，是由煤、天然气或生物质经气化而得到的，是碳一化学的重要原料。煤经合成气转化为液体燃料和高附加值化学品，在我国"富煤、贫油、少气"的资源禀赋下是一条可行的煤炭清洁利用，降低石油对外依存度的重要技术路线。自从1999 年担任研究组长以来，我一直致力于这方面的研究工作。我们的研究重点主要集中在钴基催化剂和以其为核心的工艺技术，包括以重质蜡为主要产品的固定床工艺，和以柴油/高碳醇等精细化学品为主要产品的浆态床工艺。在我和研究团队近二十年的不懈努力下，两种工艺都取得了较大的进展，正在向工业化应用不断地稳步推进。

在固定床合成油蜡方面，我们从基础理论出发，经过不断地探索和实践，成功创制了硅胶负载的高性能钴基催化剂，并以此为核心技术，2007 年在浙江宁波建设了一套 3000 吨/年的钴基固定床合成气制合成油蜡工业中试装置，经过 5000 小时的试验，催化剂显示出良好的活性、选择性和稳定性，综合性能接近 Shell 公司同类催化剂水平，标志着我们掌握了钴基费托合成气制合成油蜡这一关键技术。在该中试的基础上，我们与北京三聚环保新材料股份有限公司合作，开展 20 万吨/年合成气制合成油蜡工业装置的建设，预期将于 2019 年投料开车。

在浆态床高选择性合成柴油方面，我们采用活性炭作为催化剂的载体，利用其优良的耐酸碱性和灵活的可调变性，创制活性炭负载的具有高柴油馏分选择性的钴基催化剂。通过孔道限域技术，我们成功地提高了催化剂的柴油选择性，又通过碳化钴介导的"碳化转晶"技术，将催化剂活性提高了约 30%，甲烷选择性降低了 3 个百分点。在小试、中试、催化剂放大制备等一系列从实验室到工业化的开发进程中，我一直工作在项目的最前线，带领团队攻克了活性炭载体前处理、催化剂现场还原活化等一系列关键难点。2015 年 10 月，我们与延长石油集团合作建设的 15 万吨/年合成气制油工业示范装置一次开车成功。这是世界上首套活性炭负载的钴基浆态床合成气制油工业示范装置。现在，示范装置正在进行最后的消缺整改工作，即将开始满负荷生产。

与此同时，我们也开发了合成气一步制高碳醇/烯烃等精细化学品的技术。在基础研究方面，我们首次提出了金属钴与其碳化物（碳化钴）的界面是合成高碳醇的催化活性中心这一理论，并以该理论为基础，开发了具有高直链伯醇选择性的催化剂。该催化剂将依托 15 万吨/年合成气制油示范装置，于 2019 年进行 30%负荷试车工作。

二、单点催化：从基础研究到工业化

深入研究催化基础理论，并从基础科学问题出发，创制新型催化材料，并实现其工业化应用一直是我们的努力方向。作为催化领域一个新兴的理论，"单点催化"不同于以往的"纳米催化"，其活性中心为独立的单原子或单离子，由于活性位尺度下降到原子级别，它也体现出与纳米粒子有显著差异性的特殊催化作用。但是，由于单点体系的形成和稳定条件相对较为苛刻，现在主要还是在基础研究中受到关注，尚未得到广泛的工业化应用。我们则致力于针对特定的反应体系，不仅在实验室中深入研究单点催化的机理和控制策略，还寻求将其应用于实际工业化体系，真正实现这一新概念从基础研究到工业化的推进。

针对现有烯烃均相氢甲酰化技术所存在的生产效率低，催化剂易流失等问题，我们提出将乙烯基官能化的含磷或氮的有机配体，通过热聚合方法相互"联结"起来，形成一种具有高比表面积，大孔隙率和优异热稳定性的多孔有机聚合物（POPs），并以其为载体负载单位点的贵金属 Rh，形成一种 Rh 基多相催化剂，并以此为基础开展了从均相到多相的新一代烯烃氢甲酰化技术的基础研究和工业化。通过不断的研究和探索，我们不仅形成了一系列基于 POPs 的高水平研究论文，还解决了包括单体批量制备和催化剂成型等一系列工程问题，创制出了一系列具有高活性、高选择性和高稳定性的催化剂，并以此为核心形成了工艺软件包。其中，乙烯氢甲酰化制丙醛的固定床单管试验已经通过技术鉴定，与浙江巨化集团公司合作，建设一套 5 万吨/年的工业装置，将于 2019 年内投料试车。而与之类似的丙烯氢甲酰化制丁醛装置正在规划之中。这是世界上第一套基于多相催化剂的烯烃氢甲酰化反应装置，工艺流程短，催化剂和产品易于分离，具有原创性和先进性。

在甲醇羰基化制 C2 含氧化合物的研究中，我们发现活性炭负载的贵金属催化剂具有特殊的性质，即其负载的 Pt、Ir、Re 等贵金属团簇能够在 CO 和 CH_3I 的作用下发生迅速的再分散，并被活性炭表面基团锚定为独立且具有高活性的单位点，这一规律在高负载量（~5%）的条件下依然适用。这种催化剂具有高效和容易再生的显著优点，在甲醇羰基化和其他相似反应中具有非常大的优势。据此，我们开发了甲醇-合成气经多相羰基化制乙酸甲酯及其加氢制乙醇的技术，完成了工业单管放大试验。

上述的两项技术，是我们研究团队近年来的重要进展之一，也是我们对单点催化这一理论的深入解读和工程化发展。我相信在不断地努力下，我们有能力继续创制出高性能的催化材料，并实现其在工业化装置上的应用，推进行业的发展和进步。

三、填补国内空白的精细化工技术

除了合成气下游的相关研究之外，我带领研究团队针对我国精细化工行业技术较为薄弱的问题，以填补国内空白为努力方向，开发了一系列具有较好经济价值的精细化工技术。

2011 年 8 月，我主持研制的国内首套乙醇胺（MEA）临氢氨化生产乙二胺（EDA）的 1 万吨/年工业化装置，在山东联盟化工股份有限公司开车成功，EDA 产品质量达到了国际优级品标准（纯度为 99.9%）。EDA 是一种重要的精细化工中间体，广泛应用于农药、染料、树脂和纺织品等领域。此前，EDA 的生产技术一直被国外公司垄断，国内没有成熟的生产技术。这次 1 万吨装置的开车成功，标志着我国已经掌握了国际上先进清洁的 MEA 法生产 EDA 的成套技术，并打破了国外公司在该领域的技术垄断。该装置已经平稳运行近 8 年时间，实现产值超 10 亿元。在此基础上，又新建了 1 套年产 3 万吨的乙撑胺装置，于 2015 年 3 月顺利投料生产，该装置产值超过了 13 亿元。成果于 2015 年 6 月 30 日通过专家组鉴定，并获得"辽宁省科学技术奖二等奖"和"中国专利优秀奖"。该项技术已经日趋成熟，与印度 Balaji 有机胺公司签订了整套技术转让合同，并于 2019 年 1 月顺利投料开车并产出合格产品。

由我主持的中科院战略先导项目"低阶煤清洁高效梯级利用关键技术与示范"子课题"煤基合成气制乙醇技术的研发"，其中煤经合成气制 C2 含氧化物，再加氢转化为乙醇，经过多年的不懈努力研制出了高选择性的新型合成乙醇催化剂以及产物后处理的加氢催化剂，并完成了实验室立升级模试。在此基础上，世界上第一套千吨级合成气制乙醇工艺技术进行了工业中试。乙酸直接加氢制乙醇技术依托索普公司的甲醇羰基化制乙酸装置的现有原料、场地和主要资金，与索普公司和五环工程公司合作进行了 3 万吨/年乙酸加氢制乙醇工艺技术的工业示范。与美国 Celanese 公司的技术相比，在相近的能耗和物耗下，该技术的产物是无水乙醇，而 Celanese 公司的产品为 95%的乙醇，很明显我们团队的技术更有优势。我带领团队还开发了世界上首套 15 万吨/年乙酸-丙烯酯化及其加氢制乙醇和异丙醇的工业化技术，该技术具有原子经济性，产品纯度达到了 99.95%以上。

除此之外，采用我们团队技术的 2 万吨/年对苯二甲酸二甲酯（DMT）加氢制 1，4-环己烷二甲醇（CHDM）工业装置，2014 年在江苏张家港成功投产并稳定运行，成为世界上除伊士曼和韩国 SK 之外，第三家具备生产 CHDM 这种高价值精细化工中间体的企业。CHDM 产品性能经用户评价，所有指标均达到要求，部分指标甚至优于国外同类产品。10 万吨/年丙酮加氢制异丙醇生产装置也于 2016 年投产。

经过近 20 年努力，我们已经形成了一系列基于加氢、氨化和羰基化的精细化工成套技术，在一定程度上有效的填补了我国精细化工行业的空白，缩小了和世界先进水平的差距，为行业的进步和发展做出了一定的贡献。

四、经验与感悟

在 20 多年的科研工作中，我也积累了很多的经验和感悟。每一个科研工作者都清楚地知道，一个项目从实验室小试到中试、到工业化要克服很多意想不到的困难。每一个工程问题如果不能得到及时和妥善的解决，都有可能导致项目的失败，因此唯有迎难而上，不断求索，才能最终柳暗花明。例如我们和陕西延长石油（集团）有限公司合作的 15 万吨/年合成气制合成油示范项目，是国内乃至世界上首套活性炭负载钴基催化剂浆态床装置，缺少已有经验支撑，也没有相关的数据参考，在项目的实施初期遇到了大量的困难。我在榆林项目现场连续工作了几个月，与研究团队和业主、设计院密切配合，解决了一个又一个难题，最后终于成功完成了催化剂活化，打通全流程，并于 2018 年底实现了 80%负荷开车，为装置全满运行奠定了重要基础。在和山东联盟公司合作的 1 万吨/年乙醇胺临氢氨化制乙二胺项目中，我们在催化剂放大生产的初期，催化剂的性能始终与小试存在差距，我和研究团队一起，经过反复的研究讨论和尝试，终于找到了原因，成功解决了问题，有力地保障了项目的顺利实施。这样的例子还有很多，都说科研的道路上没有坦途，工程化更是来不得半点的马虎，因此我们需要始终保持严谨认真的态度和踏实勤勉的作风。我始终认为，必须亲力亲为，身处一线，与研究团队进行深入而细致的交流，才能用自己的经验帮助他们更快、更准确的发现问题，解决问题。

在另一方面，花大力气做好基础研究，也是支撑工业化的关键。我们认为，基础研究的主要意义在于从大量研究信息中鉴别真伪，获取和理解基础理论中的概念和精华，从原子、分子水平上理解化学反应，以及为可能出现的原始创新提供基础与积累。在做科研项目的同时，对遇到的问题仔细推敲、探究机理，解决问题的同时也促进了基础研究的进展。我们研究团队一直以客观和严谨的态度对待基础研究，提出的一些理论和方法都是经过了反复的论证，并经历了工程化的考验。例如首次系统地提出了在 Co/AC 催化剂中 Co-Co$_2$C 界面是合成混合伯醇的活性位的理论，首次提出了由乙烯基功能化的含膦或氮有机配体单体经溶剂热聚合合成的高比表面积、多级孔结构和高热稳定性的聚合物负载多相单点氢甲酰化原创性的"均相催化多相化"新概念。这些概念成为了我们工程化转化的重要理论依据，也是我们能始终保持技术领先的原动力所在。

在大连化物所"我们身边的科学家"报告会上，我曾以"怎样当研究组组长"为题与大家交流经验，尤其是在科学技术的工业化转化方面。在我看来，开展应用研究要主动适应国家经济发展的新常态，在瞄准国内市场的同时，也要积极开拓国际技术市场。在确定课题的时候，要将我国企业的实际需求与我们的研究积累结合起来，要从实验室小试就开始以适应现有工程化技术为目标来调整研究的策略，多参加行业内相关会议，将自己的成果积极推介出去。通过寻找能适用于我们技术特点的企业作为合作伙伴，以开放的心态与合作伙伴进行强强联合，在我们需要解决专业问题的时候，与有经验的单位进行合作，以缩短研发时间，减少技术链上的瓶颈，实现从"科学语言"向"工程语言"转换，这样才能拥有推动科学技术向工程应用的"真本事"。

作为科学家，我一直有一种实业的情怀，希望通过自己的努力，让属于我们自己的原创技术在中国的土地上生根发芽，开花结果。既然我选择以应用研究和工业化作为自己的努力方向，那么每一项技术得到推广和应用就是对我工作最大的肯定和褒奖。"把论文写在祖国的大地上"，这是习近平主席对中国科学工作者的殷切希望，也是我和我们团队多年来共同努力奋斗的目标。我希望通过自己的努力，带领研究团队继续攻坚克难，砥砺前行，做出更多实实在在的贡献，真正为国家和人民尽自己的一份力量。

　　作者简介：丁云杰，男，1963 年 2 月出生，1999 年 1 月至今在大连化学物理研究所工作，研究员。从事催化化学研究。

夯实技术支撑平台，为我所建设世界一流研究所保驾护航

张 青 赵 旭

技术支撑体系建设是加强科技自主创新能力建设、实现跨越发展的需要，也是顺应国家发展战略需求、解决"卡脖子"等关键技术问题的必经之路。时任中国科学院院长的路甬祥在 2008 年全院技术支撑系统工作会议上指出，"技术支撑系统是科技创新的基础和平台，决定着创新的质量和效率。技术支撑系统薄弱已经成为我院实现跨越发展的主要瓶颈之一，尽快提升我院技术支撑能力已经变得日益迫切。"2009 年《中科院技术支撑系统建设实施方案》颁布实施，所级公共技术服务中心建设正式启动。在这样的大背景下，大连化学物理研究所能源研究技术平台于 2009 年底正式筹建成立。最初的构想是建立一个公共性的支撑平台，服务洁净能源国家实验室和大连化物所各个研究单元，通过配置公用性的设备和引进高端大型设备，既满足常规性的测试需求又有效支撑我所重大研究领域的关键性技术突破。

为了盘活所内资源，将原八室应用催化研究室公共测试平台整体划归到能源研究技术平台，成立了公共分析测试组，由张青研究员担任组长并负责能源研究技术平台的筹备工作。这也是能源研究技术平台最早的发展雏形。经过两年的发展建设，平台于 2011 年通过中科院所级中心验收评估，获得择优支持，正式纳入到中科院技术支撑体系建设和考核，成为我所所级公共技术服务中心。

平台成立之初的规模体量还很小，资产不足 2000 万，实验室面积仅约 200 平方米。在条件相对简陋的情况下，平台始终将满足用户需求、做好用户体验放在首位，为我所中小规模课题组的发展壮大提供了极大的帮助，也逐渐探索出了一条"开放共享、服务社会"的发展之路。

我所历来高度重视公共技术支撑平台的建设和发展，于 2011 年将规划装修改造的能源基础楼（原膜楼）近 1800 平方米的空间划拨给平台统一进行规划建设。在此期间，新实验室的设计、施工凝聚了平台人员诸多的汗水和辛苦。为了设计出功能更合理、气路搭建更有序的实验室，张青研究员带领组员发挥一不怕苦，二不怕累的精神，进行了反复论证考察，一趟趟跑施工现场，研究改造方案，设计图纸

反复修改了几十次，注重每一个设计方案细节的落实和完善。历经一年半的装修改造，崭新的实验室终于在 2013 年初全面竣工验收。接下来需要面临的又一个考验是仪器的搬迁工作。众所周知，贵重仪器最怕的就是搬家，如何最大限度避免仪器在搬迁过程中出现问题，成为摆在大家面前的又一个难题。为了确保万无一失，仪器厂家工程师、平台人员和搬运公司反复论证制定搬迁方案，同时准备几套应急预案以备不时之需。历时两个多月的仪器搬迁过程中，可以说没有一天睡过好觉，生怕哪里出现问题。用张青老师的话说，那几个月感觉度日如年，一个人整整瘦了近十斤。最后，平台顺利完成了搬迁工作，并在最短的时间内开放测试服务工作。也特别感谢所内各个研究组在平台搬迁过程中给予的理解和支持，为了配合平台仪器大搬家，很多课题组都自发到其他部门或者大连周边高校进行测试，毫无怨言。

目前，平台在能源基础楼设有 24 个实验室、9 个办公室，安置设备 53 台套，可同时容纳近百人开展实验测试。强大的科研基础保障，使得仪器能够安全、平稳地运行，最大限度地保障了科学实验的顺利开展，也使得平台有经历、有资源、有能力为社会企事业单位提供更便利的技术支撑服务，为地方经济发展贡献一份力量。

为了充分支撑研究所"一三五"规划，促进研究所重大科研成果产出，加大高尖端设备的引进力度，弥补院修购专项设备支持不足，所领导经过研究决定自筹经费着力建设电镜平台、质谱平台和核磁平台，总投入近 1.2 亿元，这样大的投入在中科院系统也是不多见的。特别是电镜平台建设方面，为了充分满足高端电镜设备对环境的苛刻要求，从而确保电镜在最佳工作条件下运转，我所自筹经费近 3000 万元在西山湖园区建造了国内首栋防震、防噪音、恒温、低湿、低电磁背底的环境稳定电镜实验楼。在此也特别感谢苗澍研究员在电镜实验楼建设过程中忘我的工作热情和精益求精的工作态度，跟着建筑工人一起参与打桩、浇灌混凝土，摸爬滚打，生怕错过任何一个施工节点，大家都开玩笑地称他"苗监理"。最终电镜楼在验收的时候，各项技术指标均优于设计之初的要求，达到国际领先水平，为后续引进的高端电镜设备的稳定运行提供了基础保障，也为国内几所高校、科研院所建设此类高端电镜实验楼提供了技术支持和经验分享，堪称电镜实验室建设业内典范。

做技术的人讲求的就是认真严谨、踏实肯干，这种一丝不苟的钻研精神和甘当螺丝钉的奉献精神为平台的发展建设打下了坚实的基础。正是有了强大的科研基础设施保障，才使得平台在较短的时间内取得了十分快速的发展。十年的时间，设备体量增长 3 倍至 57 台套，资产净值增长 8 倍达到 1.7 亿元，技术队伍增加 8 倍达到 25 人。一方面得益于国家和中科院的高度重视，使得技术支撑平台建设迎来了黄金发展的十年；另一方面更有赖于我所建设世界一流科研机构的雄心壮志，让平台能够在一个很高的起点进行规划布局。结合大连化物所在低碳催化、燃料电池、储能技术等领域的传统优势学科，平台确立了面向先进材料制备领域建设战略性支撑平台的总体定位。并通过与东北区域中心各成员单位强强联合、资源共享，已经发展成为在国内具有一定代表性的材料表征综合性支撑平台。在取得成绩的同时，我们也深刻认识到自身面临的不足，比如技术支撑队伍还不够稳定，人才引进、培养和队伍建设工作有待进一步提升；技术创新能力还不强，特别是在仪器研制、功能开发领域的基础还相对薄弱，对前沿科技的战略性支撑地位体现不明显，等等。这些都是在未来的工作中，特别需要加强和完善的地方。作为平台的一分子，我们要时刻牢记肩上的责任，面临的挑战，拿出"时不我与，时不我待"的紧迫感，紧密围绕我所在科技创新中的核心工作，攻坚克难，把技术支撑平台的整体水平提升到一个新高度，为我所早日建成世界一流科研机构保驾护航。

时值大连化物所建所七十周年之际，作为一名化物所人，既为我所七十年来取得的辉煌成果感到骄傲，同时也为"努力建设世界科技强国"的奋斗目标感到任重道远。天行健，君子以自强不息。自力更生是中华民族自立于世界民族之林的奋斗基点，自主创新是我们攀登世界科技高峰的必由之路。面向未来，相信每一名化物所人都会不忘初心，牢记使命，以更加饱满的热情、更加昂扬的斗志奋斗在科技工作的最前沿，勇做科技创新的排头兵，创造出更多有利于国计民生、满足国家战略需求的科技成果，谱写更加华彩的篇章！

最后，衷心祝愿大连化物所七十岁生日快乐！

作者简介：张青，男，1960 年 12 月出生，1985 年 11 月至今在大连化学物理研究所工作，研究员。从事分析化学研究。

赵旭，女，1983 年 7 月出生，2011 年 8 月至今在大连化学物理研究所工作，高级工程师。从事所级公共技术支撑平台的行政事务工作。

化 物 之 缘

——从求学到工作

周雍进

我于 2008—2012 年在大连化物所攻读博士学位，经过四年半的海外博士后训练后又回到了化物所工作。从学生到职工的转变，我对化物所有了更进一步的认识，对化物所精神也有了更深的体会。值此所庆七十周年之际，简单记录这一段历程，追忆过去并展望未来。

与中国科学院大连化物所结缘是非常偶然的。硕士研究生即将毕业时，由于对生物化工专业有浓厚兴趣，我决定继续攻读博士学位。当时，我的硕士研究生指导教师还不是博士生导师，因此我需要通过考博重新选择博士生导师。与从江南大学食品科学专业跨校考研到天津大学生物化工专业一样，我再一次决定跨校考博，拓展自己的学术视野。系统了解国内若干生物化工学科强势高校和研究所后，我开始了考博准备。恰逢此时，第二届中国工业生物技术高峰论坛在天津举行，在会议过程中，我偶然听到了大连化物所赵宗保研究员关于能源生物技术的报告，其研究内容深深吸引了我。我方才知晓，原来以化学物理作为强项的大连化物所还有生物化工方向，而且科研实力相当不错。会后，我向赵宗保研究员咨询，赵老师详细地介绍了化物所生物化工方向的发展与实力，并真诚地告知化物所考博名额很少，建议我再选一所高校或者研究所备考。尽管如此，化物所生物化工雄厚的科研实力强烈吸引着我，同时赵老师踏实、真诚的品格也让我第一次切身感受到了化物所精神，因此，我更加坚定地报考大连化物所。

经过近半年的准备，我幸运地考取了化物所 2008 年度统招博士研究生（当年100 名考生中仅录取 14 名，我其中一门专业课仅仅超过录取线两分）。入所后，我更深刻地感受到了其浓厚的学术氛围。开学第一周，研究生部就组织了多场学术报告，关亚风研究员、杨学明研究员、鞠景月教授（哥伦比亚大学）与梁鑫森研究员分享了他们各自团队的研究以及学术历程，让我们了解到科研的伟大与不易，更深刻理解化物所精神就是解国家之所需，不畏困难，勇于攀登的精神。

在生物质高效转化研究组（1816组），我获得了多学科交叉训练，特别是化学思维的熏陶。赵宗保研究员治学严谨，且给我足够的学术自由度，并给我提供了同时三个课题训练的机会。在这个温暖的大家庭中，我得以心无旁骛地专心学习。然而，我的课题在开始阶段便遇到了很大困难，前两年几乎没有进展，而身边的同学们纷纷发表了学术论文，获得了各类奖学金。很奇怪的是，在此种情境下我并没有感到焦虑，最终克服了困难，完成了三个课题的研究内容，相关学术成果也在知名学术期刊如《美国化学会志》（JACS）和《美国科学院院刊》（PNAS）发表，我想这得益于化物所提供给我的科研环境和条件，这也正是化物所精神的体现。这段经历奠定了我以后学术生涯的基础，也坚定了我以科研为职业的决心。

博士毕业后，我又面临选择：留在国内直接工作还是出国留学？综合考虑，我决定出国拓展自己的国际视野。幸运的是，在仅写了四封申请信后，我就获得了瑞典查尔姆斯理工大学 Jens Nielsen 教授（瑞典皇家科学院、工程院院士，丹麦皇家科学院院士，美国工程院外籍院士）实验室的博士后职位。在博士后阶段，化物所精神仍然启发并激励着我。当我开始博士后课题时（脂肪酸衍生物生物制造），美国同行很早已经开始了该工作并已有系列学术论文发表。我面临着是在已有研究基础上做一些零碎的补充工作、还是做更为深入的系统工作的抉择，零碎补充工作能够很快发表论文，而深入系统工作则面临很大风险。在化物所精神的再一次指引下，我选择了尝试深入系统工作，迎接新的挑战。在 Nielsen 教授的耐心支持下，我平稳了心态并和同事们通力协作，终于在 3 年后取得了系列进展，使得我们在该领域成为国际领先团队之一。在 Cell，Nature Energy，Nature Communications 与 JACS 等期刊发表了学术成果，申请了 3 项专利。依托该成果，我和 Nielsen 教授成立了一家生物技术公司，并获得法国石油 TOTAL 支持。

博士后阶段结束后，我毫不犹豫地选择了回国，因为这是对我个人发展最好的选择。为了避免后期研究专利纠纷，我退出了公司所有股份得以轻装上阵。重新回到化物所工作也是我出国之前的愿望和初心。虽然过程有些波折，但我终于在2017 年 1 月重新回到了化物所，不同以往，这次是以职工的身份回归并组建新的科研团队。

回到所里后，所职能部门和生物技术研究部都给予我很大的支持，使得我能以最快的速度建立科研团队。重装修的崭新实验室于 2017 年 6 月正式投入使用。在学科方向上，我们团队的研究方向与化物所的主要目标结合起来，开展甲醇生物转化的合成生物学研究，并尽量和所内优势学科互补。经过一年半的摸索，我们获得了一些初步成果，后期将尽可能加快科研进度，争取尽快获得一些系统深入的成果。

目前,生物化工在化物所仍是一个小方向,但从另外一个角度来看,这也意味着具备相对更为广阔的发展空间。在化物所的大力支持下,在化物所精神的指引下,我仍将保持在化物所求学时的那种朝气,不遗余力地把工作做好,为化物所生物化工发展贡献一份力量。也许道阻且长,但从踏上这条路的那一刻开始,每一步都是接近目标的铺垫。

作者简介:周雍进,男,1984年12月出生,2017年至今在大连化学物理研究所工作,研究员。从事合成生物学与生物催化研究。

我们的事业，能源的未来

——记大连化学物理研究所大规模储能技术研究历程

张洪章　王怀清

随着能源需求量的持续增长和低碳社会的逐步建设，传统的以化石能源为主、清洁能源为辅的能源结构，已在发生以清洁能源为主、化石能源为辅的根本性转变。大规模储能技术在可再生能源并网及微电网、电网调峰提效、区域供能等应用中发挥关键作用，是解决能源资源和能源安全，落实节能减排，推动绿色低碳发展的重大战略需求，对推进能源革命具有不可替代的作用。大规模储能是大连化物所最近10多年发展起来的学科方向，其中全钒液流电池技术已经实现产业化。

2000年，张华民研究员作为中国科学院"百人计划"人才从日本回到到大连化学物理研究所。在包信和所长的安排下，张华民担任了大连化物所燃料电池研究室主任，并先后主持了国家863高技术研究"电动汽车"重大专项"燃料电池发动机"、科技部国际合作项目"燃料电池关键技术"、中国科学院"大功率燃料电池发动机及氢源技术"重大专项等研究开发工作。当时，燃料电池是个热门研究方向，受到国际广泛的研究和关注。在衣宝廉院士的指导下，张华民带领团队，2001年开发出我国首台30千瓦中巴车用氢/氧燃料电池发动机，2004年开发出我国第一台150千瓦城市客车用氢/空气燃料电池发动机，实现了我国大功率燃料电池发动机从无到有的突破。与清华大学等单位合作开发的燃料电池城市客车在2008年北京奥运会和2010年上海世博会等国家重大活动中得到示范应用。

在燃料电池的研究进行得如火如荼的同时，普及应用风能、太阳能等可再生能源引起世界各国的高度重视。我国又是一个多煤、贫油、少气且能源资源分布不均匀的国家，长期依赖化石能源不但会造成能源资源的匮乏，而且会造成严重的环境污染。以可再生能源逐步代替化石能源，是解决我国能源资源、能源安全和环境污染的重要途径。然而，风能、太阳能等可再生能源发电普遍存在不连续、不可控、不稳定等问题，大规模普及应用将会给电网带来严峻的问题，这需要通过大规模储能技术予以解决。但是当时可再生能源的发电规模很小，这些问题还没有引起人们的关注。张华民预感到大规模储能技术将成为实现可再生能源普及应用的支撑技术。从 2001 年起，张华民就在研究团队开始布局储能技术的开发。可以用于大规模储能的技术种类很多，有锂离子电池、钠硫电池等化学储能技术，也有抽水储能、压缩空气储能等物理储能技术。液流电池并不是主流的储能体系，但全钒液流电池使用的电解液为钒离子的稀硫酸水溶液，安全性好；这种电池充放电循环寿命长、生命周期性价比高、电池材料主要为碳材料和塑料、储能活性物质的电解液可循环应用，生命周期环境负荷小。具有突出的优势，且不受地理条件约束，非常适合用于大规模储能。通过对多种电化学储能技术的分析和调研，最终选定了以全钒液流电池为主的液流储能电池技术作为研究方向。

当时，国际上只有美国、日本、加拿大、澳大利亚等国家从事全钒液流电池的技术开发，对中国封锁很严格，我们的研究基础几乎为零，没有基础不要紧，关键是能力和信念！在张华民的带领下，研究团队借鉴燃料电池的研究研究经验，电池关键材料、电堆和系统集成的研究开发平行开展，取得了多项原创性突破，掌握了电池双极板、电解液和高性能、低成本的离子传导膜的批量化制备方法，并自主设计组装全钒液流电池储能系统。团队研发出 2 千瓦全钒液流电池储能系统并进行了连续 6 年、12000 多次充放电循环试验，验证了技术的可行性。2005 年，在科技部863 计划项目的支持下，储能技术研究部成功研制出当时国内规模最大的 10 千瓦全钒液流电池储能系统，填补了国内液流电池储能系统技术的空白，迈出了全钒液流电池储能技术应用的第一步。2008 年的时候，大连化物所储能技术研究部依托全钒液流电池技术成立了融科储能技术发展有限公司，产学研合作，共同推进全钒液流电池储能技术成果的工程化应用示范和产业化，标志着我国全钒液流电池储能技术步入产业化发展阶段。

在此期间，出现了两个小插曲：一个是 2005 年，从 20 世纪 80 年代初开始全钒液流电池研究开发和产业化应用的日本住友电工公司，考虑到他们的全钒液流电池的成本太高，难以突破，宣布终止全钒液流电池开发和产业化；另一个是 2008年，加拿大全钒液流电池企业 VRB 公司因为金融危机的影响宣布破产。这两件事在当时引起了不少人对全钒液流电池技术前景的质疑，为液流电池的质疑声很大，团队内部也有人开始担心未来。在这种情况下，张华民研究员带领研究开发团队认真分析了可再生能源的发展前景，国家的重大需求及全钒液流电池的技术特点和我们的优势。大家一致认为，风能和太阳能等可再生能源的发展趋势不可逆转，大规模储能是可再生能源发电普及应用的关键核心技术，从技术的安全性、性价比、适用性方面分析，全钒液流电池是非常适合于大规模储能的技术。而且，中国的钒资源储量占世界总储量的30%以上，有先天的资源优势。通过技术创新，可以开发出高性能、低成本的材料，另一方面，通过对结构设计进行创新，可以大幅度提高电堆的功率密度，降低材料的使用量。因此全钒液流电池还有很大的发展空间。通过分析，研究团队达成了共识，我们应该坚持下去，我们一定能够做得更好。

2010 年 10 月 9 日，时任全国人大常委会副委员长、中国科学院院长路甬祥到大连化物所调研，在研究员会上，路院长提出大连化物所应该抓好三件事，其中之一就是大规模液流电池储能技术。张涛所长指示全钒液流电池技术的负责人张华民"尽快筹建储能技术研究部"。张华民带领 30 余名学生职工成立了储能技术研究部，主要实验室也由大连化物所的膜楼搬迁至能源楼 1 号楼的 8 楼，集中力量进行大规模液流电池储能技术的研究。储能技术研究部开发出 260 千瓦的电池系统，而且成本也大幅度下降。日本住友电工受此影响，又宣布重起全钒液流电池的工程应用示范和产业化。2012 年，由储能技术研究部做技术支撑的大连融科储能技术有限公司（融科储能）在国电龙源沈阳法库 50 兆瓦风电场实施了当时全球最大规模的 5 兆瓦、10 兆瓦时全钒液流电池商业化储能项目，这个项目 2012 年成功并网已安全稳定地在运行了 6 年多，一举奠定了大连化学物理研究所液流电池技术的全球领先地位。截至 2018 年，融科储能与大连化物所合作团队已实施了 30 余项全钒液流电池储能系统工程示范和产业化应用项目，其电解液、电堆及储能系统已出口到美国、德国和日本等国家。

随着全钒液流电池储能技术在市场的推广应用，张华民意识到建立液流电池标准、引导产业发展的重要性和迫切性。继我国 2011 年成为国际电器工业协会（IEC）的常任理事国后，2012 年，依托学术和技术的领先优势，张华民研究员向国家局建议成立"国家能源行业液流电池标准化技术委员会"，并连续两届担任主任委员。他还积极向国际电工委员会（IEC）建议，成立新的工作组，制定 IEC 液流电池国际标准；2013 年，起草了《液流电池通用技术条件及测试方法》的国际标准提案，并顺利通过，这是第一次由我国专家在一个新的技术领域、建议成立新的工作组制定国际标准，并获得同意。迄今为止，大连化物所储能技术研究部与融科储能合作团队牵头起草了 1 项国际标准、4 项国家标准及 5 项行业标准已颁布实施。这充分显示了国内外对大连化物所液流电池技术水平的认可，彰显了我国在国际液流电池领域话语权，这对推动我国液流电池的产业化发展，参与国际市场竞争并占据主导权具有重要作用。

2016 年 1 月 8 日，"全钒液流电池储能技术及其应用"项目获国家技术发明奖二等奖。获奖理由是："项目原创性地开发出全钒液流电池离子传导膜、电极双极板、电解质溶液等关键材料，创新性地突破了高性能电堆和大规模储能系统设计集成等方面的关键科学问题和工程技术问题，取得了一系列技术发明和创新成果。该项目完成了从实验室基础研究到产业化工程应用，从关键材料到系统集成的发展过程，是全球唯一掌握了完整的全钒液流电池储能全产业链的团队。"该项目的第一完成单位为大连化物所，第二完成单位为大连融科储能技术发展有限公司。同年，发改委国家能源局下发的《能源技术革命重点创新行动路线图》，将建立百兆瓦级全钒液流电池储能技术列为重点路线。2016 年 4 月，国家能源局批复大连 200 兆瓦液流电池储能调峰电站国家示范项目，该项目是国际上最大规模的电池储能项目，对推进大规模储能在电力调峰及可再生能源并网，探索储能技术应用模式和商业模式上都有积极示范和引领意义，将成为世界储能产业发展的重要里程碑。2018 年 3 月，英国皇家化学会 Chemistry World 网站以 *China Powers Up* 为题报道了中国近些年在清洁能源领域取得的重大进步，并特别强调原始创新在其中发挥的重要作用。报道中指出 "Vanadium flow batteries were first developed in 1980s，but Zhang's team made several key innovations to improve their commercial prospects"。

激情成就梦想，细节决定成败。梦想的实现不在一朝一夕，是个长期坚持的过程。走入储能技术研究部，映入眼帘的是两行醒目的大字："我们的事业，能源的未来"。这简单的十个字，是储能技术研究部全体职工和学生坚定的初心和使命。经过 19 年的不懈奋斗，大连化物所储能技术研究团队发展了大规模液流电池储能技术，并取得了一个又一个阶段性的胜利。那是一段激情与汗水浇筑的历史，是大连化学物理研究所储能技术研究部风雨兼程的成长历程，也是团队事业和使命的所在。作为储能人，我们感到激情澎湃。愿它能激励下一代储能人继续奋斗，建设能源的美好未来。

作者简介：张洪章，男，1986 年 4 月出生，2008 年 9 月至今在大连化学物理研究所学习工作，研究员。从事电化学储能技术研究。

王怀清，女，1992 年 12 月出生，大连化学物理研究所 2016 级博士研究生。从事芯片存储研发工作。现任职于英特尔半导体（大连）有限公司。

离子迁移谱技术在快速分离与检测课题组的发展历程

李京华

2008 年北京奥运会前后，出入机场都有安保人员用一张纸条在乘客行李上划几下，然后插入一个机器。很多人会发出疑问，这张纸条能检出什么？

这个纸条和仪器，是用来检测爆炸物品的，是大连化物所快速分离与检测课题组李海洋研究员团队的研究成果之一。纸条是样品试纸，仪器将纸条上的小分子电离后，几秒钟就能辨别出其成分。离子迁移谱便是这些爆炸物探测仪的核心技术。

什么是离子迁移谱呢？离子迁移谱（ion mobility spectrometry，IMS），是在 20 世纪 70 年代初出现的一种新的气相分子离子的分离和检测技术，通过离子迁移率（漂移时间）的差别来进行离子的分离定性，具有现场灵敏度高，分析时间快的特点，适合于稽毒现场对爆炸物、毒品和毒剂的快速检测，以及挥发性有机化合物的痕量探测，如化学战剂和大气污染物等，目前广泛地应用在机场安检、战地勘查、环境监测、工业生产等方面。

20 世纪 80 年代初，国际上首先研制出军用现场检测离子迁移谱仪器，在民用方面的发展缓慢。进入 20 世纪 90 年代，国际上研究 IMS 技术的机构和研究人员逐渐增多，进入到 21 世纪、特别是 2001 年的"9·11"恐怖袭击之后，我国对 IMS 的研究便陆续开展起来。

李海洋早在 1998 年美国访学期间，敏锐地发现离子迁移谱在爆炸物等危险品的现场快速检测方面具有广阔的前景。2000 年回国后，为了满足我国公共安全的迫切需求，李海洋研究员将离子迁移谱技术和仪器作为重点研究方向之一。2003 年成立了快速分离与检测课题组，离子迁移谱技术是课题组的重点研究方向，同年获得了国家 863 前沿探索课题和大连化学物理研究所创新基金对离子迁移谱项目的资助。2004 年发表了大连化物所第一篇离子迁移谱的综述《离子迁移谱仪的研究进展》（邵士勇，阚瑞峰，侯可勇，李海洋，现代仪器分析，2004 年 4 期）。

当初立项时，国内外只有采用放射性 63Ni 电离源的离子迁移谱仪器，放射性带来的安全、报废处理等成本占核心部件的 10%，影响了该仪器的市场化应用和发展前景。例如，以世界各大仪器公司相继推出的 IMS 仪器为例，典型代表有芬兰 Environics Oy 公司推出的 Chempro 100、美国 Smith Detection 公司推出的 Ionscan 500、德国 Airsense 公司推出的 GDA2 等产品。这些仪器普遍采用放射性 63Ni 离子源。该电离源除了具有放射性污染的危害外，其灵敏度和电离选择性比较差，再加上仪器分辨能力低，并且缺少化学战剂的准确离子迁移率 k_0 数据库，离子迁移谱仪器在实战应用中常出现误报的现象，无法满足现场快速准确检测的需求，也没有充分发挥这一技术的强大优势。特别是随着地铁爆炸等暴恐袭击以及毒品犯罪活动的愈加猖獗，对高灵敏、高选择性离子迁移谱技术的需求更加的迫切。然而，因涉及国家安全，爆炸物和毒品检测的最新技术和设备，国外对我国是严格封锁和禁运的，涉及的核心技术、关键部件和数据库都不公开。

李海洋从我国的实际情况出发，（1）率先采用非放射性光电离源，研制具有自主知识产权的现场快速检测爆炸物和毒品的离子迁移谱、差分离子迁移谱技术和仪器，取得了多项技术发明突破，包括发明了正负离子迁移管双模设计，可以同时检测负离子模式的爆炸物和正离子模式的毒品，杜绝了放射性电离源的安全问题；（2）发明了高灵敏度脉冲离子萃取技术，通过离子门的控制和进样效率改进，进样离子利用率从 1% 提高到 20%，梯恩梯灵敏度从 1 纳克提高到 0.12 纳克；（3）发明了空间聚焦离子门的高分辨离子迁移管技术，提高了分辨率，从而使误报率降低到 2.5%。与原有技术相比，提高了使用安全性，安全、报废处理等成本占比从核心部件的 10% 降低到 1%；（4）首次实现土炸药中的黑火药、硝酸盐和氯酸盐、新型暴恐炸药过氧化物等的检测，将灵敏度提高了 3~6 个量级，扩大了探测种类。完成了从材料发明、工艺发明直到形成产品、技术转移转化和产业化的全过程。

2010 年开始，课题组对离子迁移谱技术和仪器，成功地进行了技术转移推广和产业化应用。截至 2018 年，专利技术转化和授权应用于 5 家省内外的企业公司，累计实现技术转让、核心部件销售和仪器收入 1500 多万元，合作企业新增产值 9100 万元以上。包括深圳二家公司、上海一家公司、辽宁省大连市的三家企业公司，涉及与本技术相关的专利技术转让和授权使用 16 项，已获得专利转让和许可使用费累计 400 多万元，以技术参股达 300 万元以上。先后推出了多个型号的便携式炸药毒品探测仪、台式正负双通道炸药毒品探测仪等，能同时检测出黑火药以及国际民航组织规定的爆炸物和毒品，仪器获得了国家安全防范报警系统产品质量监督检验中心（上海）、公安部安全防范报警系统产品质量监督检验测试中心等有关部门的测试和认证，仅 2014—2016 年，就有 1050 多台仪器成功应用于天津、北京、西安、福建、浙江、重庆等地的地铁、机场和车站等重要场所的安检、国防安全、公共安全等领域。

课题组为 2008 年北京奥运会，2011 年西安世界园艺博览会、2015 年南京青奥会、2015 年"8·12"天津滨海新区爆炸事故等大型活动和重要场所提供多套爆炸物探测仪，并广泛应用于广西、新疆、塔吉克斯坦、天津、西安、兰州、北京、南京等地的机场和车站等重要场所的安检，为维护社会安全稳定，参与突发事件的监测，做出了贡献。

技术转移转化的各公司在此基础上，又先后推出了多个型号的便携式炸药毒品探测仪、台式正负双通道炸药毒品探测仪等，能同时检测出黑火药以及国际民航组织规定的全部爆炸物和毒品，仪器获得了有关部门的测试和认证，并生产和推向市场，陆续应用在广西、新疆、塔吉克斯坦，天津、西安等地的机场和车站等重要场所的安检。

从 2010 年开始，李海洋等多名研究人员连续参加了每年一度的国际离子迁移谱年会，并在第 20—28 届的每届年会上都作了 1~2 篇报告。国际交流也越来越频繁和深入，先后有 7 人次受邀到美国的 New Mexico State University 的 Dr. Eiceman, Gary A.（国际上离子迁移谱专著的作者之一）实验室、美国橡树岭国家实验室进行合作和访问研究，受到了国际上学者的密切关注，为国家和大连化物所赢得了声誉。

今年是大连化物所七十周年所庆，与化物所那些老牌学科相比，离子迁移谱领域还比较年轻。但 16 年来，快速分离与检测课题组发展迅速，先后承担了国家自然科学基金、863 计划，科技部项目等 15 项。获得了 2018 年度中国专利优秀奖、2017 年度辽宁省技术发明奖二等奖等。先后在 *Anal. Chem.*, *Talanta*, *Chemical Physics Letters* 等领域内重要期刊上发表英文论文 30 余篇，中文论文 20 余篇。截止到 2019 年 2 月，累计已公开专利申请 260 项，包括发明申请 166 项、实用新型 35 项、外观设计、软件登记等，获得授权的发明专利有 40 项，获得实用新型专利授权 35 项。获得美国专利授权 1 项。

从无到有，由小到大，从弱到强，大连化物所为我国离子迁移谱领域的发展，做出了重要的贡献。大连化物所的快速分离与检测课题组，是我国离子迁移谱领域的重要实验室，也正成为该领域在国际上的重要实验室之一。

作者简介：李京华，男，1966 年 1 月出生，1986 年 7 月至今在大连化学物理研究所工作，副研究员。从事现场快速分离与检测分析工作。

"侦查"与守护

——高精度检测环境污染物与风险评价的成长之路

张海军　　卢宪波　　李　云　　金　静　　马慧莲

　　工业生产释放到环境中的污染物多达数百万种，这些污染物会通过各种途径进入人体，长久持续地影响身体健康。流行病学研究证明人类的疾病 70%~90% 与环境有关。近 20 年来，环境污染和癌症高发已成为中国老百姓的切肤之痛，也是党中央最为关切的问题之一。化物所在分析化学研究领域具有深厚的基础，为满足国家对环境分析和健康风险评估的重大需求，从 2004 年开始，在陈吉平研究员的带领下成立了生态环境评价与分析研究组（103 组），其目标是，以解决重大环境污染问题为牵引，发展复杂环境中关键有害污染物的鉴定技术和快速监测方法，建立起环境污染与生态和人体健康间的内在关联。

　　如何从数百万种环境污染物中快速分析并鉴定出关键有害物质是环境分析领域的一大难题。已确定的在环境中广泛存在且毒性较高的污染物包括：重金属、挥发性有机污染物（VOCs）、持久性有机污染物（POPs）、内分泌干扰物、抗生素、农药、兽药、医药、消毒副产物、含卤阻燃剂和增塑剂等。在不同的环境介质和食品中这些污染物的种类分布和水平也会发生变化，同时这些污染物也存在较大的时空变异。面对环境污染的复杂性，如何根据自身的科研条件和人才构成找到一个合适的研究切入点，成为研究组成立之初的最紧迫任务。

　　2004 年，研究组基于刚刚购买的高分辨气相色谱-高分辨质谱联用仪建立了二噁英分析实验室。二噁英是目前已知毒性最高的化合物，但其在环境中以超痕量水平存在，定性定量分析难度极高。也正是在 2004 年联合国环境署推动了《关于持久性有机污染物的斯德哥尔摩公约》（后简称 POPs 公约）正式缔约，该公约旨在减少和/或消除持久性有机污染物排放和释放。持久性有机污染物是一类具有环境持久性、可长距离迁移性、生物累积性和高毒性的污染物。我国作为负责任的大国是公约最初缔约国之一。POPs 公约最初列入了 17 种污染物，包括二噁英、多氯联苯和有机氯农药。当时国内科研机构极其缺乏二噁英和多氯联苯的分析测试手段和相应经验。这为研究组开展环境领域问题研究提供了一个难得的切入点。经过 1 年多的探索，实验室的二噁英和多氯联苯分析项目通过了中国计量认证（CMA）和中国实验室国家认可委员会（CNAL）的认可评审，成为国内第一家同时具备二噁英和多氯联苯分析测试能力并通过认可的实验室。

根据发达国家的研究，垃圾焚烧是二噁英最主要的排放源。2004 年垃圾焚烧发电行业在我国刚刚兴起。由于当时垃圾焚烧技术还较为落后，因此主流学术界对垃圾焚烧过程二噁英的监测和排放控制产生质疑。也正因为此，国内资源环境技术领域 863 计划项目资助了垃圾焚烧过程污染减排控制技术研究。我们研究组有幸成为项目组的一个研究团队，开展二噁英的监测和减排控制技术研究。历经 3 年的努力，研究组完善了焚烧烟气的二噁英监测技术，成为该技术的国内领头羊；同时根据现场试验研究结果提出了减少二噁英排放的最佳可行技术，使得试验垃圾焚烧设施的二噁英排放量减少了 50%。通过本项目研究，研究组的二噁英监测与研究能力得到了国家环保部的认可。2006 年至 2010 年，研究组受环保部国际环境公约履约办公室委托，先后对我国水泥生产行业和非木浆造纸行业的二噁英排放开展调查研究，为我国履行 POPs 公约提供了必要的数据支撑。

目前，我们研究组仍是东北区域唯一一家可提供第三方商业监测服务的二噁英实验室。15 年来，我们面向全国，积极配合国家和各地的环境监测主管部门，开展垃圾焚烧、危废焚烧、钢铁冶炼、水泥生产等焚烧企业的二噁英排放监测，监测企业 400 余家，分析样品 7000 余次，创收 5000 余万元，上缴利税超过 400 万元。

焚烧烟气和大气中二噁英的采样需要非常专业化的设备。在 2010 年前，这些设备只能从外国进口。在"十一五"期间，研究组在 863 项目的资助下，组建了仪器研发小团队，开始研制焚烧烟气二噁英等动力采样仪和大气二噁英采样仪。经过 3 年的努力，研究组研制出拥有自主知识产权的二噁英采样设备，其各方面性能均可达到国际通用二噁英采样设备的标准。目前，研制的二噁英采样设备已经商业化生产并应用推广。在国家"十二五"863 项目的支持下，研究组继续攻克了垃圾焚烧设施排放二噁英类物质在线监测的难题，研制出焚烧烟气二噁英连续采样仪。2014 年和 2016 年，研究组研制的二噁英采样设备先后获得大连市技术发明奖一等奖和辽宁省科技进步奖二等奖。

POPs 公约是一开放的体系，截至目前已有 29 类污染物被列入 POPs 公约的控制名录。以服务国家履行 POPs 公约为需求牵引，研究组不断发展和完善 POPs 分析技术，建立了二噁英（210 种异构体）、多氯萘（75 种异构体）、多氯联苯（209 种异构体）的全谱分析方法以及低氯取代多环芳烃的精准定量分析方法；同时发展了有机氯农药、六溴环十二烷、多溴联苯醚和短链氯化石蜡等 POPs 的高灵敏度分析方法，建成了 POPs 系统分析平台。其中，有关短链氯化石蜡的分析技术和环境行为研究已在国际上处于领先地位。

我国是氯化石蜡生产第一大国，年产量高达 100 万吨，其中的短链氯化石蜡具有环境持久性、生物累积性和高毒性，对生态和人体健康威胁较大。短链氯化石蜡有成千上万的异构体，其精准定量分析是环境分析化学界最具挑战性的课题之一。研究组首先优化改进了基于高分辨气相色谱-负离子源-低分辨质谱的短链氯化石蜡分析方法，使得其定量分析的精确度大为提高。优化后的短链氯化石蜡分析方法于 2016 年通过 CMA 认可。针对工业环境源样品中的短链氯化石蜡含量分析，研究组发展了催化加氢碳骨架分析方法，研发出钯基催化剂及其催化加氢装置，对短链氯化石蜡的催化转化率超过 90%，同时合成了两种氯代支链氯化石蜡标样，分别作为提取内标和回收率内标，从而使工业环境源样品中短链氯化石蜡的定量分析更加精准可靠。研究组创新性发展了短链氯化石蜡的氘代脱氯-高分辨色谱-高分辨质谱分析方法，该方法用氘代铝锂基于还原脱氯反应将短链氯化石蜡的氯原子取代为氘原子，使同一长度碳链作为单一色谱峰流出；碳骨架上的氘代信息对应氯取代信息，在质谱上清晰呈现。此方法实现了不同氯化度和不同碳链长度短链氯化石蜡同族体的精准定量分析，文章发表于国际环境科学与技术领域顶级期刊 *Environ. Sci. Technol.*（2016），作为杂志电子滚动推荐文章。2017 年 5 月，短链氯化石蜡被正式列入 POPs 公约的管控物名录。在联合国环境署发布的《短链氯化石蜡风险评估报告》中引用了我们团队 6 篇文献报道（共 17 处引用），为短链氯化石蜡列入 POPs 公约管控做出了贡献。

近年来我国食品安全问题频发，经常触动国人脆弱的神经。食品安全的严格把关需要准确可靠的分析方法和标准物质作为保障。标准物质是定量分析的物质基础，在量值溯源中具有不可替代的作用，同时其生产又具有较高的技术难度和门槛，尤其是用于痕量分析的标准物质(质控产品)研制技术难度最大。国外的质控产品昂贵的价格成为发展中国家开展环境监测质量控制的一大障碍，例如美国的贻贝中有机氯化合物标准物 NIST-SRM1974B 每份售价高达 2 万多人民币。针对多氯联苯、有机氯农药监测的要求，研究组研发了可用于食品中 40 多种有机氯农药和多氯联苯同时检测的同位素稀释质谱高精准定量新方法，并基于此方法研制了底栖动物的环境标准物质，即贻贝中有机氯农药和多氯联苯国家一级标准物质（GBW10069）。国家一级标准物质具有唯一性、溯源性等特点，代表了该领域国家的最高水平。该标准物质在全国量值传递溯源过程中已运行 6 年并稳定有效，被用于食品安全、环境监测等领域有机氯农药、多氯联苯类污染物分析方法的建立、可靠性评价、测量质量控制、给材料赋值等。研发的标准物质获得 2014 年度中国计量测试学会的科技进步奖。

由于 POPs 的分析测试成本较高，目前国家还没有足够的财力和监测能力开展全覆盖式的 POPs 污染调查和相应的环境风险评价。因此，发现 POPs 重污染区域，揭示相应污染特征和可能的生态和健康风险，成为当前我国 POPs 研究的主要任务。从 2005 年开始，研究组在 3 个连续的 973 项目、环保部公益项目、农业部公益性项目和国家自然科学基金项目的资助下，以东北（黑、吉、辽和内蒙古）和渤海辽东湾为研究区域，持续开展了 POPs 污染分布特征及生物累积行为研究，涉及的污染物包括二噁英、多氯联苯、多氯萘、多溴联苯醚、六溴环十二烷、有机氯农药和短链氯化石蜡，已形成系统性研究结果，发表相关文章 20 余篇(其中 16 篇为 SCI 期刊收录)，累计他引次数超过 600 次；出版专著 2 部，分别为：《水环境中持久性有机污染物（POPs）监测技术》（化学工业出版社，2014）、《持久性有机污染物（POPs）区域污染现状和演变趋势》（中国环境出版社，2015）。通过系统的采样分析，呈现了东北渔业主产区、辽河流域及渤海辽东湾区域主要 POPs 污染的基本时空分布特征，并获得了诸多关于 POPs 环境迁移和生物富集行为的规律性认识。我们发现在近海水产品、稻田泥鳅、河蟹和淡水鱼中均具有较高的有机氯农药、多氯联苯和短链氯化石蜡累积，从而确定了食用水产品具有较高的健康风险。

塑料在人类生产生活中无处不在，为改善塑料的使用性能，阻燃剂和增塑剂等塑料添加剂被大量添加。绝大多数卤代阻燃剂和增塑剂，如六溴环十二烷、短链氯化石蜡和四溴双酚 A 等，具有 POPs 属性或具有极高的毒性。这些阻燃剂和增塑剂可在塑料的全生命周期持续释放，对人体健康构成威胁。然而，人们一直对这些污染物从塑料中释放的过程和强度缺乏认知。经过近 6 年的努力，研究组发展了塑料常温条件下和燃烧条件下塑料中阻燃剂释放的监测方法，构建了热处理条件下阻燃剂从塑料中释放的动力学模型；同时，创新性发展了释放出的阻燃剂与气溶胶颗粒相互作用研究方法，并据此建立了呼吸暴露风险评估方法。近 5 年，雾霾已经成为我国环境污染的主要问题。为评估雾霾的健康风险，我们将发展的污染物与气溶胶颗粒相互作用研究方法用于雾霾研究。通过对北京城区冬季采暖期的雾霾污染事件进行观测，揭示了二噁英、多环芳烃和多溴联苯醚在雾霾污染发生发展过程中的污染演变规律，发现雾霾的发生会显著增加通过呼吸途径摄入多环芳烃和二噁英的终生致癌风险。

从复杂的环境介质和生物样品中鉴定出痕量或超痕量水平的有机污染物需要高效的样品制备技术。自 2006 年以来，我们陆续研制出一批新型样品制备材料，建立了复杂样品中痕量或超痕量有机污染物的分离纯化新方法。针对多环芳烃、多氯萘和类二噁英多氯联苯等氯代芳构化合物，制备出氧化镁微球固相萃取材料，大幅缩减了样品净化过程的溶剂消耗。针对双酚类污染物，制备出一系列高效分子印迹类材料，建立了环境水、底泥等复杂样品中该类污染物的高效选择性富集净化方法，解决了痕量分析中的模板泄露问题。针对强极性离子型类污染物分析的难题，首次制备出一系列超支化离子交换混合模式固相萃取材料，实现了复杂样品中更精细的酸、中和碱性组分的分离，发展了多组分目标污染物分析技术，包括环境水中酸、中、碱性药物污染物以及人群暴露研究中邻苯二甲酸酯类代谢物与双酚 A、壬基酚的分离纯化，其净化效果能够媲美甚至优于商品化材料。

环境污染物的分析不仅需要高精度的色谱-质谱等传统分析方法，也需要发展快速检测技术以满足环境样品和日用品等大规模污染筛查、现场监测、应急检测的多层次需求。基于生物传感器的检测技术由于具有快速、经济、便携等优势，可以满足对污染物在线检测和实时检测的迫切需求。瞄准生态环境、食品安全和公众健康领域对快速检测与痕量分析监测技术的需求，围绕着进一步提高传感器的检测限、稳定性、重现性等核心性能指标以满足痕量分析的需求等关键共性前沿科学问题，促进生物传感器的商品化进程，我们系统深入研究了纳米材料理化性质对提高传感器关键性能纳米调控效应，研发了 10 余款性能国际领先的便携式纳米生物传感器和微型化样机，建立了针对水中挥发酚、卤代苯、塑料产品中双酚 A、食品中多氯联苯等多种目标物的高灵敏快速检测和识别新方法，为环境和生物样品提供了简便、经济、便携、现场应急、在线连续检测的新方法。所取得的研究成果获得 2010 年度教育部自然科学奖一等奖和 2018 年度中国水产科学院科技进步奖。

POPs 通常在人体体液和组织中持续以低剂量可观测水平存在，这些少量存在于人体的 POPs 可随时启动有害连锁反应，对体内的生理生化反应造成长期干扰。在传统的毒性效应评价研究中，低剂量污染暴露引起的有害效应常常被忽略。我们在国际上较早发现代谢物组分布对低剂量 POPs 暴露胁迫的敏感性，并于近 5 年创新性构建了基于代谢组学分析策略的低剂量 POPs 毒性效应和毒性作用机制研究体系，具体可描述为：以高精度代谢组分析技术检测低剂量 POPs 暴露引起的代谢物改变，基于数据深度挖掘技术寻找受影响代谢通路、发现可能的早期生物标志物；基于代谢紊乱度确定剂量-效应关系；通过扰乱的代谢通路上溯调控机制，通过对功能蛋白活性及上下游调控基因表达改变分析确定作用靶点，锁定主要毒性作用方式。此方法体系的有效性和可靠性在研究短链氯化石蜡、二噁英、多氯联苯、六溴环十二烷和多环芳烃的代谢毒性过程中得到验证。为提高代谢物分析的范围和精度，我们将代谢物组的拟靶向分析策略引入到 POPs 诱导的代谢物组改变探测，分析鉴定的小分子代谢物可达 1000 种以上。

在陈吉平研究员的带领下，生态环境评价与分析研究组（103 组）不断成长壮大。研究组面向国家环境安全重大需求，基于自身在高效分离、快速监测和高灵敏检测领域的研究优势，通过系统的学科规划和能力建设，形成了一支以污染物高精度分析技术和快速检测为核心的高水平研究团队。在未来 5 年，研究组将继续聚焦于环境有机污染物的高灵敏分析、风险识别、环境行为和减排控制研究；同时基于新近发展的暴露组学理念，开展污染物的毒性效应和作用机制研究。我们坚信科研成果将在不断的坚持和持续的努力中得以体现和升华，并由此推动环境监测和分析技术的发展，服务于国家的生态环境建设。正如习总书记所说："生态环境保护是一个长期任务，要久久为功。"

作者简介：张海军，男，1974年8月出生，2005年1月至今在大连化学物理研究所工作，研究员。从事持久性有机污染物分析、减排与环境健康研究。

卢宪波，男，1978年3月出生，2007年6月至今在大连化学物理研究所工作，研究员。从事分析化学研究。

李云，女，1980年3月出生，2009年10月至今在大连化学物理研究所工作，副研究员。从事分析化学研究。

金静，女，1982年3月出生，2011年7月至今在大连化学物理研究所工作，副研究员。从事环境污染物分离分析研究。

马慧莲，女，1979年3月出生，2005年4月至今在大连化学物理研究所工作，副研究员。从事环境痕量有机污染物分析研究。

世界最亮极紫外光源诞生记[①]

金艳玲

2016 年 9 月 24 日深夜，远离喧嚣大连市区的长兴岛早已进入梦乡，漆黑的夜色中一个房间依旧灯火通明，里面一群人一如平常地忙碌着。突然这群人发出了无比兴奋的欢呼声："出光了！出光了！"这群人就是大连光源研发团队，他们欢呼是因为基于可调极紫外相干光源的综合实验研究装置（以下简称"大连光源"）发出了第一束极紫外自由电子激光！这是一个值得庆祝的夜晚，是一个应该被记住的夜晚，超过 300 兆伏能量的高品质电子束流终于依次通过自由电子激光放大器的全部元件，总长 18 米的波荡器阵列发出了第一束极紫外光！

一、中国第一　世界最亮

大连光源由国家自然科学基金国家重大仪器专项资助，由中国科学院大连化学物理研究所（以下简称"大连化物所"）和上海应用物理研究所（以下简称"上海应物所"）联合研制，项目于 2012 年初正式启动，2014 年 10 月 22 日正式开工建设，2016 年 9 月 24 日，完成了基建工程以及主体光源装置的研制并发出第一束极紫外光。2017 年 1 月 15 日，高增益谐波产生（high gain harmonic generation，HGHG）模式自由电子激光饱和出光，总长 100 米的自由电子激光装置发出了世界上最强的极紫外激光脉冲，单个皮秒激光脉冲可产生 140 万亿个光子（1.4×10^{14} 光子/脉冲），成为世界上最亮且波长完全可调的极紫外自由电子激光光源。

团队负责人杨学明院士 20 多年前在美国加州大学伯克莱分校从事博士后研究工作时，有一个梦想：希望有一天，能有一个更亮的超快极紫外光源，可以把微观的原子分子世界看得更清楚，可以看分子在化学变化过程或者物理变化过程里面的超快过程。现在，他的梦想终于实现了。未来，在大连光源极紫外光照下，几乎所有的原子和分子都无处遁形。

大连光源是我国第一台大型自由电子激光科学研究用户装置，是当今世界上唯一运行在极紫外波段的自由电子激光装置，在不到 3 个月时间调试成功产生了世界

---

① 中科院内部刊物《科苑人》的 2017 年 01 期上，曾发表过本文。

上单脉冲最亮的极紫外激光，创造了我国同类大型科学装置建设的新纪录。时任中国科学院副院长王恩哥评价："这是中国科学院乃至我国的又一项具有极高显示度的重大科技成果。"

二、目标明确　各展所长

2017 年 1 月 16 日，我国研制成功世界最亮极紫外光源的消息被 CCTV-1 新闻联播、CCTV-13 新闻直播间、辽宁卫视等电视媒体争先报道，登上《人民日报》《科技日报》《中国青年报》《中国科学报》等各大报纸头版。一时间，朋友圈被这个世界最亮光源刷屏，这是作为中国人的骄傲，更是作为中科院人的骄傲。创造这一骄人成绩的，是由大连化物所副所长杨学明院士带领的一支科研队伍和上海应物所所长赵振堂研究员、自由电子激光专家王东研究员带领的一支光源工程及研制专家组成的一支优秀团队。

杨学明，项目总负责人。他以敏锐的科学视角，瞄准科技前沿、人类所需，认为研制一个具有超快特性、超高亮度的可调极紫外光源与先进物理化学实验研究装置相结合的综合实验装置，将大大提升基础物理化学研究的实验水平，推动解决能源相关的基础物理化学问题，特别是能源相关化学过程的机理研究，从而加深对能源科技中重要科学和技术问题的认识，提升现有能源的利用效率、促进新的洁净能源技术的发展，进一步改善人类的生存环境和提升人类的生活水平。

上海应物所拥有一支强大的光源工程团队，由该团队承建并运行的上海光源是一台高性能的中能第三代同步辐射光源，是目前世界上性能最好的第三代中能同步辐射光源之一，也是我国迄今为止最大的大科学装置。通过上海光源的建设，该团队积累了大量的大科学工程的建设与管理经验、掌握了大量的关键技术。

多年来，杨学明心中的那个更亮超快光源的梦想不时萦绕于心。他觉得十几年来技术的发展，推进了极紫外以及 X 射线自由电子激光的发展，他追求梦想的愿望也变得日益强烈。一个偶然的契机，他与赵振堂、王东聊起这一梦想，他们三人一拍即合，决定研制用于能源化学研究的专属光源——大连光源。2011 年向国家自然科学基金委员会提出申请并获得批准。这是国家自然科学基金第一个资助经费过亿元的项目。

大连光源项目技术设计之初，首先明确了科学目标——重点围绕能源化学开展研究，一反以往先建装置然后才是科学家怎么用的常规思维。因此，建设大连光源之前，团队进行了充分调研，考虑到了全国能源化学领域科学家们的建议。大连光源的技术设计报告也经历了从 2012 年 3 月草稿、2012 年 4 月讨论稿，到最后 2013 年 7 月终稿的几次修改，激光的指标，例如：波长、能量、脉冲长度等，在一次一次有针对性地讨论中愈发明确。项目的建设过程中，两支团队不停往返大连、上海两地，相互讨论和学习交流，充分沟通，分工协作，各展所长。项目调试阶段更是相互支持、相互配合，最终建成了中国第一、世界最亮的极紫外自由电子激光。开创了我国科学研究专家与大科学装置研制专家成功合作的先例。杨学明说："我是做实验研究的，但是跟真正建装置的科学家一起合作，把这个事情做成，是我们计划里最成功的一个方面。"

三、排除万难　终成正果

大连光源这个过亿的大型科学装置建设从无到有耗时不到两年，创造了我国同类大型科学装置建设的新纪录。整个团队为此付出了不为人知的许多努力。

2016 年 4 月，光源工程团队着手开始安装。安装工作要求非常严谨，在 100 米的隧道内，设备安装的精度要好于 0.1 毫米。他们夜以继日，加班加点，把架子一个一个按照精密的位置固定好，仪器设备一件一件安装好。仅用时 3 个月，就完成光源直线段加速器安装。又在 3 个月之后，完成了极紫外放大器的安装。

2016 年 4 至 9 月的整整半年时间里，整个团队争分夺秒和时间赛跑。在极紫外放大器安装阶段，白天光源工程团队进行极紫外放大器的安装，夜里光源调试团队对已安装好的直线加速器进行带电调试。整个团队 24 小时连续工作持续 3 个多月，团队人员平均每天睡眠不足 6 小时，中间没有一个休息日。工作一忙起来，就经常错过用餐时间，陪伴他们的常常是一箱又一箱的方便面。种子激光和电子束的脉冲长度是 1~2 皮秒（1 皮秒 = 一万亿分之一秒），束斑尺寸为毫米量级，调试过程中需要让它们在空间、时间上都完美地重叠在一起。调试中出现过光线被设备挡住的意外情况，仔细分析原因后，工作人员在 100 米长真空设备中逐段排查，最终找出无光的原因。存放激光器的超净间刚刚建完，为了赶进度，团队人员不顾里面装修留下的非常刺鼻的气味，立即着手开始安装激光器和搭建光路。团队的努力使得光源研制进展迅速，严谨的工作态度使得光源在第一次联合调试的时候，就实现了束流的全贯通，并发出了第一束极紫外光。

四、不辱使命　开创未来

大连光源的建成为能源、化学、物理、生物、环境等相关科学问题的研究提供了世界上独特的研究工具。杨学明说："大连光源的建成只是第一步。之后的关键在于'用'，要建成高水平、稳定的研究平台。这是世界上第一套这样的装置，我们欢迎全世界科学家来使用。"

现在，大连光源研发团队正配合科研人员的各类实验思想和设计方案，合理分配实验机时，尽可能满足研究用户的需求；未来，大连光源研发团队将进一步努力将大连光源建设成为高水平的实验研究用户装置，为我国乃至世界提供一个独特的科学研究平台。

作者简介：金艳玲，女，1977 年 1 月出生。2003 年 6 月至今在大连化学物理研究所工作，高级工程师。从事科研行政管理工作。

白日放歌科研路，青春作伴砥砺行

——记无毒推进剂过氧化氢催化技术工程 应用研究历程

丛 静 徐德祝 丛 昱

伴随着科技领域深化改革的春风，1998 年，中国科学院率先实施知识创新工程，我所有幸成为试点单位。在知识创新工程的大力推动下，迎来了新一轮的发展高潮，捷报频传，成果斐然。我们航天催化新材料室也在这时开展了无毒推进剂过氧化氢催化分解技术的研究。历经十年拼搏磨砺、艰苦攻关，完成了国家重大工程项目的试验任务，并获得了 2008 年"国家技术发明奖二等奖"，为化物所知识创新工程添上了一抹亮彩。

2002 年秋的一个晚上，已经是夜里十二点了，化物所山上的一间平房实验室依然有灯光隐隐透出。时任研究组组长的张涛老师和几位年轻技术人员仍在开会讨论新型引射气源技术的工作。

虽然时过多年，讨论的具体话语已经记不清晰了，但当时黑夜中的灯光仿佛就在眼前。如卷的画面，仍历历在目。

一、从零开始

1996 年，为了解决当时国家某重大科研任务所面临的难题，张涛老师根据长期从事肼分解研究的理论和经验，提出将无毒推进剂过氧化氢分解技术应用于新型气源的设想。由于当时国内外没有相关文献信息，可以参考的资料报道非常少，这一设想能不能实现、如何实现，巨大的难题就摆在了研究组的面前。对外申请课题也是处处碰壁，迟迟得不到立项支持。在这种情况下，张涛老师认为无毒推进技术在以人为本，保护环境的未来，必将具有不可替代的优势。因此研究组自筹经费，组织开展了过氧化氢分解等多项无毒推进的研究工作。事后看来，当时张涛老师的决定的确是高瞻远瞩，未雨绸缪。

到所实施知识创新工程时，过氧化氢催化分解项目得到了首届化物所知识创新工程基金的支持。研究组抓住这一契机，迅速开展新型驱动气源的开发工作。其核心问题是高效能催化剂的研制。过氧化氢分解会产生大量水蒸气，这就要求催化剂具有良好的抗高温过热水蒸气性能，同时还要具备高活性能及长寿命。在研制过程中，徐德祝优选了一种三元复合金属氧化物催化剂，与组里传统的催化剂不同，这是一种非贵金属催化剂，成功降低了工程应用成本；在此催化剂基础上，进行了大量气体发生器试验，并完成了新型气源的概念设计，进而开展工程化研究。在国家863课题持续不断的支持下，过氧化氢催化分解技术终于迈出了从无到有、从小到大、从概念设计到工程应用的坚实步伐。

二、初 战 告 捷

经过数年的前期准备和大量的探索性试验，2000年我们对单台气体发生器的考核已经过关，具备与总体引射器对接进行联试的能力。2001年开始，我们着手准备与总体单位开展引射气源原理性试验。

由于对接试验所用催化剂用量较大，且试验时间紧张，原来实验室级的催化剂制备规模就满足不了工程要求，催化剂必须从百克制备量级放大到百公斤制备量级。此时原来一起做催化剂的田含晶出国，就由丛静来承担起催化剂放大的工作。组里和八室借了一台两米长的焙烧炉用于催化剂焙烧，其他工序就在原来我组实验小楼最底层完成。就这样，经过紧张的筹备和生产，催化剂如期保质完成，保证了项目的顺利进展。

合作总体单位在四川一座大山深处，只有一条蜿蜒曲折的道路与外界相连。2001年夏天我们几个年轻人第一次来到联试试验现场。到了现场大家发现，给我们准备的实验场地和实验室可谓是"家徒四壁"（因为专业所限，对方没有相关用品）。我们几个人花了大量时间做准备。所需一切用品，都由参谋带我们去几十公里外采购。

联合调试前，开会讨论也比较多。我们经常白天参加技术人员的讨论会议，确定试验方案，晚上和参试官兵、工人连夜安装调试；第二天进行试验，如此反复。每次讨论会上，我们几个年轻人的经验还不足，基本上是徐德祝老师一个人"舌战群儒"。随着试验的进行，大家也逐渐成长，肩负起各自的责任，为以后的工作打下基础。

因为第一次去，其间也发生了几件意外和趣事。

一次联试时，电控系统的一个主要部件坏了，当地又买不到，听说北京有，就派李涛前去购买。他拿到部件，连夜返回成都后，直接打车去试验基地，可出租车司机不认识试验所在地，那时又没有智能导航，李涛凭着自己的印象，在黑夜里辗转了两三个小时才赶回基地。

第一次入川，对我们几个北方人来说，的确有些不适应。每次饭后嘴唇麻麻胀胀的，就像电影《东成西就》里梁朝伟的香肠嘴。我们一致请求，做不辣或微辣的。等到吃饭时一尝，仍和原来一样。厨房师傅解释，不放麻辣他们就不会做菜了。没办法，后来我们吃饭时面前都摆两只碗，一只碗盛饭，另一只碗盛水，所有菜要先过一遍水再吃。那时周秀楠基本上每晚补充一袋方便面。李涛水土不服，总拉肚子。而任晓光在招待所睡不好觉，回到大连时瘦了近十斤。

经过充分论证，以及前后两个多月的精心准备，我们的原理验证试验顺利完成，取得了初战胜利。

三、艰苦攻关，再接再厉

随着工作的进展，气源设计输出功率继续放大，其工程化的特点愈加显著。原理性设计，如果单纯放大，技术上已经不可行，未来怎么办？如何能提高气源的引射效率，并满足体积小，机动性好的要求？张涛老师有着迎难而上、绝不服输的精神，他带领研究组合力攻关，组织多次讨论，启发大家的思路。他要求大家勇于突破，开阔自己的思路。经过反复的思考、论证，徐德祝提出了整体式环形气体发生器设计方案。新方案采取了集成化设计思想，比原来的方案热损失小，加工制造更简单，集成度高，在减小体积的同时，提高了效率。实现了工程技术上的关键突破，我们终于迎来了"柳暗花明"。

然而在工程放大中不仅有技术难题，还有竞争的压力。因为各种原因，总体单位一度采用了液氧酒精补燃方案取代我们的过氧化氢分解方案。

面对这种困境，张涛老师仍然不言放弃，在他的努力争取下，我所的方案被列入备选方案，我们的工作也一直没有停下。机会总是留给最有准备的人。在之后的试验中，补燃方案，因为设计结构过于复杂，可靠性差等难以克服的障碍而不能应用，原本我们的备用方案实现逆袭，成为工程化样机的唯一方案。可以说，没有最初的坚持，就没有后来的成果。

随着工作的推进，工程化实践中不断涌现出难以预料的问题。因为发生器结构尺寸大，热胀冷缩效果明显，在试验中出现了意想不到内部损坏。一次联试时，发生器的支板破裂，在挤推压力下，里面的催化剂像水柱般喷涌而出。我们紧急加班赶制了40多公斤催化剂，填补空缺，试验才得以继续进行。为解决这一问题，张涛老师带领大家讨论，提出限位结构的办法，有效防止了催化剂材料在发生器中破碎，取得了工程实现的效果。凡此种种，工程化应用过程是一个不断发现问题，不断解决问题的过程。成功没有捷径，我们一步一个脚印，向目标迈进。

新发生器的加工也颇费周折。一开始的加工单位出来产品后，缺陷很多，难以应用。后来在江油找到一家技术过硬的加工单位。酒香巷子深，周秀楠经历了数小时的之字形盘山路才到达目的地。为了保证质量，他跟着工厂工人一起加班，天天都到半夜。就这样一个月后，终于拿到了符合我们设计要求的产品。

在工程化应用的研制过程中，因为我们组在过氧化氢应用及相关技术信息方面的优势，我们对部分原材料、试验设备供应商、合作单位给予了很大的技术引领与指导，大家协作发展，共同进步，合力推进了试验项目的开展。徐德祝、丛昱等老师组织整理了《过氧化氢性质、标准及安全操作文献汇编》共三册，提供给参试合作单位使用。当时提供试验用过氧化氢的，是一家商业公司，科研力量较为薄弱。我们多次和生产商沟通，无偿地提供技术帮助。迅速提高了高浓度过氧化氢的产品质量，对整个项目的进展也起到了很大的推动作用。

2003 年，正是新型气源样机研制的关键时期，SARS 突然爆发，成了我们工作的拦路虎。但是总体单位要求我们"后墙不倒"，必需按期完成任务。

此时研究组在金家沟建立了新的催化剂生产线。那里的实验室没有固定电话，也没有手机信号，更没有食堂，我们称为"世外桃源"。初夏刚去的时候，黑白花纹的蚊子热烈欢迎我们。冬天，"桃源"本就在山谷里，又没有暖气，格外寒冷。为保证进度，有一年整个春节都加班制备催化剂。

催化剂到位后，就是紧张的现场设备安装调试，工作更加繁重。每晚调试场地都灯火通明。我们每天在现场，夜里工作到十一二点是常态，第二天八点正常上班。即使晚上回去睡觉，也要保证手机开机状态，随时待命。张涛老师时任副所长，工作安排较多，但是仍然经常到现场和大家讨论工作。从成都下飞机再到试验基地，赶最早的班机也要晚上才能到，好几次都是半夜才到招待所的。即使如此，每次重要的试验他都参加。大部分时间和我们一起待在现场。一次张涛老师从调试台不锈钢梯子上滑了下来，腰闪到了，一连几天都见他用手扶着腰。还有一次徐德祝从调试台上下来时，一脚踩空，整个人摔下去，结果脸摔破了皮，牙齿也磕断了。这都是连续长时间加班身体疲劳的结果。但是大家全部的注意力都在工作中，没人喊苦喊累，精神面貌都很昂扬。

一次试验中，水击压力把流量阀顶漏了，当时控制屏幕显示过氧化氢储罐温度急剧上升，有极大爆炸危险！随着屏幕上红色数字的跳动，每个人心脏也在缩紧，怎么办？在这种情况下，张涛老师一个箭步冲到过氧化氢储罐前，伸手去摸不锈钢罐体温度，然后从容地告诉大家：罐体是凉的，电控系统显示有误。原来，士兵们在处理泄漏时，抱着水枪就喷，结果把部分控制线路淋到了。现场的众人长出一口气，虚惊一场！同时也深深敬佩张涛老师的勇气和临危不乱。

当时"洗管子"是大家最熟悉的工作之一。因为过氧化氢对试验系统各管路部件的相容性要求比较高，与其接触的每一根管和通道都要严格地清洗。我们一边做这些工作，一边编写出标准规范。过程烦琐，要求严格，工作量又大。另外清洗油污用的四氯化碳有一定的毒性，四川夏日的户外，"猪鼻子"的防毒面具实在戴不住，周秀楠、杨天卓和任晓光都是直接操作。洗得多时，即使是露天作业，晚上仍会觉得头晕。

在试验调试过程中，杨天卓自己绘制了工艺流程 CAD 仿真图，通过该图可以校正管路、零件的连接错误，并且能直观地看出流程系统各部分的情况。十年前他编制的这种 Visual basic 3D 演示程序，给人耳目一新的感觉。让以工程为主业的总体单位感受到化物所的综合技术实力，总体单位的领导还特意在张涛老师面前表扬了他。

调试过程也不是一帆风顺的。

第一次从运输车直接转注时，转注口意外泄露的过氧化氢接触到遮阳布，引起燃烧。当时，为了保证安全，现场安排了三辆消防车，地上消防水管网布。发现状况时，十几个参试人员抢着一个消防水枪喷水。可是消防水管太多，不知道哪个水阀连哪个水枪，半天没有水出来。我的岗位正在转注灌旁，急忙拿着开始就准备好的长流水的普通水管淋向烟火处，控制了险情。经过这件事后，合作单位的同志也都明白过氧化氢并没有想象的那样不可控，只要处置得当，就能保证试验安全进行。以后试验现场建立了更明确的操作规程，现场的消防车也只保留一辆待命。

我们就这样边试验边总结经验教训，边进行新一轮的设计和建设，两期工程样机都先后投入运行，参加了外场全系统演示验证试验。每次引射成功时发出的轰鸣声，普通人觉得是恼人的噪音，我们听到却觉得甚是愉悦。在工程样机演示试验中，一听到那有力的轰鸣声，大家就不约而同产生好的预感。等到试验数据出来，一如想象般理想。

四、完美收官

最后的外场试验基地位于茫茫大漠，距离机场有好几个小时，沿途所见，都是戈壁和荒滩，有一种与世隔绝的感觉。一路上只有大大小小的龙卷风相伴，这些风团大如磨盘，像小动物一样从远处摇摆跑来，又倏忽飘去。中间碰到一个大龙卷风，风力极强，车都停在路边不能开了，只能静等它席裹而去，才能继续上路。一到达外场，负责试验基地管理的同志第一件事就告诉我们，不能离开试验基地一步，否则会有生命危险。环境虽然恶劣，但因为我们前期试验准备充分，气源系统具备可靠的工作能力，所以联试时，与其他系统实现了完美对接，试验结果非常圆满，达到了设计目标。充分证明了我们技术的科学性和可靠性。由我们研究组开发、研制的两期新型气源样机，先后两次参加联合演示验证试验，在试验中发挥了巨大作用，完成了国家重大试验任务。

2009 年 1 月 9 日，张涛老师在人民大会堂，从国家领导人手中接过了"国家科技发明奖二等奖"的奖状。

回顾整个项目过程，压力和困难很大，新问题也是此起彼伏，但是张涛老师带领我们一路披荆斩棘，始终沉着乐观，这给了我们极大信心，团队里也始终洋溢着奋发向上的精神。大家的潜能都被挖掘出来，一步步往前走，一点点成长；十年磨一剑，直至圆满完成任务。后来申请国家奖的时候，每轮评审都是排在小组第一名。

我还记得某次阶段调试成功后，张涛老师在一次所大会上说，"……阶段工作，是由几个平均年龄不到30岁的年轻人完成……"，现在，年轻人已经变成了"不到50岁"。"山不厌高，海不厌深"，在时光的穿梭中，我们室几代人的航天精神，在继续着，也将永远延伸和发扬着！

作者简介：丛静，女，1974年10月出生，2000年至今在大连化学物理研究所工作，高级工程师。从事化学化工研究。

徐德祝，男，1968年3月出生，1993年至今在大连化学物理研究所工作，正高级工程师。从事化学推进剂相关技术和新材料的研究。

丛昱，女，1969年7月出生，1999年至今在大连化学物理研究所工作，研究员。从事碳氢燃料制备及催化重整等相关反应的应用和基础研究。

忆往昔峥嵘岁月，谋未来创新发展

石先哲

今年恰逢大连化物所所庆七十周年，忆往昔峥嵘岁月，"机遇总是偏爱有准备的头脑"，套用此语回顾生物分子高分辨分离分析及代谢组学研究组（1808 组）经历的风雨彩虹，颇具形象性。作为国内最早开展代谢组学研究的科研团队之一，课题组先后承担了科技部第一个代谢组学研究项目(863 项目)、国家杰出青年基金项目、国家自然科学基金重点项目、国家科技重大专项、国家重大研发计划等国家级科研项目。以生命科学、重大疾病、中医药现代化、食品安全等领域的复杂样品分析为切入点，开展极端复杂体系分析的方法学研究及其应用、代谢组学技术平台及其在转化医学中的应用等研究工作。

1808 组前身是 90 年代的气相色谱组（402 组），已在色谱领域钻研探索了许多年，当时的研究方向主要涉及石油工业、环境科学等领域的复杂样品分离分析。凭借科研敏感性，组长许国旺研究员意识到，活跃的生命科学研究不可能将飞速发展的分析科学拒之门外。面对肿瘤的早期诊断这一世界性难题，当时国外科学家发现修饰核苷异常与肿瘤的发生发展有着密切关系。1997 年许老师从德国回国后，继续对尿中核苷与肿瘤诊断的关系进行研究，并很快建立了新的高灵敏检测特定修饰核苷的方法。但是实际应用到肿瘤的辅助诊断时，这些核苷的诊断效果却远不如预期。许老师感觉到人体是个复杂系统，存在于这一系统中的物质之间必然存在着联系，那么修饰核苷之间也可能存在着某种联系，何不尝试利用多种核苷或类似物联合进行诊断？有了这一想法后，许老师马上带领研究组同事将多变量的模式识别方法用于癌症诊断，对近千个癌症病人的数据进行处理，原先无序可循的数据，变得很有规律，发现尿中修饰核苷的代谢模式变化可用于辅助癌症的早期发现和术后随访研究，尤其适用于手术效果评价及预后评估。该成果在当年中央电视台的《走进科学》栏目播出后，在社会上引起很大的反响。在此基础上，研究组的科研人员进一步意识到，以小分子代谢物的代谢活动作为表型能够更准确地反映生物系统的状态，易于与现实世界建立正确的联系。对代谢物必须进行综合分析，也即只有对整个代谢指纹按"组学"的方式进行研究才有意义，疾病早期发现和诊断也应从利用单一标志物向组合标志物转变。卢佩章院士早年提出的希望我们组能进行"建立人体体液化学指纹数据库"的构想就是要用分析化学的方法，把一个人从婴幼儿到成年的化学指纹变化记录下来，从中发现个体疾病易感性，实际上就是人群的"代谢组学"研究。2002 年，在国际上代谢组学研究刚刚兴起的同一时间段， 1808 组在多年复杂样品的色谱-质谱分析研究的基础上脱胎换骨，在所里的支持下建立了国内最早的代谢组学研究团队。

从理论上讲，代谢组学希望通过一次进样测定所有的代谢产物，但到目前为止还没有一种方法可以实现，这也是一直困扰代谢组学发展的瓶颈。依托在色谱领域的深厚功底，许老师决定从改进仪器系统的分辨率和峰容量着手进行攻关，并果断地提出解决此类问题要采用"多维色谱"、"化学计量学"和"联用技术"相结合的办法。为此，研究组先后发展了全二维气相色谱法、全二维液相色谱法、停留模式二维液相色谱法、平行分析二维液相色谱法、交替进样二维液相色谱法、在线三维液相色谱法等一系列多维色谱与质谱联用的方法。由于这些创新性的工作，色谱系统的峰容量从几百上升到几千，甚至一万多，而且极性差异较大的代谢组和脂质组也能在一次进样中同时分析，极大地提高了代谢组学分析的覆盖度。另一方面，代谢组学要走向临床应用必须要实现大规模高通量分析。为此，课题组综合传统非靶向代谢组学分析和靶向代谢组学分析的优势，2012 年创新性地提出"拟靶向代谢组学分析方法"。经过几年的不断发展，已经衍生出了拟靶向 GC-MS 方法、拟靶向 LC-MS 方法、拟靶向脂质组学方法。最近建立的拟靶向脂质组学分析方法，包含 19 种脂类、3377 个脂质离子对，覆盖 7000 多种脂质分子结构。基于 SWATH 质谱采集模式的拟靶向代谢组学分析方法显著增加了特征离子对的数目和代谢物检测的灵敏度。在代谢组学数据处理方面，课题组发展了一种综合的代谢物标准数据库构建策略和方法。针对数据采集、数据校正、定性算法，以及仪器间差异等多个方面的问题，提出一套系统解决方案，并研发出代谢物定性数据库软件。经过课题组十几年的不懈努力，目前已经构建了国际先进的代谢组学分析平台，涵盖了代谢物富集分离材料的开发，代谢物的高通量、高灵敏检测技术和方法，代谢组学数据处理软件的开发，代谢物结构鉴定方法及数据库的建设、重要代谢物功能的阐明等。

随着研究水平和影响力的不断提升，相关的研究成果也吸引了国际学术界同行的关注。代谢组学研究的先驱——荷兰 TNO 的 van der Greef 教授一直对中医药情有独钟，意欲在国内找一合作伙伴。他先后考察了成都、上海、北京等地，始终难下决心。后经人推荐，辗转来到大连。van der Greef 教授在听了 1808 组的介绍后，在参观实验室的中途就当即表态："这就是我想要找的"。双方一拍即合，在陈竺部长、杨胜利院士、科技部相关领导的支持下，2007 年建立了中荷系统化学生物学联合研究中心。研究组与荷兰莱顿大学、德国图宾根大学、丹麦哥本哈根大学、比利时根特大学等开展了多种形式的合作和交流。国内的合作也十分活跃，先后与哈尔滨医科大学和郑州大学附属第一医院建立了转化医学研究中心，并与瑞金医院、东方肝胆医院、长海医院、中国中医科学院等开展了密切的合作。课题组从"十一五"至"十二五"期间一直承担卫生部"艾滋病和病毒性肝炎等重大传染病防治"重大专项课题。课题组联合国内 6 家临床医院，采集 1500 例受试者样本，通力协作，依托组内先进、可靠的代谢组学分析和数据处理技术，发现了一组与肝癌临床标志物甲胎蛋白（AFP）互补的、有望早期预警肝癌的血清代谢标志物。进一步与所转化医学科学研究中心合作，发现了脯氨酸与羟基脯氨酸代谢途径对肝癌细胞在缺氧微环境下的缺氧应答及生存率至关重要，提出抑制脯氨酸的生物合成可能作为潜在治疗肝癌的新靶点。功夫不负有心人，2017 年末试剂盒《血清甘胆酸检测试剂盒-液相色谱/串联质谱法》获批临床医疗器械证（浙械注准 20172401284）。多项研究成果发表在 *PNAS*、*Hepatology*、*Clin. Cancer Res.*、*Clin. Chem.*、*Anal. Chem.*、*Anal. Chim. Acta* 等国际权威期刊上。在相关国际学术会议上，也常常邀请许老师去做大会报告和邀请报告。

　　辛勤的汗水总会浇灌出绚烂的花朵，研究组先后获得国家科技进步奖二等奖 1 项、辽宁省技术发明奖一等奖 1 项，国家质检总局科技兴检奖一等奖 1 项等奖励。2008 年撰写并由科学出版社出版了《代谢组学——分析技术与应用》和 2016 年编写并由化学工业出版社出版了《分析化学手册——5 气相色谱分析（第三版）》等专著。执着的追求必将迎来美好的未来，我们期待着 1808 组和大连化物所有一个更美好的明天。

　　作者简介：石先哲，男，1975 年 7 月出生，2004 年 8 月至今在大连化学物理研究所工作，副研究员。从事代谢组学分析新方法新技术研究。

在生物柴油原料变革征途中持续创新

黄其田　张素芳

2003 年 11 月，赵宗保博士怀着科技报国之志，从美国归来，加入大连化物所生物技术研究部，担任"生物质高效转化"研究组组长。十六年来，研究组齐心协力，致力于能源生物技术领域基础研究，聚焦生物柴油产业原料变革事业，得到国家自然科学基金委、中国科学院、国家有关部委及国内外企业资助，取得了系统性创新成果。先后在《自然-通讯》《自然-化学生物学》《美国化学会志》《美国国家科学院院刊》《生物燃料技术》和《绿色化学》等重要学术刊物上发表论文 200余篇，申请专利 70 余件。研究成果初步形成了具有自主知识产权的生物质能利用体系。

一、前瞻生物柴油产业原料问题

生物柴油一般指长链脂肪酸甲酯混合物，现阶段主要利用动植物油脂及衍生物为原料制备。生物柴油具有能量密度高、低硫、可降解、无芳烃、抗爆性好、低排放等特点，与现有基础设施兼容性良好，是市场上普遍使用的可再生液体燃料。应用生物柴油对保障我国能源安全、保护生态环境和建设国民经济具有重大战略意义。然而，我国油料资源不能自给，对外依存度长期高于 50%，油脂人均供给量低于世界平均水平。动植物油脂资源短缺，是生物柴油产业发展的关键限制因素。

经过深入思考与广泛调研，研究组独辟蹊径，率先提出了"生物质制生物柴油"的新路线，即利用生物技术将秸秆等木质纤维类生物质原料转化为生物柴油，从而规避了生物柴油产业对传统油脂资源的依赖。该路线首先借助产油微生物把生物质原料转化为微生物油脂，再进一步制备生物柴油。生物质制生物柴油技术，不仅可缩短生产周期，降低成本，避免发展生物质能源技术与民争油、与粮争地的问题，还可充分利用废弃生物质资源，减少环境污染，具有重要应用价值。

二、突破生物质转化瓶颈技术

虽然以生物质为原料生产生物柴油的潜在优势非常明显，但同时也面临重重困难，包括生物质原料解聚、复杂原料油脂发酵和副产物处置等问题。

生物质原料富含纤维素、半纤维素和木质素，结构复杂，难以直接被微生物转化利用。为实现生物质高效预处理和酶解，得到可被直接利用的水解产物，研究组做了大量研究工作，创造性地将离子液体应用于生物质解聚过程，实现温和条件下生物质高效水解，释放出单糖，引起了学术界和相关企业广泛关注。研究成果先后获"辽宁省自然科学奖二等奖"和"大连市技术发明奖一等奖"。

生物质水解产物为含有多种单糖和抑制因子的混合物，因微生物转化普遍存在"挑食"现象，不能被高效利用。研究组通过筛选菌株和创新生物转化过程，建立了混合糖同步利用及系列油脂发酵过程调控技术，缩短了培养时间，大大提高了原料利用率和产物得率。相关技术荣获"大连市技术发明奖一等奖"。

研究组还针对生物质制生物柴油技术的副产物开展高值化研究，建立了剩余木质素、酵母菌渣、废水和粗甘油利用新技术，这不但可降低成本，还可减少废弃物排放，具有明显经济环境效益。

三、建立产油酵母基因组改造平台

生物质制生物柴油的技术核心在产油微生物。研究组早期做了大量筛选工作，获得了一些底物利用谱广、抗逆性强、油脂积累能力突出的产油酵母。由于产油酵母不同于常规酿酒酵母和面包酵母，相关遗传背景信息匮乏，改造难度大。研究组以产油性状优良的圆红冬孢酵母为模式材料，在国际上率先开展酵母过量积累油脂现象的系统生物学研究。完成了圆红冬孢酵母基因组测序，高质量注释了八千余条基因，成为国内外相关研究的基础参考。通过分析氮源限制、磷源限制和连续培养等条件下圆红冬孢酵母样本的转录组、蛋白质组和代谢物组，揭示了油脂过量积累及其调控的分子机制。开展产油酵母分子微生物学研究，建立了基因组改造平台和技术方法，并获得了系列生物学新材料，为理性设计合成途径及产油酵母性状奠定了扎实基础。目前，研究组正致力于重构产油酵母脂质代谢网络，将持续产生具有特殊性能的工程菌株，拓展生物质制生物柴油技术的范畴。

四、创建选择性能量传递新体系

针对胞内油脂合成消耗大量还原力，但自然体系无法实现途径选择性能量传递的难题，研究组提出了构建非天然辅酶介导能量传递的全新思路。研究组合成了数十种氧化还原辅酶的类似物，以苹果酸酶为模型构建突变体表达文库，从数以百万计克隆中筛选出偏好非天然辅酶、高活性的突变体。采用类似策略，改造亚磷酸脱氢酶、乳酸脱氢酶和甲酸脱氢酶等，均获得了偏好非天然辅酶的突变体，并揭示了识别非天然辅酶的结构基础和分子机制。更重要的是，创制了非天然辅酶生物合成的酶，从而构建得到非天然辅酶自给的微生物学表型。利用这些生物学元件，研究组设计了一种以亚磷酸为终端电子供体，选择性驱动苹果酸合成代谢的体系。实验结果表明，非天然辅酶介导能量传递体系，可突破内源代谢网络的热力学瓶颈，为能源生物技术创新提供独特工具。现在，研究组遴选脂质生物合成关键酶，改造其氧化还原辅酶偏好性，最终将用于创制合成重要脂质代谢产物的先进微生物细胞工厂。

五、推动生物质制生物柴油产业化进程

十六年来，研究组专注于生物质转化为生物柴油技术路线的全链条创新研究，在原料预处理、发酵工艺、油脂分离、生物柴油制备、菌株改造及过程强化等环节，不断发现和解决问题，推进单项技术进步。最近，正在利用 1 吨规模发酵罐及配套设施，开展玉米秸秆转化制油脂和生物柴油的国际合作课题研究。同时，研究组在产油酵母性能设计领域也取得了突破，将可创制出联产高附加值产品的菌株，为改善酵母油脂的技术经济性奠定基础。只要坚持，相信生物质制生物柴油技术将在不远的将来逐步得到工程化应用。而这一时刻的到来，即意味着一种不依赖于耕地、可连续操作、资源环境效益很好的变革性油脂和生物柴油技术体系，将在社会经济可持续发展中发挥重要作用。尽管还在征途中，研究组将会以更饱满的热情，投入到这项事业中！

作者简介：黄其田，女，1987 年 4 月出生，2018 年 12 月至今在大连化学物理研究所工作，工程师。从事微生物发酵工程研究。

张素芳，女，1978 年 3 月出生，2005 年 7 月至今在大连化学物理研究所工作，副研究员。从事产油酵母分子微生物学和代谢工程研究。

矢志不移勤耕耘，风劲扬帆续征程

——我所燃料电池技术发展之路

袁秀忠　孙　海　邵志刚

燃料电池洁净、高效，被誉为"二十一世纪理想的发电技术"，在能源、交通等领域展示了广阔的应用前景，引起了世界各工业国家的重视。自 20 世纪 60 年代以来，大连化物所一直在燃料电池技术领域开展研发工作，是国内最早开展燃料电池技术研究的科研机构之一，也是国内在该领域科研力量最为雄厚的科研单位之一。五十多年来，我所面向国家战略需求，承担了国家、中科院和企业合作等重大科技项目，从最初的航天飞船主电源到面向陆、海、空、天的应用，我所燃料电池研发团队矢志不渝，走出了一条自主创新的燃料电池技术发展之路，对我国燃料电池发展发挥了引领作用。

一、坚守创新，开启燃料电池发展之路

20 世纪 50 年代末，美国和苏联展开了以月球探测为中心的空间竞赛，掀起了第一次月球探测高潮，氢氧燃料电池技术成为航天电源研发的热点。60 年代中期，针对我国航天飞船的能源需求，我所开始进行碱性燃料电池（AFC）的研究工作，朱葆琳、袁权、衣宝廉等 70 年代在国内首次研制成功两型氢氧燃料电池样机，形成了 100 多人的研究团队，开启了我所燃料电池研究开发之路。

1967 年，大连化物所接到为我国"曙光一号"主宇宙飞船主能源氢氧燃料电池的研究任务，当时研究生毕业后留所工作的衣宝廉正好有机会参与其中，从此衣院士与燃料电池研究结下了不解之缘。1969 年，衣宝廉院士承担起航天飞船主电源燃料电池的研究工作，成为当时最年轻的研究课题组负责人。1970—1978 年，朱葆琳先生、袁权院士、衣宝廉院士等带领团队从无到有、艰苦攻关设计制造出我国第一台自主设计的碱性燃料电池，获得了国防科工委科技进步奖。在研制航天氢氧燃料电池的同时，我所还承担了大功率、碱循环的水下用燃料电池的研制任务，并于 1975—1976 年组装出 20kW 的燃料电池本体。

　　然而，1978 年由于国家重大项目调整，燃料电池项目被中断暂停，100 多人的研究团队也随之解散，而衣宝廉院士却坚定地看好燃料电池的发展前景，毅然留了下来继续研究燃料电池，而这一留就是五十年。衣宝廉院士后来回忆说："作为研究人员要能坐冷板凳，我认为燃料电池对国家有用，我们不应该都不做，所以我就留下来了。"与他一起留下来继续做的还有五六位同志。为争取研究经费，他们就在航天燃料电池技术的基础上做传感器，包括氢传感器、氧传感器和一氧化碳传感器等，也开展了铁铬液流储能技术开发等，并基于燃料电池的逆反应开展电解水制氢的研究开发，所里再补助一点经费，研究组就维持下来了，燃料电池的技术开发一直没停。从 1978 年到 1988 年十年间，衣宝廉院士绞尽脑汁地找经费、找项目、找支持，他的努力不仅让燃料电池的研究得以延续发展，而且培养和储备了一大批优秀的科研人才。

　　20 世纪 90 年代初，由于全球石油资源供应日趋紧张，国际社会重新掀起了燃料电池的研发热潮，我国也开始大力支持燃料电池的研发。到 1988 年末，燃料电池研究犹如一叶搁浅已久的小舟重新驶入了新的航程。其后，我所开始了熔融碳酸盐、固体氧化物燃料电池的研究开发，1994 年又开始了质子交换膜燃料电池技术的研发。至 1998 年，从刚开始搞航天碱性燃料电池，到后来的相关电化学技术，再到 20 世纪 90 年代的多种燃料电池技术，经过二十多年的坚守与创新，我所奠定了全面发展燃料电池技术的坚实基础。

二、勇担重任，引领我国燃料电池技术发展

　　20 世纪 90 年代末，应对能源和环境问题的双重挑战，燃料电池在汽车领域的应用受到了广泛关注，国际上再次掀起了燃料电池研发的热潮。我国将车用燃料电池技术和燃料电池汽车列入重大研究计划，我所牵头承担了多项重大研究任务。1998 年 12 月，考虑到燃料电池工作发展的需要，我所及时进行调整，成立了燃料电池研究室（对外称燃料电池工程中心）。从此，衣宝廉、江义、张华民、明平文等带领团队在"九五""十五"期间承担了科技部、中科院部署的燃料电池重大项目，围绕燃料电池技术发展取得了可喜的研究成果，实现了我国燃料电池技术的示范应用，引领和带动了我国燃料电池及其相关行业的技术进步与发展。

　　1997 年，我所质子交换膜燃料电池技术研发得到了科技部"九五"攻关项目、中科院"九五"重大项目的资助。经过几年攻关，成功组装了 30kW 质子交换膜燃料电池组。2001 年，采用我所燃料电池系统的我国首台燃料电池中巴车在湖北十堰成功地完成行车试验，引起了国内企业界的高度关注。在此基础上，我所联合包括 3 家上市公司在内的 5 家企业注入资金 5000 万元，发起设立了"大连新源动力股份有限公司"，成为我国首家致力于燃料电池产业化的企业。随后，国家发改委依托我

所和新源动力公司组建了"燃料电池及氢源技术国家工程中心"。2006 年，上海汽车集团成为新源动力第一大股东，加快了燃料电池技术在车用领域的研发和应用进程。

"十五"期间，我所承担了 863 电动汽车重大专项"燃料电池发动机"项目和中科院知识创新工程重大项目"大功率质子交换膜燃料电池发动机及氢源技术"等重大项目，也得到了大连市燃料电池专项项目的支持。其中，中科院重大项目 2002 年 1 月启动，目的是为我国汽车工业这一支柱产业在新世纪实现跨越式发展、迎头赶上国际水平提供技术原动力。该项目以科技部 863 电动汽车重大专项为背景，研究和开发自主知识产权的 75kW 和 150kW 燃料电池发动机及氢源成套技术。2003 年，衣宝廉当选中国工程院院士，被聘任为科技部新能源汽车重大专项燃料电池发动机责任专家。我所与大连新源动力公司、中科院电工所、沈阳自动化所、上海微系统所及浙江大学、清华大学等单位合作，完成了 50kW、75kW、100kW 质子交换膜燃料电池组和净输出 50kW、60kW 的城市客车用燃料电池发动机的研发工作，开发出我国第一台 100kW 燃料电池城市客车，并完成了 3000 多公里运行试验，提高了我国燃料电池技术在国际上的地位和影响。"十五"期间，我所燃料电池技术成果获得了多项科技奖励，包括 2000 年"千瓦级质子交换膜燃料电池"获辽宁省科技进步奖一等奖、2003 年"质子交换膜燃料电池技术"获辽宁省技术发明奖一等奖等。

在车用氢空质子交换膜燃料电池快速发展的同时，我所还在特殊领域燃料电池应用方面取得了重要突破。2001 年孙公权研究员回国组建了醇类燃料电池研究团队，程谟杰研究员回国组建了固体氧化物燃料电池研究团队，形成了我所多种燃料电池技术全面发展的新局面。

三、持续创新，推进燃料电池技术的产业化和应用

"十一五"开始，我国进一步推进燃料电池技术的示范应用，将燃料电池技术列为科技创新的重要发展方向。我所连续承担了 863、973、国家重点研发计划等国家重大项目，不断推进燃料电池技术的发展和应用。

2006 年，孙公权研究员担任燃料电池研究室主任，邵志刚研究员担任重组的燃料电池系统科学与研究组组长。2008 年，按照筹建洁净能源国家实验室的部署，我所组建了燃料电池研究部，孙公权研究员担任部长。2014 年，我所获批以燃料电池研究部为基础组建了中科院燃料电池及复合电能源重点实验室。2017 年初，邵志刚研究员接任了燃料电池研究部部长。在衣宝廉院士的指导下，我所燃料电池技术研发团队持续创新、开拓进取，从基础研究、应用研究到工程开发均取得了长足的进展，实现了多种燃料电池技术在国内的率先应用，技术转化、成果产业化和工程应用工作快速推进。

在质子交换膜燃料电池技术创新和示范应用方面，"十一五"以来我所联合新源

动力公司在国家项目的支持下，成功开展了车用质子交换膜燃料电池技术在北京奥运会、上海世博会、2014 年新能源汽车万里行等的示范应用。在此同时，我所不断发展新一代的质子交换膜燃料电池技术。邵志刚团队研发的新一代氢空燃料电池电堆比功率等达到了国际先进水平。2013 年，习近平总书记视察大连时，我所研发的新一代车用氢空燃料电池发动机参加了展示汇报。2016 年我所牵头联合国内 22 家优势单位承担的燃料电池国家重点研发计划项目启动，2017 年搭载新源动力公司质子交换膜燃料电池电堆的上汽"大通 V80 客车"在国内率先实现了量产，2018 年新一代金属板质子交换膜燃料电池电堆通过专利技术实施许可，在安徽明天氢能公司建立了国内首套万台级金属板质子交换膜燃料电池电堆生产线。同时，邵志刚团队在质子交换膜燃料电池的其他应用领域方面的工作也取得了重要进展，2012 年实现了国内首架氢燃料电池无人机的成功试飞，2013 年研制出国内首套 60kW 氢氧燃料电池工程样机，2016 年实现了我国首架燃料电池有人驾驶飞机的成功试飞，并研发了 10kW 级质子交换膜燃料电池分布式电站和两代高效质子交换膜电解水制氢装置，相关技术成果一直居于国际先进水平和国内领先地位，获得了辽宁省、大连市等多项科技奖励。

直接醇类燃料电池是我所在燃料电池研究方面的又一重要方向。"十一五"至"十二五"期间，孙公权研究员团队在民用技术取得突破的基础上，以国家需求为导向，在国家项目和中科院重要方向性项目的支持下，研制了国内首套 25W、50W、200W 系列产品，实现了工程应用，填补了我国高比能移动电源的空白，得到了国家主管部门的高度重视和应用单位的认可。同时，醇类燃料电池研究组在金属燃料电池方面也实现了镁空、锌空等燃料电池技术的工程应用。相关研究成果相继荣获国家自然科学奖二等奖、中科院杰出科技成就奖以及其他 3 项省部级科技奖励。2016年以来，孙公权/孙海研究团队在推进直接甲醇燃料电池技术转化和应用的同时，还拓展了高温甲醇燃料电池、广谱燃料电池等重要研究方向，承担了多项国家和中科院重大任务，为发展我国洁净能源新兴产业、满足国家重大需求奠定了新的技术和发展基础。

至 2018 年，我所在燃料电池研究领域已组建了"燃料电池系统科学与工程研究中心"和"醇类燃料电池及复合电能源研究中心"两个研究中心，形成了完善的燃料电池技术研发平台，建立了关键技术研发、中试技术平台和产业化转化基地的研发体系，牵头制定了半数以上的燃料电池国家标准，牵头开展了相关国际标准和特殊领域标准体系的研究和制定，近 5 年获得了专利授权 300 余件，承担着中科院先导专项、国家重点研发计划和国家特殊领域重大项目，相关工作列入了中科院和我所规划的预期重大突破内容。

风劲扬帆续征程。乘着国家将氢能燃料电池列入我国能源技术革命和战略性新兴产业的东风，我所燃料电池技术研发团队正继续面向国民经济建设和国家重大需求，迈着坚定的步伐，朝着更加宏伟的目标奋勇前行。

作者简介：袁秀忠，男，1967 年 11 月出生，2001 年 3 月至今在大连化学物理研究所工作，高级工程师。现任燃料电池研究部办公室主任。

孙海，男，1975 年 6 月出生，2007 年 1 月至今在大连化学物理研究所工作，研究员。从事醇类燃料电池研究。

邵志刚，男，1969 年 1 月出生，1996 年 7 月至今在大连化学物理研究所工作，研究员。从事质子交换膜燃料电池研究。现任燃料电池研究部部长。

催化选择氧化科学与技术研究

石　松

催化选择氧化是化学工业的关键技术之一，烃类选择氧化过程是官能团化的重要途径，大多氧化过程是附加值提高的过程，产品市场需求量大；据统计，各类有机化学品中，含氧化学品约占 25%。在烃类催化选择氧化过程中，分子氧为氧源的催化氧化最具有竞争力。烃类分子中 C—H 键和分子氧中 O—O 键活化以及催化剂作用机制和单电子转移等，催化选择氧化面临着诸多关键科学问题和技术挑战。开发催化选择氧化新方法和新技术，具有重要的科学意义和应用前景。

大连化物所有机催化研究组在徐杰研究员带领下，长期从事催化选择氧化基础与应用研究，先后取得了多项应用研究成果，并获得了 2011 年辽宁省自然科学优秀成果奖一等奖、2010 年辽宁省科学技术发明奖三等奖、2013 年辽宁省科技发明奖三等奖、2013 年中国产学研合作创新奖、2018 年中国氮肥工业协会技术进步奖一等奖等。徐杰研究员本人也先后获得大连市劳动模范，大连市优秀专家，辽宁省优秀专家和辽宁省优秀科技工作者等荣誉称号。

一、技术研发　基础先行

技术进步离不开基础研究。有机催化组自 1999 年成立以来，徐杰研究员带领全组长期坚持对催化选择氧化的基础研究。针对催化氧化过程中烃类 C—H 键的活化，分子氧中 O—O 键的活化等关键科学问题进行了探索。烃类 C—H 键惰性大，难以活化，研究发现有机自由基前驱体-循环助剂组成的非金属选择氧化催化剂，通过单电子转移过程和催化氧化-还原循环，实现了烃类分子在温和条件下的催化选择氧化活化与转化。针对烃类催化选择氧化过程中原料分子与产物分子极性上的变化，建立了固体催化剂表面有机疏水性修饰方法和技术，提高了催化剂有机相溶解能力，使催化剂更易于吸附反应原料分子，使产物分子容易脱附，促进反应物在催化剂表面的传质，提高了催化选择氧化反应性能。有机催化组基础研究取得了一系列学术成果，得到了国内外广泛关注。课题组在选择氧化研究方向上，承担了科研项目，包括 2 项国家 863 计划、3 项国家自然科学基金重点项目和 1 项重大项目子课题，相关研究发表在 *JACS*，*Angewandte Chemie* 等学术期刊上。

二、市场主导　成果转化

在烃类选择氧化催化剂研究基础上，有机催化组重点围绕环己烷氧化、甲苯氧化、对二甲苯氧化等具有重要科学意义和应用价值的空气选择氧化反应进行开发研究。

环己烷选择氧化制环己酮过程是深受国内外工业界关注、具有科学和技术挑战的研究课题，工业上大多采用国外技术，转化率 3.5%~4.5%，总选择性 76%~82%；效率低，能耗、物耗高，废碱渣等环保压力大。有机催化组与中石化巴陵公司等合作，通过深入企业对过程进行系统全面了解，不断发现问题，寻找关键症结和突破点。2002 年完成新技术的项目评议；2004 年进行 25L 反应器装置的模试实验；2005 年完成 1400L 反应器规模的工业侧线实验，并通过中石化组织的项目鉴定；2008 年完成 7 万吨/年规模"非金属催化环己烷氧化制环己酮工业实验"和项目验收。在此基础上，2010—2014 年对产生大量碱渣的环己基过氧化氢分解过程进行催化新技术开发，2016 年与相关企业合作正在进行侧线和工业应用实验。

对二甲苯选择氧化制对苯二甲酸（PTA）是催化选择氧化规模最大的工业过程，产品需求量大。长期以来，尽管有多种不同的生产工艺和技术，但全部使用 Co-Mn-Br 催化剂，大量溴化物的使用不仅造成设备腐蚀，排放的溴化物还会造成严重环境污染；迫切需要开发降低溴含量催化剂。在开发出新型高效对二甲苯氧化催化剂基础上，2006 年与相关企业合作，完成工业撬装催化剂的投料装置调试；2009 年 5 月，在对二甲苯催化选择氧化制对苯二甲酸（PTA）降溴催化剂应用上取得突破，完成 10 万吨/年规模的生产装置上工业应用试验；经过 50 多天连续工业装置运行考验，连续氧化反应过程运行平稳，生产精对苯二甲酸产品 13000 多吨，氧化产品和下游聚酯产品质量优良；72 小时工业标定实验结果表明，在保持活性和选择性情况下，该催化剂可使原工业装置中溴浓度减少 40%以上，装置中的钴、锰浓度可分别降低 10%以上。该催化氧化催化剂的应用和推广，可有效实现节能降耗，并减轻溴排放引起的环境污染，具有重要的经济和社会效益，2012 年完成项目验收；在此基础上，2013 年在 225 万吨/年的生产装置上进行不同氧化工艺的应用研究。

有机催化组还开展了甲苯催化选择氧化、乙苯催化选择氧化、邻二甲苯催化选择氧化等应用研究工作，并取得重要进展：2004 年完成中石化组织的甲苯氧化技术鉴定；2008 年完成中石化组织的"甲苯液相选择氧化新工艺中试"技术评议；2012 年完成 2000 吨/年规模的乙苯氧化技术的应用。

有机催化组立足于大连化物所，追踪国际的技术发展趋势，坚持技术服务于市场。发挥课题组的特长与优势，持续开发、不断创新催化氧化技术，在多个方面形成了具有自主知识产权的系列专有技术，获得发明专利授权 100 余项。课题组催化氧化技术的推广应用，不仅产生了巨大的经济效益和社会效益，而且对优化利用石油资源、促进能源/资源的节约利用和高效转化等方面都具有重要意义，为促进我国石油和化学工业的可持续发展做出了重要贡献。

三、顺应局势变化　争创世界一流

随着石油资源的不断消耗，环保压力不断增加，开发可循环再生的生物质资源优化利用技术，成为科学界和工业界共同关注的主要研究方向。有机催化研究组于2004 年开始与企业合作生物质催化加氢转化研究，开发出"山梨醇催化加氢裂解制备低碳二元醇"催化剂，2006 年完成 5000 吨/年装置上的应用试验；2008 年完成20 万吨规模的"山梨醇催化加氢裂解制备二元醇"工业应用试验，并通过科技部组织的专家验收；2011 年完成 1000 吨/年甘油催化加氢制备 1,2-丙二醇的成套工艺，通过辽宁省科技厅组织的技术鉴定；2016 年与企业合作，开展了 1000 吨/年规模的新型生物基 C6 二元醇生产技术的研究，并取得重要进展。

有机催化组以催化氧化技术为基础，对生物质催化转化的特殊性进行了分析，以充分利用生物基原料的组成、结构特征为出发点，发现和探索生物质转化中的共性规律。在生物基多羟基化合物的氢键类型识别与活化、分子氧活化催化剂等研究方面取得进展。开发出新型的金属离子氧化–还原催化剂和廉价金属催化剂体系，应用于平台化合物 5-羟甲基糠醛温和条件下氧化，可以高选择性得到马来酸酐、2,5-呋喃二甲醛、呋喃二甲酸和呋喃二甲酸二甲酯等；课题组还对木质纤维素、木质素及模型化合物等催化氧化转化进行研究，在分子氧定向活化为超氧阴离子自由基催化剂研究方面取得进展，通过对分子氧选择活化，可大幅提高木质素模型化合物结构中 C_α-OH 的氧化能力，提高氧化过程的选择性。

2013 年以来，有机催化组在 *J. Am. Chem. Soc.*、*Angew. Chem. Int. Ed.*、*Nature Communications* 等刊物上发表研究论文 100 多篇，授权发明专利 90 件，完成技术验收和鉴定成果多项，培养毕业博士研究生 17 名。在大连化物所这个团结友爱的大家庭中，有机催化组这支团结务实、开拓进取的团队，在追求一流的道路上，正在一步一步扎实工作，奋勇拼搏，构筑着美好的未来。

作者简介：石松，男，1988 年 4 月出生，2015 年 7 月至今在大连化学物理研究所工作，副研究员。从事催化氧化及生物质催化转化研究。

高级氧化技术的成熟发展之路

杨 旭 赵 颖

废水处理工程组成立于 1999 年元月，题目组长由孙承林研究员担任，其作为博士生导师，始终以"传道、授业、解惑"为己任，至今已有 20 年。

一、高级氧化 砥砺前行

国民经济的高速发展，带动了石油、化工、制药、造纸、食品等行业的快速发展，同时含有高浓度难生化降解有机污染物以及氨氮化合物的工业废水的排放量以迅猛的速度成倍增长，引起社会各界和政府环保部门的重视。高浓度有机废水具有污染物含量高、毒性大、排放点分散、水量少、处理工艺复杂、投资和运行成本高及管理难等特点，而高浓度工业有机废水又是引发水体严重污染、生态环境恶化、威胁人体健康的主要污染源。由于常规的物理化学和生化处理方法难以或无法满足对此类废水净化处理的技术及经济要求，因此，开发难降解高浓度有机工业废水高效处理技术已成为国内外亟需解决的难题。

催化湿式氧化(catalytic wet air oxidation，CWAO)法是在湿式氧化(简称 WAO)法基础上于 20 世纪 80 年代中期国际上发展起来的一种治理高浓度有机废水的先进环保技术。该技术是在一定的温度、压力和催化剂的作用下，经空气氧化，使污水中的有机物及氨分别氧化分解成 CO_2、H_2O 及 N_2 等无害物质，达到净化的目的。催化湿式氧化法具有净化效率高，流程简单，占地面积小等特点，有广泛的工业应用前景。催化湿式氧化适用于治理焦化、染料、农药、印染、石化、皮革等工业中含高化学需氧量(COD)或含生化法不能降解的化合物（如氨氮、多环芳烃、致癌物质 BAP 等）的各种工业有机废水。

早在 1989 年，杜鸿章等就开展催化湿式氧化催化剂及反应工艺的研究，大连化物所成为中国最早开展此领域研究的单位之一。孙承林研究员带领工作人员，从催化剂载体制备、催化剂研发、寿命考察到工艺流程设计，再到工程项目的实现，实现了产品工业化，成功填补了中国的技术空白，用自主研发打破了国外技术垄断。

大连化物所研制的贵金属–稀土双功能催化剂 1992 年通过鉴定，联合开发的车载化高浓度难降解、有害有毒有机废水处理装置（0.5 吨/日）2001 年通过产品鉴定，获得了 2002 年度国家机械工业科技进步奖二等奖，获准进行工业化应用批量生产，并且被列入国家"十五"期间环保重点攻关项目的新产品。大连化物所先后主持"十五"863 重大专项"湿式氧化催化剂及反应器研制"和"十一五"863 重点项目——"高浓度难降解有机废水处理新技术开发"中"强化催化氧化集成技术与装备"课题。

2003 年完成定型催化剂 1600 小时寿命考察，滴流床反应器设计、加工、评价，配合设计院完成 20 吨/日处理装置的初步设计及非标设备加工设计，为后续工作奠定基础。2007 年 6 月，日处理废水量为 20 吨的湿式催化氧化工业示范工程在深圳市危险废物处理站开车成功。

2013 年 1 月，催化湿式氧化处理高浓度难降解有机工业废水装置在万华化学集团股份有限公司 (处理规模：1.6 万吨/年)开车成功，通过烟台市环保局验收及中国石油和化学工业联合会鉴定。鉴定委员会专家认为，成果整体技术达到国际先进水平，节能减排示范作用显著，具备推广条件。此次鉴定的顺利通过也是继"催化湿式氧化处理焦化废水装置及催化剂"于 1992 年通过中科院沈阳分院组织的鉴定后，大连化物所取得的又一个重要突破，使最终实现催化湿式氧化处理高浓度有机废水技术在我国产业化应用成为可能。

2015 年 5 月，3 万吨/年催化湿式氧化处理糖精生产废水装置，在天津北方食品有限公司开车成功，解决了困扰企业多年、制约企业生产规模的糖精生产废水问题。

能源、化工、农药、医药、染料等生产过程产生的废水不仅有机物含量高，盐含量也高，据统计，我国高盐废水排放量占总废水量的 5%，并且以每年 2%的速度增长。高盐废水会造成设备腐蚀、催化剂中毒、反应系统堵塞等一系列问题，孙承林研究员再一次带领科研团队攻关技术瓶颈问题，开发出一系列可在工业装置上应用的催化剂，筛选耐各种盐类腐蚀材料，保障技术安全可靠，拓宽技术使用范围。2016 年 7 月，与利民化工股份有限公司签订 5 吨催化湿式氧化催化剂合同。

2017 年 6 月 15 日，孙承林研究员带领团队成功开发新型催化剂，与跃居(上海)国际贸易有限公司签订 13.8 吨催化湿式氧化催化剂合同,成功取代原有的日本触媒公司的催化剂。

多年来，与烟台万华、北京天罡、天津北方食品等公司合作的成功案例，孙承林研究员团队成功打开 CWAO 技术市场的大门，面向更多的市场和挑战，为更多国内企业解决环保问题，为国家解决生态问题。目前团队可提供处理废水为 24~500 吨/天规模催化湿式氧化成套技术。

CWAO 技术一直在老一代研究员及孙承林研究员的带领下，从基础研究、小试到工程示范，在长期中接受并完成了严峻的实践考验，解决了高浓度有机废水处理技术难关。2018 年，结合 CWAO 技术的发展史及项目实施，孙承林研究员带领团队将该技术形成专著，综述了国内外最新研究进展，结合了化物所两代人三十多年的研究成果，全面介绍了催化湿式氧化技术的原理及工程应用，将该技术推广到全国。至今，该技术获得中国机械工业联合会 CWAO 高浓度有机废水处理装置研制二等奖（2002）、中国石油和化学工业联合会科学技术进步奖三等奖（2014）、烟台市科学技术进步奖（2015）及山东省科学技术奖二等奖（2016）。

二、环保事业　兢兢业业

2003 年完成的辽河油田超稠油污水处理改造工程项目，水质成分复杂、悬浮物含量高、乳化油含量高、原油黏度大、温度高色度高，在清华大学、同济大学、浙江大学等单位均未成功的情况下，902 组在孙承林研究员的带领下，经过全组人员的不懈努力，筛选出合适的工艺流程，利用与工艺相匹配的设备并开发新药剂，协力攻坚，成功完成该项目，这也成为孙承林研究员心目中作为 902 组组长做的最有意义的工作之一。

继 2003 年中试，2005 年 1000 吨/日示范装置开车成功后，2008 年 10 月，大港油田西二联污水除铁工艺技术服务项目顺利通过中石油公司有关部门验收，并交付大港油田采油五厂使用，该处理聚合物污水 5000 吨/日回用工程，是目前全国最大日处理量的含聚合物污水深度处理及回用工业装置。该工程的投产运行，每年还可节省用于配制聚合物母液所需清水 47 万多吨，既提高油田采收率，又避免了因含油污水排放造成的环境污染，为企业创造了良好的经济效益和社会效益。

2010 年 7 月 16 日 18 时许，位于大连市保税区的大连中石油国际储运有限公司原油罐区输油管道发生爆炸，造成原油大量泄漏并引起火灾。这一事故致使大连港附近水域约 50 平方公里的海面严重污染。孙承林研究员第一时间进入原油泄漏现场，被推选为海岸清污专家组组长。在大连市环保局、大连化学物理研究所的领导、协调之下，孙承林研究员与大连市环境科学研究院专家共同研究并制定了采用物理与化学清洗相结合的清污工艺，并在辽宁省大连海洋渔业集团公司现场演练，获得大连市海岸清污指挥部的认可，当即在金州新区、保税区、甘井子区、中山区及相关企业进行推广应用，为大规模海岸清污提供科学依据及技术指导，实际应用效果显著。孙承林带领课题组开展已被原油污染的卵石、细沙、礁石的清洗工艺，协助大连市环境科学研究院领导及相关专家组织多个企业确定生物技术修复污染海滩及近海海域的方案，使大连受污染的海域重现碧海蓝天，大连海域又恢复了往日宜人的景象。孙承林因在"7·16"灭火清污工作中表现突出，于 2010 年 10 月被大连市人民政府授予"先进个人"称号并申报三等功。当人们把赞许的目光和中肯的褒奖投向他时，他则报之一笑，曰："忠之属也！"

孙承林研究员带领团队先后完成二十余项科研成果工程交付使用均成功运行，

在催化剂开发等方面也取得了卓有成效的进展。

历经实验室四代适用于不同反应温度及 pH 的催化剂开发，催化过氧化氢湿式氧化（CWPO）催化剂从实验室开发，到工厂小批量产品生产，再到企业小量产品试用，最终成功实现了工厂催化剂的批量生产。目前可为企业提供工艺设计及催化剂，完成多项业绩。

2015 年大连广泰源公司采购大连化物所研发生产的 CWPO 催化剂 60 吨，用于处理垃圾渗滤液 MVR 出水。2017 年 6 月 1 日，中钢集团鞍山热能研究院有限公司购买 100 吨 CWPO 催化剂合同，用于煤化工废水处理的工业化应用。该设备处理量为 2400 吨/日。

催化臭氧氧化（CWOO）催化剂也实现了工业化应用。2016 年 5 月，30 吨臭氧氧化催化剂在博天环境有限公司煤化工废水项目中使用；2016 年 6 月，50 吨臭氧氧化催化剂在北方节能环保有限公司氟化工废水项目中使用；2019 年，博天环境集团股份有限公司续购 135 吨臭氧氧化催化剂，用于煤化工废水处理。在孙承林研究员带领下，废水处理工程组一直在为"绿水青山就是金山银山"的环保事业坚持奋斗，在充满机遇与挑战的新的一年里，全组人员将以更加务实的心态，踏踏实实做好工作，于所成立七十周年之际，争取为节能减排做出更大的贡献。做到赤诚溢于言表，彰显真挚情怀。

作者简介：杨旭，男，1972 年 2 月出生，1994 年 7 月至今在大连化学物理研究所工作，高级工程师。从事化学化工研究。

赵颖，女，1990 年 9 月出生，2016 年 7 月至今在大连化学物理研究所工作，助理研究员。从事环境工程研究。

艰难险阻浑不怕，磨砻砥砺勇攀登

——记我们一起经历的"DMTO"的日子

张今令　叶　茂

无论什么时候提起"DMTO 技术"，我们都是骄傲的、自豪的！能够参与其中，为其发光发热，我们倍感荣幸！DMTO 技术——中国科学院大连化学物理研究所的甲醇制烯烃技术，是大连化物所乃至中科院的一张靓丽名片。在这张含金量极高的名片里，有几代人拼搏的身影，他们艰苦卓绝，迎难而上，披荆斩棘，他们矢志不渝，信而前行，收获喜悦。

张今令仍然记得 1996 年刚进入大连化物所 803 组工作时候，正赶上组里承担的国家"八五"重点科技攻关课题"合成气经由二甲醚制低碳烯烃新工艺方法"获得中科院特等奖。当时的她深深地感受到组里的每一位老师的自豪之情，也为自己成为这个集体中的一员而感到高兴。也是从那时开始她就逐渐认识到一个新的化工过程从实验室发展到工业化生产要经历太多太多，为了实现它需要许多人甚至几代人奉献出艰辛的劳动和心血。"DMTO 技术"总负责人刘中民院士每每回忆起"八五"攻关所经历的种种，感叹那只是"DMTO 技术"艰苦奋斗的开始。

不过机会总是赋予有准备的人。经过多年努力，等待时机，终于峰回路转，2005年 DMTO 技术迎来了发展机遇。当获知 DMTO 要进行工业化试验时，组里每个人的情绪都很高涨，深知如果该项目成功工业化，将开辟出我国第一条非石油资源生产低碳烯烃的煤化工新路线，必将极大地缓解我国石油供应紧张的局面，促进我国化工原料路线的结构性调整。

2005 年 11 月中旬，在刘中民老师领导下，鼓足了干劲的大家准备将制备好的催化剂和试验用仪器送往陕西华县试验基地了。为了确保催化剂、仪器的安全，大家不敢有丝毫马虎，对所有仪器设备精心地包装、编号，并由两位老师亲自跟车日夜兼程赶赴试验基地。随后，参与试验开工的人马也陆陆续续开往现场，当时真有一种将士出征的感觉。我们试验基地是在华县陕化集团厂区内。华县，古称华州，以境内有华山而得名。在去之前，大家已经从现场照片上对那里的情况略知一些。

不过当到达试验基地时，每个人心情还是有点复杂。只有 DMTO 工业性试验装置孤独地挺立在那里，整个陕化厂区弥散着氨、硫化氢刺鼻的味道，数不清的烟囱冒着黑烟、粉尘和煤灰，而且空气干燥，很难看见晴朗的天空。但大家坚信，这些都算不了什么，努力一定会收获丰厚的回报。接下来的日子，大家很快就和陕西新兴煤化工公司操作人员、洛阳石化工程公司的工程师们打成了一片。三方秉承积极合作的态度，克服重重困难，为实现同一个目标而奋斗着。由于是全新的工艺过程，虽然流程设计借鉴催化裂化，但对大连化物所的研究人员来说还是有一定挑战。不过在刘中民老师带领下，大家分工明确，互相学习，遇到困难积极合作共同解决。有几位同志主要负责分析，他们在大连时就做好了充分的准备工作。因为这次工业性试验没有分离装置，生成的产品全部进入火炬，所有的试验数据要通过分析手段得到，因此分析是整个工业性实验的重中之重。他们和现场的职工积极配合，调试分析仪器，准备各种必须药品、配件等，确保分析数据及时、准确、可靠。而负责工艺的同志则更是辛苦，每天都要在几十米高的装置爬上几个来回，对照图纸熟悉设备、掌握流程。那时正是当地最冷的时候，加之装置比较高，耸立在开阔地带，上面的风很大，可以说负责工艺的同志对"寒风刺骨"这个词都有了切身体会。不过几天下来，工艺流程已经在他们的脑海中根深蒂固，他们对反应器、操作阀以及装置上成百上千个控制点的位置已逐渐熟悉，对下一步的试验也更加充满了信心。工业性试验期间，有的同志生病，回大连修养一段后又带病赶赴现场；有的同志身体并不是很好，但不比别人少上一个夜班；有的同志不适应华县的天气和饮食，但没听见他们叫一声苦，总是笑着说慢慢就适应了。经过了几个月的努力，到 2006年 5 月，在完成了惰性剂流化试验后，工业性试验装置一次投料开车成功，取得了完整的工业性试验数据。在这次工业性试验中，每个人都不仅在技术能力上得到了锻炼和提升，更增加了团队合作和互助精神。

DMTO 万吨级工业性试验取得的技术指标达到了世界领先水平，DMTO 技术工业化取得了阶段性的胜利。但刘中民老师带领团队并没有停下脚步，根据甲醇制烯烃的反应工艺特点，为提高乙烯和丙烯的收率，提出了基于 C4+副产品裂解的甲醇制烯烃第二代（DMTO-II）技术。2010 年 DMTO-II 技术的万吨级工业性试验在陕西华县进行。虽然那里还是烟尘弥漫、气味刺鼻，但是有了 DMTO 工业性试验的成功经验，大家带着满满的自信和朝气进入试验基地。这一次相比几年前，大家从容了很多，三方合作也比之前默契了许多。但不变的仍然是投料开工时 24 小时甚至 48 小时的不眠不休、技术讨论时面红耳赤地争执、不断出现新问题的试验装置和越改越先进的技术方案，还有那 72 小时现场考核时紧张的气氛等等。经过几个月的紧张工作，具有自主知识产权的新一代甲醇制烯烃（DMTO-II）技术也成功了，它进一步提高了技术经济竞争力和资源利用率，对发挥我国煤炭资源优势，缓解我国石油资源紧张局面，发展煤制烯烃新型煤化工产业具有重大现实意义和战略意义。

对工业技术来说，这都只是准备工作，但我们离目标已经很近了。2007 年 9 月 17 日，大连化物所、陕西新兴能源科技有限公司、中石化洛阳石化工程公司三方与神华集团在北京签订了 60 万吨/年甲醇制低碳烯烃（DMTO）技术许可合同。这是世界首套煤制烯烃技术许可合同，标志着 DMTO 技术从前期的万吨级工业性试验，向日后的百万吨级工业化生产迈出关键一步。2010 年，刘中民老师带着我们怀着紧张而忐忑的心情来到了包头神华煤制烯烃工厂。有了工业性试验的经历，对于技术大家还是非常自信的。在包头的日子里，刘中民老师和洛阳院的设计人员详尽地为神华技术人员解答疑难问题。几方通力合作，在 2010 年 8 月 8 日，神华包头世界首个煤制烯烃工厂投料试车一次成功。这次开工非常顺利，DMTO 装置运行平稳，甲醇单程转化率 100.00%，乙烯和丙烯选择性大于 80%，反应结果超过了预期指标。当包头 DMTO 装置投料试车一次成功时，所有在现场的工作人员喜极而泣。多年的艰辛，巨大的压力，成功的喜悦，在那一刻汇成了激动的泪水。

随着一套又一套 DMTO 工业装置投料成功，我们国家在煤化工领域迅速发展，自主知识产权的技术逐渐领跑于世界。但我们并未停歇，甲醇制烯烃第三代（DMTO-III）技术的研发和产业化已经在紧锣密鼓地进行当中。前方依然荆棘满布，但是我们必定勇往直前，攀登高峰！这也是所有"DMTO"人的精神。

作者简介：张今令，女，1974 年 3 月出生，1996 年 8 月至今在大连化学物理研究所工作，副研究员。从事工业催化研究。

叶茂，男，1973 年 2 月出生，2009 年 10 月至今在大连化学物理研究所工作，研究员。从事煤制化学品反应工艺研究。

寻 氢 记

——DNL1901 建组十一年记

鞠晓花

氢气的燃烧可以说是最简单的化学反应之一，放出大量的热，并生成无污染的水。氢一直被认为是能量储存和运输的理想载体，能够使可再生能源和核能得到有效的储存和利用。近二十年来，科研人员尝试开发安全、高效及廉价的氢气储存材料和运输载体，以满足氢能规模化应用的需求。氨是重要的化工原料，也是优异的氢的载体。目前合成氨工业采用传统的 Haber-Bosch 工艺，对设备要求高、能耗巨大、污染严重且成本较高，因此如何降低合成氨的温度和压力是一个多世纪以来催化工作者面临的科研难题。DNL1901 组最主要的研究对象正是这两个简单的分子：氢与氨。

DNL1901 组长陈萍研究员是储氢材料领域著名学者，在新加坡国立大学工作时就已开创了金属氮基化合物（Nature，2002）和金属氨基硼烷(Nature Materials，2008)两类储氢材料体系。2008 年，陈萍放弃了国外的优厚待遇，带领着一支兼具科研热情与创新力的储氢研究团队回到祖国，加入了大连化学物理研究所。

一、建组、发展与布点

在化物所的大力支持下，熊智涛研究员和吴国涛研究员全身心地投入到实验室的建设工作中，以惊人的速度完成了实验室的建设，同时谢冬、鞠晓花、胡大强的加入使研究组的运行很快进入正轨，科研工作也迅速展开。回国次年，何腾利用共沉淀法将钴、镍纳米颗粒分散到氨硼烷中，实现了在低于质子膜燃料电池操作温度下的分解放氢；同年王建辉发现向最具应用潜力的 $Mg(NH_2)_2$-LiH 储氢体系中加入少量的氢化钾，使得约 5wt%氢在 110℃条件下实现可逆充放；2010 年蔡永胜率先合成出镁代氨硼烷氨合物；吴成章研发了高含氢量的 $LiNH_2BH_3 \cdot NH_3BH_3$ 材料；褚海亮开发了 $Ca(BH_4)_2 \cdot 2NH_3$ 材料；2011 年郑学丽通过催化 $LiBH_4$ 与 NH_3 间相互作用，实现了在较低温度下 17.8wt%的放氢量。这些令人鼓舞的工作也受到了同行的高度关注与评价。

由于研究组关注的材料包含 N、H、碱（土）金属等元素，与氨关系紧密，故陈萍老师回国后首先布点的新方向是合成氨催化。郭建平选择了这个课题，开始了漫长的探索之路。同时，储氢材料含有 Li 也是强还原剂和供氢体，李文和徐维亮则在 Li 离子传导和选择性氢转移加氢方面进行了研究。

2009 年至 2011 年，洁净能源国家实验室开始进行整体筹建。2011 年 10 月 10 日，我国能源领域第一个国家实验室——洁净能源国家实验室启动筹建。2011 年底熊智涛研究员再次带领大家完成了实验室搬迁和重建工作。

二、道之所在

自 2012 年起，储氢研究进入了低潮期。由于研究难度大又缺少经费支持，储氢领域的众多专家纷纷转向其他研究方向。然而，这些外在的因素并没有动摇我们研究组的追求目标。陈萍老师曾说："选择了，就要坚持。研究成果的取得需要长时间的工作积累，坚持自己的研究方向很重要。"

正是在国际储氢研究低潮期的这几年，我们研究组逐渐积累了知识和认识，将储氢材料研究的范畴拓展到了有机氢化物。2014 年，陈君儿合成了锂代乙二胺，首次实现了选择性放氢。而于洋、何腾等利用金属的电负性差异，修饰有机储氢材料的电子性质，合成出了一类新颖的金属有机化合物，可在温和条件下存储和运输氢气。陈维东首次在实验上证实了[NH_4][$BH_3NH_2BH_3$]物种的存在，解决了硼化学中 70 多年的一个争端。李塱和张淼则将研究组的关注内容进一步拓展至特殊催化剂及载体的制备及特性方面。

2015 年，郭建平挺过了 6 年的探索期，建立了亚氨基锂（Li_2NH）与第三周期过渡金属或其氮化物的复合催化材料新体系，达到了前所未有的优异的催化氨分解制氢活性，不仅从新的角度阐释了碱金属助剂的作用，也为高效贵金属替代催化剂的设计提供了新的思路。高效的氨分解催化剂也可能是好的合成氨催化剂，2016 年，王培坤和常菲等开发了过渡金属-氢化锂复合催化剂体系。双活性中心的构筑使得氮气和氢气的活化及 N 和 NH/NH_2 物种的吸附发生在不同的活性中心上，从而打破了反应能垒与吸附能之间的限制关系，使得氨的低温、低压合成成为可能。2018 年，高文波、郭建平等进一步提出了一种以碱（土）金属亚氨基化合物为氮载体的低温化学链合成氨技术，即碱（土）金属的氢化物首先通过"固定"氮气生成相应的亚氨基化合物，随后将反应气氛切换为氢气使得亚氨基化合物加氢释放出氨气。此过程为可再生能源的储存与利用及小规模分布式合成氨工厂的构建提供了一个方案。可喜的是，丰田氢燃料电池汽车（FCV）于 2015 年投放市场，重新开启了

"氢能社会"的大门。而氨具有较高的氢含量、较高的能量密度和易于储存的特点，被认为是有巨大应用前景的新型氢源载体。国际上对氨的研究开始升温。而我们组的研究进程正好与这一趋势达到了美妙的吻合。

三、告别战友

在新型固态储氢材料中，$Mg(NH_2)_2$-LiH 是一备受国内外科研机构重视的材料体系。2017 年，吴国涛研究员指导王涵博士通过多组分氢化物复合，显著改善了 $Mg(NH_2)_2$-LiH 储氢材料的吸脱氢热力学和动力学性能，实现了 100℃ 以下可逆吸脱氢，为储氢材料的优化提供了新思路。然而令人痛心的是，吴国涛却因突发疾病倒在了追梦之路上。他是我们生活中的挚友，事业上的伙伴，更是追寻真理、探求真知的同路人。他发表研究论文 140 余篇，为推动储氢材料研究做出了极为重要的贡献，受到业界同行的普遍尊重与高度赞誉。他从心怀科研梦想的少年，成长到心怀科研理想的青年。人到中年，病魔缠身，依然心志坚定，矢志不渝，他的精神使怀揣共同梦想的人们心跳更加有力！

四、醉心基础　开启应用

DNL1901 组着重于新型氮基储氢材料的研发；探索储氢材料的构效关系及材料设计理念；研究材料吸、脱氢反应机理及动力学，热力学调变；将氨基化合物、氢化物等应用于合成氨、氨分解等多相催化过程。这些具有应用背景的、极具挑战性的基础研究深深吸引了研究组的同仁和一批又一批的青年学子。而对基础科学问题的深入研究也提升了研究组攻坚克难的能力，培养、锻炼了一批优秀的青年科研骨干。从 2008 年建组到现在，我们的研究成果先后发表于 *Nature Chemistry, Nature Energy, JACS, Angew Chem, EES* 等，并受邀在 *Nature Rev Mater, Chem, Chem Comm* 等发表综述和观点文章。我们培养的学生也有多人次获得院长奖和企业奖。

2015 年研究组开始对实用性研究进行布点，柳林副研究员和鞠晓花开始了氨分解制氢实用性催化剂的研发工作；2018 年从德国亥姆霍兹联合会引进回所的曹湖军副研究员则着手进行储氢材料的规模化制备和储氢系统的搭建，以期推进储氢的实用化进程。

我们团队始终秉持单纯而执着的梦想，怀着踏雪寻梅的心境，立志为科学研究和人才培养贡献自己的力量！

作者简介：鞠晓花，女，1985 年 1 月出生，2010 年 5 月至今在大连化学物理研究所工作，工程师。从事催化化学研究。

万花丛中一棵绿色的小草

——记天然产物与糖生物工程

白雪芳

1996 年，在改革开放的春风鼓舞下，百花盛开的大连化物所中，一棵纯生物的绿色小草——天然产物与糖生物工程课题组成立了。成立伊始，课题组的人力（三个职工：一个微生物专业，一个植物生理专业，一个辅助人员）、财力（不到 5 万元的科研经费）捉襟见肘。在这种资源严重匮乏的条件下，我们没有气馁，在组长杜昱光的的带领下，首先积极在市、省、部乃至国家申请科研项目，其次是开源节流，利用我们所学的专业知识，在二馆的房前屋后种植花卉和蔬菜，以及一些珍稀真菌、竹荪和木耳；收集隔壁医院的人血，分离血清；等等。此阶段我们对"艰苦奋斗"一词有了更深的领悟。

功夫不负有心人，绿色小草终于发芽了，很快课题组就承担了国家科委的"九五"科技攻关和农业部（948）技术引进项目，有了一支多学科和研究生组成的科研队伍。五年的努力拼搏，我们获得了国家科委"九五"攻关项目的研究成果，采用现代生物技术及生化反应与膜分离耦合的工艺技术生产出第一代高科技产品——壳寡糖。获得此项工艺技术国家专利三项，2000 年课题成果便获得了大连市科学技术进步奖一等奖。

根深才能叶茂，有了自主研发的专利产品——壳寡糖，课题组开始以此为原料研究应用开发新产品，采用"走出去，请进来"的方式，在充满化学气息的所区建立了一个 370 平方米的连栋温室，从实验室到农业第一线开始初试和大面积实验。从南方到北方进行农业作物、经济作物、花卉蔬菜等不同品种、不同区域的验证，终于研制成功了具有调控植物生长、发育、繁殖、防病和抗病等功能为一体的绿色农药——好普，为我们国家的食品安全做出了应有的贡献。在此基础上，我们根据国外活性寡聚糖具有增强人体免疫力、抗辐射、抗肿瘤、抗病毒等活性，可开发为人体保健品以及药物应用的研究报道，在实验室养殖水产品，和大连水产学院（现大连海洋大学）联合大面积水域进行实验。着手养小白鼠，养鸡，养猪，以求在动物体上找寻壳寡糖的生理功能。说实话，当时我们的条件能在实验室养小白鼠就比较困难，更别说是鸡、猪。于是我们在培养植物的温室大棚中养鸡，和企业合作养猪，同大连医学院（现大连医科大学）合作进行大型动物狗的实验。取材时鸡鸣猪叫，在一个以化学物理为主的科研单位弄出如此动静，也是我们课题组的一个"创举"。大量的生物活性试验结果，证实了壳寡糖在动物体上具有免疫功能。据此我们研制了能够替代抗生素的免疫制剂饲料添加剂——氨基寡糖素和经过北京联合大学应用文理学院保健食品功能检测中心判定具有免疫调节功能的保健食品——奥利奇善。研究成果分别获得省市科学技术发明奖和全国发明金奖，科技成果鉴定报告称，"在国内首次开发出壳寡糖保健食品和生物农药，并率先实现了壳寡糖生物农药的产业化及在植物病害防治方面的应用，达到了国际先进水平。"

二十多年来，在改革开放的浪潮中我们终于等到了收获的季节。1996年建立的研究组以糖生物学与糖工程研究为核心，并于2008年被认定为辽宁省碳水化合物研究重点实验室。研究组先后承担国家、院、部、省级课题六十余项；获科技成果十余项；获部、省、市级奖励十余项；发表论文两百余篇（SCI收录近百篇）；授权专利近四十项；主编专著五部。研究组在壳寡糖应用及作用机理研究等领域的研究工作位于世界前列。现有研究人员12人（其中高级职称研究人员7人，博士学位6人），专业涉及生物化工、微生物学、生物化学、分子生物学、植物保护等学科，研究生近二十人，累计毕业硕博士研究生三十余名。其中我们培养的第一个硕士研究生林晓蓉，2019年当选为美国微生物科学院院士。

研制开发的壳寡糖、生物农药、生物肥料、饲料添加剂、保健食品已转化为生产力，体现了更大的经济和社会价值。2005年成立了课题组生产壳寡糖原料的第一个实体——大连中科格莱克生物科技有限公司，为国内各大医药保健品、饲料添加剂和生物农药生产企业提供壳寡糖原料；同时生产饲料添加剂——寡糖素COS-(Ⅱ)和生物肥料——奇善宝。2010年获得国家农业部壳寡糖饲料和饲料添加剂新产品证书和肥料证书；2015年壳寡糖获得国家食品卫生监督局新资源食品证书。各项产品都投入了生产，经济效益虽然不是很高，但近十年年年分红。

课题组研制的生物农药转化给大连凯飞化学股份有限公司，从2001年投产至今，产品在全国20个省市推广应用，推广面积达千万亩次，其社会效益更为可观。绿色生物农药的推广和普及为我所科技人员创业提供了更好的平台，课题组的曹海龙副研究员就带着这个项目成立了中科禾一农业科技有限公司，他本人成为了"2018CCTV中国创业榜样"。

课题组研制的保健食品转化给北京中科惠泽糖生物工程技术有限公司，该公司成为天昱棠牌奥利奇善胶囊产品的全国总推广商，产品市场销售上亿。其社会效益便是调节人体免疫系统，防未病，健康成千上万的人民大众。多少年保健市场鱼目混珠、真假难辨,一种保健食品在社会上运营十几年还能得到大家的认可,是因为企业的诚信。从 2012 年到 2018 年,奥利奇善产品连续荣获中国质量检验协会颁发的"全国质量信得过产品"荣誉证书;中科惠泽公司连续荣获中国质量检验协会颁发的"全国质量和诚信优秀企业""全国质量和诚信标杆企业""全国产品和服务质量诚信示范企业"荣誉证书。更值得一提的是,企业连续三年独家冠名在中央电视台举办老年春晚,我们大连化物所老年合唱团也有幸参加了"2019 夕阳贺新春文艺晚会"的演出。

一棵绿色的小草在改革开放的阳光雨露和科研工作者的辛勤耕耘下长大成熟了,枝繁叶茂,并结出了一个个甜蜜(糖)的果实。

作者简介:白雪芳,女,1955 年 3 月出生,1993 年 6 月到大连化学物理研究所工作,副研究员。从事糖生物学研究。现已退休。

追　忆

蔡光宇

时光荏苒，岁月如梭，不觉退休已二十多年。回眸往事，感慨万千，在所工作期间科研工作中的许多经历又呈现眼前。本着力求真实、尊重历史的精神，我简单记叙本人亲历的若干重要科研攻关工作中的点点滴滴。

我是 1958 年秋从北京石油学院（现中国石油大学）分配到研究所工作的。在校时所学的人造石油专业，主要学习有关以非石油资源（煤炭、油母页岩等）替代石油为原料来制取市场急需的各类油品工艺技术方面的课程。到所参加的第一个研究课题是"煤焦油在液相条件下催化加氢制取轻质油品的研究"，课题负责人是林励吾先生。

1959 年，我国宣布发现巨型大庆油田，一举摘掉"贫油国"的帽子。全国人民为之一振，也极大地鼓舞了从事石油转化研究的科研工作者。我们及时从以煤焦油为原料转移到以大庆原油为原料的研究轨道。

一、参与大庆油制取航空煤油的攻坚研究

1. 大庆油中油馏分临氢异构化制航空煤油的研究

1960 年初，我所在的课题组接受石油部经由中科院下达的从大庆油中油馏分制取航空煤油的攻关任务。当时，是与石油部所属北京石油科学研究院分工合作。北京石科院是采用尿素脱蜡工艺，我们组则是采用催化加氢转化反应工艺。此项课题在当时石油部曾被称为"五朵金花"攻关课题之一。

该攻关工作主要负责人为林励吾先生，我和梁东白为主要助手协助工作，分别承担反应工艺和催化剂制备的研究工作。工作最后阶段，吴荣安从别组调入，承担油品分析工作。与北京石科院采用的尿素脱蜡工艺相比较，我们采用临氢异构化反应工艺更具特色，是将原料中所含凝固点较高的正构烷烃，在以硫化钨-钼-镍金属组分担载在氧化铝为担体的双功能催化剂上，转化为凝固点较低的多歧链异构烷烃，依此不仅可大大降低油品凝固点，以满足军用航空煤油达到-60℃的指标要求，还可增加目的产物航空煤油的产量。而北京石科院的尿素脱蜡工艺则是将凝固点较

高的正构烷烃脱除，以达到降低凝固点的目的，然而目的产物的收率却大为减少。

当年正是三年困难时期，物质生活极度贫乏，忍饥挨饿为常事。大家咬紧牙关，努力工作。通过我们全组工作人员三年多不懈努力，终于完成了从大庆油中油馏分研制出各项性能指标完全合格的军用航空煤油的任务。

为了能在中间扩大反应装置上验证考核大庆中油临氢异构化反应用催化剂的性能，并能制得一定数量的航空煤油产品以供进一步台架燃烧试验的检验评价考核，我被指定承担该项工作任务。时为 1961 年底隆冬季节，我单枪匹马前往抚顺，借用抚顺石油所的 100 立升高压加氢反应装置（该反应装置是日本占领时期留下的，且是当时国内唯一的）。当时不仅工作条件差，生活方面更为艰苦。粮食定量供应，所有食品都凭粮票。独自一人出差在外，只能咬牙坚持。幸好在工作中得到抚顺所孙姓技术员的相助，协助指挥数名工人按技术要求进行扩大试验反应操作。中间虽遭遇过催化剂意外失活等困难，但仍如期完成了中间放大反应的任务。当该阶段工作完成时已临近 1962 年春节，为能在春节前赶回大连，乘坐车况极差（四处透风）的长途汽车赶往沈阳，在室外气温为零下三十多摄氏度的条件下，车内人员被冻得不由自主地跺脚以防手脚被冻僵。因此车开一路，跺脚声不断相随。此景此情虽已过去五十多年，至今仍历历在目。

紧接着我又独自接受为进一步燃烧试验提供原料的任务。中试反应产物还需要经过蒸馏分离操作才能得到目的产物航空煤油，然而当时缺少可供装盛该目的油品的特定军用油桶。为此，我还持中国科学院开具的介绍信到沈阳军区空军司令部（以下简称沈空）求助，经沈空领导批准我又接着跑到远离沈阳的一个沈空油料基地。那时已是 1962 年盛夏，酷热无比，稍一活动便汗流浃背。我克服种种困难，终将从沈空借用的五十多个油桶运到抚顺，随后又将中试所得航空煤油样品送往北京某部进行台架燃烧试验。该试验结果证明，由大庆中油临氢异构化反应所制得的航空煤油全部性能指标达到军用油品要求。

该项攻关成果获得 1966 年国家技术发明奖二等奖。

2. 大庆油重油组分加氢异构裂化制取航空煤油的研究

由于大庆原油中的中油馏分含量较低，产量有限，无法完全满足军品需求，因此有些专家建议采用大庆原油中含量较多的重油组分作为初始原料来制取航空煤油。1963 年中，中科院又下达利用大庆重油为原料制取航空煤油的新的攻关任务，并且该任务还指定由大连化物所与石油部属抚顺石油研究所分别承担，协同攻关。

然而，大庆重油不仅仅是分子量大、含蜡量高，并且还含稠环芳烃（沥青质）和含硫、氮组分的有害杂质，加工的技术难度要比中油馏分大得多。为了确保该新攻关任务的完成，时任大连化物所党委书记的刘时平亲自出马，参与组织协调，并指令我们 504 组和 203 组（组长张馥良，副组长李文钊）组成联合攻关组，林励吾先生被指定为联合组的总负责人。他还亲自作了鼓舞士气的动员报告，把大连化物所与抚顺石油所形象比喻为两支友军，从山的两侧分别抢登山头，攻占"敌人"堡垒（航空煤油），看谁能抢先攻占山头！

　　由于我们大化所课题组在大庆中油临氢异构化制取航空煤油方面已取得成功经验，新工作很快走上正轨。为适应大庆重油组分转化要求，在保留原有临氢异构化催化剂的异构化功能的基础上，新催化剂还须特别增添能将原油中的大分子裂解为中、小分子的裂化功能，以及能抵御原料中含有毒害杂质对活性影响的精制功能。即需研制出既具有异构化、裂化还能对抗毒物的精制功能的多重功效的新一代催化剂。经全体工作人员的不懈努力，我们最终研究出以硫化钨-钼-镍金属为活性组分、以大孔与中等酸性的硅酸铝为担体的新型催化剂，分别称为 219 甲和 219 乙催化剂，前者具有加氢精制功能，后者则具有异构化及裂化功能。我们还开创性地开发出将两种催化剂分别填装在反应器上下部的独特反应工艺。

　　在该项新工作任务中，我仍然负责反应工艺过程方面的研究任务，并且还独自承担在抚顺石油三厂进行的催化剂长周期寿命对比考核试验任务。即由大连化物所和抚顺石油所分别提供一个具有代表性的催化剂，交由抚顺石油三厂（作为中立方），采用同一反应原料和基本相同的反应装置，由同一批操作人员分别进行催化剂的寿命考核试验。其实这种对比试验，就是真枪实弹的"打擂台"，因此该工作的重要性不言而喻，容不得半点差错，若有问题还需及时准确处理。我就是在这种工作状态下长住抚顺工作八九个月之久。

　　在该工作期间，我需不时通过电话、电报方式向林励吾先生及时汇报工作进展以及所遇到的问题；此外，我还利用抚顺地区校友多的便利条件，将通过不同渠道了解到的有关抚顺所的工作动态和消息及时汇报。这样便大大有助于所内研究工作的开展，抢占先机，终于取得比"对手"抚顺石油所提前"攻占山头"的战绩。经专家组评审并同意，以大连化物所研究出的 219 型催化剂及其配套反应工艺，作为设计和建设大庆炼油厂年产 30 万吨航空煤油工业生产装置的唯一重要依据。在"文化大革命"期间，有人竟然写大字报攻击我当时在抚顺是"搞特务情报工作"，真是令人啼笑皆非。

　　这套我国首座大庆重油年产 30 万吨的航空煤油工业生产装置，不仅及时解决了我国军用航煤的供应保障问题，也为企业带来数以十亿计的经济效益。该项成果曾荣获 1977 年度辽宁省重大成果奖和 1978 年全国科技大会奖。

　　约在 1965 年春，所科技处长及林励吾先生还责成我执笔撰写了有关航空煤油攻关工作进展及工作人员精神风貌的专稿，并刊登在当年 10 月份的中科院《科学报》上。

二、参与由丙烯制取异戊二烯的研究

正当"文化大革命"热闹开展之际，我也从农村返回化物所（在 1965 年秋至 1966 年夏，我被下放农村参加"四清"运动）。我们课题组又新接受了由化工部经中科院下达的以丙烯为原料制取异戊二烯的重点研究任务。异戊二烯是一种能制取性能完全接近天然橡胶性能的人工合成弹性聚合物的单体原料。橡胶是重要的战略物资，长期被国外禁售，而当时只有海南岛少量生产，缺口大，难以满足需求。

此项研究任务仍由林励吾先生主持，另一课题组的陈国权先生协助。该工作的具体分工为：陈国权组负责由丙烯在以三异丁基铝为催化剂上经双聚反应制 4-甲基-戊烯-1（朱炳城协助），我承担由 4-甲基-戊烯-1 在磷改质氧化铝催化剂上经异构化反应制 4-甲基-戊烯-2（梁东白协助）；林先生则亲自承担 4-甲基-戊烯-2 经热裂化反应制取异戊二烯的工序（李北芦协助）。

在此项攻关研究课题进行期间，正值"文化大革命"高潮，批斗成风，大字报满天飞，派系间武斗盛行。试验工作场所（星海二站）当时还处于大连市郊，是当时大连群众组织间武斗焦点地区之一。特别是入晚枪声不绝，流弹四处乱飞，实验室北窗玻璃曾多次被子弹击穿。林陈两位还要不时接受批判，到后期还被关进"牛棚"，其他人也受牵连被"办班"（被称"小特务"）……我们就是在这种情况下仍坚守工作岗位，值夜班的人员须趁天色未晚赶到工作场所，以免被武斗流弹误伤。通过全体人员两年多艰苦努力，完成了全部小试研究任务，紧接着还进一步到大连有机合成化工厂，完成了全部中间放大试验考核工作。经有关专家组评审，认为该研究成果已经具备工业放大试验的条件。为此，在 1969 年冬所领导还指派我和朱炳城二人出差兰州，前往化工部兰州化工设计院（第五设计院）协调并落实该工业放大试验的工艺流程及相关生产装置的总体设计方面的工作，为时将近一个月。

然而在 1970 年初，风云突变。辽宁省开展"干部走五七道路"，以及大连化物所被国防科委材料院接管，所内多数年长的科研人员因家庭出身等原因被认为政治不可靠者，几乎都被下放农村去当农民。由此，该工作的主要负责人（林、陈两先生）和科研中坚（蔡、梁等）先后被迫离开研究工作岗位举家下放农村，该攻关工作也因此中途夭折停止，三年多的心血也随之付诸东流！

三、下放农村　又到工厂

1970 年春，我举家下放至大连市瓦房店郊区，本已做好一辈子当农民的思想准备。不料在当年 11 月间又被大连市有关方面抽调回城（家人仍留农村），参加大连市的石油化工会战工作。我所共有 20 多人奉调回城，参加由大连油漆厂具体承接的丙烯氨氧化反应制造丙烯腈生产装置的筹建工作。当时，大连市同时抽调回城的还有其他单位下放人员共有百多人，分别工作在不同工厂，承担各不相同的工作任务。我具体是承担该反应工程所需催化剂制造的探索试验工作。然而，由于该会战工作的盲目性较大，且是跟风性冲动，实际效果有限。至 1972 年春，这些会战工作也就先后下马而终止。多数工作人员先后调回他们原来的工作单位，然而大连化物所参加市石油化工会战的人员中，由于政治等原因，仍有十多人被化物所拒绝接收，我和另三人则由市有关方面依"随项目"的名义安排分配到大连油脂化学厂工作。

我在该厂先后承接了从当时的轻工业部争取到的乙烯纯氧氧化制环氧乙烷和正十二烷烃脱氢制十二烯烃-1（简称长链烃脱氢）两个重点课题。然而，该厂原有的试验室甚为简陋，只能适应油脂加氢等初级评价工作。为此，我花了极大精力改建实验室，建立相适应的设备和培训试验技术人员。经过三四年努力，这两项研究工作成果均已达到合同指标，还先后分别获得轻工业部的科技进步奖二等奖。

随着 1978 年全国科技大会的召开，在全国范围落实知识分子政策的工作逐步开展，我便萌生返回大连化物所工作的强烈愿望，并得到时任厂长盛存恕的理解和支持，同意放行。但非常不巧，在离厂手续尚未办妥时，盛厂长退休，新任罗厂长主政。罗厂长表示坚决不放行（而其他三人则同意放行），甚至给我许诺留下来"可入党、可担任工厂研究室主任……"。我不为所动，仍然强烈要求返回大连化物所，如此双方僵持数月。幸好得到林励吾先生的大力相助，后来据说是通过当时所党委书记顾宁同志出面，经过大连市委组织部的干预，返回大连化物所工作的愿望才得以实现。

四、重返化物所　参加电厂烟气治理研究

1979 年春，我重新回到原来工作过的第八研究室，并担任 802 组副组长的工作，成为组长陈国权先生的主要助手，参加了以下几个方面的工作：

1. 进行电厂烟气脱 SO_2 的中间扩大试验

该项目的小试研究已进行多年，取得了重大进展。该研究的特点为，在消除 SO_2 对大气污染的同时，还可副产硫酸，从而达到除害兴利、变废为宝的目的。我主要参与在湖北省松滋县松木坪电厂进行的处理烟气 $5000m^3/h$ 规模的中间放大试验，是以含碘活性炭（煤质炭）为催化剂，将烟气中所含 SO_2 氧化转变为 SO_3，再

经水吸收成为低浓度（8%左右）的硫酸。该研究的小试成果以及中试成果分别获1982年中科院科技进步奖二等奖和1983年中科院科技进步奖一等奖。

2. 将烟气脱 SO_2 方法成功应用于硫酸厂尾气的治理

1984年春，陈国权先生退休（年逾65岁），由我接任802组组长（王清遐为副组长）。我在杨永和高工的协助下，成功地将脱 SO_2 研究推广应用于湖北省磷肥厂的硫酸生产装置尾气中 SO_2 的治理，使之转化为 SO_3 并副产硫酸，从而不仅解决了该厂 SO_2 的污染问题，还能使该厂的硫酸产量增加10%以上。该项成果获1989年中科院科技进步奖二等奖。

3. 将糠醛渣型活性炭成功应用于烟气中 SO_2 治理

针对原用含碘活性炭催化反应过程中碘组分很容易流失并导致催化剂活性下降甚至失活问题，我做了大量探索，发现椰壳炭在不添加碘组分时仍具良好活性，但其价格过高无法广泛应用。由此得到启发，若活性炭表面若含有某些含氧基团，无需外加碘分子也具有氧化活性。在杨永和和王作周的协助下，我对国内厂家生产的活性炭进行广泛筛选探索，终于发现一种无需添加碘分子且售价较低的糠醛渣型活性炭（即其以由玉米棒制取糠醛后的残渣为原料制成），可直接作为 SO_2 的氧化催化剂。在四川省环保研究所的合作下，先后在四川省成都电厂（1989年）进行现场小试考核和四川省宜宾电厂（1990年）进行中间放大试验。该成果分别获国家电力部和中科院的1992年科技进步奖二等奖。

由于我对活性炭表面结构有深入研究，且在专业学术刊物发表多篇论述，从而被推举担任中国林业学会活性炭专业委员会副主任委员（连任两届）。

五、参与甲醇在中孔 ZSM-5 沸石催化剂上转化为汽油和烯烃的研究

在20世纪80年代初，国际兴起 C1 化学的研究热潮。它是以含有一个碳原子的物质甲醇或合成气（$CO+H_2$）等作为初始原料来制取汽油，特别是乙烯等石化产品的新的技术路线。我们课题组也即时紧跟，迎头赶上。我们首先开展的是由甲醇在 ZSM-5 中孔沸石催化剂上转化为高辛烷值的汽油（简称 MTG）的研究。之后，又将研究工作调整为由甲醇制取低碳烯烃。

1. 甲醇在 ZSM-5 沸石催化剂上转化为烯烃的小试研究

按照当时研究室领导的意见，我们题目组被要求和另一课题组（805组，组长为梁娟）合作进行。我们802组只承担甲醇转化为汽油的反应工艺方面的研究，805组则承担供应 ZSM-5 沸石的任务，接着再由802组将 ZSM-5 沸石制成反应所需的催化剂。

　　然而，805 组在较长时间内始终无法提供出合格的 ZSM-5 沸石，我们 802 组也因此处于"等米下锅"的状态，严重影响后续反应工艺研究的正常开展。我经深入了解得知，是因当时国内市场无法提供一种被称为合成导相剂的四丙基氢氧化铵的产品，由此也就制约了 ZSM-5 沸石合成研究的开展。

　　为争取时间，我在王清遐的协助下，大胆尝试进行四丙基氢氧化铵的合成工作，参考国外文献资料，进行多种方案探索，最终以正丙醇和液氨为原料，以雷尼镍为催化剂，在压力条件下，制出了合格的四丙基氢氧化铵（还经多种性能手段确证）。由此，我们深受鼓舞，又紧接着进行了 ZSM-5 新型沸石的合成探索。也许是所选择的技术路线合理，我们又很快地合成出与国外专利文献指出的性能指标完全相符的经典型 ZSM-5 沸石（经 X 光检测证实）。由此，不仅能保证我们承担的 MTG 研究顺利开展，并且还使我们组一举成为国内首先合成出经典 ZSM-5 新型沸石的先行者。

　　1981 年，在四川纳溪召开的全国首届石油化工催化会议上，我在大会报告中着重介绍 ZSM-5 沸石合成成果。受到与会国内专家的关注和高度评价，同时也引来该会议主持方化工部西南化工研究院主动要求合作的强烈愿望。据说该院正承担化工部下达的由甲醇制取乙烯的重点攻关任务，但因他们迟迟无法制出合格的 ZSM-5 沸石，工作进展困难。

　　经过所科技处领导同意和授权，我代表大连化物所和西南化工院夏求贞总工程师签订了双方合作协议。按照协议，大化所承担甲醇制乙烯反应用沸石催化剂的研制，西南院则承担甲醇制乙烯反应工艺的中间放大试验工作。因此，我们 802 组的研究工作方向也随之进行了相应的调整：将原来的 MTG 研究调整成为甲醇转化为乙烯（简称 MTO）的技术路线的主攻方向。后经进一步努力，我们课题组的 MTO 研究又被当时国家计划委员会和中科院列为国家"六五"科技攻关项目。

　　至 1985 年底，我们完成了甲醇在 ZSM-5 催化剂上转化为烯烃（MTO）小试研究的全部工作任务，并通过国内同行专家的成果评审和验收。该研究成果荣获中科院 1986 年科技进步奖二等奖。

　　此外还值一提，在 1982 年秋，我在江西九江召开的全国分析化学和化学试剂的学术会议上，曾无保留地介绍了有关四丙基氢氧化铵合成的详细制备方法（那时，我们对专利保密观念尚缺），此举日后对于国内在 ZSM-5 新型沸石的合成研究的开展或许起到一定的推动作用。因为此后不久，国内市场才有由北京化工厂生产的四丙基氢氧化铵出售。

　　2. 甲醇在 ZSM-5 沸石催化剂和固定床反应装置上制低碳烯烃中间放大试验

　　至 1986 年春，MTO 小试研究告一段落，对于该研究的进一步安排，联合组有着两种不同意见。年长的同志主张按大化所以往的传统思维和惯常做法，认为应该将中间放大试验工作交棒给有关企业部门接力去完成；我则认为应该走出以往书斋式研究和交差思维，应和市场接轨，以争取最大的社会与经济效益。因此极力主张应由大化所自行继续承担中间放大试验工作（其时，西南化工院也因基本掌握 ZSM-5 沸石催化剂的制备技术，已明确表示双方无需再合作之必要）。

后经更广泛的交流，我的主张得到林励吾先生的欣赏和支持，随后还进一步得到中科院化学学部苏贵升总工的大力支持，并由此立项呈报国家计委科技司。最终，确定由大化所自行承担的 MTO 中试工作，并列入国家"七五"攻关项目以及中科院重大课题，获得 500 万元攻关经费支持。

又经进一步认真考察和比较，最终决定在大连化物所星海二站的所区内建设 MTO 中间放大试验装置。此举开创了在大化所的所区内建立中试装置进行放大试验的先河。首次室主任和组长联席会议上，我曾被一致推举为中试攻关组组长。后来出于为方便工作和多方面考虑，我坚持推举才从日本学习回国的新任十二室室主任王公慰担任中试组长工作，我则任第一副组长（仍兼任 123 组组长工作），805 组的应慕良也担任副组长。

经中试攻关组全体人员的不懈努力，克服了重重困难，被称为"甲醇楼"的中试厂房很快在星海二站大化所所区内耸立，继而 ZSM-5 沸石催化剂的放大制造设备以及中试反应工艺装置也相继于 1991 年初建成。在正要进行中试反应装置首次运行试验时，迎来国家计委科技司秦司长等领导前来视察，大家顿时感到压力倍增，心中无数，担心出问题。在此关键时刻，我不畏困难，主动承担起中试首次运行试验的总指挥之责（实际上，攻关组的三个组长中当时也只有我一人熟悉 MTO 反应方面的全面工作），义不容辞站在首试工作的最前线。为此，我曾连续工作 48 小时以上，始终坚守在中试反应总调度岗位上，指挥十几名工作人员（大多为生手），分兵把关，精心操作，协同作战，终于顺利闯过了 MTO 中试反应首试关。所得的各项反应数据全部达到预计结果，试验取得圆满成功，并得到视察领导的高度评价。经过进一步改善和提高，最后所完成的固定床 MTO 中试第一阶段工作成果获得中科院 1992 年度科技进步奖一等奖。

为便于做好我原承担的 123 组组长工作，在 MTO 固定床中试第一阶段工作基本完成后，我主动辞去中试攻关组第一副组长之职，重新返回 123 课题组。

六、新型中孔 ZSM-5 沸石应用于芳烃烷基化反应方面的研究

1. 在 ZSM-5 沸石催化剂上乙烯与苯烷基反应制取乙苯

由于我们课题组在国内首先合成出经典型 ZSM-5 沸石，受到中石化的重视，

因此承接了由中石化总公司下达的乙烯与苯制乙苯的重点课题，并与当时的上海石化研究所共同承担，分头工作，以期能替代国外引进的乙苯生产装置所用的进口催化剂。我们是采用稀土改质的 ZSM-5 沸石为催化剂，经过长周期反应考核表明，所获反应结果全部达到合同指标要求。

2. 在 ZSM-5 沸石催化剂上乙烯与甲苯烷基化反应方面的研究

在开展上一课题研究的同时，已经获悉国外正兴起一种名为对甲基苯乙烯的新型材料的研究热潮。从文献资料得知，由对甲基乙苯经进一步脱氢反应和聚合反应，可以制成聚对甲基苯乙烯。该聚合物性能优于常规的聚苯乙烯塑料，熔点更高，比重更低，在当时还被誉为新世纪的材料。

为此，我们课题组联合 803 组（组长吴荣安，副组长白玉珩）共同向中科院申报重点课题，很快得到了中科院的批准立项的经费支持。我们组分工承担甲苯烷基化制对甲基乙苯的任务；803 组承担对甲基乙苯脱氢反应制对甲基苯乙烯的研究。最后，还邀请第二研究室有关课题组帮助将对甲基苯乙烯单体经聚合反应制成聚对甲基苯乙烯塑料物体。进一步鉴定证明，该聚合物性能全面达到文献水平。该项目成果于 1983 年底通过了国内同行专家的评审和验收，认为已达到国际先进水平。

3. 催化裂化干气中稀乙烯与苯烷基化制乙苯的研究

1984 年春，为解决对甲基乙苯研究成果的进一步中间放大的问题，我和 803 组副组长白玉珩两人前往抚顺石化公司进行推介和访问，受到时任抚顺石化公司总工程师金国干先生的热情接待，为此该公司还专门召集下属有关工厂专家参加小型讨论会。但因与会人员对于对甲基苯乙烯新材料很不熟悉，无法表达肯定意见，进一步中间放大试验工作也就无从谈起。然而，在该讨论会上抚顺石化的金国干总工却向我们提出了有关催化裂化干气综合利用的问题。因为催化裂化干气中通常含有浓度达 20%的乙烯，尚未找到合适用途，长期一直是只作为工厂的燃料使用，其中所含的乙烯随之白白烧去，实为可惜。

由于我们组在纯乙烯与苯烷基化反应制乙苯方面已有成功的研究经验，以及乙苯又是市场亟需的大路产品，尚有较大缺口。故在会上我当即向金总提出开展以催化裂化干气（低浓度乙烯）替代纯乙烯与苯烷基化制乙苯探索试验的设想，立即得到热烈响应。为此，金总责成抚顺石化副总毛树梅（是我大学时的同班同学）和抚顺石化二厂总工贺忠民就催化干气中稀乙烯综合利用问题再次进行深入讨论，当时双方还进一步签订了抚顺石油二厂和大连化物所的合作协议，并且商定抚顺石油二厂还要指派张淑蓉工程师到大连进一步商讨合作细节；石油二厂还要给大化所供应钢瓶装的催化裂化干气，作为探索试验的原料气；以及探索试验若取得成功，则将在石油二厂进行进一步的现场考核试验等。

1984 年中，正式进行催化裂化干气（含低浓度乙烯）制乙苯小试研究。由于我们在沸石催化方面已有多年经验积累，很快取得了肯定结果，因此也得到中科院化学学部领导的高度重视。当时为此专门批准成立"炼厂气综合利用"重点项目，催化干气制乙苯的研究工作则成为中科院的"炼厂气综合利用"重点项目的支撑课题。

由于我当时承担的课题较多，精力有限，为便于该工作进一步开展，我便指定副组长王清遐侧重分担催化干气制乙苯的工作任务（因为石油二厂指派的合作代表张淑蓉是其大学同班同学）。至 1987 年，我们完成了在抚顺石油二厂现场进行的小试考核试验，接着又于 1991 年在石油二厂进行并完成了催化干气制乙苯 1000 吨/年的半工业放大试验。该放大试验成果分别获得中科院 1992 年科技进步奖一等奖和中石化科技进步奖二等奖。

1992 年，我们在抚顺石油二厂又进一步成功地完成了年产乙苯 3 万吨规模的工业放大生产。该成果先后分别于 1996 年中石化科技进步奖一等奖以及 1997 年国家技术发明奖二等奖。

在 1992 年春，原 123 组被分为两个课题组，催化干气制乙苯的后续工作由新建的 124 组（组长王清遐，副组长徐龙伢）承担。经过王、徐两任组长先后不断改进和提高，催化剂体系和反应工艺不断创新，工作又取得长足进展。至今先后在国内多地石化工厂建成 22 套由催化干气制乙苯的大型生产装置，乙苯的总产量合计达 160 万吨/年，年产值超过 120 亿元人民币。国内外产生重大影响，成绩斐然！

七、锐意进取　再创新一代 MTO 反应工艺技术

1992 年，老 123 组被分成两个题目组，新建 123 组（组长蔡光宇，副组长刘中民）分工承担 MTO 反应的改进和提高方面的研究，以及继续完成电厂烟气脱除 SO_2 的放大试验工作。

经过深入考虑，我认识到以中孔 ZSM-5 沸石作为催化剂及其在固定床反应工艺的研究工作虽然已经取得了达到当时国际先进水平的结果，但仍感存在许多不足，甚至先天缺陷。例如，该类型催化剂的反应稳定性较差，原料甲醇中必须添加大量水来作为反应热携带出的重要操作方式，然而若稍有操作不慎，水分子又容易导致催化剂反应活性下降甚至丧失，大大缩短催化剂的寿命。此外，该类型催化剂的制造成本也甚高，每吨催化剂的成本高达 50 万元人民币，况且受市场欢迎的乙烯选择性不高（仅为 30% 左右）等。

为此，我们从寻求提高目的产物乙烯及丙烯选择性入手，对各类型分子筛的反应性能又进行了深入筛选，发现甲醇在以小孔磷硅铝分子筛为催化剂时，其乙烯选择性可大幅提高达 45%~50%，以及乙烯加丙烯的选择性约达 80%。

然而，若完全按国外资料介绍方法所制成的小孔磷硅铝分子筛（SAPO-34），其成本仍然昂贵，因其是采用价格昂贵的四乙基氢氧化铵为合成导相剂所致。为此，我们又进行广泛探索，终于发现以廉价的二乙胺或三乙胺为导相剂制成的改良型 SAPO-34 分子筛成本可以大幅度下降，且反应性能仍良好。

并且，为了进一步寻求解决适用于 SAPO-34 型分子筛催化剂的反应工艺方法（因当时所采用的固定床反应方式甚不匹配），亦即带着下一步是选用移动床或流化床两种反应方式难以取舍的问题，我们主动走出去，以求能得到有实际经验的相关企业的指点。为此，我们先后走访了辽阳石化、吉林石化以及抚顺石化等部门，获益匪浅。特别是得到了我在大学同班同学毛树梅（时任抚顺石化副总，是国内公认的流化床技术方面专家）的指教，确认提升式流化床反应方式可以满足 SAPO-34 分子筛反应需求，并经他推荐，最终确定由中科院化冶所（现理化所）的王中礼研究员课题组作为小型流化床技术的合作研究伙伴。之后，我们在实验室又进行了大量的验证工作，确证甲醇在小孔 SAPO-34 分子筛为催化剂以及流化床反应方式来制取低碳烯烃是完全可行的。

由此，我率先提出了甲醇在小孔 SAPO-34 分子筛及流化反应床上转化为低碳烯烃的新工艺技术路线，这在当时国内外均尚未见此报道。并且还为适应国家能源政策，我更是进一步提出以天然气（经合成气）为原料，经由二甲醚（或甲醇）转化为低碳烯烃的全新工艺路线（简称 SDTO 方法）。后经国内同行专家审议和推荐，该新工艺课题被列入国家"八五"攻关（85-513）天然气综合利用项目，课题编号为 85-513-02，我担任该课题总负责人，并且还获得攻关经费合计为 100 万人民币。该经费中包括应分配给合作单位中科院化冶所（小型流化反应床的研制）和清华大学化工系（配合进行合成气制取二甲醚及应用催化剂的研制）各 10 万元费用。

因为我们课题组的攻关总经费只有 80 万元，需应付五年研究工作的所有开支（包括工作人员工资），其困难可想而知。为确保各个方面工作顺利开展，我只得尽量利用各种关系，寻求帮助，以渡难关。如在抚顺石油三厂催化剂车间进行的小孔 SAPO-34 分子筛的扩大制造以及在北京化工研究院进行的微球催化剂的喷球成型等工作的费用都只是象征性付费，尤其是在反应工艺放大安排方面更是得到上海青浦化工厂的鼎力相助（是在本所黄炳坤同志的推荐下，促成与上海青浦厂的合作）。该厂不仅免费提供试验场所和试验操作人员以及我所参试人员的住宿，并且他们对于试验设备的加工制作及所用金属材料也只是收取成本费。

在上海青浦化工厂进行的扩大试验历时三年多，经历过上海的酷暑和严寒（因为当时无取暖设备和空调），全组人员坚守岗位，不畏困难，分兵把关，咬牙苦干，最终圆满地完成全部放大试验工作任务，打通了以合成气为原料、经由二甲醚（或甲醇）制取低碳烯烃的全新反应工艺过程。目的产物乙烯选择性可提高至48%以上；小孔 SAPO-34 分子筛催化剂的成本可降至每吨 10 万元左右（而第一代中孔 ZSM-5 沸石催化剂的成本则在 50 万元/吨以上），从而极大地提高了新一代 MTO 工艺过程的经济效益，为推进 MTO 工业化进程提供了非常有利的条件。

值得指出的是，若按照原定攻关合同要求，我们只需做到单管反应规模便可完成任务。但是经过慎重和科学分析，我们主动自增压力，并和合作方化冶所充分讨论，决定将二甲醚（或甲醇）转化用的流化反应床的管经由原定的 φ50m/m 扩大至 φ100m/m，此举便可将扩大试验的规模提升至公认的中间放大试验水平，从而使所取得的试验结果更具实用意义。

在 1995 年中，该新一代 SDTO 反应工艺中试放大成果经国内同行专家审定和评价，认为已达到国际领先水平（当时在国内外尚未见有类似研究报道），并且还被中科院授予 1996 年度科技特等奖（大化所原本向中科院申报的是一等奖）。

该 SDTO 新工艺研究结果还于 1995 年为国际知名学术刊物全文刊载：*Applied Catalysis A*: *General* 125(1995)：29-38。

此外，我还在 1994 年春在日本大阪召开的第四届日中煤化学和 C1 化学学术会议上，曾对 SDTO 新工艺的中期研究结果作了重点介绍，以及还深入探讨了"非石油原料路线制取低碳烯工艺技术的发展前景"方面的问题，受到与会学者的高度关注和热烈评价。

我于 1996 年底退休后，曾留组协助继任组长、学生刘中民继续工作。我主要分担将该课题进一步向国家计划委员会列入"九五"国家攻关的申报工作，并是联合中科院成都化学所和化工部第八设计院共同申报。工作一度进展顺利，已经进入工业放大试验的初步设计阶段。但是一时风云突变，原国家计委被改组成立国家发展和改革委员会，反对意见占了上风，申报工作由此被终止。

后经继任人刘中民及其团队潜心研究，又进行了大量改进和提高工作，终于在 2007 年完成了在陕西榆林进行的万吨级 DMTO 过程的工业放大试验。又于 2010 年 8 月在内蒙古神华集团建成世界首座年产低碳烯烃 60 万吨工业装置，标志着我国煤制烯烃的开发工作取得了里程碑式的成就。随后，还在我国沿海城市建成直接以外购甲醇为原料制烯烃的多套生产装置并先后投产。迄今，该技术已许可建设 24 套工业装置，12 套已建成投产。低碳烯烃产能达 646 万吨/年，年销售收入约 700 亿元。该项新技术于 2013 年入选中国十大科技进展新闻，并于 2014 年获国家技术发明奖一等奖，刘中民也于 2015 年当选为中国工程院院士。

作者简介：蔡光宇，男，1936 年 11 月出生，1958 年到大连化学物理研究所工作，研究员。从事新型沸石合成及其催化反应应用，以及新催化反应工艺过程的研究。现已退休。

四十年探索，四十年奋进！

——忆大连化物所"分子反应动力学"的四十年变迁

李芙蓉

七十周岁的大连化物所与伟大祖国同龄，我一直以自己是"化物所的一员"而深感自豪。研究所历届领导班子以及行政部门的中层干部、工作人员都很优秀，在他们的带领下及全所同志的共同努力下，化物所历来以"出成果出人才"著称，无论什么年代都是以"先进面貌"出现在世人面前。

1978 年，随着科学春天的到来，共和国的第一个"微观反应动力学研究室"在大连化物所应运而生，它的出现不仅填补了我国该领域的空白，还预示着中国的分子反应动力学事业将要发生的从无到有、由小到大、从弱到强并走向世界的伟大变化。

该研究室从成立之初，就与一批掷地有声的名字相联系：张存浩、楼南泉、朱起鹤、何国钟、沙国河……

与所内从事催化、分析、化工等"传统"专业的研究室相比，也许 40 岁的"分子反应动力学"还很年轻，但它在改革开放的伟大实践中经历的风雨、取得的成绩足以让人们敬仰、钦佩。

往事在脑海中一幕幕掠过，那是一段难忘的岁月……

一、用废旧真空镀膜机改装的设备让"11 室人"走出了国门

成立之初的 11 室可以说是一无所有，只有分布在化工楼二层的十来间办公室、几个实验室，以及一群充满创业激情的年轻人，这支队伍被大家戏称为"十几个人，七八条枪"。一无实践经验，二无仪器设备，三无专业队伍，分子反应动力学就是在这样几乎为"零"的基础上起步的。此时"白手起家，艰苦奋斗"已不是一句空话，而是实实在在的现实写照。

地球人都知道"要想富，先修路"。如果把这一真理推广到实验科学领域中来，

那就是：要想在实验中得到新的结果，要想收获前人未能获取的实验数据，想要发表几篇好的学术论文，必须先建装置。打造什么样的仪器设备？如果一开始就搞"大型"、就瞄准"高精尖"，那是不现实的，也是当时国情、"室情"所不允许的。因此只能"小打小闹"，只能从"最基础的"做起。但是，即使是建造最简单的、最基本的装置，也要积极开动脑筋找窍门，也就是说，除了需要艰苦奋斗的创业精神之外，还应有一点儿科技创新精神，不仅是"中国制造"，还应向"中国智造""中国创造"迈进。

深藏在内心多年的能量一下子迸发出来了，科研人员集思广益，与"研究所仪器厂"工人师傅密切结合，巧妙地将一台废旧的、闲置已久的真空镀膜机改装成"束一气实验装置"（即分子束Ⅰ型）。这一壮举不仅极大地节省了科研经费，还锻炼了队伍，"11 室人"从此有了用武之地。当然，科技人员是不会止步于"Ⅰ型"的，因为它是低真空度"作品"——每天清早开机，连续抽真空，一上午也超不过 10^{-3} 托，在这样低的真空度下无法获取微观世界更深层次的一手材料以及更多的信息；它的缺点还有：噪声较大，虽然不是震耳欲聋，但听的时间长了也令人心慌意乱，思考问题的能力大大降低。然而就是凭借这台初级的自制的"土特产品"，"11 室"旗开得胜，在最初的实验中取得了一批新的结果，并被国际分子束会议（1979）接受录用。在没有"高精尖"（仪器）的情况下也取得了可喜的成果，这不能不算一个小小的奇迹。

该装置于 1980 年获得了中科院科技成果奖三等奖。

二、第一次出席国际会议

对于现代人来说，国际会议不算什么惊天动地的事儿，"说走就走"。但在当年，可是一件震撼人心的大事，别说出国开会，就算是在国境线上站几分钟，也是件新奇事，也很了不起。可以想象，当得知"11 室"的楼南泉主任、曾宪康组长能够出席 1979 年在意大利召开的第七届国际分子束会议之时，全室人员是何等兴奋、激动、惊喜啊！当然，周围也笼罩了一层浓浓的神秘色彩，因为我们这个古老的大国毕竟与世隔绝得太久太久了。

为了这"第一次国际会议"，所有"11 室人"陪着两位代表一起严阵以待——"老外究竟能在会上提出什么样的问题？能把老楼、老曾问倒吗？"大家绞尽脑汁，各种假设、猜测、想象在脑海中回旋，单纯的"11 室人"生怕中国人在国际会议上遭遇难堪的局面。

老曾曾经亲自参加实验装置（分子束Ⅰ型）的构思、设计、建造，老楼亲自选定了研究题目，从专业角度讲应该没啥问题，能想到的技术细节、实验难点都考虑到了……

不久，中国人的身影终于第一次出现在了国际分子反应动力学的舞台上，一位来自落后国度的年近 60 岁的科学家，面对世界各国的与会代表，用流利而标准的英语、洪亮的声音宣读分子束实验的最新结果，尽管是非常初步的工作，但是蕴藏着广阔的发展前景、预示着美好的未来，得到了国际同行的一致好评。就是在这次会议上，老楼被选为常设性的国际分子束会议顾问委员会成员。这也是国际上该领域对中国分子反应动力学事业的重新认识、认可和肯定。的确，神秘莫测的微观世界不能没有中国人。

为了迎接老楼、老曾的胜利归来，全室人员重新聚集到了位于化工楼二层的大会议室。此时，轮到老曾"侃侃而谈"了，他幽默地说："这回我是真正当了一次'提包的'……"老曾的意思是说，由于他的英语口语水平比较低，不能"张口就来"，不能与老外直接对话，只能提着一书包资料、文件，站在后面听楼先生与老外交谈……所以就成了一个真正"提包的"。实际上，老曾太谦虚了，在我们广大群众看来，他能作为一名国际会议的正式代表，能够面对上百位来自世界各地的科技工作者，已经不简单了，已足以令人羡慕、钦佩的了。老曾还讲了一些让我们感到"新鲜"的事儿："其实老外穿衣服很随便，扣子都不扣……全场只有我和老楼两人是来自中国的代表，也只有我们两位西装革履，系着领带，穿着锃亮的皮鞋，扣子全部扣死……"从穿衣可看出中国人的严肃、严谨、一丝不苟，但也从另一侧面反映了我们的国门紧闭、国人离开外面的世界太久太久了。有意思的是会议代表们发出了"中国人真好看"的赞叹。

初战告捷，老楼和老曾这次意大利之行是成功的，是有意义的。他们开启了中国该领域通往世界的大门，这个门不会关闭，只会越开越大。

从此，"国际分子反应动力学领域"重新站在一个崭新的视角来看待这片古老的土地，这是一个有抱负、有担当的大国，不仅要填补国内空白，更要大展身手，为微观世界做出更大的贡献。

三、一路高歌，成果丰硕

分子束 I 型的成功使得"11 室人"信心大增，于是全室人员齐心协力，奋力打造新一代仪器设备，这样分子束 II 型在期盼中出炉了，并获得 1982 年中科院科技成果奖一等奖。由于装置水平大幅度提升，因而学术论文接二连三发表，最初还没有太多的稿件投向国际刊物，能发表在国内影响因子较高的《中国科学》上（中英文版）就算是有水平的文章了。凭借这些成果（装置奖和论文数量、质量的逐步提高），以楼南泉、何国钟为代表的研究团队荣获 1987 年国家自然科学奖二等奖，这是"11 室"获得的化物所有史以来该级别的最高奖项。该室的另一支科研队伍（沙国河、姜波、解金春、张存浩小组）应用激光双共振多光子电离光谱技术，在国际上首创了研究极短寿命分子激发态的"离子凹陷光谱"法，获 1986 年中科院自然科学奖二等奖，当时年轻的研究生解金春因该项探索获得首届（1986 年）吴健雄物理奖。

正是这一连串的成绩，"11 室"迎来了激动人心的消息——1987 年国家计委发出正式批文，批准筹建"分子反应动力学国家重点实验室"，这就意味着"11 室"即将由一个普通实验室成为"国家级"的科研团队。"11 室"科技人员的梦想成真了。

1992 年 3 月，一座当年令人羡慕的三层小白楼拔地而起，"鸟枪换炮啦！"，这就是分子反应动力学国家重点实验室的新址。原先是"零散的"几间办公室、几个实验室，现在将"进驻"两千多平方米的小独楼（编号为 36 号楼），由"无处施展身手"到"英雄大有用武之地"，由"微观反应动力学实验室"到"分子反应动力学国家重点实验室"，进入了"科研国家队"的行列，这着实让"11 室人"极大地兴奋了一把！

四、陷入低谷并成功走出

从建室初期的开门红，到随后的一路高歌猛进，直至进入"国家科研队"的行列，"11 室"似乎屡战屡胜，但是从 20 世纪 90 年代开始，它逐渐跌入了低谷——在汹涌澎湃的出国大潮、下海潮冲击下，人才严重外流，"做实验的、写文章的人没有了"，有一年全年公开发表的论文只有个位数。研究生一毕业就找导师写推荐信，纷纷奔赴海外，导师们大都是国际上该领域知名科学家，于是"11 室"这块科研沃土成为他们通往境外的桥梁、跳板，成为年轻人"曲线出国"的理想暂驻地。

是党和国家拯救了"11 室"。面对国内人才的流失，党中央及时实施了英明决策以及灵活措施，各级政府领导部门也相继出台优惠政策，向海归们倾斜，国内逐步形成了尊重知识、重视人才的浓厚氛围。越来越多的创业园区、创新平台为归国人员提供了大展身手、发挥才能的良好环境。应该说，"海外赤子"心中都有一个中国梦，重要的是，强大起来的祖国能够帮他们圆这个梦。是祖国的发展、是党和人民的召唤，激发了他们的报国之志。从 1995 年开始，高层次海外赤子解金春、杨学明、张东辉等陆续回归，他们卓有成效的劳动使研究室逐渐振兴起来。

与过去截然不同的"局面"在"11 室"出现了——不知具体从啥时开始，似乎一切都颠倒过来了：过去研究生一毕业，一只脚已迈出国门，只等导师写推荐信了；而后来逐渐变成"留下来"是首选，年轻人一毕业便纷纷要求留在研究室、留在所内，由于人员过多，只好通过笔试、面试、面谈，最终挑选最优秀的留下。过去，"国际会议"在一般人心中是这样神圣、这么神秘，常常是科研人员眼巴巴地盼望（投稿）被某个国际会议所接受；后来渐渐地变成好几份国际会议邀请函接二连三摆在你面前，由你挑选，出席国际会议似乎成了"家常便饭"。过去科研人员跟在老外后面追赶，出国学习的居多；后来每年都有国外学者来研究室搞合作研究共同攻克难题，外国留学生不断来室培训、取经……真是大快人心！

这种变化看似普通，而折射出的却是：改革开放带来的中国科技的不断进步，科研实力的日益增强，人才竞争力的大幅度提升，综合国力的显著提高……即使面对科技较发达的欧美国家，也敢跟它们掰一下手腕！真是大长国人志气！

五、取得了可告慰先辈的成绩

距离"当年令人羡慕的三层小白楼"（36 号楼）的问世（1992 年），一眨眼 20多年过去了，如果你现在行走在化物所园区，就不难看见那"稍微有点儿历史"的"11 室"独楼依旧挺立，但它的四周已陆续兴起了一些雄伟壮观的红色高楼，那庞大高耸的建筑几乎要将"瘦小低矮的"36 号楼淹没，此时这座三层小楼已不起眼，甚至有些陈旧、简陋，但它仍然令"11 室人"倍感自豪，因为这里出成果、出人才，因为它是国内分子反应动力学研究的发源地和中心地，中国的分子反应动力学事业就是从这里跻身世界的！值得一提的是，这里先后走出了 6 位院士：楼南泉、张存浩、何国钟、沙国河，以及年轻的杨学明院士、张东辉院士——分别于 2001、2004年从海外归来的科技精英。"海归"，这或许是海外赤子们生涯中最重要的抉择。他们接管了实验室，挑起了中国分子反应动力学继续前行并抢占该领域国际制高点的重任。在他们的领导下，实验室建造了多套国际领先的科学仪器，在国际一流刊物上发表了多篇论文，培养了一批高水平的研究生……十几年来，该研究室已在化学反应共振态、非绝热动力学以及四原子反应动力学探索方面领先国际水平。尤其是2017 年 1 月 16 日，大连化物所主页的一条新闻让人们眼前"格外一亮"：《我所成功研制世界上最亮的极紫外自由电子激光装置——大连光源》，又是一次新的挑战！我们有理由对杨学明团队打造的这个"世界之最"充满期待，在不远的未来，实验室将建设成为在国际上独具特色的化学反应动力学研究的重要基地。

四十年改革开放的风雨历程，虽路途艰辛但硕果累累，不论是古老的中国还是大连化物所，都发生了翻天覆地的变化，真是换了人间，令人感慨万千，令人鼓舞，催人奋进。在回忆中，我们似乎看到了中国的分子反应动力学事业无限光明、无限美好的未来！

作者简介：李芙蓉，女，1942 年 11 月出生，1965 年 9 月到大连化学物理研究所工作，副研究员。从事分子反应动力学研究。现已退休。

热化学组为"5·7"事件调查做贡献

——"5·7"事件调查回忆录

谭志诚

2002 年 5 月 7 日，中国北方航空公司一架麦道 MD-82 (2138 号)飞机从北京飞往大连途中，因机舱着火燃烧而坠入渤海湾。

这就是当时震惊中外的"5·7"事件，它紧紧牵动着国家领导人及全国人民的心，为了尽快查明原因，国家公安部在事件发生后，立即组建了由各方面有关专家参与的"5·7"事件调查组。5 月 11 日（星期六）上午，调查组两名专家专程从北京来到我所，向时任党委书记和副所长的张涛研究员说明来意，请求帮助协助解决此次调查有关技术问题，提出检测失事飞机残骸部件燃烧性能指标的测试任务。张涛副所长当即向两位专家明确表态："我们单位是国家级研究所，'5·7'事件的原因是当前国家亟待查明解决的一件大事，协助这一调查是我们义不容辞的责任，我们将全力以赴，以最快的速度、最高的质量来完成这一紧急任务，使原因早日查明。"因为燃烧性能和热化学专业密切相关，所里就将这一紧急任务交给航天催化与新材料研究室（15 室）热化学课题组(1504 组)承担。

张涛副所长在百忙中密切关注测试工作的进行，指示课题组一定要用最先进的仪器和最完善的技术为调查组提供最可靠的分析检测数据，并责令我负责对有关燃烧性能测试技术问题严格把关。我接到这一紧急任务之后，立即召集全组人员，说明任务背景及要求，并进行各项工作的具体分配，随后热化学组全体成员怀着对国家和人民的深厚责任感，全力以赴投入了这一紧急检测任务。

首先我们根据燃烧性能测试任务要求，拟定了一个最佳分析测试技术方案：采用热分析仪测定试样的热分解温度和热失重百分数，利用氧指数仪测定试样燃烧时所需空气中的氧浓度。通过这两种分析测试方法来准确测定试样的燃烧性能。

当时我们热化学组还没有氧指数仪，而这是关键设备，经多方了解，得知大连市消防指挥中心可能有此仪器，于是我们立刻就去该单位进行咨询了解，确认该中心的氧指数仪性能先进，其精密度和准确度都符合我们的测试要求。但仪器重量和体积庞大，难以搬到我们热化学实验室来测试使用，我们就决定将样品拿到他们测试中心去，利用他们的设备进行试样燃烧所需氧浓度指标测试。当时组内有一台刚从法国进口的热分析仪，但正在用标准物质进行调试标定，还不能用来直接测试未知样品。为了争取时间，我们决定先用组内已有的一台日本热分析仪作预备检测试验，对飞机残骸部件试样进行初步分析检测。

当天下午，调查组就送来了从海域打捞的第一批飞机残骸物件。我们首先仔细将这些物件表面的泥沙清除，海水烘干，制备成适于分析测试的样品。具有丰富热分析实践经验的高秀英老师就用组内原有的日本热分析仪做预备试验，初步测试出一批结果。徐芬副研究员和兰孝征博士等人则争分夺秒、仔细认真地将这台刚在实验室安装好的法国热分析仪，进行精确调试标定，紧接着就开始对所有经预测的试样进行精密复测，直到每一个试样都获得稳定可靠结果。我则将准备好的试样，分批分次拿到位于老虎滩附近的消防指挥部测试中心实验室，进行氧指数测定。因为这是表征失事飞机结构材料燃烧性能的关键数据，所以对每个样品的测试及数据处理全过程，我都一直亲自动手，参加测试操作及实验结果的处理计算。

紧张的分析测试工作在热化学实验室夜以继日地进行着。从 5 月 11 日到 5 月 17 日，随着打捞工作的进行，调查组先后送来四批，共二十多种不同部位的物件。热化学组全体成员以极大的热情，废寝忘食地连续工作了十整天，两个周六、周日都没休息，而且每天还加班加点工作到深夜。对试样反复测试，对数据仔细分析，于 5 月 21 日将送检的全部试样准确可靠的燃烧性能测试数据，提交给调查组。

中国民航总局公安局于 5 月 22 日特派调查组成员、我国著名的消防专家王希庆来所，向包信和所长和张涛副所长转达了中国民航总局对我所在"5·7"事件原因调查中所做工作的真挚谢意，同时也对热化学课题组工作人员认真负责、精益求精、为国家排忧解难的忘我工作精神给予高度赞扬。他指出我所提供的分析检测数据对鉴定失事飞机的各种结构材料性能是否达标起了决定性作用，从而为准确分析"5·7"事件原因提供了坚实可靠的实验依据。我们热化学组全体成员，也为能在这件震惊中外、牵动国家领导和全国人民心的重大"5·7"事件调查中做出卓有成效的一份贡献而深感欣慰。

作者简介：谭志诚，男，1941 年 10 月出生，1963 年 9 月到大连化学物理研究所学习工作，研究员。从事热化学研究。现已退休。

在研制硝基胍炸药的日子里

谢炳炎

今年是化物所建所七十周年喜庆,我于 1956 年来所工作,见证了她的日新月异。化物所不断地发展和壮大,科研取得辉煌成就,同时培养出许多有用人才,为国家做出了卓越贡献,在中科院可算是名列前茅。为迎接所庆的来到,信笔而书此文,以表建所七十周年志庆之情。

在人生的旅程中,总难免要经历一些坎坷崎岖、波浪起伏的事情。蓦然回首,会感到印象最深、最为清晰的是那些艰难困苦、险象环生的事情。本文追忆我来所后经历的一项工作,即"硝基胍炸药的研制"。20 世纪 60 年代初,当我们完成了七机部委托的研制正一仲氢低温转换催化剂,解决作为火箭燃料液氢储存问题的任务后,正要回组搞分子筛吸附研究时,张大煜老所长找我,谈到生产黄色炸药三硝基甲苯(TNT)的原料甲苯,由于原苏联断绝供应甲苯致使我国无法生产炸药。五机部委托中科院承担研制一种新型炸药,即称之为硝基胍炸药来取代 TNT。院部决定由我所研究用催化法制备,而另一兄弟所则研究用有机合成法制备,然后选择其中合适的方法进行生产,要求三年完成此任务。张所长指示要我参加这项工作,同时把罗烘原同志也调来了。我俩在二馆楼下建立一个实验室,此工作一切从头开始,也很陌生,可以说是摸着石头过河,慢慢了解制备硝基胍的一些知识,知道是使用硅胶做催化剂,用尿素和硝铵做原料,按适当比例混合,在温度 195℃进行反应,所得产物经分离得到中间体硝酸胍,然后用硫酸硝化即得硝基胍。当工作有了一些头绪后,考虑在二馆楼下地盘小和安全问题,决定搬到七馆旁边一座小楼开展工作。

在当时"备战、备荒、为人民"的形势下,上级要求这项军工任务尽快完成,所领导为了加强力量,委任李文钊同志为项目负责人,我和陈希文同志协助他工作,这时在化工室的王铮同志也调入,又增加年朱道乾等五位新来所的大学毕业的同志,组成十多人的任务组,使反应、评价、分析测试工作逐步完善,进度得以加快。但在工作中也遇到一些意想不到的事情,试验中发现作为催化剂的硅胶,在液相高温下进行反应就会逐渐碎裂而导致床层堵塞。经过对反应中的硅胶的预处理,使问题得到解决。本任务是从 1964 年下半年开始的,在全组同志的共同努力下,仅一年多时间,就完成了实验室规模制备硝基胍的各项工作。

　　为了争取时间，当小试工作即将完成时，所领导及时调仪器厂设计组李启鹏和厉仁韬两位同志承担中型放大和试生产建厂设备及流程的设计。在中试工作中，也遇到一些麻烦，其中有反应加热方式的选择，如用高压水蒸气加热，控制比较方便，但需建高压锅炉，设备复杂，投资较大；而用重油加热，虽然控制麻烦，但投资少，上马快，设备也简单，权衡利弊，还是采用后者。在建厂试生产时，因厂里原来就有高压锅炉，则是采用前者。另一个问题是反应后物料中还有少量未反应的原料不能再次使用，考虑尿素和硝铵都是高效化肥，可作肥料处理，避免了造成浪费。

　　中试工作从设计到设备加工和安装，不到半年时间全部完成，在中试过程中虽然出现一些技术问题，但都得到适当解决。由于反应是日夜不停地连续进行，人手不够，这时协作单位亮甲店化肥厂也派人参加倒班，又调入几位技校毕业生，已是近二十人的团队。曾记得那时主食部分还是定量供应，吃的是粗粮素菜，有的同志营养不良，体力不支，但为了任务能尽快完成，大家不计辛苦，日夜坚持奋战。时值"文化大革命"进行，同志们都还是以工作为重，坚守岗位，团结一致，不参加派系斗争，没有受到外界的不良影响，使中试工作进行比较顺利，只用一年时间就得以完成。

　　在此项任务进行过程中，一直得到领导的重视和支持。当时主管全所业务的朱葆琳副所长对我们的工作给予了指导和鼓励，中科院的老院长郭沫若还到所里视察，亲自过问这项任务的进展情况，并亲临中试车间参观，我有幸向他做工作介绍和汇报，受到他的赞扬。当他与大家亲切握手时，我感到非常高兴和荣幸，这是我人生中最难忘的事情，老院长对我们工作的关怀和鼓励，给工作起了很大的促进作用。

　　中试工作完成后，在金县亮甲店化肥厂建立了年产几十吨硝基胍的生产车间，经过约一年的试生产，确证生产工艺流程和技术是可行的，用所生产的硝基胍，装填手榴弹和炮弹，其爆炸性能经测试与用黄色炸药 TNT 装填的相当，只是猛度稍低，但不影响使用，解决了当时备战和使用的急需。本任务从 1964 年 6 月开始至 1967 年结束，经过三年多的艰苦奋斗，如期完成这项工作量很大且具有危险性的军工任务，这归功于领导的重视和支持、全体同志的共同努力以及协作单位大连金县化肥厂的大力合作，还有辽阳三七五厂为炸药性能测试所做的大量工作。于 1967 年底通过院级技术鉴定，并获得 1978 年中科院科学大会的奖励。

　　回想这项任务的工作过程，也曾碰到一些惊险难忘的事情。有次我与罗烘原同志值夜班做实验，突然听到他尖叫一声，我看他站在设备旁边不动了，意识到可能是触电，立即拉下电闸，才听到他喊痛的声音，一看他手掌上烧出一些泡，当时两人吓呆了。原来是设备漏电，他无意碰上了，幸亏及时断电，才化险为夷。还有一次是在亮甲店化肥厂硝基胍生产车间。我与李文钊同志值中班，那天下午在进行反应时，忽然看到温度自动记录仪的指针打到头，我们判断可能是反应超温，在那危急时刻，无暇考虑自己的安危，迅速采取切断热源降温和放空物料。由于反应塔高温和高压，物料喷射而出，在很短的时间内就将事故排除，如果犹豫不决，延误时间，继续升高温度，其后果不堪设想。在放料时取出测温电偶，一看都发红了，判断温度远超反应温度，真是太危险了。据了解，有类似的化工反应，因超温未能及时采取有效措施，使反应物料分解产生大量气体导致反应塔内压力迅速增加而爆炸，造成物毁人亡、整个车间报废、前功尽弃的严重后果。想到我们所发生的情况转危为安，感到很幸运。

这次反应的超温事故，给我们敲响警钟，研制和生产炸药的确具有危险性，从事这方面的工作，既要有过硬的技术，还需有舍生忘死、不怕牺牲的精神。事后我们分析发生超温的原因，找到解决问题的办法，杜绝了这种事故的发生。制备炸药是具有一定风险，所使用的原料硝铵本身就有爆炸性，但只要使用小心，操作仔细，是能避免事故的发生的。另外，像这样的工作，纯属实验性的，无什么文献可查，靠不断摸索实践，没有什么高深理论，虽然也编写一些技术文章，但不能公开发表，可说是一项默默无闻又具有风险的工作。为了国家的需要，为了人民的利益，大家不计个人得失和安危，无所畏惧，努力奋战，使任务如期顺利完成，思想上也经历了一次严峻的考验和锻炼，给人生旅程中留下难以忘却的回忆。

作者简介：谢炳炎，男，1932 年 12 月出生，1956 年 9 月到大连化学物理研究所工作，高级工程师。从事催化化学研究。现已退休。

二十年锲而不舍攀高峰

余道容　邹淑英

1983 年的初春，大连化学物理研究所副所长王文龙邀请沙国河去北京参观德国举办的一个科研仪器展。展会上沙国河对一台染料激光器产生了浓厚兴趣。王副所长当即拍板，以优惠的价格将展品买了下来，并立刻运回大连。有了这台激光器，时年 55 岁的张存浩先生和 49 岁的沙国河带领研究生们开始了激光化学和分子反应动力学的探索性研究工作。先后在这个研究团队学习和工作的学生有：钟宪，解金春，姜波，何晋宝，张万杰，孙维忠，徐速，陈翔凌，孙萌涛，田红梅等。

研究小组首先开展的研究课题是分子激发态的光谱和碰撞能量传递。他们以一氧化碳（CO）这样一个较简单的双原子分子作为样板，选择了当时国际上出现不久的共振增强多光子电离光谱（REMPI）作为探测技术。REMPI 有很多优点，但在实验中他们发现它存在着易受杂质干扰和光谱选择性不高的缺点。针对这些问题，研究人员首创了一种"双共振多光子电离光谱"方法（OODR-MPI），即用两台可调谐染料激光器，一台激光器首先把 CO 分子从基态共振激发到一个中间激发态，另一台激光器再把中间激发态分子共振激发到更高的电子态，并使之电离。他们发现这种双共振技术不仅灵敏度比原来提高了二至三个数量级，而且由于经过两次共振选择，实现了完全的量子态分辨(即包括电子、振动、转动，以至亚转动的宇称分辨)，从而不仅首次获得了 CO 分子的第一单重激发态（$A^1\Pi$）的碰撞转动传能的绝对截面，而且做到了 e/f 宇称分辨。实验进展迅速，1984 年便在美国《化学物理通讯》(*Chem. Phys. Lett.*)上发表了两篇文章，引起了国际同行的极大兴趣和多次引用。

这个研究工作的实验装置极其简单：除两台染料激光器外，就是一个小小的玻璃碰撞传能池和一个信号放大器，整个装置放在一个双层屏蔽网中。实验初期，由于存在杂质干扰问题，使光谱有一个大的本底，不够好。他们发现，这些干扰杂质主要是一些大分子，大分子是很容易用液氮冷冻下来的，于是设计了一个上部带液氮冷阱的样品池。实验效果好得出乎预料，只用机械泵抽真空，就得到了很干净的激发态光谱，而且实验起来也更容易了。

解金春和姜波两位研究生在张存浩和沙国河两位导师指导下，使用这套装置，发明了研究极短寿命态的离子凹陷光谱法。这种光谱技术可以研究一些以前很难测量出的超短寿命激发态。用此方法测得 NH_3（A）态的寿命在 10^{-13} 秒量级。徐速在这个装置上研究了 CO 的 REMPI 光谱中的相位匹配效应和 AC Stark 效应。

在这以后的几年中，研究小组进行了 N2 激发态（$a^1 \Pi_g$）碰撞传能到 CO 的研究；CO 三重态（$e^3 \Sigma^-$）的三个分量之间的传能；以及碰撞中分子取向的变化等。他们根据大量的实验数据和理论分析，总结出了影响双原子分子碰撞传能的许多"倾向规则"（propensity rule），包括 Π 态 e/f 宇称规则，3Σ 态的 F1/ F2/ F3 三个分量的规则，分子碰撞取向变化规则，以及激发态分子间电子传能的激发复合物和偶极-偶极近共振两种机制等。1993 年张存浩先生和沙国河应邀在美国 *Science* 上写了一篇文章，介绍了这些工作。

大概从 1991 年开始，研究团队开始分子波函数微扰对单重态和三重态之间系间渡越（system crossing)的影响的研究。实验数据在大多数情况下可以用公认的 Gelbart-Freed（G-F）传能公式来解释，但当所研究的转动能级波函数有强烈混合时（即所谓单重-三重混合态），传能截面的实验结果即明显背离 G-F 理论，相差可达一倍之多。很长时间百思不得其解，是实验误差吗？他们反复进行了多次验证，证明实验没错，那问题可能出在 G-F 公式吧。他们仔细考察 G-F 公式的推导中用了经典力学近似，忽略了三重和单重两个传能通道间的干涉效应。而根据量子力学理论，传能过程应具有波动特性，也就是两个通道间存在干涉。于是，他们进一步查阅有关文献，发现十多年前国外一个理论家 Alexander，就已预测到这种干涉效应，但一直未得到实验证实。研究小组成员从量子力学的基本原理出发，推导了一个非常简明的混合态碰撞传能截面公式。用这个公式的计算结果，与实验完全符合。为了验证这种符合是否偶然，他们进一步对六个转动态的共 24 个传能通道做了实验和计算，结果全部符合。这一研究，于 1995 年初在美国《化学物理杂志》(*J.Chem.Phys.*)以"碰撞诱导 CO 单/三重混合态分子内传能量子干涉效应的证据"为题发表。该杂志评阅人认为："此文首次测量和精确定义了碰撞过程的干涉效应，是一篇重要文章。"1997 年 8 月，在英国剑桥大学举行的国际知名"分子电子光谱和动态学戈登会议(Gordon Conference)"，特别以此项研究成果作为本次会议的中心主题，张存浩先生出席了会议，并做特邀报告。此后研究小组进一步测定了不同碰撞伴在不同温度下的干涉相位角。对 CO 另外一个混合电子态和 Na2(A1 Σ +u / b3 Π ou)的实验进一步验证了他们理论的普适性，更进一步，孙萌涛和田红梅用含时微扰和量子非弹性散射理论，首次计算出了与实验完全相符的传能截面和干涉相位角，该小组的科研项目"双共振电离法研究激发态分子光谱和态分辨碰撞传能"研究获 1999 年国家自然科学奖二等奖。在 2000 年，此项工作以"我国首次发现新的物质波干涉现象"为题，被评为中国十大科技进展新闻之一。回顾这段科研历程，这个科研团队之所以能取得这样的成绩，除了研究方向选得准、实验技术先进，以及实验与理论密切结合等因素外，最重要的是有锲而不舍、勇攀高峰的精神。

作者简介：余道容，女，1938 年 4 月出生，1962 年 8 月到大连化学物理研究所工作，高级实验师。从事仪器分析工作。现已退休。

邹淑英，女，1944 年 8 月出生，1968 年到大连化学物理研究所工作，高级记者。现已退休。

永远发扬爱国敬业之精神

——回顾"炼厂气水蒸气重整制氢催化剂"的研制

张盈珍

一、概　况

1966 年 5 月在前所长张大煜亲自关怀下，在老二室组建"炼厂气水蒸气重整制氢催化剂"课题组，任命我为组长。此课题是石油化工部的重点项目，其意义在于扩大生产氢气的原料来源，以满足我国合成氨工业和石油炼制工业对氢气的大量需求。

当时，国内外用天然气为原料的制氢过程已经成熟，但我国天然气供应不足，而炼厂气尚待利用。为实现炼厂气制氢，可以沿用天然气水蒸气重整的工艺过程。但由于炼厂气中含约 10%的烯烃，极其容易使催化剂结碳而失活，因而研制成功"抗烯烃"的催化剂，是实现炼厂气制氢的关键。国内外没有相应的催化剂可供参考。这是一项难度很大的创新工作。

由于课题组全体成员继承了化物所的严谨求实、开拓创新的科研传统，由于发扬了向祖国交一份满意答卷的爱国敬业精神，由于所内各部门大力支持，及所外各协作单位的齐心协力，尽管几乎全部工作是在"文化大革命"中进行的，我们最终很好地完成了这项任务。研制成功的催化剂被列为国内定型商品催化剂"胜利一号"，该项成果获 1978 年全国科学大会奖。

二、严谨求实　开拓创新

我们的实验室位于一二九街所区的东北角，原来是一个面积很大的专用实验厂房，我们很快规划改造成符合我们需要的实验室。大约两个月的时间，我们就正常开展实验。那段时间，张所长经常来实验室了解实验结果，认为这确实是一项具有相当难度的课题。

可是课题组成立不久，全国开始了"文化大革命"，逐渐学校停课，工厂停工停产，化物所的研究课题也相继停顿。鉴于该项目的重要性，该课题组成为当时化物所一直坚持工作的两或三个课题组之一。

课题组经常维持 25~30 名成员，素质都很好。大连化物所的研究人员，大多是工作十年以上的科技骨干，以及中国科技大学、厦门大学、吉林大学、南京大学、复旦大学等大学的毕业生，还有化物所的研究生、化物学院的毕业生，仅有的几位年轻的技术人员勤学苦练，也很快成长为骨干力量；到我们实验室合作长达半年之久的化工部西南化工研究院的十来位研究人员，也是本单位科技骨干或具备丰富实际工作经验的技术人员。

那时，实验室外是急风暴雨的"文化大革命"，但在实验室内，我们面对这项科学难题，始终体现着大连化物所的严谨求实、开拓创新的科研传统，并肩携手、争分夺秒进行着科学试验。

课题的难度首先是源于催化剂上积碳而失活。我们自然特别关注催化剂上积碳量的测定。总积碳量有时不能关联催化剂失活，我们进一步区分化学碳、非化学碳，区分较容易氧化的碳、石墨碳，从而对催化剂配方组成研究起到指导作用。

我们的催化剂是在 Ni/Al_2O_3 基础上，借助不同酸碱性质的碱金属、碱土金属和不同氧化还原性质的金属组分，不断进行组分和组成的调变，最终制成的催化剂是相当复杂的多组分催化剂。

炼厂气水蒸气重整反应是一个包含许多相继、平行反应的复杂反应体系。在催化剂配方调变中，我们总是着力于提高催化剂的活性选择性，因而最终取得了活性高、稳定性好的完满的结果。

在进行催化剂成型时，我们协调了多组分催化剂中各组分的水合性能与凝固性能，取得了强度很好的成型催化剂。

研究工作表明，我们所开创的作为本课题的核心设备——实验室变温床反应器（在 20 大气压氢压下，进口 3800c，出口 7800c）是我们取得成功的最关键和最基本的物质保证。由于使用以往的钢材，只能加工制造适应这么严厉条件的恒温床反应器。于是开动脑筋，巧妙地选用了泸州天然气化工厂（系全国化工企业的示范厂，本文作者不久前曾参观）的列管式反应炉的测温热电偶管，作为我们的反应管的基本原材料。这是 Cr25Ni20 特殊优质的管材，管径 17mm，壁厚仅 2mm。超薄的管壁，是实现变温床的基本条件。

为了开发具有长寿命（例如 1 年）的工业催化剂，实验室里往往只能采用比实际工业要求短得多的试验周期，与此相应，采用更为严厉的其他条件，进行催化剂筛选和定型。我们是变更对催化剂积碳最为敏感的水气比进行试验。随着研究发展进程，在逐渐降低水气比的同时逐渐延长试验周期，借以进行催化剂筛选和定型。我们从设计要求的 4.0，降低为 3.5，然后，为了进一步给催化剂的工业化留有余地，竟然降到 3.0 这样极为严厉的条件进行催化剂筛选和定型。1968 年 9 月在水气比 3.0 的情况下，通过 360 小时试验，基本完成了实验室催化剂的研究。此后，开始和石油化工部胜利石油化工总厂进行交接棒，他们承担了后期阶段的大量的工作。

　　我们在工作中理论与实践并重，抓住实质，找到症结，通过严密的试验设计，一步一个脚印，经过两年多一点时间，高效地完成了"炼厂气水蒸气重整制氢催化剂"的实验室研究。

三、爱 国 敬 业

　　在催化剂实验室研究期间，我们的三套中压反应装置，六根反应管，总是满负荷进行着实验；反应试验是需要倒班的，尽管我们实验室的条件在国内已属上乘，鉴于反应试验和原料、产物分析均较复杂，每个班需 3~4 人，共需 12~16 人参加倒班；期间，经历两个春节，科研工作没有停顿，轮到值班的同志，大年夜就在实验室度过；在社会秩序最混乱的那段时间，为了安全，大连化物所的大门早早紧闭，我们倒班，唯一出入化物所的办法就是攀爬后大门——一个约 2 米半高的大铁门；居住地点距离化物所较远的组员，为了倒班和为了安全，避免晚上出行，每 4 个夜晚，有 3 个要在化物所度过，当时实验室设置的休息条件简陋得可想而知。然而，没有一个人因为工作太艰苦，提出调换或调离工作。

　　实验需要使用大量原料气，这是由我们自己配制的。气体中的烷烃部分是从盘锦油田取得，烯烃部分用相应的醇类脱水制取。配制好的气体存储于我们研究所原有的一个 280 立方米和一个 80 立方米的大气柜中。其中最艰苦的事是到盘锦油田采气、拉气，带着高压容器和连接设备，乘坐大卡车去。特别是在冬季，在凛冽的寒风中，在零下十几度的时候，跟车的人多，驾驶室坐不下，就要站在大卡车上。这项工作也总是很顺利地进行，大家总是自觉参加，从来没有推诿现象。

　　当社会上进行"大串连"时，组内没有一个人想借此摆脱繁重的实验工作，而要求去"串连"的。社会上不同派别、不同观点的争论，自然也反映到课题组内，有时组员之间也会争得面红耳赤，但是在做实验的时候，马上就并肩携手。

　　我们常常召开科研工作讨论会，大家纷纷献计献策。不同看法、不同意见的争论是很平常的事，但是这种争论总是又统一到一致的行动上。两年来，上百次开工试验，从没有因为争论而使开工试验受到影响。尽管每一次试验都是经过许多人手才能完成，而我们所开发研究的催化剂非常容易积碳，试验条件的波动的影响特别明显，然而我们的试验结果的重复性却特别的好！这是全体人员的优良的素质，以及为了一个共同目标的可贵的强大的团队精神所使然！

课题组科研任务的出色完成,是我们所在的第二研究室,也是化物所各部门在物质上精神上鼎力相助的结果。

当我们课题组需要更多实验条件时,我们所属的第二研究室各实验室大门总是向我们敞开着;当催化剂研究取得实质性进展,协作单位大批人员逐步撤回原单位进行中试放大准备工作时,室里及时给课题组补充了精兵强将。

课题组初建时,化物所修配厂、技术设备室等部门就给了有效的支持。"文化大革命"中,化物所各部门正常工作都停顿了,想象中,我们的科研工作因而困难重重。其实不然,只要说明工作的意义、提出具体的要求,看似停顿的物资供应、修配厂、气体站、水、气、甚至液氮供应、杂务班等部门,都会高效率的运作起来,及时保证了我们的需要。

四、团结协作

该项工作,始终实行研究-设计-生产三部门的紧密配合,你中有我,我中有你。我们大家的心中怀着一个共同的目标。各自的工作,也都不为"文化大革命"而有所放松。

我们中科院大连化物所负责催化剂的研制。化工部西南化工研究院承担催化剂的中试。他们也参加在化物所进行的催化剂研制,和我们并肩工作长达半年之久。石油化工部抚顺石油设计院提出对本项任务的指标要求。

石油化工部胜利石油化工总厂承担后期阶段的大量的工作。先后通过了实验室逐级放大试验,工业单管中间试验,进行了催化剂的工业化生产,在8万吨/年合成氨厂所配套的制氢装置上投入使用,性能良好。该催化剂被列为国内定型商品催化剂"胜利一号"。该项成果获1978年全国科学大会奖。

转眼间将近50年过去了。化物所参加该项工作的有关人员,有的已经驾鹤西去,有的远在海外,现在还在化物所的也是分属不同领域、不同研究室的退休人员。但是大家相见时却似乎和以前一样的亲切。近年,我们有过三次聚会,共同回忆过去,祝福未来。当年的这一幕,突现出中国人民对待祖国召唤的态度,它已深深地印刻在我们大家的心里,留下美好的回忆。中国人民的爱国敬业精神永不泯灭!

作者简介:张盈珍,女,1935年5月出生,1964年12月到大连化学物理研究所工作,研究员。从事催化化学及应用研究。曾任酸碱催化研究室副主任。现已退休。

为中国梦添砖加瓦

周忠振

2019 年是中科院大连化学物理研究所成立七十周年。七十年来，几代化物所人为我国的经济建设和国防建设、基础研究和应用研究做出了重要贡献。在国内化学和物理领域，化物所是最著名的单位之一。建所初期，由于实验设备条件好，吸引了很多科技人才。在各个发展时期，不断更新先进的实验设备，很多科学家应运而出。在催化、激光、燃料电池、膜技术、分析化学、生化、新型材料等领域为我国科学发展勾画了宏伟蓝图。《航空煤油会战》《重水十年》《航天姿态控制催化剂的研究征程》等文章凝聚了化物所人的智慧和辛劳，已成为永久的记忆。

在新型材料方面，七十年来化物所为国家解决了许许多多的需求。在经济建设特别是军工领域需要很多新材料，自然就找到了化物所。如烧蚀材料、热防护材料、保温隔热材料、防振阻尼材料、黏合剂、微波吸收材料等，还有特殊用途的材料。贺曼罗、张首文的黏合剂、杨明学的保温管、陆中军、于传训的防振阻尼材料等都得到广泛的应用。当然这些新材料的研制与化物所承担的催化、激光、色谱、膜技术等相比只是冰山一角。

1969 年化物所在国内率先研制吸波材料，人员有 30 多人，共分四组。1972 年合并为一个组，人员 10 多人，组长沙国河，副组长蔡海林。主要进行微波暗室和设备用吸波材料研制及基础研究等，1973 年课题结束。人员都转做其他课题。我从事催化工作。之后，三机部、七机部一些单位提出了对材料的需求，来人或来函，科技处奚美娟来找我，我考虑客户需求，主动把推广生产的任务承担起来。

暗室用纸质角锥材料联系到南石道街大连红港化工厂生产，橡胶材料联系到富国街大连橡胶制品厂生产，形成了试制生产基地。我主要用业余时间，那时化物所在一二九街中午休两个小时，中午我买点馒头边吃边骑自行车到南石道街红港化工厂，下班后又到富国街橡胶制品厂指导生产，还利用休息时间做模具，一直坚持了十年，使化物所在国内首创的吸波材料得以传承。两个工厂都有积极性，吸波材料在科技、军工领域广泛应用，客户上百家。最近我步行从一二九街到南石道街，过去的小道变大道，周围是楼房，走了一个多小时，想当年也是不容易的。

1977 年 12 月，中科院委托辽宁省科委召开鉴定会（国内第一个吸波材料鉴定会），对研制的材料进行了鉴定。大连成为国内主要的吸波材料生产基地，1978 年吸波材料获辽宁省科技进步奖二等奖。随着改革开放的大潮，客户的需求成倍增长，还提出一些新项目，国外吸波材料也见到了。

1983 年由郭永海牵头成立了发展部，又成立了吸波材料课题组，人员有李淑敏、赵树明、张德庆、臧红和我。又研制出十多种材料和器件，满足了客户的需求。1987 年 7 月由中科院国防科委主持召开鉴定会进行了鉴定。1989 年，吸波材料获得中科院科技进步奖二等奖。我国吸波材料的整体水平与国际接轨。大连至今一直是吸波材料的主要产地。

1990 年，航天部门找到我们，希望承担热防护材料的任务。杨明学让我们课题组承担这一任务。我国 20 世纪 70 年代研制出烧蚀材料，80 年代研制出钢结构防热涂层，但以往的成果只是我们的基础，不能搬来一蹴而就，国外又对我们严格保密，没有现成的东西可以借鉴。

我们查阅大量文献，做大量试验，多次带十多公斤的样品到北京航天所测试。最后选择了较好配方在西昌施工，火箭发射后未能尽人意。我们仔细分析后认为小试验的条件不能全部满足发射的情况，我们没有后退，对国家任务的责任感激励我们，又做了大量试验和理论分析，克服了燃气流的高温、高速冲刷两大难关，火箭发射后涂层保持良好。在之后的二十多年，我们数十次去发射基地，有时任务时间紧，从大连到西昌三天三夜，连坐票都没有只能站着，辛苦一点没什么。

毛主席说"实践是检验真理的唯一标准"，要解决问题就要做试验。涉及应用性能的物理和化学性能都应进行测试。微波吸收材料方面的吸收性能、阻燃性能、耐老化性能、功率容量等，热防护材料的抗拉强度、抗压强度、线烧蚀率等进行上百次试验，我所自制或购买了一些测试设备，选用不同材料，设计不同配方，自己测试或去质检所、大学或北京等单位测试，有了勇气、智慧和实力，有了书本、实践和理论，最终把材料的水平推向顶峰。

我们在和平时期辛苦一点没关系，与革命战争时期共产党人抛头颅、洒热血相比，这点辛苦算什么！

人生有很多机会不容错过，为国效力也是如此。劳动托起中国梦，要努力钻研，查资料，做试验，出成果。光阴似箭，岁月如梭，留下足迹，不留遗憾。

在中华人民共和国成立七十周年、化物所成立七十周年、改革开放四十年之际，看看我们伟大的祖国，二十多层大楼遍地可见，地铁、高速公路、高铁纵横、旅游胜地、儿童乐园、温泉洗浴、美食餐厅修得真好。中国用几十年的时间走过了欧美一二百年的历程。

作为化物所人，要继承老一辈的优良传统，努力工作，为中国梦添砖加瓦。

作者简介：周忠振，男，1940 年 8 月出生，1967 年 9 月到大连化学物理研究所工作，研究员。从事化学化工研究。现已退休。

DICP 70 years on…Reflections from a partner, supporter and friend. The true spirit of discovery and commercial exploitation

马丁·阿特肯斯（Martin Atkins）

I was first introduced to DICP in 2002 following a major drive with bp and advice from CAS to select the best partner in China for bp to work with in the area of clean energy and clean technologies. The joint programme with bp and CAS and latterly colleagues from DICP and Tsinghua was kicked off in a show of publicity marked by the British Prime Mister (Tony Blair) and CAS officials in 2002. The joint programme with bp committing $10m for the set-up sparked the now famous Clean Energy Facing the Future (CEFTF) programme focused initially on clean coal conversion, alternative energies and CO_2 capture.

It was my great pleasure to be appointed bp's Chief Scientist in China to oversee the development of the CEFTF lab in Dalian. The next 5 years proved to be inspirational in the breadth and depth of the knowledge and opportunities DICP scientists offered bp and together with bp's strengths on marketing and IP management we established a portfolio of clean technology projects and drove them to market in times unprecedented in the Oil & Gas industry.

We developed projects together in many diverse areas and I was simply amazed but the pace and intellectual capacity of the innovations coming out of DICP. Of course the test of all of these claims and ideas can only be judged by market acceptance and commercialisation. As I look back at, and continue to work with DICP in different capacities I can now see the uniqueness of DICP and the many different technologies we developed together that are commercial realities today.

I, and my bp colleagues were privileged to be at the forefront of many of innovations that today, 14 years later are leading edge commercial realities and it has been an honour to be part of this journey.

I would like to draw particular attention to just a few of the projects we worked with at the start of CEFTF and make some personal reflections on their status and importance in the world of technology innovation. Although I retired in bp in 2009 I moved to a role as Chief Technologist in PETRONAS and we continued with some really exciting developments with DICP and took these leading edge developments into developments as part of strategic imperatives within the Company. When I moved to a role at The Queen's University Belfast jointly funded by Enterprise office (commercial mentor) and taking up the Chair of Chemical Innovation and Sustainability, it was my colleagues in DICP I turned to in order to solve some of the major challenges facing various industries. In this role in QUB, we quickly expanded into a spin-out company called Green Lizard Technologies and when industrial partners came with problems we immediately started to use the "fast-track" methodology we used during the bp collaboration to speed pace to market.

I am often asked " how did you do things so quickly in DICP". The answer is in the culture, drive, innovation and more importantly the partnership that really wanted to commercialise technology tomorrow not next year. It was that level of enthusiasm and commitment from our friends and partners in DICP that made this happen. In my previous 25 years in bp and the industry I had never experienced an innovation hub like DICP with so many commercially orientated researchers and technical staff. They were simply genius and showed their magic at every opportunity to get products and technologies to market with pace and conviction. It was a partnership that was unique, it transcended cultural and technical boundaries and built upon each other's strengths. It was one of the saddest days in my working life when I left DICP. So please indulge me a little more and I will talk about some of the specific projects and researchers that reflect the "little acorns growing into the oak tree" or as I see it now the visionary researchers that came up with ideas that today are fundamentally impacting our lives and are proving to be important for the sustainability of the planet.

Before I move to specific projects, I would like to thank bp for the opportunity to work with DICP and for engaging with the CAS to recommend DICP in the first instance. Instrumental in the set-up of DIPC and CEFTF programme was my friend and colleague Steve Wittrig, a man with vision and passion and my colleague in DICP for all those wonderful years.

I would like to start with one of the major drivers for bp entering into a partnership with DICP and CAS, not just the building of commercial facilities in China but the innovation and development of clean energy and clean technology developments with a particular emphasis on clean coal conversion. At that time, China was number 1 emitter of SOx and GHG in the planet and we developed together with DICP a series of projects and ideas that would transform the landscape and support China's technology development for low carbon/low emission technologies.

One of the first projects we looked at was a major innovation with professor Liu Zhongmin on conversion of methanol (from coal) into olefins used in the Petrochemical sector to prepare polyethylene and polypropylene polymers. This platform was called MTO. The GHG of MTO was considerably lower than conventional naphtha routes to ethylene and propylene and did not co-produce other lower value products such as gasoline. Within two years Professor Liu had taken the technology from lab and pilot to a first semi-commercial trial, and not only that had his team design, scale-up and manufacture the catalyst for this duty in parallel with the technology development. These few simple words actually were the very start of what I believe is the secret recipe which makes the methodology for commercialisation unique and fast. In its simplest form it is this parallel tracking and completion of multiple stage gates in the development process that in reality shaves off 3-4 years out of a normal development cycle (in the Oil & Gas sector). Traditional ways of development in the O&G would involve extensive lab and pilot work followed by business case appraisal and engagement within the various business units in a company. This would then tie-up to the next major stage-gate which might be to build a demonstration plant. In DICP we developed a way of compressing all the critical milestones to reach market in the shortest possible time resulting in a development that was fast but sometimes the full extent of business opportunity was not researched BUT the technology was made market ready. This was the methodology professor Liu Zhongmin used so successfully to commercialise MTO technology in record time. Today this technology has many variants, can be used to produce almost any olefin and di-olefin in the petrochemical industry made from conventional hydrocarbons and is now subject to some of the most economically attractive options to integrated MTO into shale gas – the feedstock of the future.

We now diversify. In the early days of the DICP/CAS/bp collaboration we came across some very early stage technology in energy storage with professor Huamin Zhang. We (bp) had not long since set-up an Alternative Energy business unit which was focused on things like solar and fuel cells (also a long tradition of innovation in DICP) but this new concept of energy storage with flow batteries really caught our attention. It was embryonic research but professor Zhang's team quickly moved the technology into scale-up and had a nice sign lit up for a visit from one of bp's Chief Executives saying "welcome bp". I now wind the clock forward and we see professor Zhang's innovation transformed into Rongke Power with installations all over China, the largest energy storage project in the globe and one in which I still have the pleasure to see in development with the IERC project in Northern Ireland pioneering the integration of this energy storage technology into the smart grid. With the local and smart grid's being one of the only ways to sustain the ever growing need for energy and energy efficiency, redox flow battery technology looks set to be one the most important innovations in our future generations to manage both local grid and established grid stabilisation. It also has the promise to increase the efficiency of renewable energy systems by being available 24/7 and taking a wide variety of inputs. One such example is the huge investment made in wind farms which are seen as durable, low maintenance and robust...but overnight a large proportion of these wind farms are curtailed. Incorporating energy storage to these wind farms will dramatically improve the efficiency and utilisation of precious energy with no GHG emissions.

Now moving to something completely different. DICP has a long history of development of membrane technologies with professor Xu, professor Cao and professor Yang. Xu's team pioneering the development of Pd membranes for the separation of hydrogen – a huge innovation in itself – but then went on to combine the membrane separation feature with a catalytic core to do reforming and WGS in one reactor using the Pd membrane to deliver the driving force for the equilibrium change by removing the hydrogen selectively in the system. DICP and bp spent a few years on developing this concept and introducing DICP into EU Framework research projects further expanding the innovation cycle and making more partners for DICP but showcasing DICP technology to the wider world. In a short space of time the membranes were optimised. A special way of sealing the membranes and developing the ceramic tubes followed very quickly to allow rapid commercialisation. Today this technology is fully commercial and a new application, purification of hydrogen from SiH manufacture has been established. It should be stressed at one point in the membrane development a well-respected engineering house cast doubt on the viability of the process to combine the reforming and hydrogen separation in one step, but the pace and drive of the researchers soon consigned these doubts to the waste bin!

Another area on the membranes that attracted our attention from the start was the integration to bioethanol and synthetic ethanol production... could the use of zeolite membranes improve the separation/purification economics of ethanol production. The technical issues were several fold at the start of this project which occupied our engineers and economic appraisal teams. Although it was known practice in the Industry to use zeolite sieves in PSA mode for ethanol purification it was unknown for membranes. In fact many companies, including bp, spent many years trying to develop zeolite membranes but pinholes, too thick or inconsistent membrane thickness limiting diffusion caused the industry to stop development in this field. Professor Yang came up with a fantastic innovation to use microwaves to enhance the crystallisation of zeolites on a membrane support. The sceptics pointed to several flaws in this approach: "no-one has ever done this"... "it isn't proven"... "how can you possibly control the thickness of the membrane with ultrasound"...well professor Yang just went ahead and built a prototype microwave crystalliser in a continuous operation and, by a mixture of serendipity and design found out microwaves only penetrated the first few microns of the ceramic tube leading a perfectly uniform and thin zeolite membrane. A brilliant invention. The technology is now adopted for alcohol dewatering and professor Yang's last plant was a 50ktpa IPA plant...in DICP professor Yang took the technology from 1 mm of ceramic tube to over 2m long tubes before going into a factory for further development. Actually this ability to innovate, design and scale-up in the research environment is something that our Western Universities should consider as this undoubtedly leads to fast commercialisation and retention of core capability within the teams.

So now we come to another major innovation in membrane technology for CO_2 capture. This is pioneering work by professor Cao and his team. They have developed a concept called membrane contactors which essentially allows only CO_2 to pass through a membrane with fast kinetics from a mixture of methane and CO_2 using a chemical amine in the centre of the tube flowing counter-current to the gas on the outside of the membrane tube. This configuration combines the chemical absorption from conventional tower separators (packed columns) with the very high surface area of membranes resulting in a technology with ca 40%-50% savings in CAPEX and 30-405 saving in OPEX when compared to conventional technologies. Within 3 years from start of the project, professor Cao now leads a full commercialisation activity and manufactures the membrane itself. When we first started collaboration, these types of membranes were only available from Japanese high tech firms and developing the membrane from scratch and understanding the key requirements in manufacture and production the factory now produces these membranes at a fraction of the price of current commercial membranes.

So what about biotechnology? Well here again DICP is at the forefront of innovations in a number of fields and I would highlight two such innovations that we started to evaluate in 2004 and 2008. The work of professor Tao Zhang and professor Zongbao Zhao illustrates the diversity in thinking and problem solving approaches for biomass conversion bringing together multidisciplinary teams together to provide this solution. Professor Tao Zhang has a background in several fields of energy and catalysis and applied his innovative catalysis skills to the problem of how to maximise the value of non-food crop biomass or "green biomass" to good effect. Over several years his team optimised and developed catalytic technology to convert sugars and then cellulose/ hemicellulose components to a mixture of ethylene glycol and propane diol. The ethylene glycol (MEG) is an extremely valuable feedstock for the production of PET (Polyester) plastics. This is an extremely valuable concept in biomass conversion which retains both carbon and oxygen from the original biomass into the product giving rise to really high selectivity to the more valuable oxygenated products. Professor Tao Zhang's work has excited many companies working on low value sugars and cellulosic waste streams and the products are already at development stage with some of the patents already at grant.

We change tack a little with professor Zhao's work. His pioneering work started with fermentation technology with modified yeasts that converted dilute and low concentration sugars into triglycerides. The yeasts were swollen to the point where the cells could be harvested containing around 60% on their weight as triglyceride fats. These so-called fatty yeast cells were then harvested and treated with methanol to produce FAME which is indistinguishable from bio-oil FAME from palm oil and other vegetable oil sources. A major innovation in this work was to extend the sugars to use of inulin the solid (70%) in harvested artichokes which grow readily on non-arable land. In less than 2 years plantation trials were set-up over a number of inhospitable regions including salt marsh land and the team validated the use of inulin direct to triglycerides... a major technical and economic breakthrough. The innovations didn't stop there; by further optimisation of feedstocks waste problematic oils like saturated triglycerides (e.g. C16 palm) could be co-fed with a modified yeast and turned into far more valuable omega-3 triglycerides. This is the subject of much interest in the industry now as the unsaturated triglycerides make a better quality biodiesel but also an excellent feedstock for bio-lube production. Professor Zhao's team again were able to scale-up technology from 5-20ltr fermenters up to 2000gal stage for pre-production runs.

In terms of fundamental catalysis the work of professors Xinhe Bao and Can Li provided us with a deep understanding of the mechanistic aspects of catalysis and identification of the active sites of catalysts and the atomic level. Professor Bao is famous for amongst many other areas for his definitive work on methane activation producing some of the first examples in the world of low temperature methane activation of Mo cluster catalysts to make aromatics and hydrogen. This work is even more important today with the advent of shale gas and gas as a global feedstock to replace high GHG energy sources such as coal. The technology for direct methane activation has the potential to replace conventional gas reforming and FT and make aromatics in a single step.

Professor Li has invested heavily in state-of-art in-situ spectroscopic techniques such as laser ablution and ESR to probe and develop the chemistry for oxidative desulphurisation. When we started appraisal of this work we had our focus on comparison with hydrodesulphurisation technology we run traditionally in our crude oil refineries. With ever increasing legislation lowering sulphur in diesel, oxidative desulphurisation becomes an attractive process. In today's world this technology is gaining increasing focus for reducing emissions in the marine fuel industry where new regulations being introduced globally next year IMO 2020 will restrict marine bunker fuels to a limit of 0.5% S in the fuel. Severe penalties and fines will be applied to ships not compliant with these fuels. The pioneering work of profess Li looks set to apply to numerous fuel streams in the future including the desulphurisation of biofuels... again another example of pioneering underpinning science providing solutions a decade or more after inception.

Well, I could go on about the many other innovations that DICP started and developed in the last decade since I have been involved with then but we could write a book about this!

On a personal note the success of the CEFTF programme was apparent after just 2-3 years when these emerging developments spurred bp and CAS to establish a commercialisation centre to take innovations like we have noted above from DICP and commercialise these through a purpose vehicle. This was set-up as the Clean Energy Commercialisation Centre (CECC) which built on the desire for rapid market entry and development. In 2006 I was thrilled to receive the PRC award for Science and Technology in China and this has been the highlight of my career. It has spurred me on to continue to capture the innovation culture and approach from DICP and extend this to my other partners and collaborators. Today, I see as much interest in the heritage of DICP innovations than when we were first developing and appraising these little shoots. Now the trees are grown up new acorns fall and the process continues.

To my colleagues, friends and collaborators in DICP I wish you all the very best for your 70 year celebrations – your legacy goes on and on... your technology insights and methodologies are being adopted world-wide, and the impact of all your efforts to reduce GHG, introduce new energy vectors, new methods to convert biomass are there for the entire world to see. Well done. It has been a terrific journey so far and as you say " a journey of a thousand miles starts with a single step" you made a great start 70 years ago and continue on that journey. For potential collaborators with DICP I have another Chinese proverb "Pearls don't lie on the seashore. If you want one, you must dive for it". Go visit DICP and dive for pearls – you will find them!

　　作者简介：马丁·阿特肯斯（Martin Atkins）博士，男，1954 年 3 月出生，英国籍。化学工程学专家，从事清洁能源、催化及环境方面应用技术的研究开发，曾任 BP 中国首席科学家，马来西亚石油公司首席科学家。获得 2006 年度中华人民共和国国际科学技术合作奖。近年来从事促进清洁能源领域应用技术的产业化开发工作。

往事的回忆

——依利特公司发展纪实

李　彤

中国科学院大连化学物理研究所的色谱研究一直是国内的一面旗帜。曾经有一种说法：相关院校和研究所人员来大连化物所都不约而同地说是来朝圣。这与大连化物所的发展历史有关，而且在其发展过程中也造就了一大批的色谱专家。自 20世纪 80 年代中后期开始，为适应和满足国家经济发展的需要，也是为解决自己发展过程中的经费短缺问题，逐渐开始走上了将大连化物所的科技成果转化成商品，直接服务于国民经济建设，进而已经成为国产色谱相关产品的桥头堡，国产科学仪器及其耗材的又一面旗帜。

自 1987 年开始，大连化物所第四研究室（色谱研究室）成立了 406 组，其主要的方向即是开发与生产高效液相色谱柱。其实，早在 70 年代中期，大连化物所成功地研制出 K-1 型高效液相色谱柱，并于 1979 年通过了中国科学院组织的鉴定，K-1 型高效液相色谱柱的成果还先后荣获 1979 年辽宁省科学技术研究成果奖一等奖。

不过，在计划经济的年代，科研成果完成鉴定并报奖后通常就进入档案室归档了。406 组成立的目的就是要解决从科研成果到商品化的最后路程，尽管极为艰难。因为科研人员对产业化几乎就没有概念，在实验室内做出的成果仅仅是样机或样品，如何完成批量化的生产，如何保证产品质量的一直性和稳定性，还要解决产品的售前和售后问题，产品的标准又如何建立，以及要如何成为一个合格的产品或商品，包装的问题，运输的问题，交付问题，几乎每一步都是问题。还好，科研人员有足够的聪明才智，再加上勤学肯学，所有的困难与问题均得到逐步解决。

随着时间的推移，大连化物所 406 组产品的进步，已经初步在国内市场创出了名气，也拥有了不少的客户群，截至 1992 年底，大连化物所 406 组的产品销售收入已经达到 500 万元。但是，所有产品的销售均以大连化物所的名义进行，很显然一个研究所进行产品生产与销售同传统意义上的研究会形成巨大的矛盾，例如一个简单的问题：发票。因为所有的色谱产品均是单位使用，故客户必须要发票，但是研究所却经常出现发票不够使用的局面，至于其他更加重要的，诸如知识产权、产品认证那就更无从谈起了。不过，在此前后，大连化物所406组无论在生产经验、资金积累以及市场知名度都已经有了一定的地位，1993年正式与美国国际Elite企业集团公司成立了中外合资公司——大连依利特科学仪器有限公司。该公司的中方为大连化物所，具体是第四研究室（色谱室）和国家色谱研究分析中心。按照当年所长在年终总结报告会的评述，是大连化物所第一家真正的中外合资，但又是我们能自己说了算的合资公司。但是，在公司成立后不长时间，因外方业务转向，对合作研发与生产色谱产品不再感兴趣，故经合资双方商议，外资撤资，成为了一家事实上属于大连化物所的独资公司了。

虽然合资公司的时间不长，但是作为真正意义上的企业，无论公司的产品还是管理，整个企业完全上了一个新台阶，更加符合现代意义的制造企业了。

1994年底大连化物所新一任所班子上任，按照所新一届所班子的要求，为加强科技的开发，于1995年成立了凯飞高新技术发展中心，注册地址在大连经济技术开发区哈尔滨路24号。凯飞中心下辖五个事业部，分别是膜工程部、催化工程部、农药中间体工程部、化工工程部和分析仪器部。仪器工程部系由原大连依利特科学仪器有限公司、中科院三联气体技术中心大连化物所分部(即大连三联气体公司)仪器组和大连化物所工厂仪器组所组成。中科院三联气体技术中心大连化物所分部的产品之一是曾获奖的空分防爆仪，该仪器的实质是气相色谱仪，但是可以实现在线连续取样，样品浓缩，在国内空分行业取得了不少应用，市场评价也不错，其成果源自大连化物所装备研究室（第六研究室）。大连化物所仪器工厂则是专业从事色谱泵单位。

随着三联气体技术中心和大连化物所仪器工厂的加入，特别是老专家三联气体技术中心的张德禄和仪器厂的刘启嘉等，都是具有丰富仪器研发经验的老同志，这个阶段公司的产品线进一步加强，包括了气相色谱仪、液相色谱仪，色谱软件和色谱耗材等，年销售额已经接近1000万元了。在这个阶段，依利特公司和凯飞中心分析仪器部并存，气相色谱仪和相关耗材销售更多的是走凯飞中心，而液相色谱和相关产品则走依利特公司。当时时值香港回归，一个很有名的理论是"一国两制"，而凯飞中心分析仪器部或依利特内部，大家戏言也是一部两制！也还是没有完全理顺。

凯飞中心注册在开发区，但是因其是内资企业，很多优惠政策不能够享受，加之当年交通状况不如今天的方便，路途遥远，每天仅仅在路上就要耽搁大量的时间，且费用还极高。在1999年，依利特公司正式搬回市里一二九街了。依利特公司将原图书馆的书库租下，经过重新装修，于1999年9月底正式开始经营，而且自此也再次重新启用依利特公司的名义在商场上开始新一轮的搏杀。

自1999年开始，大连化物所启动知识创新工程的改制工作，在2000年的上半年全部完成。对大连化物所的产业改制工作自然就提到议事日程上了。如前述，依利特公司此时名义上仍然是中外合资，但实际已经是事实上的大连化物所独资公司了，很多事务不是十分顺畅。经与大连化物所当年的所长，同时也兼任依利特公司的董事长讨论，并由他拍板决定，重新完全按照公司法注册一家完全真实的公司，由大连化物所与公司员工共出资，同时鉴于依利特的品牌在市场上已经有相当的知名度，保留了依利特商号。从发展眼光看，当时的决定非常正确，为依利特这个品牌能够成为国家驰名商标奠定了基础。2000 年 8 月完成大连依利特分析仪器有限公司的注册，而原合资公司在合资期限届满时自动注销，在自动注销之前分析仪器公司将全部接受原公司的业务。2004 年合资公司合资期限届满，完成自动注销。自此依利特公司顺利完成华美的转身。

2000 年以后依利特进入了高速发展期，于 2005 年公司自行出资购买下大连市高新区学子街 2-2 号的 4200 平方米厂房，并于当年 10 月搬入。

进入到 2019 年，共和国迎来了七十华诞，大连化物所也将庆祝七十周年的所庆，而依利特公司如果自 1993 年成立计算已经 26 岁了，即将进入而立之年。依利特公司现在集研发、生产和销售一体，目前是国内最大、国际也有名的液相色谱仪器、软件、耗材与服务的企业，产品不仅行销国内 31 省市自治区，还远销海外。依利特人也将以此为起点，不忘初心，牢记使命，将取得更大的成绩以回报国家，回报社会。

作者简介：李彤，男，1962 年 6 月出生，1986 年 7 月至 2000 年 7 月在大连化学物理研究所工作，研究员。从事分析化学和色谱研究。现任大连依利特分析仪器有限公司董事长兼总经理。

七十华诞，忆往昔，看今朝

吴一墨

2019 年是大连化物所成立七十周年，也将是我在化物所开启博士生涯的第一年。虽然我没有亲身经历这七十年的光辉岁月，但老一辈科技工作者们的讲述也令我热血澎湃。回顾化物所七十年历史，可以说是硕果累累，代表着中国化学化工领域的最高水平。而无数奖项和荣誉的背后，是化物所科研人员的心血与汗水，是"锐意进取、协力攻坚、严谨治学、追求一流"的化物所精神。在众多高水平的科研成果中，有一项最让我感动，也使我坚定了来到化物所求学的决心。

2015 年 1 月 9 日，在国家科学技术奖励大会上，习近平总书记亲手将国家技术发明奖一等奖颁发给"甲醇制烯烃"项目获奖代表刘中民研究员。那一年，我第一次知道，在我的家乡辽宁，有这样一个全中国乃至全世界都属顶尖的科研院所。因为好奇，也因为我所学专业正是化学工程与工艺，我就去了解了"DMTO"项目的发展历史，而了解到的结果，使我惊讶，更令我心生向往。

四十年前，也就是 20 世纪 70 年代，石油危机的爆发让我国这个"富煤贫油少气"的国家不得不寻找新的出路。1981 年，大连化物所接到了中科院下发的甲醇制取低碳烯烃这一煤代油的关键技术的重点研究课题，成立了以陈国权、梁娟为首的研究小组。几年后，他们在国内首次合成了 ZSM-5 型分子筛，并进一步对这种新合成的分子筛催化剂进行深入研究，通过一系列改性后开始了放大合成。于 1991 年，也即课题开启后的第一个十年，完成了日处理量 1 吨甲醇规模的 MTO 固定床反应系统的中试，但是这还远远没有结束。

进入 20 世纪 90 年代后，开始采用新型分子筛进行流化床 MTO 工艺的研究。刘中民研究员成为 MTO 技术研究的学术带头人，通过对流化床 MTO 技术的更深入的研究，于 1995 年完成了流化床 MTO 过程的中试，达到了国际先进水平。第二年便获得了中科院科技进步奖特等奖。

然而，随着油价暴跌，这一项本该大放异彩的煤代油技术却无人问津。即使做出了"只求合作，不求回报"的让步，也没有企业对这项技术进行投资。实验经费成了困扰整个课题组的难题，没有经费就没有办法开展实验，所有研究也将停滞不前，所以以刘中民研究员为首的 MTO 课题组即使无数次被拒绝，也依然盼望着能与企业开展合作。1998 年，时任中科院院长的路甬祥研究员来化物所考察，座谈之际，刘中民研究员将寄托了课题组发展希望的报告递交了上去，没想到不久院里来了好消息，资助刘中民团队 100 万元研究经费，用于甲醇制烯烃的进一步研究。

2004 年，随着油价回升，MTO 技术终于熬过了这段艰难岁月，迎来了发展的转机。陕西计划在榆林地区开展煤制烯烃项目，派专家到化物所考察，后又成立陕西新兴煤化工科技公司，拨款 8300 万元开展工业性试验。安全是大型试验的重中之重，人员安全、生产安全、环保安全，任何一个环节出现事故，都有可能造成一个项目的夭折。所以整个 MTO 团队先后有 20 余人在实验现场奋战，其中一部分人甚至长期坚守在岗位，每天和操作人员、技术人员在一起，发现并及时解决问题，整整 8 个月谨慎地观察试运行情况。终于 2006 年 5 月，DMTO 工业性试验宣告成功，甲醇日处理量达 75 吨。中国石油与化工联合会组织了科技成果鉴定，鉴定专家们认为：该工业试验装置是世界上第一套万吨级甲醇制烯烃的工业化试验装置，装置规模和技术指标处于世界领先水平。

DMTO 技术终于进入高速发展的新时期，引起了国家发改委的高度关注。国家发改委核准中国神华集团在包头投资建设世界首套 DMTO 工业示范装置。2010 年，180 万吨煤基甲醇制取 60 万吨烯烃 DMTO 装置在包头投料试车一次成功，甲醇单程转化率 100%，乙烯+丙烯选择性大于 80%，反应结果超过了预期指标。

神华包头项目正式进入商业化运营，促进了我国煤化工产业的迅速发展。而距 1981 年课题任务的开始，已经过去了整整 30 年。"为实现 DMTO 的技术突破和产业化，大连化物所的四代人整整干了 30 多年，黑发人干成了白发人。"刘中民研究员在接受采访时曾这样感慨。

如今，甲醇制烯烃项目即将迎来第四个十年。在这一个十年里，在曾经的研究组组长，如今的中国工程院院士，大连化物所所长刘中民的带领下，建立了 DNL12 研究室，开发了甲醇制取低碳烯烃第二代（DMTO-Ⅱ）技术、甲醇甲苯制取对二甲苯联产低碳烯烃技术、甲醇石脑油耦合裂解制低碳烯烃技术、甲醇制丙烯新技术、甲醇制二甲醚工业生产技术等新技术。还按照"转化一代、开发一代、前瞻一代"的策略，积极开发 DMTO 第三代技术。

目前，在 DMTO 系列技术的推广方面，已许可 24 套大型工业装置，烯烃总产能为 1388 万吨/年。预计拉动上下游投资约 3000 亿元，新增直接产值 1500 亿元，实现新增就业约 2 万人。已投产 13 套工业装置，烯烃产能 716 万吨/年。年产值超过 750 亿元。

回顾这段历史，我们可以发现，成功没有捷径。DMTO 技术的成功背后，是几代科学家的坚守与付出，是他们毕生的心血结晶。如 DMTO 技术这样的案例在大连化物所的发展历史中并不罕见，DMTO 技术发展的四十年也只是大连化物所七十年光辉历史中的一个缩影，还有许许多多类似的故事等待着老一辈科学家们讲述，等待着我们年轻人去了解和学习。忆往昔，看今朝，铭记历史，继往开来。七十年并不会止步，还有更辉煌的未来等待我们新一代化物所人去创造。

作者简介：吴一墨，男，1995 年 4 月出生，2017 级大连化学物理研究所在读博士研究生。

大连化物所醇类燃料电池及复合
电能源发展之路

许新龙　田　洋　孙　海

　　时光荏苒，岁月如梭。转眼间醇类燃料电池及复合电能源研究中心已走过了二十余载的创业历程。二十余年来，我们见证了它由几个人发展成一支八十余人的一流的电能源研发团队；见证了它在艰苦条件下奋力拼搏和茁壮成长；见证了它的积淀传承和蓬勃发展；见证了它面向国家重大战略需求、坚持工程开发与基础研究有机结合，立足电化学、电催化、高分子、微化工等学科基础，围绕能量高效转换，开展醇类燃料电池、金属燃料电池及其复合电源的关键材料、核心部件、系统集成、过程监控的全链条研究开发历史足迹；见证了它突破一系列关键技术瓶颈，在国内率先实现多种型号产品的实地应用，赢得了国家省市的诸多奖项表彰和领导同行的高度赞誉。

一、崭露头角，厚积薄发

　　20 世纪末期，直接甲醇燃料电池（DMFC），由于能量转换效率高、环境友好、燃料资源丰富、携带存储方便等特点，在国际上受到高度关注。美国 Los Alamos 国家实验室（LANL）、DuPont 公司、Mechanical Technology Incorporated（MTI）公司，德国的 Smart Fuel Cell（SFC）公司、日本 Toshiba 公司、韩国 Sumsung 公司等投入了大量的人力、物力开展相关研究，国内的长春应化所、大连化物所、天津大学、重庆大学等也开展了相关的研究探索工作。

　　1998 年，我所第五研究室辛勤研究员组织团队在国家自然科学基金的支持下开展了直接甲醇燃料电池研究。1999 年，在衣宝廉研究员、李灿研究员的倡导下，大连化物所与安徽省宁国天成电器有限公司合作成立了"大连天成直接醇类燃料电池联合实验室"，衣宝廉研究员任主任，辛勤研究员和天成公司的甘胜怀任副主任，研究人员有魏昭彬研究员和王素力等，所需经费由第三和第五研究室协商划拨，实验条件由第三和第五研究室协商解决，开展了手机用直接甲醇燃料电池的研究开发工作。辛勤研究员集多年学术积累、亲自挂帅，指导职工、学生白手起家搭建实验平台，购置相关仪器设备，开展了铂基电催化剂、电催化剂载体、膜电极制备等研究探索工作，并先后与韩国、希腊、西班牙等国家的研究单位开展了广泛的国际合作，研究工作取得了长足进展。

2001 年 6 月，孙公权研究员放弃国外的优厚待遇，作为杰出人才归国到大连化物所工作，经与时任所长包信和、科技处长黄向阳等多次沟通协调，于同年 9 月正式组建直接醇类燃料电池研究组（305 组）。当时全组职工和学生不足 10 人，科研经费捉襟见肘，研究条件相对简陋，甚至单电池性能测试只能采用电阻丝进行。经过与供应商的反复磋商，以优惠的价格从国外采购了组里的第一台 Arbin 电子负载。负载的到来使得很多原来的实验难题迎刃而解，职工和学生研究热情高涨，排队做实验，即便这样，也只能"人休仪器不休"，通宵做实验一度成为研究组工作常态。

面对重重困难，孙公权研究员高瞻远瞩，决定集中组内有限资源，放弃手机电源研制，确定先军用后民用的发展思路，制定了"三横三纵"的战略目标，三横即：直接醇类燃料电池为第一横，近期做到国际一流；金属空气燃料电池为第二横，中期做到国际一流；高温甲醇燃料电池为第三横，远期实现国际一流。三纵即：关键材料、核心部件、系统集成，并下设三个研究小组（摊），周振华、王素力、刘建国三名博士研究生分别担任小组（摊）组长。团队建设"按需设岗、依岗招聘、定期考核、适时流动"，全组实行矩阵式管理，科研工作得到了快速发展。

2002 年，研究组在 DMFC 研究中取得了"0 到 1"的突破，为了直观地展示研究成果，团队组装了 DMFC 驱动的小风扇。当甲醇流入电池，风扇开始徐徐转动，组内的学生职工爆发出一阵欢呼。记得当时实验常至深夜，孙老师回家前通常嘱咐学生早点回去休息。但孙老师走下楼回望实验室的时候，几间屋子的灯依然亮着，寂静的夜里还能隐约听到学生们在讨论实验细节。这小小风扇的转动犹如一针强心剂，让大家对研究组未来的发展充满了信心与憧憬。

同年的中德会上，团队展示了世界首台 200W DMFC 台架实验，得到了国际同行的一致好评。之后举行的数次中德会以及与美国、英国、韩国等燃料电池交流会，不仅充分展示了我所 DMFC 的研究进展，也为研究组的发展争取了重要的经费支持。

2003 年，研究组集成了 20W DMFC 电源原理样机。俄罗斯副总理访华期间，时任所长的包信和研究员，采用我组自制的原理样机驱动的笔记本电脑向来宾进行了所况介绍。2004 年，在 863 等项目的支持下，团队集成了国内首套主动式 25W DMFC 移动电源系统。此后，多项"世界首套"的研究成果也使研究组在国内外 DMFC 领域的地位不断提升。

2006 年，孙公权研究员开始担任大连化物所燃料电池研究室（后更名为燃料电池研究部）主任。彼时正是国内外燃料电池研究的低谷时期，孙老师不仅要着眼于 305 组的发展，更要为整个三室的未来奔波，工作愈加繁忙。也正是在这时，孙老师培养的一些博士生和引进的优秀人才，逐渐成长为研究组发展的中坚力量。

二、重点突破，硕果累累

研究组坚持工程开发与基础研究有机结合，就是要求研究组既要面向国家需求，以产品应用为导向；又要"知其然并知其所以然"，对工程研究中遇到的问题进行深入系统的研究探索，将基础研究的成果反馈到工程研究中去。在该思想的指导下，研究组攻克了一系列难题。

电催化剂是直接醇类燃料电池的关键材料之一，CO 毒化是 DMFC 研究开发的国际难题之一。团队围绕电催化剂的催化活性、稳定性、制备成本，开展了高负载 Pt 基纳米电催化剂的粒径、晶面、合金度的控制制备以及活性组分与载体的强相互作用等，提出来 Pt-MeO$_x$ 协同催化机理，为电催化设计合成提供理论依据；揭示了 Pt-Pd 间电子效应，为抑制甲醇吸附提供新思路；建立了电催化剂多元醇的制备方法，该方法为 30 多个国家和地区所引用。相关研究成果"直接醇类燃料电池电催化剂材料应用基础研究"于 2013 年获得辽宁省自然科学奖一等奖和 2014 年国家自然科学奖二等奖。

膜电极是直接醇类燃料电池的核心部件之一。在国内从事膜电极研究较少的背景下，建组伊始，孙公权研究员就安排了王素力、汪国雄、孙海三名博士研究生开展相关研究工作，并于 2002 年中德燃料电池研讨会上提出关键组分有序化膜电极的概念。通过对美国洛斯阿拉莫斯国家实验室、日本丰田公司等机构的技术文件进行细致分析，在扩散层制备、催化剂浆液配置、涂布工艺等技术细节上层层优化，团队在膜电极的制备上终于达到了国际先进水平。同时发展了自主的一体化 MEA 技术和多功能复合的 MEA 技术，使得 DMFC 的性能和稳定性再上一个台阶，相关成果于 2016 年获得第十八届中国专利优秀奖。

2009 年，在中科院演示验证项目的支持下，在院领导与部队各级领导的指导下，团队率先实现了 DMFC 系统的实地试用，体现了良好的技术优势，得到了领导的重视和关注。2012 年，在 50W 直接甲醇燃料电池样机产品的基础上，团队承担了国内首套燃料电池产品（25W、50W 和 200W 的直接甲醇燃料电池电源系统）研制任务。研制的三型号产品于 2016 年 1 月顺利通过第三方鉴定检验，并于 2017 年通过了技术鉴定，完成了技术平台建设，形成了小批量研制能力。相关部门领导称赞这项成果"使装备作业时间从数小时提升至数周""填补了高比能移动电源的空白"。相关技术成果"高比能直接甲醇燃料电池移动电源系统"于 2016 年获得国防技术发明奖二等奖。

2012年至2016年，孙公权研究员担任国家重点基础研究发展计划（973计划）"基于贵金属替代的新型动力燃料电池关键技术和理论基础研究"项目首席科学家，在衣宝廉院士的指导协助下，组织了长春应化所、上海有机所、厦门大学、武汉大学、武汉理工大学、重庆大学、清华大学、天津大学、大连交通大学、新源动力公司、大连化物所等在燃料电池基础或工程方面有雄厚实力的研究单位，开展了燃料电池电催化剂、电解质膜、膜电极、双极板、电堆、系统集成等关键技术攻关，该项目在科技部组织的中期评估和项目验收评审中均获优秀，中期后获得奖励支持。

平台建设是做好基础研究和工程开发的重要保障。2011年，辛勤研究员集多年的学术积累与实践经验，亲自指导搭建了世界上首套集红外（FTIR）、质谱（MS）、显微、电化学工作站于一体的原位/在线表征平台，检测燃料电池反应中间体，研究了CO在阳极吸脱附规律，有效地指导了催化剂的设计制备。2009年中科院拨款1000万元支持研究组在高稳定性电催化剂制备平台、高一致性膜电极批量制备平台、标准化燃料电池堆加工组装平台和系统可靠性检测评估平台方面的建设，为团队的后续发展奠定了坚实的基础。

2001年到2016年十多年间，305组人见证了研究组骄人的成果和翻天覆地的变化，也见证了孙公权研究员为工作夜以继日、呕心沥血、身先士卒、青丝变白发的全过程。2016年8月，孙公权研究员由于年龄原因不再担任燃料电池研究部部长和研究组组长职务。同年，305组正式从醇类燃料电池研究组变更为醇类燃料电池及复合电能源研究中心，中心下设五个B-类研究组，王素力研究员、孙海研究员、王二东研究员、杨林林副研究员、姜鲁华研究员分别担任DNL0311-0315研究组长，重点开展醇类燃料电池及复合电能源共性核心技术、醇类燃料电池系统、金属燃料电池系统、复合电能源系统和电化学基础与新概念电池等研究领域的研发工作。中心成立伊始相继由王素力研究员和孙海研究员主持工作，2018年7月，孙海研究员正式聘任为醇类燃料电池及复合电能源研究中心主任。

三、科学布局，长远发展

早在2002年孙公权研究员确定"三横三纵"发展战略时，便目光长远地布局了研究组未来的发展。基于在美国长期从事PBI体系高温聚合物电解质膜燃料电池的基础，孙公权研究员从2003年便开始指导研究生开展PBI/磷酸体系高温电解质膜的研究。2009年，研究组承担了863项目"一体化甲醇重整氢气燃料电池堆技术"的相关子课题，并于2012年顺利结题。多年的研究积累和研究成果也逐渐引起相关部门领导的重视，2013年，在科工局项目支持下，团队对高温甲醇燃料电池开展进一步研发。

王素力研究组（DNL0311）多年来一直从事高性能和稳定性膜电极的研发。早在王素力研究员读博士期间，便创造性地通过化学键合的方式将膜电极的催化层与电解质膜一体化，使膜电极的稳定性大幅提升。之后，她依照孙公权研究员在中德会上提出的有序化膜电极理念，指导多名研究生对微纳尺度内有序化膜电极的构建方法展开深入研究，实现了质子电子传输同时有序化以及燃料电池与超级电容器在电极内部复合等一系列世界领先技术，膜电极性能超过美国能源部同期目标。同时，其在高温电解质膜研发中取得重大突破，新开发的聚合物电解质膜的电导率倍增，成本约为美国 DuPont 公司 Nafion 膜对我国批发价的 1/10，为国内燃料电池研究打破国外垄断形成重要技术储备。在主持中心工作期间，她曾因连续出差劳累，晕倒在机场，那时整个研究中心的同事同学无不牵挂她的健康。后来，她在办公室放置了一辆折叠自行车，加班时累了就骑一圈放松一下，然后继续工作。正是她这种对工作全身心投入的精神，带来了研究组一系列重大突破。

孙海研究组（DNL0312）是完成醇类燃料电池系统研发的中坚力量。其负责的该类项目的研制不同于普通的科研项目，不仅有技术指标的要求，同时也需进行产品的设计平台、工艺平台和检测平台的建设。此外，高温、低温、冲击、振动、盐雾、淋雨、沙尘等环境适应性挑战颇大。为了达到相关指标，项目组进行了反复的设计论证和外场试验。在某所进行冲击测试时，电池要完成 24 次跌落实验并确保完好无损，研究组工作人员说："我看着电池每跌落一次，我的心脏都剧烈地颤抖一下。" 2016 年底，团队前往吉林省白城市实验基地开展 25W、50W、200W 三个型号的现场应用测试。那时，正值数九寒冬，团队人员在零下 20℃ 的严寒下坚持工作，按照测试大纲要求，需要对系统进行连续过夜测试。凌晨时分，当人们早已坠入梦乡，团队工作人员却依然在冰天雪地里奋战，没有人抱怨，没有人退缩，有的只是克服困难、确保实验成功的决心。在经历了 13 个昼夜的坚守与努力，终于顺利完成了甲醇燃料电池随装供电和电池充电实验，获得了宝贵的实验室数据及系统实验报告。在团队的艰苦奋斗下，产品最终顺利通过严苛的验收。在 2016 年，新的 "500W-3000W 甲醇燃料电池"产品项目获立项，该系列产品可望替代各类燃油发电机。

王二东研究组（DNL0314）在十余年的时间内相继突破了金属燃料电池高效电极制备、高一致性电池组设计与系统模块化集成技术。2010 年，他们巧妙地将样机腐蚀产生的氢气现场再利用，研制出了国内首套水下镁基组合电源。2016 年 10 月，为了测试镁海水电池在全深海情况下的工作性能，在经过前期的数据分析及性能测试后，项目组带上三箱实验设备奔赴海南三亚，进行水下加压舱模拟实验。团队成员在炎炎烈日下进行测试装置安装与调试，经过 5 天不间断的昼夜测试，镁海水电池在 11000 千米压力下可以正常工作，且各项指标均达到测试要求。此次万米模拟压力实验的成功，有力证明了镁海水电池具有全海深应用的潜力。2018 年，团队在马里亚纳海沟顺利完成国际上首次镁海水电池万米海深试验。同时，团队于 2017年获得了国内首套金属燃料电池产品项目的支持，研制额定输出功率 50W、360W、500W 的锌空气燃料电池产品。目前，该项目已经完成标准确认工作，鉴定检验工作正在如期开展。

杨林林研究组（DNL0314）带领一支年轻的研究团队完成了额定输出功率为5kW 的高温甲醇燃料电池的开发和组装，并实现了与电动车的联试。与锂离子电池电动车相比，甲醇燃料电池电动车具有续驶里程倍增、使用成本低廉、环境友好、无需昂贵的基础设施等优点，受到国家能源局与企业界的广泛关注。目前项目组在中科院先导 A 计划的支持下，进一步开展 5~30kW 高温甲醇燃料电池电动车动力电源的研发，争取在 2020 年实现示范运行。2018 年，团队前往中船重工第七一二研究所参加全国燃料电池比测，为了保证电池连续平稳运行，测试小组进行了长达 28天的日夜不间断值守，最终在比测中取得了良好成绩。

姜鲁华研究组（DNL0315）长期致力于高性能和稳定性电催化剂以及关键反应过程机理的研究。在中心发展过程中，团队一直面向工程发展的需求，开发了一系列抗毒化的直接醇类燃料电池阴/阳极催化剂、用于金属空气电池的碱性介质中的高性能氧还原电催化剂以及用于高温甲醇燃料电池的抗磷酸毒化催化剂，为工程任务的顺利进行提供了重要保障。同时通过原位表征技术和理论计算模拟，在氧化还原反应机理和磷酸对 Pt 基催化剂的毒化机理研究中也取得了一系列进展。2018 年，姜鲁华被山东省政府聘任为"泰山学者"，调往青岛科技大学继续从事相关研究工作。

看似寻常最奇崛，成如容易却艰辛。在祖国的最南端到最北疆，都能见到团队的同志们在努力拼搏，攻克一个又一个技术难题，为推动我国燃料电池事业砥砺前行，为我国国防事业奉献出自己的全部力量。

在直接/高温甲醇燃料电池和金属燃料电池取得系列突破后，孙公权研究员大胆地提出，能否设计一种燃料电池可以使用不同的燃料发电。经过反复的论证和前期实验，他提出了基于广谱燃料的新型燃料电池概念，即采用物理方法和化学方法相结合的技术途径，实现甲醇、乙醇、汽油、柴油、甲烷等多种燃料发电。为了验证构想，中心各研究组分工协作，并引进了物理、化学、机械、控制等各个专业领域的青年人才，对新技术展开夜以继日的研发。在 2018 年初，项目组集成了国际首例基于广谱燃料的千瓦级燃料电池原理样机。目前，团队正如火如荼地开展下一阶段的研究工作，2019 年计划集成 6kW 工程样机，力争在 2020 年达到 30kW，2022年达到 120kW，实现该燃料电池系统的实际应用。

四、攻坚克难，服务社会

2013 年 4 月 20 日，四川省雅安市芦山县发生 7.0 级地震，中科院立即全面启动抗震救灾应急预案。"国家有难，中科院义不容辞。全院各相关单位要以高度的使命感和责任感，按照国务院的统一安排，利用多年的科技积累和综合优势，充分发挥好科技支撑作用，为抗震救灾工作做出科技国家队应有的贡献。"这是中科院院长、党组书记白春礼在震后第一时间向全院发出的倡议。灾区救援、通信指挥都离不开电能，团队新研制的大容量、高比能金属/空气燃料电池大有用武之地。经紧急协调，所领导果断决策，组织包括团队科研人员的科技救援小分队携带电池及配件赶赴灾区参加救援行动，为灾区的紧急电力供应提供有力保障。这些危急时刻为灾区带来光明和不间断电能的新型电池被誉为"科技宝贝"和"救灾功臣"。纷至沓来的新闻报道、感人肺腑的电视画面凝聚了孙公权研究员所带领的团队多年来的默默耕耘、不断进取的精神，印证了这支顽强拼搏、协力攻坚的科研团队崇高的奉献精神和过硬的技术成果。

五、以人为本，协作共赢

多年来，孙公权研究员一直秉承"以人为本、协作共赢"的理念，培养硕士/博士研究生和高层次人才 80 余名，建立起一支世界一流的电能源团队。

在人才培养的过程中，孙老师既注重基础知识的夯实，也重视学生科研思维和科研习惯的培养。即使再忙，他也会抽出时间给新生开展科研专题讲座，内容不仅包括电化学理论基础，还有固体催化剂制备、量子化学以及科技论文的阅读和写作等内容。在工作中，通过定期制定目标，定期工作总结，督促每个员工与学生提高效率，少走弯路；在生活上，领导与员工、员工与学生及时沟通交流，及时排忧解难；注重培养研究人员以积极乐观的心态面对科研工作中的困难，在轻松愉快的氛围下激发团队的创造力，逐步提升团队的凝聚力。组内的工作人员中有研究员 4 名，副高级研究人员 10 名，培养的博士生中已经有 25 人次分别获得了中科院院长特别奖、院长奖、刘永龄奖、宝洁奖等奖项。

截至 2018 年底，团队先后承担科研项目 70 余项，其中包括国家重点基础研究发展计划（973 计划）1 项，产品研制任务 3 项；在核心期刊发表论文 227 篇，累计他引 10238 次；申请国内外发明专利 500 件，获授权 155 件；牵头制定国标与国军标 3 项；研究成果多次获得省部级科技奖励。团队在 2010 年和 2012 年，分别技术入股创立了大连爱镁瑞电池有限公司和江苏中科天霸新能源科技有限公司。2017年，中科天霸再次融资，变更名称为中科军联（张家港）新能源科技有限公司。中科军联作为国内首家直接甲醇燃料电池工厂，现已形成 10000 台（套）年的生产能力；爱镁瑞研发的镁/空燃料电池已列入民政部"自然灾害应急救助物资生产商参考名录"。积极的科研成果的转移转化引领带动了电催化剂、电解质膜、金属燃料等相关行业的快速发展，产生了良好的经济效益和社会效益。

砥砺奋进写华章，铿锵前行踏新程。研究团队将满怀豪情、协力攻坚、书写醇类燃料电池及复合电能源中心的新辉煌。

作者简介：许新龙，男，1993 年 6 月出生，2015 级大连化学物理研究所在读博士研究生。

田洋，女，1981 年 8 月出生，2009 年 2 月至今在大连化学物理研究所工作，高级工程师。负责团队的知识产权相关工作。

孙海，男，1975 年 6 月出生，2007 年 1 月至今在大连化学物理研究所工作，研究员。从事醇类燃料电池研究。

参加单管倒班那些日子

——"乙烯多相氢甲酰化及其加氢制正丙醇立升级单管实验"亲历记

郑长勇

　　岁月总是无情而匆忙地流逝，转眼我就要毕业离开工作生活了三年的地方，在化物所的拼搏与汗水也即将成为历史的遗迹。回望在化物所生活的点滴，确实是泪水中有着甘甜，迷惘中生出希望，终汇聚成我生命中取之不竭的动力源泉。

　　2017 年秋，我进组才数月，还没好好享受海滨城市的温暖，就先感受到了研究组的"热带气旋"，因为有一个好消息让我振奋不已，丁云杰研究员带领研究组和某化工企业达成协议，决定利用组内条件开展乙烯多相氢甲酰化及其加氢制正丙醇立升级单管实验，为世界首套多相氢甲酰化的工业示范装置的工艺包设计提供基础数据。我这个想开"眼界"的菜鸟有幸参加了此项工作。

　　单管实验的准备工作很复杂，从接到任务到正式开车，足足用了一个月时间，丁云杰研究员和严丽研究员为这个项目的顺利开展付出了很多心血，项目相关人员也都在紧张而有条不紊地忙碌着。在有限的时间内，我们完成了催化剂从克级到立升级的放大制备和成型，保证催化剂的催化性能与小试一致。工程师程师傅带着李师兄负责设备的改造和调试工作，程师傅经验丰富，一应的电器设施他都了如指掌。李师兄则动手能力超强，为程师傅分了不少担子。很多稀奇古怪的设备在仓库里被拿出来，我见证了它们如何连接成为一个个完整系统，整个过程对我来说都是一次很好的学习机会，让我获益匪浅。我也正是在这过程中逐渐了解并熟识各位老师以及师兄师姐们各自特点的：朱老师稳重缜密，严老师耐心细致，董师兄幽默豁达，姜师姐热情睿智。

　　单管实验地点在一间两层楼高的实验室中，整个装置有十几米高，分为四层。3m 高的单管反应器贯通下面两层空间，七八个人合作才能将催化剂装入内径约 10cm 的单管反应器并安装好。下层连接着加热汽包、循环冷却系统和液料罐，放料口很低，放料时必须蹲下身子或坐在小凳子上。分析设备、数显、压力表和大量控制阀都集中到了控制间，原料气是由相隔较远的气瓶间里的高压钢瓶组供应，气体循环压缩机和净化系统单独在另一处。

开车的过程并没有我想象的那样轻松，层出不穷的状况让我们每个人的心情都变得紧张起来。第一个夜班时就发生了惊险一幕，当时的作业任务是加热床层温度达到预定的 120℃，但才加热不到 100℃就发生了"飞温"现象，即反应剧烈放热导致床层的温度骤然升高，转眼就到六七百度。还好值班的几位老师当机立断，停止加热同时加大气体流量，把热量迅速带走，待温度降下来之后，放慢升温速率，暂时避免了催化剂再次飞温。我的第一个夜班就这样过去了。随着试验的进行，温度的进一步升高。飞温现象又发生了，而且不可控制。在实验室小试阶段明明没有出现的问题，在单管实验中却成了一个大大的"拦路虎"。老师们开始反复讨论引起飞温的原因以及解决飞温的办法，有着丰富催化剂放大经验的丁老师终于想到办法解决了这一问题。这只是单管试验中遇到的其中一个问题。还有催化剂成型过程中脱模，模具加工等等好多我们都没有预料到的问题，在催化剂放大生产过程中都暴露出来。项目负责人真的是寝食难安，常常查阅资料工作到深夜。最终，这些问题都一一得到了解决。

实验顺利的情况下值班时需要我们做的工作看似不多，就是按时取样分析，并记录各关键的仪表参数，偶尔换换气瓶。但是我们在精神上时刻都不能放松。除了定时记录实验数据，平时也要紧盯仪表上显示的各种数据，发现异常，马上处理，否则会导致实验失败。取样分析也是个苦差事，因为样品挥发性特别强，取样时的气味很大，得戴防毒面具和手套，而且在放样口一蹲就是十分钟，等站起来腿早就麻木了。取样后的样品马上要进行色谱分析，确保我们的实验条件满足实验要求。虽然大部分仪表参数在控制间能读到，但我还必须穿过一条昏暗狭窄的巷道去检查循环压缩机的参数和原料气的剩余量。那时气候很冷了，寒风一刮，巷子里便呜啦啦一片怪响，我就裹紧倒班专用的军大衣，呲溜一阵小跑过去。按时检查各处设备其实很有必要，一次后夜里我就发现加热汽包腾腾冒白雾，才知道加热介质泄漏了，赶紧通知老师来处置。催化剂的性能和反应温度有很大关系，对于很高的床层，热点的移动就可以反映出催化剂的性能变化，于是我们会不时拉动热电偶监测不同床层高度的温度，这就是所谓的"拉温"。

当然，实验过程中除了紧张的工作也有许多趣事。阴沉了许久的天空终于飘起了大雪，去气瓶间必经的小巷也铺满了像白色毯子一样的积雪，我和师兄用宽铲刨出一条小径来，即使黑夜里也看得分明。待到天亮交接班后，我看到厚厚的积雪，南方人对雪花的稀罕劲儿就上来了。我用盆和铲团了两个大雪球，较小的叠在较大的上面，抠出五官，用枯枝做手，拿安全头盔给他做帽子。董师兄说还缺一对大眼睛呢，随手就取了两只百事可乐的瓶盖子安上，黑色的眸子，浅色的眼白，真是绝了！丁老师每天去办公室前，总要先来试验现场看看实验情况，路过我们的"杰作"时，笑着说："还可以堆更大个吧！"

　　倒班那段日子，实际上特别辛苦。即使吃饭也是个问题，白班还好，两个人留守，另外的人赶紧去食堂吃完再来接替。晚上就难熬了，只能吃泡面或面包。春节之前的半个月，单管实验终于圆满结束，为建设世界首套多相氢甲酰化工业示范装置迈出了坚实的一步。在这次工作中我除了学到了很多专业上的知识，更多的是和老师们学到了这种对科研工作的态度，他们遇到问题时分析每一个实验环节，不放过任何一个细节。提出各种解决方案，我暗自佩服他们有着扎实的专业知识基础。在他们眼里似乎没有解决不了的困难，只有这样对科研工作执着的精神才使我们组的工业化项目一个接着一个地成功。我也深深体会到一个项目从实验室小试到工业化是一个漫长而艰辛的工作，需要很多人付出很多的努力。

　　实验结束，我们也马上回归正常的工作节奏。老师们开始了这个项目的下一步工作，师兄师姐们开始忙碌各自的事，我也在导师的指导下开始做自己的课题。人生的路也大抵是如此，注定要越走越孤独，但那美好的共同奋斗拼搏的经历，足够让我们汲取力量，奋勇前行。

　　作者简介：郑长勇，男，1992年4月出生，2016级大连化学物理研究所在读硕士研究生。

人 物 篇

诲人不倦，甘为人梯

——忆大连化学物理研究所的四位师长

邓麦村

中国科学院大连化学物理研究所（以下简称大连化物所）走过了辉煌的七十年。七十年来，大连化物所不仅用科技成果为国家科技事业和经济发展做出了卓越贡献，也培养造就了一大批科技和管理人才。大连化物所的科学家们不仅用他们的渊博学识培养人，更用甘为人梯的精神助力和滋润年轻人成长。我在大连化物所学习工作了十九年，其间得到许多老师的教诲和帮助，本文仅以其中四位老师的故事，为大连化物所庆生。

一、郭燮贤：勤奋严谨　一生甘为人梯

郭燮贤先生是我的授业导师。在他的指导下，我完成了研究生阶段的学业，更重要的是在他的言传身教下，我深深地体会到科学家勤奋、严谨和甘为人梯的精神。

1990 年，大连化物所组织中科院相关科学家赴德国参加中德双边催化学术会议，顺道参观访问几所德国大学的催化实验室。在访问德国波鸿大学催化实验室那天，先是由该实验室的负责人介绍实验室的概况，双方科学家进行学术交流，然后参观实验室。

在参观时，我总是走在最后，一来代表团里我最年轻；二来李文钊副所长和郭燮贤先生是代表团的领导，按中国人的习惯，领导应该在前；三来我的英文不太好，站得太靠前，害怕到时出洋相。

在参观到第二个实验室时，郭先生突然从前面走到我身边，低声但非常严厉地对我说："邓麦村，你为什么总往后站？为什么不向前去？这时候最需要你们年轻人朝前站，我们年纪大的应该让你们多听多学。听不懂、讲不好都不要紧，可以多问。就怕你不主动。你这样怎么能提高？"几句话，说得我面红耳赤，心里又是惭愧，又是感激。于是我赶紧走向前去……

1983 年，我结束了基础课学习，进入实验室开始硕士论文研究工作。当时我

所在的课题组在杨亚书老师的带领下，每周都要进行一次学术活动，主要就有关重要的文献由一位研究人员或研究生进行宣讲，然后开展讨论，抑或交流研究工作进展情况。郭先生作为副所长和研究室主任，工作十分繁忙，但仍然抽出时间经常回到组里参加学术活动并和大家一起开展讨论。每次轮到我作主题发言时，既高兴又紧张。高兴的是可以通过大家的讨论加深对文献的理解，学到不少知识；紧张的是深怕由于自己的粗心，对文献中的学术观点理解不到位而讲不清楚。

记得有一次学术活动，由我对一篇关于高分散金属催化剂上饱和烃催化反应机理的文献进行宣讲。在此之前，我将文献反复阅读了几遍，自以为准备得比较充分，为了讲解得更清楚，做了好几张透明薄膜，每张薄膜都密密麻麻写满了东西。心想这一次没问题，一定能让大家听清楚。学术活动刚刚开始，郭先生也赶来了，尽管我自认为准备得很好，但心里仍然"咯噔"了一下。随后，我信心十足地开始了我的演讲。我从文献的开头讲到结尾，平铺直叙，薄膜用了一张又一张。在整个宣讲过程中，郭先生都一言未发。我想，郭老师一定是很满意的，否则，在宣讲的过程中他一定会提出许多问题。宣讲结束后，郭先生站起来问大家："各位都听清楚小邓在讲什么了吗？"连杨老师在内，没有一个人回答。我心想："坏了，我讲砸了！"因为我知道这篇文献几乎所有的同志都看过。我紧张极了，站在讲台上不知道如何是好。

郭先生慢慢走上讲台，看了我一眼，并未责备，而是向大家语重心长地说，作为一名科研人员，不仅要具备丰富的知识、敏锐的思维，而且要善于表达你的思想。而要将学术观点表达清楚，必须在你对问题充分思考和理解的基础之上，用简洁易懂的语言清晰地讲出来。如果连你自己的思路都不清楚，如何能够讲清楚？利用透明薄膜是为了提示听众你所表达的主要内容。如果在薄膜上写满了字，听众光顾了看你薄膜上的东西，听不清你在讲什么，反而起反作用。一张薄膜最多不超过八行字，而这八行字恰恰是你所希望表达的最精华的内容。随后，郭先生又将我宣讲的文献中的主要学术观点作了简要的叙述。

在我写学位论文的过程中，郭先生不止一次地告诫我，一篇好的科学论文不在于你写多少文字，而在于你用最简洁的语言文字表达清楚你的学术观点。郭先生的言传身教，使我终身受益。

二、李文钊：管理有道 讲究方法艺术

李文钊先生担任大连化物所副所长多年。1988年至1991年，我在科技处工作期间，有幸在李文钊副所长的领导下工作。李文钊先生不仅学问做得好，还具有很高的管理水平，从他的身上，我学到了许多管理的方法和艺术。

1990年初，在借调中科院院部工作一年后，我回到科技处从事科技项目管理

工作。当时由李文钊副所长牵头组织国家"八五"科技攻关项目"天然气转化利用"和中科院重中之重项目"炼厂气综合利用"，我协助他开展调研、项目申报、答辩和管理工作。在工作中，无论是调研还是召开项目研讨、协调和检查会，李所长总是把我这个刚满 30 岁的年轻人推到前台，与相关研究所的科学家和管理人员交流研讨。1990 年初夏，塔里木盆地刚刚发现大型油气田，中科院数理化学局立即组织相关研究所的专家赴新疆塔里木油田进行考察调研，我是代表团里最年轻的。在一周的考察中，我不仅对塔里木油气开发有了许多了解，并且对我国化石资源的现状及未来发展有了比较清晰的认识。在这些项目的组织过程中，我逐渐加深了对我国石油天然气资源及利用状况的认识，也深刻理解了开展天然气转化研究的必要性和重大意义，更多的是学会如何从需求出发组织科技项目。当时，李所长形象地提出，天然气转化研究就是"陕甘宁边区"，中科院应抓住机会，赢得先机。为什么呢？因为当年石油部刚刚分为中石化和中石油两家大型企业。中石化有较强的化石资源转化研发力量，但天然气资源不在其掌握之中；中石油手中有资源，但其在炼油和化工方面的研发力量尚未成型。在工作中，李所长经常利用各种时间，言传身教，不厌其烦地和我讲述为什么要这样安排课题、如何管理、如何检查、如何与兄弟研究所的老师们打交道等等。应该说，李文钊先生是我从事科技管理工作的启蒙老师之一。

　　1990 年，大连化物所分配职工住房，每当这个时候，所里各层级的职工都非常关注，都希望分配到自己比较满意的住房。记得当时所里后勤处出台了此次住房分配的方案并张榜公布。我们这些年轻职工认为方案中对年轻人倾斜不够，也欠公平，解决不了我们的实际问题，于是就相约联名给所党委和所班子写信，希望引起重视，并且还想集体面见领导陈述。一次和李文钊所长一起出差，李所长看似不经意地问我："小邓，听说你们对所里分房方案有意见？"我似乎觉得这是一个机会，于是就把我们的想法和李所长谈了，而且还带了一些情绪。李所长听完后，并未直接表示对错，而是语重心长地说："小邓，你们都还年轻，要在名利上被动一些，工作上主动一些。这样对成长是有帮助的。"这次谈话后，我静静地回味李所长的话，如醍醐灌顶。李所长的这句话，对我一生的工作和生活产生了极大影响，也成为了我的座右铭。

三、袁权：勇于开拓　不吝提携后辈

　　袁权先生 1990 年至 1994 年担任所长，也是我国著名的化工专家。这一时期，我先是在科技处担任副处长，后又奉调组建膜技术研究发展中心，争取建成国家工程研究中心。我有幸在袁先生的直接领导和指导下工作多年。袁先生不仅在管理工作上给了我很多指导，在学术上也给予了我极大帮助。

　　1991 年，袁权先生担任所长兼膜中心筹建领导小组组长，所班子指派我担任常务副组长。刚到新岗位，我对膜技术几乎是白丁，担心做不好工作。每当遇到难题或者决策不了的事情时，袁先生总是不厌其烦地手把手教我，鼓励我大胆工作。20 世纪 90 年代，我国在陕北发现天然气田，袁先生敏锐地感觉到我们应该对天然气开采和输运中脱硫脱水新技术展开研发，并带领膜中心和化工研究室的科技人员主动与长庆油田接洽，了解需求，部署研发工作。在这个过程中，他一直鼓励并放手让我这个"小老邓"牵头做好研发和现场试验组织工作。1996 年 9 月，长庆油田从国外订购的天然气脱硫脱水装备尚未到货，并且还要赶在党的十五大之前将天然气输运进京。长庆油田领导十分着急，专程到所访问，希望提供应急技术支持。袁先生果断决策，要求膜中心和化工研究室尽快研制相关设备赶赴现场。我们仅用了两个月就研制出天然气膜法脱水和干法脱硫现场实验装置，并于 1996 年底派汽车送到长庆油田开展试验。袁先生还亲自带领我们多次赴现场考察洽谈并指导试验。终于，在 1997 年长庆油田开采的天然气输运到北京，向党的十五大献礼。后来，袁先生还全力推荐我主持国家"九五"攻关项目"天然气'干法'净化脱除硫化氢和水蒸气"，较早在国内开展对有机气体膜法分离技术的研发。通过这种实战性训练，使我在膜技术研发和工程组织方面的能力迅速提高。

　　1995 年，全国化工单元操作学术会议在上海举办。当时会议邀请的大会报告者均为化工界的知名专家，如时任化工部副部长的成思危先生、天津大学余国琮院士、南京化工大学时钧院士等。袁权先生也收到了大会报告的邀请。但袁先生却要求由我代表大连化物所做"气体膜分离技术在我国的发展现状与展望"的大会报告。当时我刚刚调入膜中心主持工作三年，接触膜分离技术不久，在膜界名不见经传，并且要和国内化工界"大腕儿"同台"献技"，接受这样的任务显然力不从心、诚惶诚恐。但袁先生不这么看，他认为，大连化物所要保持在气体膜技术领域的领先优势，必须尽早使一批年轻人成长起来，并在学术界有一席之地，这是一次好机会。袁先生先是和我、曹义鸣等同志一起讨论报告的题目和大纲，后又对报告逐字逐句修改，甚至连透明薄膜都亲自指导修改，并教我如何宣讲报告。随后，袁先生带着我一同赴会。会议期间，袁先生不失时机地将我介绍给各位学界"大腕儿"。记得当时成思危先生看见我就说："小伙子这么年轻啊，好好努力吧！"袁先生在多次全国膜学术界的活动中把我推在前面，让我得到锻炼。1996 年，在杭州的第二届全国膜与膜过程学术报告会上，时钧先生就戏称我为膜界的"小当权派"，并且袁先生和时钧先生等一批膜界前辈还指定由我牵头，组织国内相关单位筹备成立"中国膜学会"。但由于多方面客观原因，中国膜学会至今还在筹备报批阶段，尚未完成任务，甚为遗憾。

四、杨柏龄：高屋建瓴　奠定人才基础

杨柏龄先生曾担任过大连化物所党委书记，1994 年至 1998 年担任大连化物所所长，后来又担任中科院副院长。从 1989 年至 2005 年的近 16 年里，我有幸一直在他的领导下从事科技和产业化管理工作，获益颇丰。杨所长是我管理工作的引路人。

1994 年，新一届所班子任命我为所长助理兼膜中心主任。膜中心是由原十四室、十五室加上膜基地合并组建，人员比较多，由于历史原因许多矛盾交织在一起，解决难度比较大，并且当时中科院里个别领导对膜中心的发展不甚满意，有支持少数人另起炉灶的想法。杨所长一上任，就带我到北京向院里有关部门听取意见、说明情况，请求继续支持膜中心的发展。我作为一名年轻干部，又是新手，对历史情况了解也不多，一时矛盾缠身，处于忙于应付、束手无策状态，身心疲惫，情绪低落。杨所长找我谈话，鼓励我坚定信心、大胆工作，不要被眼前的矛盾困住而止步不前。他说，现在的确有许多矛盾需要妥善处理，当你陷入这些困局时，满眼都是矛盾和烦心事，但如果你站在高一个层次看问题、看发展，眼前的矛盾也许就不再是什么大不了的矛盾，解决的办法也就随之产生。于是，在杨所长的指点下，我和膜中心的同志们抓住申办国家膜技术工程中心的契机，在完成国家氮氢膜和富氧膜工业性试验的基础上，加大成果推广力度，引入香港生产力促进局对膜中心的研发和经营管理进行诊断性评估，并学习借鉴他们提出的改进建议，采取措施进行整改。不到一年时间，膜中心的一些历史矛盾大部分得到解决或缓解，工作局面大有改观，绩效持续增长。1996 年膜中心被评为中科院"八五"优秀科技企业，十项指标综合考核名列全院 400 家企业的第 15 位。

始于 20 世纪 80 年代中后期的国家科技体制改革，对大连化物所的生存发展来说"性命攸关"。新旧观念转换、科技经费短缺、利益格局调整、学科定位、人才青黄不接等问题交织在一起，使改革举步维艰，尤其是由于"文化大革命"带来的人才断层现象加大了改革的难度。1995 年开始，在杨所长的带领下，大连化物所经历了一场前所未有的用人制度改革。先是在中科院乃至全国，率先实行全员岗位聘用制，从所长开始，逐级逐人签订聘用合同，打破计划经济条件下的大锅饭。然而，研究所要发展，人才是第一位的。当时，大连化物所课题组长大都年逾五十，急需一批年轻科学家接力。所班子一方面加大从国外吸引青年人才的力度，一方面加大对所内年轻人才的培养。杨所长力排众议，将 26 位 35 岁左右的青年学者选任为课题组长或副组长，让他们在实践中锻炼成长。应该说，这一举措，为后来大连化物所率先进入中科院知识创新工程试点，为大连化物所二十多年的发展奠定了坚实的

人才基础。当时大连化物所提出 "选控化学与工程"学科定位、创建世界一流研究所的目标，最先就是由这些年轻学者在"学术沙龙"讨论中提出的建议。现在还在中科院和大连化物所工作的包信和、张涛、刘中民、李灿、金玉奇、关亚风、梁鑫淼、王树东、杨维慎、许国旺、曹义鸣、韩克利、孙承林等国内外知名科学家均得益于此。

　　1997 年，中科院向中央提交了《迎接知识经济时代建设国家创新体系》的报告并得到批准，正酝酿在中科院率先开展以建立国家创新体系为目标的全面改革。杨柏龄所长敏锐地抓住了这一机遇，较早地部署在大连化物所开展全面改革。记得1998 年 2 月的所长办公会上，杨所长提出：要根据面向 21 世纪创新体系建设的要求，把所里深化改革与知识创新工作结合起来，确立新的目标；中科院里正在酝酿的知识创新工程是一个发展机遇，要主动出击，赢得发展机会。所班子研究决定，以建立现代研究所制度，进行体制和机制创新为主攻方向，来设计大连化物所深化改革方案，迎接知识经济时代。随即杨所长突然说："邓麦村，由你来牵头写出初稿，请王承玉和杜东海同志协助，十天内交稿。"当时，我刚刚担任副所长不到一年，在所班子里最年轻，王承玉副所长是老资格的所领导，分管人事和财务，杜东海所长助理分管后勤和基建。我一听就懵了。全面改革，意味着从科研到管理、从学科布局到成果产业化、从人事制度到机构设置、从资源配置到后勤支撑，都得统筹谋划，做一篇巨大的文章。我是新手，还兼任凯飞公司总经理，忙得不可开交，且对全所的情况以及院里的改革设想了解不深，甚至连什么是现代研究所的内涵都不太清楚，并且还要十天内交稿，真是"压力山大"。我嘟囔了一句："太忙了，可能担不起。"杨所长立刻说："大家都忙，你年轻，不干谁干？不行我找别人。"一听这话，看所长急了，我只好硬着头皮应承下来。

　　会议结束后，杨所长拿了两篇关于现代研究所的文章给我作参考。那几天可真是紧张和焦虑，又是和两位所领导研讨，又是查阅资料，还要理出框架后动笔（那时计算机还不甚普及，只能用手写），连出差途中和晚上睡觉都在琢磨。总算十天内交稿了，是否对路也不知道，反正交稿前焦虑，交稿后惶恐。这个改革方案经杨所长反复修改、所班子反复研讨，征求中科院机关相关部门意见，九易其稿，最终得到中科院党组批准，使大连化物所在中科院率先进入知识创新工程改革试点。通过此次锻炼，我对大连化物所的情况、中科院党组的改革思路和大连化物所的发展路径有了比较清晰的认识，也为 1998 年底我接任所长后和全所同志一起比较顺利地推进大连化物所全面改革奠定了坚实基础。

　　作者简介：邓麦村，男，1959 年 10 月出生，1982 年 2 月至 2000 年 9 月在大连化学物理研究所学习工作，研究员。从事物理化学和化学化工研究。曾任大连化学物理研究所党委书记、所长。现任中国科学院党组成员、秘书长。

忆大连化物所的台盟盟员林铁铮研究员

蔡 睿 张绍骞

我和张绍骞于 2010 年分别从美国和法国回到所里工作，但直到 2011 年我们共同参加大连台盟培训时才互相认识。绍骞告诉我本就为数不多的大连台盟成员（当时不到 100 人），竟先后有 5 人在所里工作，分别是苏子蘅（1949—1952 年在我所工作，任室主任，台盟第三届总部理事会主席）、林铁铮、黄为、我和张绍骞。

林铁铮先生早于 1987 年退休，我一直没有机会见到他。2012 年 6 月，在去沈阳参加台盟会议的大巴车上，我竟然意外遇到了林铁铮先生。当时先生已近 90 高龄，但依然精神矍铄，思维清晰，得知我也是化物所的，一路上和我讲了很多他在所里的往事。中途休息时，老先生兴致勃勃地拉着黄为和我一起合影，回到大连的第二天，就收到先生的邮件，随附我们的合影。可惜的是，那次见面后仅仅一个月后先生就因为肺炎仙逝了，再也没有机会聆听先生亲口讲他的故事了。

这几年通过参加台盟活动以及对所里老同志的走访、查找所档案记录，陆续对先生的生平事迹有了更多了解。今年和绍骞在台盟会议中恰好看到台湾清华大学柳书琴教授 2012 年撰写的《激流中奋进的小舟：林铁铮先生访谈》，随后又找离退办的李洪清和一些老同志详细了解了先生在所内的一些情况，更加深入地了解了先生不平凡的一生。借此次所庆七十周年《光辉的历程》征文，我和绍骞一起，综合这些材料，简要介绍先生的生平，以表达对先生的追思与缅怀。

林铁铮先生 1923 年 3 月 1 日出生于台湾台中，家学深厚，他自小便热衷于科学。但在那个台湾被日本占据的年代，个人前途被严格限制。先生的家人希望他从医，但他兴趣所在，不顾家人反对，坚持选择了当时无人问津的理工科。几经周折，他留学日本进入早稻田大学理工学部应用化学专业学习。在动荡的岁月里，家人无法汇钱给他，学校的实验条件也有限，他利用在肥皂工厂兼职的微薄收入，自己掏钱购买药品与实验器具，咬紧牙关坚持完成毕业论文，并获得了优秀。在贫困、挨饿、工读、因陋就简的实验条件中的坚持与奋斗，终于得到了回报。

1955 年，周总理呼吁海外留学生回国参与建设新中国，先生及家人积极响应祖国召唤，毅然回到祖国。1956 年 10 月 1 日国庆节时，他们受邀以贵宾身份登上天安门城楼，观看国庆游行，深受鼓舞。当时，中国科学院派苏子蘅先生与他交流，希望他加入中国科学院北方的研究所。最终，先生选择到我所工作，加入郭和夫先生任主任的第四研究室。新中国成立之初一穷二白，先生一家漂洋过海，好不容易在异乡重拾他珍爱的科研工作，他深感庆幸，铆足了全身干劲，准备为新中国的科研事业贡献自己的力量。进所伊始，先生就被任命为我所首任有机元素分析组组长，开展页岩油相关研究工作，他还成立了有机标准物合成小组。在 1962 年全所航空煤油会战中，他带领有机元素分析团队发挥了重要作用。

然而，当他全身心投入工作没多久，"整风反右运动"开始了，尽管中国科学院党组在每次运动中都尽可能减少对研究工作的干扰，但实际工作仍然免不了受到大形势的影响，先生一家的身份也让他们在此期间吃了很多苦头。拨乱反正之后，先生被恢复名誉和职务，当时他已经 55 岁了，但是能够重返久违的实验室，开展自己熟悉的科研工作，他兴奋不已。当时科研工作百废待兴，但研究所全体同仁摩拳擦掌，意图再兴，并积极与国外研究单位、教授学者们联系交流。

1981 年 9 月，先生因公务赴日，出席了在东京召开的"原子光谱学国际会议"及"第 22 届光谱学讨论会"。令他惊喜的是，家住台湾的二弟铁砚，得知他有访日行程之后，也特别到日本探访。分别近 40 年后，他们兄弟才有机会在大阪机场终得相见，兄弟俩见面的一刻，泪眼无语，紧紧拥抱在一起。40 年后，他才有机会得知故乡母亲及兄弟姊妹的种种与现状，才有机会打电话给故乡的母亲，再喊一声妈妈。

从 1980 年起，先生陆续受到单位和政府推选，担任大连市西岗区人大代表、辽宁省政协常委等职务。社会责任虽多，但是他的主要精力始终在科研方面。1982 年他和研究组开展的"QG 自动氢化物汞发生器的研制"项目获得中国科学院科技成果奖二等奖，三年后获得国家科学研究奖三等奖、四年后获颁大连市科技成果奖三等奖。他和研究组也连续三年被评选为"中科院大型精密仪器管理和协作"先进个人和先进单位。先生一生兢兢业业，攻克一道道技术难关，认真刻苦，毫不张扬，指导学生也是春风化雨、谆谆教诲。先生会五国语言，经常督促学生学习英语、阅读文献，并积极联系、推荐大家到国外参加会议、留学等。先生指导的多名研究生也学有所成，例如赵忠杨、严秀平、李金祥、卢佩琪、王平欣、考尚铭等，现在已是各自领域的佼佼者。

先生出生在台湾，生活在遥远且动荡的年代，他秉承着一腔爱国热忱，积极投身新中国建设。黄为、我和张绍骞是出生在祖国大陆的台湾后代，我们三人的成长和发展，是现代中国几十年来的历史变迁、社会发展的一个缩影。生于 1969 年的 60 后黄为，见证着改革开放以来的辉煌成就，他是祖国改革开放的创业者。出生于 1976 年的我是 70 后，也是中国社会巨变的亲历者。出生于 1981 年的 80 后张绍骞，是中国新时代的主角儿，他享受着祖国发展带来的种种喜人成就。可以说，我们的人生经历，印证着共和国七十年来的光辉发展历程。

　　七十年来，台盟始终坚持中国共产党的领导，与中国共产党风雨同舟、患难与共，而台盟也为我们提供了机遇和舞台，让我们有机会结合工作岗位、利用个人优势积极建言献策。2017年，时任台盟中央主席、全国政协副主席林文漪女士访问我所，亲切慰问了在所工作的我们3人，听取我所的相关建议意见，并在中共中央的民主协商会上向中央领导提出建议，积极建议我所申请能源国家实验室，助力东北振兴。现任台盟中央主席苏辉也在多个场合积极向国家层面提出建议，积极推进我所能源国家实验室的筹建等相关工作。

　　最后，用先生在访谈录中说的一句话与大家共勉："我生长在殖民与大战的动荡时代。立志毕生从事科学研究，虽然主观上努力与能力欠缺，客观上恶劣环境影响，而没能达到理想与目标，但我的人生并非毫无意义。在风云迭起的年代，我勉励自己做激流上一叶不覆灭的小舟，矢志不渝，平凡奉献。"

　　作者简介：蔡睿，男，1976年10月出生，2010年5月至今在大连化学物理研究所工作，研究员。曾任科技处处长、所长助理。现任大连化学物理研究所副所长。
　　张绍骞，男，1981年10月出生，2010年11月至今在大连化学物理研究所工作，副研究员。从事红外激光和光学材料研究。

美丽的事业，祖国的未来

——记沙国河院士做科普的那些事儿

关佳宁

2015 年 5 月 16 日下午，大连化物所，礼堂。

偌大的地方，从前往后看，绝大部分空间都是密密麻麻的小脑袋，后面站着被码的跟罐头一样紧凑的家长们，而门外，是一群满头大汗焦急等待机会的孩子和大人们。

这是让我印象极其深刻的，大连化物所 2015 年"公众科学日"沙国河院士科普报告会的场面，火爆程度绝对可以用"空前"来形容。

报告前，孩子们满眼好奇地来回打量台上的"新鲜玩意儿"，彼此间还频频进行交流。沙院士则一丝不苟地调试和检查着每一件实验器具，并不时和助手讨论着什么……这是当年已经八十高龄的沙国河院士一贯的作风，纵使这些实验他已重复多次、烂熟于心，但每一次他都像第一次那样谨慎而细致。

沙院士在全场无比热烈的掌声中开始了他精心设计的"奇妙的科学实验"：木块遇到了二氧化碳激光怎么瞬间就起了火苗？激光笔照在百余米的光纤一端，另一端怎么瞬间就看到了激光？几个强壮的小男孩儿，怎么就拉不开巴掌大的"马德堡半球"？电池怎么会变身"小火车"在铜线圈中快速穿行……沙院士通过让小朋友们亲身体验一个个妙趣横生而又精彩刺激的小实验，把这些问题的答案一一进行揭晓。

沙院士在"公众科学日"的报告总会增加新的内容，一个又一个的"惊喜"让小朋友们大呼"过瘾！刺激！太神奇了！"。例如"循迹小车"的实验，沙院士亲手制作的小车很有设计感，主体的大红色配上绿色的电池和黑色的轮子，颇有"中国特色"的醒目效果，"小家伙"利用光敏电阻的特性，就像寻找着什么一样在黑白相间的线条间笨拙又认真地穿行，简直萌翻了现场的所有小朋友。

说起这些演示装置，看起来小东小西，可能没有商场的玩具那么美观精致，但是为了好的演示效果，可是让沙院士煞费苦心。从包括每一个螺丝钉的原料的采购，到测试装置的性能效果，每一个环节都是沙院士亲自来做。亲自跑遍了商场和五金商店都买不到的东西可让沙院士大伤脑筋，八十多岁的老先生只能半信半疑地求助淘宝，逐渐居然"被"变成了"淘宝达人"；所里的职工在清晨上班的途中，在海边公园巧遇沙院士，本以为老先生在散步，结果却发现沙院士在一次次不厌其烦地测试着刚刚制作的小飞机，"性能上还差一些，需要改进，还不能给小朋友们演示……"

　　"动手参与"是沙院士科普报告的一大特色，这可"美坏了"小朋友们，也累坏了他们的"沙爷爷"，不过，沙院士"对付"小朋友可是有一套。每次问题还没说完，一只只小手都快举上了天。有一次一个小男孩因为多次都没被叫上台，急得都快哭了，正巧被沙院士看见，他冲着小男孩"顽皮"地眨了下眼睛，笑着说"没关系的，还有机会呀！"，小男孩的脸上马上"阴转晴"；面对快"炸了锅"的热闹场面，沙老师假装生气的样子，嘟嘟起嘴巴："你们讲话，我就不讲了！"然后"煞有介事"地转过了身，台下瞬间安静，沙院士立马又笑盈盈地面向大家，好像什么也没发生一样……

　　在我们的眼中，做科普时的沙院士非常辛苦，一两个小时的讲解互动对常人已是吃力，何况是让一位耄耋之年的老者应对调皮难缠的孩童。我们也曾建议沙院士减少实验的数量，但是老先生非常的"执拗"，断断不肯做任何的压缩。后来，在一次次的活动中，当看到沙院士与孩子们在一起时脸上灿烂的笑容和满足，看到他眼中无限的热情与期望，我们似乎可以体会了老先生的心意和深意……

　　已年过八旬的沙院士现在将全部精力投入到科普事业中。他每天坚持上下班，即使是风霜雨雪，也不会扰乱老先生的节奏。在沙院士的办公室，我们总能看见各种新奇的"小玩意儿"，几乎占据了办公室的大部分空间，而这"凌乱"的环境就像沙院士的"世外桃源"，他非常享受地专注于这些小东小西的"研究"之中。

　　每个周二和周四，沙院士几乎都会和助手或夫人出现在大连市沙河口区中小学生科技中心的沙国河院士工作站，十几年如一日。一进工作站，"趣味科学实验，动手又动脑，探索自然奥秘，培养创新能力"赫然醒目。这 23 个字是沙院士科普工作的理念、原则和方法。他一直强调，科普要从娃娃抓起。多年来，老先生用一颗执着、坚韧、朴实又热忱的心，在一点一滴中践行着自己的"理想"。

　　走在化物所的园区里，我经常会遇见沙院士，他总是像一位慈祥的爷爷真诚热情地和我打招呼，有时候还会边走边聊上一会，说说他家乡四川的猴子，说说他的科普"新作品"，说说小孩子们有趣的事情……偶尔，我会看到老先生的衣袖上破了洞，可是他却浑然不知；偶尔吃完午饭会在食堂看见老先生围着没了饭菜的档口团团转，原来是为了做完一样东西耽搁了吃饭，对沙院士而言，衣食住行，貌似都与他无关，他的眼里，只有孩子，只有科学，而且丝毫不能马虎。

化物所人已经习惯经常在所区遇到这位老院士,习惯了他的平易近人、他的低调朴素和他的严谨谦逊。如果不是化物所人,当你遇到沙院士,你可能认为他与想象中"高大上"的"院士"相差甚远,但逐渐,你就会感受到老先生骨子里透出的那股无比强大的人格魅力。

我一直认为,一个人的文明程度在一定意义上是与社会共进退的;而一个社会的文明程度在全部意义上则是依赖于全体社会成员的共同进步,这显然不是用GDP或者综合国力等指标说话,而是依赖于一定经济水平之上所有个体的综合素质,而这又绝非一朝一夕甚至是三代五代的人可以实现的。

我们经常会抱怨我们的民众综合素质低,我们的科研大环境不好,可是沉下心来进行反思,作为国家的科研机构或教育单位,我们为社会做了什么,又做了多少?我们回馈给纳税人的难道只有高水平的文章、国际国内领先的科研成果?显然不是,我们还应该给予公众和社会在潜移默化中不断进步的养料,这就是科学知识、科学素养和科学精神。可能很多人觉得这些对我们而言遥不可及,或者认为我们的能力和作用实在是微不足道,但是人类的进步又何尝不是在一点一滴、一方一寸中慢慢前行。

我们的社会在迫切地呼唤更多像沙院士这样的大科学家俯下身子,去坚定执着地、脚踏实地地、不计得失地做些看似渺小却又接地气的事情,从而带动更多的科研和教育工作者加入其中,形成整个社会崇尚科学、崇尚文明的氛围。反过来,科学素质的提升也必然会对民众了解科技发展,支持科技事业,营造好的科研氛围发挥积极的作用。

有一位院士曾对我说:"科普工作,这真正是一个'美丽的事业',我们如果能给大众,能给我们这座城市做点什么,哪怕是非常微薄的一点点,都应该是很有意义的。"而沙国河院士,正是用他的坚持与执着,一步一个脚印地践行着这份"美丽的事业",他想在孩子们的心中播下一颗科学的种子,他也坚信,终有一天,种子能长成参天大树,成为祖国的希望、民族的未来。

作者简介:关佳宁,女,1982年4月出生,2009年至今在大连化学物理研究所工作,高级工程师。现任科学传播处副处长(主持工作)。

大连化物所跨世纪领军人才培养案例

卢振举

"大连化物所经历六十余载风雨，六十余载拼搏，从一支相对弱小的队伍，成长为能够面对激烈国际竞争挑战、勇于承担国家重大任务的一支劲旅。"获得 2013 年国家最高科技奖时，获得者：中国科学院院士、大连化物所研究员张存浩先生这样感慨道。

正如张存浩先生所言，大连化物所从建所以来，历届所领导班子都非常重视人才队伍建设，特别是领军人才的培养，通过任务带学科发展，学科建设促进任务完成。七十年的发展历史的确证明了"人才兴，所发展兴"的事实。

进入 20 世纪 80 年代中期，伴随着有利于科技发展的各项政策的改革，中国科学院的人事制度也在不断的改革发展中，上级的这些政策都对大连化物所的队伍建设和发展起到了积极促进作用，一批跨世纪领军人才得到培养锻炼和成长。

1987 年，时任大连化物所所长的张存浩院士，看到 1985 年研究所的人事数据感到整个研究所人才队伍形势的严峻，决定召开全所"科技人才大会"，号召全所上下共同努力做好人才工作，按照所长张存浩和分管人事工作的副所长王晓鸣的安排，由时任人事处长王承玉（1987 年 8 月担任）作《大连化物所队伍结构分析》的报告，报告中用大量的数据详细分析了大连化物所科技人才队伍建设中出现的畸形和不合理的状况，如科技人才队伍的年龄结构、学历结构、专业职务情况、各学科人员分布等情况存在的许多问题。这些活生生的数据引起了与会人员高度重视，老科学家代表、年轻科学工作者代表都纷纷发言，表示一定要从本组、本室做起，抓好人才培养选拔和引进工作，之后大连化物所进一步细化编制成《专业技术人员情况分析和十二年发展规划》，并选派当时不到 30 周岁的一批青年科技人员出国留学深造。

1995 年 10 月，中国科学院在大连化物所召开了《大连化学物理研究所人才工作现场研讨会》，大会安排了"大连化物所介绍人才工作经验和做法"及"大连化物所老中青专家谈人才工作"。时任中国科学院的副院长胡启恒在大会上对大连化物所的人事制度改革和人才工作给予了很高的评价。1996 年在兰州召开的中国科学院留学工作会议上，时任中国科学院教育局局长的李云玲对大连化物所重视留学回国人才工作也给予了重点评价。1997年，大连化物所获得了全国留学工作先进单位。

虽然大连化物所在培养人才方面有很好的基础，但对于优秀人才的引进也一直没有放松，坚持"引进和培养并重"，并通过各种方式在全所统一思想，给予支持，对优秀的引进人才，积极为他们营造良好的科研环境，提供必要的工作条件，并为其组建有一定学术和技术积累的人员队伍，使他们在回国工作的开始，就已经有了一定的基础，有一个良好的开端，优秀的引进人才在多方面有充分的自主权，有大展雄姿的用武之地。

大连化物所一直强调基础研究和应用研究并重，"任务带学科"，所以在研究所的发展过程中，始终注意在"大任务"中培养和引进工程化优秀人才。1994年9月，大连化物所杨柏龄担任新一届的所长，他和其他所班子成员审时度势，提出大连化物所要"研究工作上水平，开发工作上规模，争创世界一流研究所"，在做好科学研究的基础上，重视科技开发工作，通过让年轻人组织承担产业项目，并以文件形式（化物所发字【1995】97号）规定"年满58岁的同志不再担任题目组长，原担任题目组长的可以继续享受题目组长的待遇"，这样使一批老同志平静地退下题目组长的岗位，在实干中锤炼培育一批科技创新人才。

经过知识创新工程的实施，大连化物所在学术上鼓励联合、鼓励集成，倡导进行原始性的创新，对提出新思想、新概念、新方法给予鼓励，发扬学术思想民主。"开放、流动、竞争、择优"的用人机制也已经初步形成，使得大连化物所的科技人才队伍越来越富有朝气。由于领军人才培养措施得当，大连化物所始终是优秀人才不断成长，1991年有4位科学家当选为中国科学院院士（当时称学部委员），1993年和1997年分别有1位科学家当选为中国科学院院士，进入21世纪，又有9位科学家当选为中国科学院和中国工程院院士。本文选择4位当时年轻的领军人才成长案例，展示大连化物所改革开放中的难忘片段。

一、看准苗子，重点培养

李灿，男，1960年生，甘肃省张掖人，博士研究生毕业。2003年当选中国科学院院士。

1. 选准苗子，及早培养

1989年日本东京的一个场面。在这里来自中国大连的研究生李灿刚刚进行完博士研究生的学位答辩，下一步要去哪里，科研工作怎么做？这个问题摆在了李灿面前，李灿此时想了很多。1975年高中毕业后，他回到了家乡农村当会计、赤脚医生，1980年他考取了张掖师专，在张掖师专的就学期间，他非常珍惜学习机会，刻苦钻研，门门功课都取得优秀，以优异的成绩毕业，毕业后留校任教，任教后，他觉得自己还应该继续求学深造，1983 年他参加了全国硕士研究生入学考试，报考中国科学院大连化学物理研究所老所长张大煜先生的研究生，专业课成绩非常优秀，但按照当时的录取习惯，没有全日制本科毕业学历，如果被录取就得是破格，张大煜先生和他的弟子吕永安副研究员通过对李灿的专业课成绩的判断，感觉到李灿是一个从事科学研究的好苗子，建议大连化物所破格录取李灿入学，经过上报批准，李灿成为了大连化物所张大煜先生的硕士研究生，在攻读硕士研究生期间，李灿非常注重自己的基础知识积累和科研技能的训练，很快在科研工作中取得了很好的成果，也引起了所里领导和科学家们的关注，1986 年李灿转为郭燮贤先生（时任大连化物所副所长、学部委员）的博士研究生，郭燮贤先生等人秉承了老一辈科学家留下的优良传统，对李灿进行了精心培养，在组织的中日美催化会议和中美催化会议中，让李灿有机会和国际上著名的催化领域专家面对面地交流，不仅提高了李灿的学术交流能力，而且拓展了科学视野。1987 年在郭燮贤先生的建议下，所里选派李灿到日本东京工业大学进行联合培养，继续博士学位的完成，在日本期间，李灿系统地研究了汽车尾气消除催化剂的重要组分——稀土氧化铈的表面化学和催化性能，在此期间取得的一系列成果和发表的论文成为后来研究尾气催化剂的基础性文献。在日本通过博士学位答辩后，李灿知道尽管他可以留在日本或者到欧美继续开展相关的科学研究，并且能够很快在国外获得固定职位，但同时他也深知，中国的科学事业同样需要他这一代人，他也觉得自己更适合从事基础科学研究工作，所以他已经决定，博士毕业答辩结束后，就立即回国，回到了中国科学院大连化物所催化基础国家重点实验室继续开展他所热爱的科研工作，李灿是这样想的，也是这样做的，1989 年正是很多年轻学子纷纷出国的时候，李灿毅然地回到了培养他的祖国，回到了大连化物所，在这里开始了他科学研究走向世界的征程。

李灿回国后，对于这棵好的苗子，大连化物所领导和业务部门为了使李灿能够更加开阔科研视野，成为未来科研的领军人才，三个月后，又立即选派他到比利时鲁汶大学，跟随国际著名催化权威 B.戴尔蒙教授做博士后研究，在鲁汶大学，李灿选择了开展氧化物表面活性氧物种及其低碳烃活性和氧化的研究，经过半年的合作研究，他很快地了解了国际催化领域的前沿方向，他决定回国后结合我国盛产稀土的情况，开展稀土氧化物上氧化物种研究和低碳烃氧化研究。

2. 两次特批，快速成长

时间定格在 1991 年和 1993 年的大连。1990 年李灿从比利时回国后，大连化物所通过所基金、所长基金和青年基金对李灿进行了重点支持和培养，李灿没有辜负所里的信任，很快通过对 FT－IR Emission 光谱和其他催化研究中的原位光谱技术进行了大量探索研究，开发和发展了 Emission 光谱技术， 研制了高低温一体化红外和反应原位池，建立了同位素标记技术，并陆续在国际催化核心刊物上发表论文。1991 年 10 月，经过大连化物所职称评审委员会推荐，中国科学院人事局批准，特批聘任李灿为副研究员。

1992 年 7 月，32 岁的李灿开始担任催化基础国家重点实验室 503 题目组副组长，成为当时大连化物所最年轻的题目组副组长，这不仅要求李灿自己要做好科研工作外，还要辅助题目组长辛勤老师带领好题目组 10 多位科研人员和研究生共同建设好实验室，实践证明，李灿不仅能够自己做好科研工作，而且也是个科技帅才，在辛勤老师和他的组织领导下，503 组取得了很好的科研成果，李灿作为第一完成人"原位条件下认识催化表面机理和催化剂制备过程"的成果获得了 1993 年中国科学院自然科学奖二等奖。对于李灿取得的成绩，大连化物所的领导和同事们看在眼里，1993 年 8 月，经大连化物所上报，中国科学院人事局特批，聘任李灿为研究员。

两次专业职务特批，使得李灿成为同辈者中的佼佼者、领跑者，不仅业务知识迅速成长起来，学术地位也获得了提高。李灿在科研工作取得了一定的基础后，陆续申请到了多项国家自然科学基金，也为他后来不断取得高水平的科研成果奠定了扎实的基础。

3. 持续培养，开阔视野

1995 年 5 月，为了发挥李灿在科研工作上的领导作用，大连化物所聘任他担任题目组长，并担任催化基础国家重点实验室副主任，正式领导一个团队开展科研工作，在取得成绩的时候，1995 年推荐他获得了中国科学院青年科学家奖(二等奖)。为了使李灿继续得到深造的机会，开阔国际视野，不久大连化物所派李灿前往美国西北大学催化中心开展研究工作。在西北大学李灿接触到了紫外拉曼光谱用于催化研究的技术，也使他有了研制国内第一台用于催化研究的紫外拉曼光谱仪的想法，他通过信函和所里领导一谈，杨柏龄所长等所班子成员立即表示大力支持，同时要求科技处立即和国家自然科学基金委联系，推荐李灿申请国家杰出青年基金来研制我国的紫外拉曼光谱用于催化科学研究的技术，1995 年底李灿回国后，在很短的时间内重新组建了研究团队，招聘了部分物理和机电专业的博士后和免试推荐的硕士、博士研究生，开展了我国第一台用于催化研究的紫外拉曼光谱仪的研制，并开展相关的研究工作，这些工作解决了拉曼光谱用于催化研究所面临的荧光干扰和灵敏度低的难题，建立了鉴定分子筛骨架过渡金属杂原子的紫外共振拉曼方法，研制出了具有自主知识产权的国内第一台用于催化材料研究的紫外共振拉曼光谱仪并商品化生产，在国际上最早利用紫外拉曼光谱解决分子筛骨架杂原子配位结构等催化领域的重大问题，系列成果获得了 1999 年国家科技发明奖二等奖，为发展催化科学做出了重要贡献。

1998 年 11 月，大连化物所报经科技部批准聘任李灿为催化基础国家重点实验室主任，并经李灿提议，组建了重点实验室国际顾问委员会，更大的挑战摆在了李灿的面前。此时的李灿不仅肩负大连化物所催化学科的发展，也面临中国的催化科学走向世界的重任，为了发挥出大连化物所催化学科的国际地位，大连化物所领导班子积极支持李灿提出的"大催化"思想，统一规划大连化物所的催化学科发展，老专家们也积极给予支持，所学术委员会主任林励吾院士担任了催化基础国家重点实验室的学术委员会主任，积极支持李灿走向国际舞台。首先大连化物所推荐李灿担任中国化学会催化专业委员会主任，又积极推荐李灿成为国际催化专业委员会委员，帮助李灿牵头组织成立亚太催化委员会，召开亚太催化学术大会，为李灿走向国际舞台提供了重要的支撑。担任催化基础国家重点实验室主任之后，李灿又开展和发展了纳米孔中的手性催化合成和乳液催化清洁燃料油超深度脱硫技术的科学研究方向，并取得了很好的成果。1998 年 12 月，大连化物所报经中国科学院人事局推荐李灿获得了第四届中国青年科学家奖。此后，李灿不断取得新的成绩，2003 年，李灿当选为中国科学院院士。2008 年，李灿当选为国际催化理事会主席，成为当选这一国际催化领域最权威的学术组织主席职务的第一位发展中国家科学家。

二、优秀人才，积极引进

包信和，男，1959 年生，江苏省扬中市人，博士研究生毕业。2009 年当选为中国科学院院士。

1. 引进人才，全所之力

时间定格在 1994 年 6 月的德国柏林。在 Fritz-Haber 研究所，这一天来自中国复旦大学的包信和博士的合同即将要到期，面临要不要再签约的选择，因为当时包信和博士在复旦大学还有工作位置和住房，并没有辞职，理所当然应该回复旦，但是由于复旦在回去后的实验室安排和职称等方面迟迟没有明确答复，加上中科院的领导多次来柏林引进人才，包信和想回国到中国科学院工作。当时大连化物所催化基础国家重点实验室的副研究员翟润生正好也在德国 Fritz-Haber 研究所进修，和包信和在一起工作，他得知了包信和的情况后，动员包信和到大连化物所工作，同时翟润生立即给所里领导写信，报告这一消息。包信和当时也试探着给大连化物所催化基础国家重点实验室的徐奕德主任写信，提出想回国到大连化物所工作的意思和一些条件要求。

1989 年，已经在复旦大学获得博士学位并留校任教的包信和，在德国洪堡基金会的资助下，从上海来到了德国柏林，投身于表面催化学科的创始人之一、2007 年诺贝尔化学奖得主埃尔特（Ertl）教授门下，继续从事金属催化剂的表面研究。早在复旦追随邓景发院士攻读博士学位时，包信和因为在银催化剂机理研究中所做的贡献，和导师一起获得国家教委科技进步奖。了解到包信和对金属催化剂银的工作基础，埃尔特这位开明的导师和合作者主动提出"您可以继续您在中国的研究"，并且"一路绿灯"，为他开放研究所所有的实验手段和仪器设备，"告诉我您需要什么、我能为您做什么"。包信和没有辜负埃尔特的期望。1993 年，包信和发现伽马氧选择催化，这是国际上首次对次表层催化的描述，也是对埃尔特早先提出的表面结构调控催化反应理论的支持和完善。如今，伽马氧选择催化的概念得到了广泛的认可。包信和也在该领域赢得了"热氧（Hot Oxygen）专家"的雅号，也就是从那时候起，他真正在催化研究的科学圣殿里开始登堂入室。

面对回国的包信和，埃尔特教授说服马普协会总部，将所在研究所总值约 750 万元人民币的仪器设备无偿赠送给包信和。埃尔特教授充满期望地对他说："我已经不再年轻，但是催化这门学科还很年轻。如果回国后你有条件，可以继续关注对纳米与生物催化前沿问题的探索，它们是未来催化发展的方向。"

大连化物所的领导们得到包信和可能回国这一信息后，并看了包信和的来信，立刻进行研究，决定邀请包信和来大连化物所工作。大连化物所对于包信和并不陌生，在包信和攻读博士学位和担任讲师时，曾来过大连化物所催化基础国家重点实验室进行过分析表征和合作研究，他的导师邓景发院士和大连化物所的郭燮贤院士比较熟悉，所以大连化物所对于包信和在科研工作上的能力还是了解和认可的。当知道他要回国工作的消息后，为了让包信和了解大连化物所吸引人才的诚意，杨柏龄所长特意委托正在德国讲学的张玉奎副所长专门到柏林去看望包信和和夫人，希望包信和加盟大连化物所工作；大连化物所的领导一方面向中科院的领导报告情况，希望得到中科院领导的支持，中科院领导得知这一消息后，告知正在德国访问的人事局黄伯明副局长和教育局石庭俊副局长也专程看望包信和，邀请包信和来中科院工作。

2. 后顾之忧，书记公关

所有的中青年留学回国人员，举家回国时最感到头疼的问题不是科研工作的如何开展和尽快适应国内体制机制问题，而是家庭的安定——安居才能乐业——家属的工作和孩子的就学问题，包信和一样也面临这个问题，为了让他和家人感到来到大连化物所能够使他安心科研工作，能够不为这些其他人面临的"后顾之忧"而分心，如何妥善安置好他夫人的工作和孩子就学的问题，成为了当时大连化物所党委书记姜熙杰的最重要工作之一，包信和的夫人王国豫女士学的是哲学和德语专业，和大连化物所的专业工作偏离，再有根据中国科学院的规定，夫妻二人不能在同一个单位工作，所以王女士回国后首先选择高校作为第一就业单位，当时大连可选择的高校有几个，为了使王女士的专业更加对口，杨柏龄所长在一次大连的会议上遇到当时大连外语学院的汪榕培院长，谈起此事，汪院长表示愿意接受，请王国豫女士去面试一下，姜书记亲自到大连外国语学院帮助落实，经过多次沟通，大连外国语学院德语系聘任了王女士担任教师的工作。

包信和的孩子上小学 2 年级，为了入学大连市最好的学校——大连实验小学，姜熙杰书记和王承玉副所长亲自出面，并由大连化物所以所发文的形式给大连市教委，提出帮助解决包信和孩子上学的问题，张玉奎副所长还亲自和大连市科委张世臣主任联系，汇报大连化物所引进包信和的情况，从而很快解决了包信和孩子上学的问题。

1995 年初，大连化物所"八五"期间职工住宅正准备分配，为了使包信和来所后能够顺利安家，所班子决定，留出一套二室学区新房指定给包信和，5 月份，翟润生副研究员从德国回来，帮助包信和的房子进行装修，从而保证 8 月份包信和全家回国后顺利入住。

1995 年 8 月，包信和全家顺利地从德国来到大连，大连化物所党委书记姜熙杰等人亲自到机场迎接，帮助包信和全家顺利地在大连安家落户。

3. 新的平台，众人帮搭

1995 年 5 月，包信和带着埃尔特和西罗格教授赠送的两大集装箱的仪器回到中国，来到了大连化物所开始了他迈向催化前沿的新探索。大连化物所在包信和回国后通过"设岗招聘委员会"聘任他为研究员，并上报中国科学院人事局特批认可，同时在所里把一个有很好科研工作基础的题目组配备给他，配置了固体核磁谱仪，修建了面积在 $100m^2$ 以上的现代化的实验室，从科研经费、科研仪器、科研用房等多方面为包信和开展科研工作提供优惠条件，包信和没有辜负大连化物所对他的信任，回国后与同事们一道，安装了从国外带回来的两套设备，超高真空电子显微镜和扫描 AUGER 能谱的联合谱仪，光电子发射显微镜(PEEM)，申请到了国家教委和中科院的择优资助。

有了一流的实验室，包信和又在大连化物所林励吾院士和厦门大学的万惠霖院士等前辈的支持下，将工作重心定位在解决与能源相关的催化问题。他主持起草了一份《甲烷、低碳烷烃及合成气转化的催化基础》研究的建议书，得到了国家科技部的支持。1997 年 1 月，一个有 8 家单位、50 位科研人员组成的国家基础研究"攀登"团队诞生了，包信和与厦门大学的万惠霖院士一起，被推举为项目的牵头人，1999 年 10 月，该项目的主要工作进入"天然气、煤层气优化利用的催化基础"的 973 项目，包信和被推举为首席科学家。包信和带领他的研究团队发现并从理论上验证了碳纳米管孔道的电子限域效应，提出碳纳米管的"协同限域"调变催化剂催化性能的概念；创制合成气高效转化的系列催化剂，在煤经合成气制取 C2 含氧化合物和低碳烯烃过程中显示了独特的催化性能；发展了金属氧化物纳米结构与贵金属表面强相互作用的"界面限域"新模型，制备出高性能的 FeO_x/Pt 催化剂，在燃料电池实际操作条件下,成功实现燃料氢气中微量 CO 的高效脱除;创造性地构建了硅化物晶格限域的单中心铁催化剂,成功地实现了甲烷在无氧条件下选择活化,一步高效生产重要基础化工原料乙烯,以及芳烃和氢气等高值化学品。在 1090℃条件下,甲烷单程转化率达 48%,乙烯和芳烃选择性为 100%,反应过程本身实现了二氧化碳的零排放。

三、领军之才,全面锤炼

张涛,男,1963 年生,陕西省安康人,博士研究生毕业。2013 年当选为中国科学院院士。

1. 挑战面前,勇挑重任

1994 年 11 月,杨柏龄所长和所班子上任后第三个月,就面临了一个重要的抉择,曾获得两次国家技术发明奖二等奖的肼分解催化研究课题组组长已经 60 周岁了,即将退休,这个课题组未来将怎样发展?

肼分解催化研究课题组是一个一直从事航天催化剂研究的题目组,为我国的各类卫星上天做出了重大贡献,催化剂基本定型。但随着国家航天科技领域越来越成熟,研究所人员队伍的老化,所面临的竞争也越来越激烈,如果没有新的催化剂或者新的研究成果,大连化物所在航天方面的相关研究工作将会被国内其他单位所替代。经过所班子多次研究和慎重考虑,决定选派张涛博士来担任肼分解催化研究题目组长,带领这个研究组继续发展。此时张涛担任第八研究室的党支部书记和烃类转化题目组副组长,承担着国家自然科学基金的项目和钯碳催化剂的开发工作,当接到准备让他去担任肼分解催化研究题目组组长的这个决定时,张涛也曾犹豫过,肼分解催化研究和他之前从事的研究方向完全是不同的,再有一个人员老、课题老、成果老的课题组能否永葆光荣、不断创新,这对于一个刚刚满 31 周岁的年轻人是一个不小的挑战,扪心自问:我能行吗?经过思考,张涛毅然接受了所里的安排,走马上任。

张涛 1983 年被录取为大连化物所的硕士研究生,跟随臧璟龄研究员从事催化剂表面积碳的研究,3 年后考取了林励吾先生的博士研究生,并担任研究生的班长,从事甲烷氧化偶联和炼厂气中低碳烯烃的综合利用研究,在学习和科研工作中,得到了精心培养和训练。1990 年博士毕业后所里派他到英国伯明翰大学进行合作研究,使他拓宽国际视野。在英国期间,他系统研究了铁催化剂的穆斯堡尔谱表征技术,这为他后来成为此方面的国际专家奠定了基础,之后他又到英国伦敦大学从事博士后研究。1991 年张涛放弃了在英国的优厚的待遇和良好的科研条件回国,回所后担任国家“八五”攻关“天然气综合利用”子课题组负责人,同时还承担了国家自然科学青年基金和省博士科研启动基金两项课题，都出色地按期完成，先后在国内外重要杂志和会议上发表学术论文 50 余篇，申请两项专利。1992 年所里为培养他的管理能力，让他担任了第八研究室的党支部书记和题目组副组长，在石油化工领域大展才能。挑起开展航天催化领域研究的重任后，1995 年初张涛领导团队承担了国家 "921" 高技术项目 "拟人耗氧反应器组件" 预研任务，此时他经常吃住在实验室，以严谨的科学态度、勇于奉献的精神，亲自参与方案论证、反应器设计直至催化剂的研制，历经 4 个月的辛勤劳动，终于赢得了时间，以过硬的数据、可靠的性能指标通过了国防科工委专家组的验收，受到了赞誉。张涛也被国家人事部和国防科工委授予 "全国国防科技先进工作者" 称号，获中国科学院 "参加载人航天工程突出贡献者" 称号，入选 "首批新世纪百千万人才工程国家级人选"。1995 年经中国科学院人事局特批为研究员。随着 "921" 任务的一炮打响，张涛又领导团队不断在航天催化研究领域取得新的成果，1997 年开始负责航天催化剂的研制工作，他领导发明的肼水燃料分解催化剂已成功应用于国家型号飞机，开拓了推进剂催化分解技术在我国航空领域的应用，为保证载人神舟顺利遨游太空，必须先进行无人飞船的模拟试验，确保载人飞船万无一失。而拟人耗氧反应器组件装置是装载在无人飞船载人舱内用于模拟人体代谢的设备，是考验飞船生命保障系统安全可靠的关键技术，由于宇宙飞船的特殊性，对装置的重量体积都有严格的限制。经过几年的辛勤研究，完成了宇宙飞船生命保障系统中的拟人耗氧材料及组件的研制，并在 "神舟" 上得到应用，受到了中国载人航天工程办公室的表彰。同时，他领导的研究团队对国家重大工程的重要贡献，还获得了国家科技进步奖特等奖。

2. 科技帅才，全面锤炼

对于张涛这样具备科研能力和行政管理能力的年轻人，所领导班子看在眼里，也为他寻找发展机会。为了全面锤炼张涛，1997 年初大连化物所重组凯飞高技术发展中心，选派张涛担任副主任，主持催化材料部的科技开发工作，并将肼分解题目组整体带到凯飞高技术发展中心催化材料部，在一年多的时间里，张涛领导研制的高效脱氧剂广泛应用于国内石化领域，取得了巨大的经济效益，从而使他以第一完成人荣获了国家技术发明奖二等奖。

1997 年夏天，张涛经过大连化物所的推荐进入中共辽宁省委党校青年干部培训班学习，三个月后，他的政策理论水平有了很大的提高，大局观和国家层面地看待和观察问题，这些为他后来在 1998 年担任大连化物所副所长，2003 年担任党委书记，2007 年担任所长，2016 年担任中国科学院副院长奠定了坚实的政治理论基础。

张涛始终一直坚持在科研第一线，他带领的团队不仅在航空航天新材料及相关领域中理论上不断细化升华，实验数据上严谨精确，在技术成果上做到不能替代。

他还在有关生物质催化转化制乙二醇的原创性工作中取得了重大进展，开创了学科新领域，在世界上首次报道了纤维素高选择性催化转化为乙二醇的新反应过程，引起了国内外学术界和工业界的广泛关注，开辟了纤维素转化制化学品的新途径，具有重要的学术意义和应用前景；在单原子催化研究及应用领域取得创新突破：以氧化铁为载体成功制备出单原子铱（Ir）催化剂，并发现相比于亚纳米、纳米铱催化剂，单原子铱催化效率在应用上"以一抵十"，是催化反应最重要的活性位，对催化性能起主导作用，成为催化过程中名副其实的"主角"。不仅在基础科学领域有助于从原子层次认识复杂的催化反应过程，而且对依赖于贵金属催化剂应用的领域，如燃料电池、石油化工、精细化学品生产以及汽车尾气净化等实际应用过程也具有重要指导意义。

四、成果转化，早压重担

刘中民，男，1964 年生，河南省周口人，博士研究生毕业。2015 年当选为中国工程院院士。

1. 成果转化，不在年高

从 20 世纪 80 年代开始，大连化物所开始部署 DMTO 项目的研究工作，并前瞻性地预期，这是一个适应中国"煤多油少"国情、可以形成产业化的"大任务"，它需要围绕反应原理、催化剂、反应工艺等进行创新研发工作，经过 10 多年的不断研究，完成了催化剂研制和小试、模式等研究。到了 1995 年，先期的项目负责人年龄已经到了 58 岁，对于成果转化和推向工业化，心有余而力不足，怎么能够将成果转化为生产力，所领导班子经过认真考虑，决定选派博士毕业生、年仅 31 岁的刘中民担任题目组长，领导该项目继续进行深入研究，最终能够推向工业化。

"这么年轻担任题目组长，这个题目组可是以工程性实验为主，博士能行吗？"对于当时大连化物所选拔年轻的题目组长，质疑声还是有一定的影响力的，好在当时的所领导班子坚持住了，后来的事实也证明成果转化，不在年高，年轻的学术带头人一样可以做到！

刘中民院士回忆道，他第一次接触这个项目时，还是刚进入大连化物所的研究生，"后来老师将项目交给我"，刘中民经历了项目研发与试验推广道路上的曲折跌宕。提到艰辛过程中遇到的困难，刘中民笑着说："困难没有最大，只有最多。"项目起步时，科研条件非常艰苦，人力资源严重不足，"化物所内研发条件不及现在的 20%"。1995 年，国际油价出现大幅度下跌，作为替代品的煤制烯烃市场推广进而受到很大影响，技术攻关方面也进入瓶颈期。"在埋头技术研发的同时，我还要带着策划案四处寻访投资。"提及那段日子，刘中民笑着回忆，"我精神压力很大，但是并非来自技术因素，如何利用好的概念设计说服投资者放大实验，实际生产万吨装置，对于一直奋战在科研一线的实战研究员着实是个挑战。"

面对诸多困难，刘中民和他的团队始终抱定信念，牢牢把握煤制烯烃的发展方向，夜以继日地坚持在技术研发、战略创新的一线，连续的开拓性研究使得化物所等技术研发单位突破难关，成功研制甲醇制烯烃硫化反应专用催化剂，在世界上首次实现了 SAPO-34 分子筛工业放大合成和甲醇制烯烃催化剂工业生产。对于支撑团队一路走下来的原因，刘中民研究员说到，"我们当时穷得只剩下精神"。

2. 人才团队，培养支持

1996 年，虽然为了使煤制烯烃工作尽快进行成果转化，刘中民身上承担了很大的压力，但大连化物所领导班子从年轻人才培养和掌握国际上先进催化剂制备技术的角度，还是决定选派刘中民到法国催化研究中心合作研究 1 年，1 年后，刘中民掌握了国际先进的分子筛制备技术回到了大连化物所，很快一批以大连化物所发明制备的分子筛专利得到申请和授权，这些为后来的煤制烯烃技术拥有中国自主知识产权提供了保障。

1996 年夏，大连化物所任命刘中民担任研究室主任，并经中国科学院人事局特批聘任为研究员，统领整个催化应用研究室向着全面成果转化进军。为了使科技成果迅速转化，2000 年大连化物所在刘中民的提议下，组建技术平台，研究所和研究室联合出资 500 万元，购置先进仪器，招聘具有工程化能力和工业背景的人员，开展相关技术设计、模试和推广工作，人事处在编制数总量控制的情况下，为研究室配备了相应的人才储备。

2004 年，大连化物所、新兴能源科技有限公司和中石化洛阳工程有限公司合作，进行 DMTO 成套工业技术开发，建成了世界第一套万吨级（日处理甲醇 50 吨）甲醇制烯烃工业性试验装置，并于 2006 年成功完成工业性试验，装置规模和技术指标均处于国际领先水平；2008 年，DMTO 专用催化剂实现工业化生产；2010 年，项目团队利用 DMTO 技术建设完成了世界首套甲醇制烯烃工业化装置，于当年 8 月成功开车并稳定运转。2011 年 1 月起正式进入商业化运营阶段，标志着我国率先实现了甲醇制烯烃核心技术及工业应用"零"的突破。

中科院院士张涛认为，这支具备"大体量的研究所、相当的技术、过硬的科研团队"的"国家队"所具备的战略前瞻性眼光，是 DMTO 项目成功的关键要素。即使在面对困难时，项目团队仍然坚定前期的战略部署与充分准备，抱以持久的恒心与毅力，在关键时刻发挥优势。其中，大连物化所一直以能源战略研究为主导，大力发展以 MTO 为龙头的煤代油技术，并着重发展与国防相关的能源转化技术、储能技术以及相关基础研究，在石化领域发展势头强劲，并在国内长期居于领先地位。

　　战略性的前瞻性使得 DMTO 项目团队做好系列规划布局，得到国家各级政府和科研领导部门政策和经费上的认可与支持；同时其技术转移转化与社会能源结构优化紧密结合，促进烯烃工业结构优化并保证原料多元化发展，为保障国家能源安全，优化国内能源消费结构，促进煤代油战略的进一步实施发挥了重大的作用。

　　在 2014 年度国家科学技术奖励大会上，DMTO 项目获得了国家技术发明奖一等奖。伴随 DMTO 三十年，在取得重大成果、已初步形成产业化的同时，也培养和成长起来了一批优秀人才。

　　作者简介：卢振举，男，1962 年 10 月出生，1984 年 8 月至今在大连化学物理研究所工作，研究员。曾任人事处处长、所长助理兼人事教育处处长、图书档案信息中心主任。现任保密处处长。

科研的楷模，人生的导师

——纪念恩师邹汉法研究员

叶明亮

光阴似箭，恩师邹汉法研究员去世已经 3 周年了。但对我来说，似乎邹老师并未离开，他的音容笑貌时常浮现在我面前。

我于 1996 年考入中科院大连化学物理研究所，在邹汉法研究员的指导下攻读博士学位。2001 年毕业后，出国做了 3 年博士后。回国后一直在邹老师的领导下从事科研工作，直到他去世。我在他的指导下工作学习了 16 年。邹老师于我，既是老师、领导，更是亲人。我成长的每一步都离不开邹老师的指导、帮助。邹老师渊博的专业知识，独到的学术见解，活跃的学术思想，勇于创新的学术精神，忘我的工作热情，都给我留下了深刻印象，是我学习的榜样。

邹老师的学术成就举世瞩目。他多年来一直从事色谱基础理论和复杂生物样品分离分析新技术、新方法的研究工作，取得了一系列重大成就，其中色谱分离整体柱材料制备新技术、蛋白质组磷酸化富集分析新方法、血清内源性多肽分离鉴定新技术等均处于世界领先水平。发表了 SCI 论文近 500 篇，引用 15000 余次，即使在他去世后，每年还有 1200 余次的引用。固定钛离子亲和色谱材料（Ti-IMAC）是邹老师带领我们发展起来的新一代磷酸肽富集技术，由于具有卓越的富集特异性，已经在国内外获得了广泛关注，相关论文被引用 2393 次，其中引用次数超过 120 次的论文 7 篇。将该材料推广应用，特别是在国际上的应用，是邹老师的遗愿。我去年代表课题组与百灵威签署了合作协议，由该公司代理 Ti-IMAC 材料的销售。国内销售已于去年年底开始进行，并取得了较好的效果；国际版预计将于今年晚些时候开通。我们的这一实践为科研试剂的国产化做出了贡献。此外，利用发展的蛋白质组分析新方法所产生的数据也被广泛引用。例如，人肝磷酸化和糖基化蛋白质组数据被各种数据库分别引用 4045 次和 712 次（2019 年 3 月 22 日 Web of Science检索），为生物医学研究者提供了丰富的数据资源。

邹老师的去世是色谱界、蛋白质组学的重大损失。正如中科院化学所陈义教授所撰的挽联：驾鹤西游色谱从此少一主帅，乘风羽化天堂而今多一神仙；以及北京蛋白质组中心贺福初院士所撰的挽联：天妒英才，组学征程失好汉；人承遗志，生命高峰续道法。

邹汉法老师勇于创新的学术精神，忘我的工作热情时时激励我奋勇前进。他的生活几乎完全围绕着科研，如果不出差，总能在实验室找到他的身影。即使在病房中也都在努力工作。每次去医院看他，他聊得最多的还是科研，希望我们在学术上取得突破。对他自己的病，经常轻描淡写，所以我很多时候对他的病情还是比较乐观的。直到他在大医二院卧床不起，我才意识到他可能真的要离我们而去了。即使在这个时候，他还是在和我讨论课题以及重点专项的申报。邹老师一直心系科研，患病期间他仍然坚持阅读文献，讨论最新科研进展，指导学生科研工作。2013年底，我去上海东方肝胆医院看他，他跟我抱怨在医院检索不了文献。就是在那个时候，我在他的笔记本电脑上安装了 TeamViewer 远程桌面系统，使他能远程连接到他办公室的电脑。状态好的时候，他每天会多次连到办公室的电脑，一旦连不上他就会给我打电话。而他用完以后，留在办公室电脑屏幕上的网页经常是 Web of Sciences。这个系统他用到了生命的最后时期。

邹老师曾多次被评为中国科学院优秀教师，培养了70多名博士和硕士。此外，还有联合培养的学生、访问学者、博士后30余人。培养的学生中已有多人入选国家基金委杰出青年基金、青年千人，成为我国科研队伍的中坚力量。邹老师对学生的科研比较严格，有时候也会进行批评。但他对学生的工作和生活总是不遗余力地帮助，因此我从未听到毕业生对邹老师有任何怨言，有的只有感恩。2016年追思会结束后，我们1809组的校友在合影的时候，将第一排中间的、属于邹老师的位置留了出来，因为他永远活在我们心中。

邹老师在国际学术界有很高的声望，曾在10余个国际刊物担任主编、编委之职。在他去世之后，国际色谱最权威的刊物 *Journal of Chromatography A* 专门出版了一期纪念邹老师的专辑。国内的《色谱》刊物在2016年12期、2017年1期连续出版了两期纪念专辑。在邹老师去世3周年之际，*Trends in Analytical Chemistry* 也出版了一期名为 "*Innovation on Separation and Characterization of Complex Samples: a Tribute to Prof. Dr. HanfaZou*" 的纪念专辑，目前已经上线(https://www.sciencedirect.com/journal/trac-trends-in-analytical-chemistry/special-issue/101BXM8KNKM)。2019年4月21日在上海召开的全国色谱会议还有个纪念邹老师的分会。尽管邹老师已经走了，但他潜心科研、不断创新的治学精神将永存。

作者简介：叶明亮，男，1973年2月出生，2004年11月至今在大连化学物理研究所工作，研究员。从事分析化学研究。

于科研：高屋建瓴，精益求精；
于育人：春风化雨，润物无声

——忆和恩师张玉奎院士相处的点点滴滴

张丽华

时光荏苒，从初识恩师的高山仰止，到仰慕恩师的高屋建瓴，到钦佩恩师的虚怀若谷……转瞬见已和恩师张玉奎院士相处了近 25 个春秋。在这个过程中，值得我回忆和学习的事情太多太多。

1995 年，当我作为研一的学生在中科院研究生院上基础课时，恩师就建议我要充分利用那里的条件多学习生物化学的知识。让一向以四大化学为傲的我和生物化学专业的同学一起学研究生课程，简直是痴人说梦。毕竟师命难违，我只能买来了沈同的《生物化学》教材，从本科知识开始恶补。渐渐地，我这个生物化学的白丁认识到蛋白质的结构和功能密切相关、懂得了酶如何催化体内的各种生物学过程……现在回想起来，正是恩师授意下那一年跌跌撞撞的生化学习，为我日后进入蛋白质科学领域埋下了希望的种子。

1996 年，我回到了大连化物所进入论文的实验阶段。那时恩师还在兼顾所里的管理工作。虽然不能每天白天在实验室里见到他的身影，但在下班后、在周末、在节假日，他总能抽出时间和我们讨论最新的科研动态、了解我们的实验进展、解决我们遇到的问题。当时我就很纳闷，他怎么会有那么多的精力处理那么多的事情。1998 年，恩师重新回到实验第一线，创建了一个全新的课题组——404 组。一切从零开始。恩师全程参与了实验室的设计、试剂的采购、仪器的装配……我和我的小伙伴们都惊呆了。这哪里是一位接近花甲之年的长者所能负荷之重。即便如此，恩师依然每天笑傲江湖，让我们的团队很快进入了高效运转和高效产出的状态。

随后发生了一件让我感动、让我受益终生的事。当时我已是博二的研究生。在新成立的团队中也称得上师姐了。把我留在身边，帮他协调更多组里的事情合情合理。但当一个赴德国国家环境与健康研究中心从事博士生联合培养的机会摆在我们面前的时候，恩师毫不犹豫地让我远赴德国。虽然我只是课题组的一个小兵，但我的离开又让恩师增加了更多的牵挂。临行前，他交给我一个当时并不常见的 IBM 笔记本电脑，告诉我到那里工作用得上。就是这个电脑，帮我日后在异国他乡完成了大量数据的处理和博士论文的撰写。在德国，我不仅学会了如何利用国内还很少见的毛细管电泳-质谱联用仪进行蛋白质的定量分析，而且学会了如何和外国同行交流，如何学习他们的科研理念。这些对我日后的成长都是宝贵的财富。

2000 年我回国顺利通过博士论文答辩后，我的恩师再一次没有把我留在他身边，而是推荐我到日本从事博士后研究。在日本我开始把更多研究生基础课学到的生物化学知识，转化到独立开展科研工作中。彼时，当我还在为如何实现 DNA 快速分析忙得不亦乐乎的时候，我珍爱的 404 组已经开始进入蛋白质组分析新方法研究的新纪元。当国内实验室研究生让我帮助查找利用色谱-质谱分析蛋白质组的文献的时候，我在日本实验室的同事听闻都大吃一惊。因为那时人类基因组测序刚刚结束，几乎很多人的眼光都盯在如何解读这本天书。他们没想到居然会有人想到去分析比 DNA 更直接执行生命活动的蛋白质。正是恩师在科研上的高屋建瓴，让我们现在的团队早在 20 年前就跻身于蛋白质组分析新方法的研究团队，并能在这个领域中持续占有重要位置。

2003 年 3 月，我在日本实验室的第一份合同到期，我的博士后导师马场嘉信教授建议我再续签 3 年的合同。当我惴惴不安地和恩师商量的时候，他沉思片刻说，"回来吧，蛋白质组分析也需要人"。基于对恩师的崇拜和信任，我放弃了日本的高薪，毅然回到了我离开已久的家——404 组。回来后当我听到恩师轻描淡写地讲起学生因为不知道生物样品不能长时间在室温放置而导致蛋白质分离时峰越来越多，我心里十分难过。可以想象，自新组创立的 5 年来，恩师不仅在学术方向上高瞻远瞩，为课题组的发展定位呕心沥血，还要在细节上虚怀若谷，请来专业人士给学生科普扫盲。这得对科学有着怎样热爱和执着，对学生有着怎样的关心和呵护，才能让一位花甲老人依旧在科研一线孜孜不倦地付出和奋斗。因此，当 2003 年底听闻恩师当选中科院院士的时候我哭了。这里有高兴的泪水，更有感动的泪水。恩师的当选实至名归！

恩师当选院士后并没有徜徉在荣誉殿堂，相反他更忙了。最让我印象深刻的是在他做了心脏支架的第二天，不顾我们所有人的反对，坚持去北京参加一个学术会议。正是恩师这种敬业精神时刻鞭策着我们不断前行。当恩师敏锐地洞察到蛋白质组的定量精度会是制约该领域发展的重要问题时，他先后花了 2 年的时间组织专家多次论证，准确地把握出其中的关键科学问题。直至在我们准备国家重大科学研究计划申请书的时候，他还和我们逐字逐句地讨论推敲，直到凌晨。正是在恩师的倾心指导下，我们不仅顺利得到了项目的支持，而且在结题时也取得了优秀的成绩。

恩师不仅于我，于每一个学生都是春风化雨，润物无声。他会在百忙之中，抽出时间参加我们的组会，和学生讨论实验中每个细节；他会耐心地告诉我们用线速度代替体积流速，更能准确地反映色谱的保留规律；他会在我们每个人遇到困难的时候，点燃我们心中希望的火种；他会在组里每次庆功会上，像父亲一样从家里拿来红酒，和我们开怀畅饮……

千言万语，诉不完与恩师相处的往事今朝。万语千言，写不尽对恩师教诲的感恩怀德。

作者简介：张丽华，女，1973年9月出生，2003年4月至今在大连化学物理研究所工作，研究员。从事分析化学研究。

他用生命，把论文写在了祖国的大地上！

——追记大连化学物理研究所博士生导师蒋宗轩研究员

赵艳荣　贾国卿　刘铁峰

2017 年 12 月 5 日，他永远地离开了，年仅 56 岁。

他先后在中国科学院大连化物所取得硕士和博士学位，并在法国催化研究所做博士后工作。2004 年 12 月，他回国加入到大连化物所催化基础国家重点实验室李灿院士团队，主要从事燃料油（汽油、柴油）超深度脱硫方面的研发工作。十余年来，在他的努力下，汽油、柴油脱硫工作从实验室基础研究，一步步成功走向工业化，40 万吨/年汽油超深度脱硫和 20 万吨/年柴油超深度脱硫工业化过程相继开车成功。这些新一代超深度脱硫催化剂技术的出现，为我国在国外技术市场激烈竞争中取得了一席之地！自主研发的燃油超深度脱硫技术将极大助力国家解决大气雾霾问题，为国家打赢蓝天白云保卫战做出重要贡献。

他 2015 年被评为"大连化物所优秀共产党员"，2017 年被评为"大连市科学技术局党委系统优秀共产党员"。这些都是对他崇高品格的肯定。

他，就是中国科学院大连化学物理研究所一名优秀的共产党员、博士生导师蒋宗轩研究员。

一、"要想更好地为国家效力，就要不断学习"

蒋宗轩的老家在四川北部的南充广安华蓥山区一带，在红色文化熏陶中成长起来的他，一直是国家利益至上，渴望实干报国。

1988 年，蒋宗轩从四川考到大连化学物理研究所，攻读硕士研究生，师从辛勤研究员。那个时候他已经本科毕业工作了一段时间，比同届的人大几岁。他热情平和，风趣包容，同班同学都亲切地叫他老蒋。辛勤研究员说："蒋宗轩念硕士时，在我的印象中，我并没有在他身上花很大力气，那是因为他对待研究工作特别主动认真，只要跟他把研究思路和实验方案讨论完了，他就会想方设法认真完成。"李灿作为蒋宗轩当年的硕士论文指导老师回忆说："蒋宗轩在攻读硕士研究生期间，特别好学。入学时，他在红外光谱方面基础比较薄弱，为了补上这块短板，他挤出时间下功夫读了很多相关专业书籍和文献，后来他在红外光谱领域有了非常扎实的功底。"

1991 年，蒋宗轩顺利地完成了硕士阶段的学习，毕业后，到中石化抚顺石油化工研究院（以下简称"抚研院"）开展研究工作。在那里，他很快就牵头组建了分析测试部的红外光谱实验室，张罗筹建催化剂表征方面的技术平台，包括电镜等一些最先进的技术。从查型号订货，到最后验收，他都亲力亲为，对整个实验室的建设花了很大的心血。在他的努力之下，抚研院在红外光谱表征催化剂方面取得了重要的进展。蒋宗轩在抚研院踏实肯干，工作得到了广泛的好评和认可，一直做到实验室副主任，受到院里领导的重视。

但是，他意识到世界科技发展迅速，"要想更好地为国家效力，就要不断学习，继续深造，掌握本领"。所以，他在硕士毕业工作十余年后，毅然决定攻读大连化学物理研究所的博士学位。李灿回忆说："当他来和我商量时，我非常吃惊，也不十分同意。一方面考虑到他在抚研院有很好的发展空间，另一方面，我知道当时他的小孩还很小，家庭刚刚安定下来，不应该这么折腾了。但是他非常坚决，他说年龄不饶人，自己很快就 40 岁了，如果现在不抓住机会，以后也没有那个勇气和精力再读一个博士了。"

2001 年，蒋宗轩通过在职考试考取了大连化物所李灿的博士研究生，考的成绩非常好。他又回到了大连化物所，回到了他已经离开了 10 年的学生生活。作为在职的博士研究生，他本可以把课程考完了，回到抚研院进行论文实验工作。然而，他坚定地认为，读书就要有读书的样子，不能在职混个博士学位。于是，他辞掉了抚研院的工作和位子，与比他年轻很多的同届生一起来读博士学位，一起吃食堂、住学生宿舍，全心全意地攻读博士。辞掉了工作，他原有的待遇降低了很多，而他家里的条件并不宽裕。可见，为了继续求学深造，他下了多么大的决心。

蒋宗轩的博士论文为汽油、柴油超深度脱硫。2000 年左右，超深度脱硫在我国还是比较超前的项目，那时国家还没有严格的法规要求汽油、柴油要达到国四、国五的标准。蒋宗轩有过中石化的工作经历，深深地懂得这个课题对国家未来的重要性，所以他非常喜欢这个课题，以饱满的热情，全身心地投入到了这项关乎我国大气环境治理的伟大事业里。

功夫不负有心人，在攻读博士学位的三年时间里，蒋宗轩做了大量的工作，探索了各种各样的汽油、柴油超深度脱硫技术。特别是，在国际上首次提出了乳液催化氧化脱硫的概念，该技术解决了长期以来水油体系氧化的难题，可以在室温下，将柴油里的硫含量从几百个 ppm 降到 0.1ppm 以下，达到了超深度脱硫的水平。这个工作发表以后，一度成为热点论文，同时也得到了学术界、工业界的高度评价。当时，在抚研院开展了吨级的放大实验，也非常成功。该技术成为未来生产超级清洁油品的战略性储备技术。

蒋宗轩博士毕业以后，中国科学院大连化学物理研究所派到他法国里昂催化所从事博士后的工作。里昂催化所是法国乃至欧洲催化研究领域著名的中心。蒋宗轩非常珍惜这次学习机会。法方的科学家说："工作日、节假日，蒋宗轩基本上都待在实验室里。"法国有那么多美景，那么多著名的博物馆，他都无暇去欣赏。

蒋宗轩为什么如此抓紧时间呢？因为在当时的欧洲，正在开发炼油行业里更新一代的加氢脱硫技术，他参与了这项工作，非常珍惜这个机会，希望能在最短的时间内，掌握欧洲最新的技术。当时欧洲发展了一个很著名的催化剂，完全不同于我们国内用的传统催化剂，它是钼、钨、镍、硫多组分体相催化剂。这个催化剂的本征活性非常好，可以使加氢脱硫的活性提高 7 倍。这个技术非常先进，国外公司正准备往工业上推行。蒋宗轩了解到这个情况以后，十分着急，他非常敏锐地预感到如果我国不能快速掌握这一技术，将来就会落后于国外。

他在法国做了一年的博士后，很快就回到了中国科学院大连化学物理研究所催化基础国家实验室李灿科研团队，并建议组织力量，迎头赶上。经过慎重的分析，李灿决定请蒋宗轩来负责新一代脱硫催化剂的研发，参与国际竞争。这个技术在美国和欧洲是由几家单位合作研发的，如果是简单地跟随很难超越对方，必须避开国外催化剂的技术壁垒，争分夺秒，抢占科技制高点。

这是一场没有硝烟的较量，比的是速度，拼的是智慧和实力。蒋宗轩废寝忘食、如醉如痴，与万家灯火遥相呼应的满天繁星，见证了他十数年如一日对科研的执着与付出。

二、"从基础研究走向工业化，需要脚踏实地"

2010 年，蒋宗轩研究员主持的燃油脱硫项目进入了由基础研究向工业化应用迈进阶段。研究团队成员黑白两班倒，为了提高工作效率，在蒋宗轩带领下大家自己动手搭建了多套反应装置，完全模拟工业装置的流程，相当于把大装置小型化，目的是要尽可能地把所有数据做可靠，以促进实际工业化进程。

蒋宗轩常常对团队成员说："从基础研究走向工业化，需要脚踏实地。如果我们的一个数据不真实，不确凿，将会直接影响到企业项目的成功与否。"所以，他要求成员记录小试的数据必须真实可靠！多年来，团队成员做的每一个数据都经过了反反复复地重复——在同一套装置上重复，在另一套装置上再平行进行测试，接着再到第三方检测，这样得到的结果才最终提交给企业合作伙伴。蒋宗轩这种严谨、求实的作风，影响着团队的每一名成员。团队成员刘铁峰说："项目工业化期间，他的十几平方米的办公室里几乎没有站人的地方，书桌和地上堆满了书、论文和文献，还有一些工业设计的图纸。在这个办公室里，他一次次地将做好的催化剂交给我上装置进行评价。然后我们严格按照操作流程装催化剂、取样、分析、再换催化剂，反反复复，多年来，我们做实验废掉的反应管都要上百个了。"

汽油超深度脱硫万吨级中试是蒋宗轩研究团队的第一个产业化项目，对蒋宗轩来说，从基础研究向工业化转化，是一个全新的尝试。项目中试装置从 2012 年开始建设，蒋宗轩带领团队成员去基建现场，与工程公司对接设备选型、场地面积、装置容量，去确定装置的位置，包括地基的深度及能承受的重量……在蒋宗轩的指导和带领下，团队成员查阅了大量的文献资料，最后向工程公司提交了建设方案，其中的一个又一个数据，都是蒋宗轩带着大家到实地调研后反复核算过的。项目工业化初始阶段，大家对装置流程、操作方面的了解并不全面，为了清晰地掌握第一手资料，蒋宗轩以身作则，率先垂范带领大家在车间与工人一起倒班，带领大家严密注意装置工业试验数据的变化。通过一个多星期的跟班走，获得了翔实的试验数据，熟悉了工业化生产和操作流程。然后，蒋宗轩组织大家从实际出发，调整了工业示范装置岗位操作规程。

催化剂吨级放大生产过程中，配料是核心环节。为了做好这一环节，蒋宗轩带着大家在封闭的厂房里，一丝不苟准确称量七八种配料。年轻人看到蒋宗轩已经是50 多岁的人了，一直弯着腰称量会吃不消，就请他在旁边指导，但蒋宗轩仍然全程和大家一起把工作做完。团队成员说："基本上每次都是这样。"在项目初始阶段，要完成这一核心配料工作，每次都需要十天左右的时间，都是团队成员自己操作。冬天的时候，大家可以穿上白大褂，戴上口罩和防护用具。可是在夏天的时候，进行全身穿戴防护后，不到一个小时，全身就会被汗水湿透，手套都能倒出水来。这些配料都是粉体，人一出汗，粉体就透过防护用具附着在人身上，非常难受。在这么艰苦的环境里，蒋宗轩也是和大家一起工作。

企业合作伙伴山东星都股份的王连营讲了 2015 年双方初次合作时的一个小故事。投产前，山东星都股份员工已经对所有设备和装置进行了认真清理。蒋宗轩又再次进行了检查，发现浸渍设备内壁有污渍，他要求马上进行整改，直到清理到位后才开工生产，现场的带班责任人和员工认为这种要求过于苛刻了。面对大家的不理解，蒋宗轩即时对现场工作人员进行了催化剂制备技术培训，讲解了过程控制和杂质清理对催化剂性能的影响。及时雨般的现场培训后，所有员工对蒋宗轩表示理解和敬佩。王连营说："那是大家认可和佩服蒋老师的学识和科研精神的开始。"在蒋宗轩的严密组织下，双方最终顺利地完成了第一次合作。

十几年里，蒋宗轩从最基本的基础研究做起，逐项攻克了超深度脱硫的催化技术难关，一步步地将汽油、柴油的超深度脱硫基础研究转化为工业化过程。

新一代柴油超深度脱硫用层状多金属硫化物催化剂，其活性跟国外的催化剂相当，但是其具有活性金属含量低的优势，成本低于国外近40%。我国新一代催化剂技术的出现，迫使国外相关公司把昂贵的催化剂价格降了下来。新一代具有自主知识产权的脱硫催化剂的研发成功，为与延长石油合作的20万吨/年柴油超深度加氢脱硫工业示范装置一次性开车成功奠定了坚实的技术基础，同时也为我国清洁燃油生产技术的发展做出了突出贡献。这一切，体现了蒋宗轩用科研报国的使命与担当。

回首走过的路，脱硫团队将技术成功产业化，靠的不是运气；靠的是蒋宗轩研究员坚持目标方向亲临一线，带领团队人员十几年如一日对每一个细节的严谨考虑；靠的是蒋宗轩带领大家精益求精，对小如实验室烧杯大至庞然的工业化装置的熟悉。这其中与对手赛跑并要实现弯道超车后来居上的激烈竞争如影随形，却越发彰显了蒋宗轩面对国际竞争誓要追求一流的恢宏浩气！

三、"为国家做事，勇于奉献！"

2016年4月，为了保障即将上马的20万吨/年柴油脱硫项目稳步工业化，蒋宗轩陪同李灿到陕西延长永坪炼油厂进行现场考察。在去公司的路上，李灿发现蒋宗轩是忍痛抱病出这趟差的，追问之下，蒋宗轩说最近颈椎和背一直痛，晚上睡不着。又追问，蒋宗轩说最近两个月体重降了十多斤。李灿隐忍住内心的焦急恻然问蒋宗轩有没有去医院检查，所里组织的体检结果如何。蒋宗轩说："任务紧，一直没有时间去，挺一挺就过去了。"

在李灿的再三督促下，出差回来后的第二天，蒋宗轩到大连医科大学做了检查，结果非常不好，医生怀疑是胰腺癌和胃癌。又经过多方会诊，结论是胰腺癌和胃癌晚期，已经不能做手术了。蒋宗轩选择在北京进行长达一年半的理疗和化疗。期间，他依然用邮件、电话、微信关注指导着脱硫工业化运行态势和组里学生的学习情况。

最终，无力回天，抢救无效，蒋宗轩还是走了。在中国科学院大连化学物理研究所催化基础国家重点实验室里，同事们再也看不到那个穿着白大褂，沉醉在实验里，记不得自己是否吃过午饭的熟悉身影；学生们在遇到困难时，再也听不到那慈爱的四川南充口音——"你要加油啊"；石化领域企业合作伙伴再也看不到那个拒绝开小灶，和大家热热闹闹吃食堂，白天晚上跟着倒班，累了仅在值班室沙发上眯一会儿的技术专家……

李灿说："不相信这么快他就走了。我宁愿相信，他没有离开。"李灿和蒋宗轩是风雨中，并肩作战的师生、同事。

蒋宗轩在大连化学物理研究所学习、工作近20年，从学生到研究员、博士生导师，他有一个非常鲜明的特点，那就是一直工作在第一线。因为他深深地知道，"一个优秀的科学家如果离开了第一线就像鱼离开了水一样，就很难有好的想法产生出来了，无法谈及创新"。近些年，蒋宗轩虽然过了50岁，还是身先士卒，亲自做实验，工作在研发第一线。

十几年来，凡是他承担的任务，都能不辱使命，圆满地完成。他作为骨干多次参加国家973项目，主持国家自然科学基金项目，在相关领域国内外主流刊物发表论文40多篇，申请了中国、美国发明专利60多件，技术达到国际领先水平。在蒋宗轩的努力下，两项技术——汽油脱硫和柴油脱硫实现了工业化，油品达到了欧V标准，还有超过欧美标准的技术储备。

"搏击"，是蒋宗轩给大学同学的毕业留言。他的大学同学王心良说："工作多年，他几乎没有参加过大学同学聚会，他竭尽全力，把时间和精力都奉献给了科技攻关和创新。"

蒋宗轩生前没有耀眼的头衔和光环，他踏踏实实地履行着一个有良知的科学家的职责，为国家做出了自己最大的贡献。他平时没有空泛的、高调的决心和表态，却默默地践行着一个共产党员的要求，以他无声的行动感召着身边的每一个人。

蒋宗轩的博士研究生陈燕蝶说："在蒋老师的眼里，没有雨天、雪天、晴天、阴天和大风天。无论寒暑，蒋老师只要出差回来，就会穿上白大褂，戴上口罩，在实验室里制备催化剂。我有时候一个星期能制备7个催化剂，而50多岁的蒋老师却一天制备7个催化剂。他是怎么做到的啊？他就是通过勤奋做到的。他是我一生的榜样！"

中国科学院大连化学物理研究所所长刘中民院士说："蒋宗轩研究员为人谦和，但为国家做事，勇于奉献！"

四、生命虽然短暂，精神浩然长存！

2017年8月份的时候，蒋宗轩回过所里一趟。李灿说："当时蒋宗轩可能预感生命的最后阶段到了，所以他最后一次回来看看大家，看看心爱的实验室。"蒋宗轩在实验室看了一圈，到李灿办公室坐了半个小时。虽然因为病痛，他已经非常憔悴，讲话的声音不那么高，但是语气还是非常坚定，充满了对未来的希望。交谈中，蒋宗轩对正在做的项目提出了自己的想法，又建议了几个将来应该研发的项目。回想那次见面，李灿说："一个人，生命将要终止，还仍然坦然淡定，想着工作，想着未来的发展，这是一种何等伟大的精神力量！"

在科研上，蒋宗轩勇于创新，追求一流。他虽然做应用研究，但是他同样非常重视基础研究，重视源头上的创新。他清楚地认识到如果没有非常好的基础源头的创新，很难做出拥有自主知识产权的应用项目。因此他在抓工业化应用项目的同时，也不放松研究团队的自主研究探索。每次在组会上讨论时，他都从基础科学问题的角度，提出很多问题。多年来，他带领的研究团队在脱硫这一非常传统的催化领域里，一方面不断地有高质量的专利技术申报；另一方面，不断地有非常好的文章在国际上发表。

做科研的人都知道，能同时把这两件事都做好是非常不容易的，这意味着，作为一名科学家，他兼收并蓄，赢得了学术界和市场的双重认可。从这个角度来讲，蒋宗轩是一位难得的学术带头人，难得的人才。他用基础研究的眼光来分析学术问题，又把基础研究的工作从实验室推到工业上去。他把超深度脱硫这个成果，从实验室推到工业化，直接为缓解大气污染、雾霾问题做出了重要贡献。这个工作，是为数不多的从催化基础研究走向工业化的成功范例之一。

在育人上，蒋宗轩春风化雨，言传身教。在脱硫工业化开展得如火如荼时，他每天忙得只能见缝插针地睡眠，却始终乐呵呵，他的乐观影响了身边的每一个人。面对工业化的困难，团队成员感觉压力如山时，蒋宗轩向大家谈了自己对"吃苦"的看法。他说：遇到困难，想办法解决，把困难"吃"掉——这种吃苦是在给自己积累财富。科研这条路是一路吃苦，一路坚持，坚持到底，就成功了。如今，蒋宗轩所带领的科研团队，包括从该团队走出去的学生，已经在不知不觉间把蒋宗轩所倡导的吃苦精神融入到了自己的工作和生活中。

在生活中，他淡泊名利，甘于奉献。在大连化学物理研究所学习、工作的近20年里，蒋宗轩从来没有为自己提过什么要求，即便是晋升研究员和博士生导师的报名，也不是他主动提的，都是研究室主任要求他报名，他总是很谦虚地说：我做得还不够。这是何等令人敬佩的高风亮节！

刘中民说："多年来，蒋宗轩淡泊名利、不与世争、谦虚低调、任劳任怨，在成绩面前从不居功自傲，在挫折面前从不轻言放弃。蒋宗轩是大连化物所的优秀科学家的代表，他锐意创新、自强不息的拼搏精神和报效祖国、谦虚谨慎的高尚品格，都将是我们学习的榜样，永远激励着我们不断前行。"

蒋宗轩作为一个科技工作者，竭尽一生为祖国的科技事业贡献力量，他用 56年的生命，把论文写在了祖国的大地上。他的逝世比泰山还重。他的生命虽然短暂，但是，他的精神浩然长存！

作者简介：赵艳荣，女，1971 年 7 月出生，2004 年 9 月至今在大连化学物理研究所工作，副编审。

贾国卿，女，1980 年 2 月出生，2010 年 7 月至今在大连化学物理研究所工作，副研究员。从事 DNA 催化和手性光谱研究。

刘铁峰，男，1979 年 12 月出生，2002 年 5 月至今在大连化学物理研究所工作，高级工程师。从事催化化学研究及技术产业化转化。

张存浩院士对我人生的积极影响

——记在张存浩院士身边工作二三事

姜英莉

2019 年是大连化物所建所七十周年，七十年奋斗，七十年砥砺，化物所在"开拓进取、锐意创新"思想指导下，科学家们用严谨的科学精神和不断创新的科学思维，以及广大技术人员的合力奋斗，让化物所不断走向高峰，辉煌历程不尽累述！

最为化物所人骄傲的是，2013 年，张存浩院士获得国家最高科学技术大奖，喜讯传来，我的心和所有化物所人一样，十分激动。想起在张先生身边工作的时光，张先生的热情诚实做人、认真严谨做事、永无止境地向科学高峰攀登的崇高精神在我的记忆中历历在目，并由此浮想联翩。

一、张存浩先生教我要有敢于探索和求真务实的工作态度

我是 1987 年调到所长办公室工作的，专职文字秘书工作。当时办公室主任丁吉山同志交给我的第一件工作，就是撰写 1986 年所志，所志内容包括年度所工作总结、所大事记等。我集中了各部门的工作总结、查阅各部门有关重大事项，对所重点工作环节做好调查落实，在这些基础上，编写完成年度工作总结和大事记。在主任审阅后把稿件交到时任所长张存浩院士处审阅。原以为张先生工作很忙，一时半会儿不会阅完，丁吉山主任也嘱咐我说不要打扰所长工作，所以我就安心等待，做其他的事情。但没想到张先生在百忙之中不仅非常认真地看完了二十几页稿纸的文稿，还做了一些批注，在我递交文稿的第二天就找我一起谈。谈的内容不仅是文稿方面，还跟我聊了科研上的事，印象深刻的是谈了科学院和化物所的可持续发展。好多内容是我没曾思考过的，也并不十分清楚，但是张先生深入浅出的谈话却让我受益匪浅，当时真有听师一席话，胜读十年书之感。

最让我难忘的是，随后张先生又抽出一张纸，当即给我写了庄子的一句经典文句："夫千金之珠，必在九重之渊而骊龙颌下"。我当时对这句哲理名言不甚理解，既感自己读书少缺乏对诸子大家理论的理解，但是又碍于面子不去追问，只是凭直

译理解和认识这段话的意思是，要取得一项事业成功需要勇于探索，而且需要不畏艰难，克服重重困难才能取得成果。后来我查阅了资料，对这句名言有了更深的理解，并豁然开朗。张先生是要告诉我，要获取工作成果并非易事，需要敢于冒风险，不可走捷径轻易取得。科研工作和行政工作都是这样，要敢于探索，要求真务实，来不得半点的巧取和虚伪，因此在这之后我对从事的各项工作都尽最大能力去主动思考，努力创新，勇于实践。

二、张存浩先生百折不挠的工作精神让我肃然起敬

那些年张先生身患腰间盘脱出，病痛时直不起腰来，这个病还最怕长时间坐着工作，医生告诫他病痛时要卧床休息。而张先生是个习惯于跟时间赛跑的人，不舍得让时间在病床上流走。那段时间我们办公室的同志都看到张先生每走进办公室，总是左手扶着腰，腰部是稍微向右弯曲着走进来，我们看着都心疼。可是，他从来不让自己身体的疾病影响到工作，干起工作心无旁骛，每天如饥似渴地不是看文献，阅论文，就是在计算机旁敲打文字，而且中午时间也休息甚少，在家吃过午饭后马上来所，不给自己更多的休息。后来腰间盘脱出病发展很严重了，不得不接受医生的劝告，住进了医院做牵引治疗。

张先生在医院住院期间，他把计算机搬进了病房，在病房弄了个简易的工作台面（那时还没有笔记本），相当于把工作室搬进了病房。每次牵引后，他立即伏案工作，指尖流利地敲打着键盘，身旁是一摞文献资料。我每次去看望他，给他捎去报刊和信函，都看见他在那样专注地工作，那时我就深深地被张先生在住院期间克服病痛，百折不挠的工作精神所感动并影响着，从心底里由衷地敬佩这位可亲可敬的科学家，他的精神对我自己今后的工作有着潜移默化的影响。

三、张存浩先生诚恳待人，诲人不倦的品质让高山仰止，景行行止

张存浩先生任所长期间，既能当好一所之长，又是深受学生们尊敬和爱戴的好导师，他教学生无悔无倦，传授知识无私无底，我们看在眼里，敬在心底。

我们经常看到张先生的学生中午时间或者下班后来到他的办公室，和他讨论科研论文，讨论学术思想。张先生会认真审阅学生们厚厚的论文，并和他们认真交谈，指导学生去做好每一项研究工作。朱清时院士也是张先生的得意学生，是张先生用伯乐之睿智思想发掘和亲手培养出的年轻院士。那时，我们也经常看到朱清时院士到张先生办公室讨论问题，张先生对弟子的关怀和指导细致入微，他们师生之间的相互尊重充分体现了张先生对年轻人才的爱护和培养，看不出一点的师道威严，更多的是认真倾听和无私传授，师生之间学术交流达到无缝衔接的地步。

　　在张先生身上体现出的既有谦谦君子的儒雅之气度，又有大师级尊贵严谨之风范，凡接触并受教于张先生的学生都有深刻的体会。经常来办公室找张先生讨论论文的李效农和李华峰同学跟我们说，他们能得遇张先生，成为张先生的学生，是极大的幸福，张先生对他们的教诲，会终身受益。

　　张先生 2013 年获得国家最高科学技术奖后，退休的老同志在学习张先生的活动中讲述了许多先生的事迹，讲述他在艰苦年代，在一项重大实验过程中，不怕危险，亲临实验现场，和普通实验人员共同战胜困难，攻克难关的故事。还有同志讲述了张先生平易近人，关心困难职工生活的故事。在最困难时期，张先生也是省吃俭用，但是却把节省下来的粮食送给最困难的职工，让这些同志到现在每每谈起都仍然感动不已。老同志谈到张先生的许多看似平凡的问候和关心，也是泪花在眼圈打转，这都是他身上所体现出的谦虚为人的优秀品质，这不是谁都能做到的。

　　张先生还曾多次在所里举办的联欢活动中用英文演唱《友谊地久天长》，还曾用这首歌为舞台上跳舞的同志伴唱，后来这首脍炙人口的英文歌成了张先生联欢活动中的保留歌曲，这首歌也正映照了在张先生身上所体现的真善美以及巨大的人格魅力。

　　张存浩先生身上的正气、浩气和儒雅之气的闪光之处不胜枚举，以上记叙的只是我曾在张先生身边工作时大量受益中的二三小事，以及接触老同志所知的二三事。近水楼台先得月，耳濡目染，我从张先生身上学到了许多，对我的工作产生了深入骨髓般的积极影响。虽然我已退休多年，但张先生的思想和精神仍然让我受益终身，他那正气儒雅风范，严谨的学术思想，不断攀登科学高峰的精神，让高山仰止，景行行止。

　　作者简介：姜英莉，女，1950 年 2 月出生，1978 年到大连化学物理研究所工作。曾任离退休服务中心主任。现已退休。

"就算跟毛主席吃小米"，也要回国

——记张存浩院士二三事①

李芙蓉　姜　波

在庆贺张存浩院士九十寿辰之际，在这美好的时刻，我们的脑海中不禁浮现出那一幅幅感人的画面——一位爱国科学家奋斗不息的画卷：从幼年到耄耋之年，从美国辗转返回中国，从天津、北京到大连，从水煤气合成到火箭推进剂，从化学激光到激光化学和动力学，从中科院奖、自然科学奖到国家最高科技奖，直至获"张存浩星"永久命名……这一切令人敬仰、钦佩。

一、一颗纯真的赤子丹心

1928 年春，张存浩诞生在天津的一个书香世家，在老家山东无棣的乡亲们的眼里，张家的存在堪称一个传奇：祖辈为官，祖父曾任两广总督；父辈治学，享誉建筑界、化学界；到了张存浩这一辈，十一个兄弟姐妹中，也至少出了五位科学家。在优越环境里生活的张存浩并没有贪图安逸享受，从两岁起就在母亲的严格管教下开始认字，三岁多时，母亲开始给他讲孟母三迁、岳飞传等故事。小学二年级就通读了中国的古典名著《三国演义》、《西游记》和《水浒传》等。9 岁那年抗日战争全面爆发，天津沦陷。母亲不愿意让长子在日本人的统治下受奴化教育，于是，张存浩就跟随姑母（张锦教授）、姑父（傅鹰教授）辗转去了抗日大后方——重庆，开始了颠簸求学之路。重庆巴蜀小学、重庆南开中学、福建长汀中学都留下了他的足迹。15 岁时张存浩以优异成绩考入了厦门大学化学系，成为该系年龄最小的大学生。当年在厦大学习的几门重要课程，考试成绩都是最高分……

为了学到更多的知识，20 岁的张存浩来到美国，进入了著名的密西根大学化工系。当年，来自落后国度——中国的留学生，在美国是被人看不起的，而张存浩用自己的表现改变了美国教授的看法。他的学习成绩非常优秀，每门都是 A，有的则是 A+，当时中国学生在这所学校得 A+的几乎没有。特别是他的数学水平在化工

① 中科院内部刊物《科苑人》的 2017 年 04 期上，曾发表过本文。

系是出了名的，学得又多又好。这样一来，有多名教授都来争取他，于是张存浩有了可以选择教授的机会。

张存浩在三位导师中选择了怀特教授，这位教授开始也瞧不起中国人，但接触一段时间后，他了解了张存浩的情况，也看到了张存浩的数学水平，因而改变了对中国人的看法。而随后发生的一件事让他对张存浩心服口服——怀特教授要研究的是一个关于扩散和反应的题目，有点儿"绕脖子"，很复杂、难度大。因为它不是简单唯一的一种扩散，而是包含了交织在一起的多种扩散：一个是在圆柱形的筒子里，朝径向方向往外扩散，同时也沿轴向方向扩散，另外，每一个粒子都是球形的，在球形里面又有一种扩散，所有这些扩散耦合在一起，相互影响，确实不是一个容易的课题。大家都被"绕"糊涂了，没有一个会做的，都说："还是找找小张吧，他会做。"张存浩很快就把这个难题解决了，类似这种题目还有好几个。在密西根大学化工系，凡是遇到困难的化工数学问题就去询问这位来自中国的年龄最小的留学生——小张。真是太牛啦，大长国人志气！

张先生在谈及这些经历时，自信地说："中国要是有安定的条件的话，很快就能赶上并超过美国，美国没有什么神秘的。"这充分展示了一名中国科学家的自豪与爱国之情。

从赴美留学的第一天起，张存浩就始终不忘初心："……美国不是长留之地。" 1950年朝鲜战争爆发后，局势变得紧张了，张存浩料定，美国很快就会阻止中国留学生归国，如果不能尽快回去，他的报国梦想也将破灭。他曾对别人说："……我一定得回国，就算跟毛主席吃小米，也不在美国待下去了。"在这里，我们似乎触摸到了一位海外学子的那颗纯真的赤子之心。

张存浩是这样说的，也是这样做的。1950年10月，报国心切的他放弃在美国继续深造的机会，放弃多家单位给出的丰厚待遇，登上了开往祖国的轮船。

年仅22岁的张存浩带着科技强国的梦想，回到了祖国。他谢绝了北京大学等四家著名高校和科研单位的邀请，于1951年春奔赴大连，开始了为科研献身的漫漫求索之路。从此，张存浩与大连化物所结下了长达半个多世纪的不解情缘。一根红线——"国家紧急任务"将张存浩与这个历史悠久的科研所紧密相连。在化物所园区，人们看到的是他那匆忙的背影、急促的脚步。

张先生的小儿子张融曾说过："父亲当年留在美国也许会有更高的科学成就，但是父亲一辈子的梦想就是强国，所以，他一直都不曾后悔当时的决定。"

二、一腔忠诚的报国热血

那么踏入化物所大门的20出头的张存浩还能续写"传奇"吗？答案是肯定的。

　　纵观张存浩院士半个多世纪以来领衔的研究任务，无一不与"国家需要"息息相关，无一不与他的科学强国梦想紧密相连，无处不彰显他对科研工作的痴狂，他把汗水和智慧洒在了化物所这片美丽的土地上。

　　这些"国家级"研究课题有一个共同的特点：时间紧、任务重、难度大，大多是从未接触过的陌生领域、从未学习过的崭新学科，研究工作是在"几乎为零的基础上起步"的，一无资料、二无设备，作为领导者，张存浩义无反顾带领团队"从头学起"、拼搏、奋战……他们攻克了一系列科学与技术问题，其中也不乏世界级难题。

　　我们的思绪飞向了六十多年前的那场激动人心的"石油大战"。刚从美国归来的初出茅庐的张存浩，面对的是国家对石油的急需，他立即意识到，自己一生梦寐以求的"科学报国的理想"即将实现了，于是欣然接受了张大煜所长交给他的科研生涯的第一项任务、也是当时研究所最重要的课题——"水煤气合成液体燃料"。年仅23岁的张存浩被委以重任，成为该课题的组长，从此他领导的水煤气合成研究工作，开始承载了我国石油工业未来发展的重要责任。大连化物所把千斤重担压在了张存浩的肩上，合成液体燃料这一复杂的科学和技术体系对于一位毛头小伙子来说，无疑是一个巨大挑战，同时也体现了年轻的张存浩难能可贵的担当精神。随着研究工作的深入，他面临"反应器能否放大并推广到工业生产中去"这一重要问题，对此化物所有各种争议。在一片反对声中，张存浩既没有迷信前辈，也没有崇拜洋人，而是冷静地以科学的态度，以他化工学科的扎实基础及灵活应用，更是出于为解决国家石油短缺、为实现强国梦的迫切愿望，查阅了大量资料，并进行了繁杂、周密、科学的理论计算，分析美国失败的原因，研究了我们自己实验获得的大量数据，认为化物所确定的合成方法已取得了进展，路子是正确的……他得到了党组织和所长张大煜的支持。张存浩与合作者出色完成了任务，研究成果获1956年首届国家自然科学奖三等奖。

　　值得一提的是，面对困难的局面，年轻的张存浩表现出来的爱国情怀、睿智、沉着令人敬佩，值得赞颂。

　　张存浩院士本人是如何评论这一工作的？

　　"……我们从流化床小试到中试，又和石油六厂合作一直做到工业实验，取得了很大的成功，不仅油产率超过了美国，而且运行周期长达两三个月……只是因为那时发现了大庆油田……没有推向工业化的必要。但从科研上，我们早早得到的宝贵启示是中国人应当根据实际情况走自己的道路，而绝不应跟在别人后面，亦步亦趋。"一位拥有爱国情怀的科学家，无论何时都没有忘记高举自力更生、奋发图强的大旗。

　　出色地完成了第一项任务后，张存浩马不停蹄地转入到国家更急需的火箭推进剂研制以及化学激光、激光化学、分子反应动力学这些陌生领域的探索中……

三、一株伟岸的科苑青松

张存浩院士回首半个多世纪以来投身科研工作的感受："在过去的六十年里，一方面，自己通过参加一线工作，破除了对科学的神秘感和对西方科学的崇洋心理，大大树立了对自己的队伍和工作的信心，另一方面，在长达几十年的岁月里，坚持参加科研实践和讨论，做到了以苦为乐，并高兴地把科研当作了自己几乎全部的活动……"

化学激光研究室现任室主任金玉奇谈到："张先生给实验室留下了一个很好的精神的凝练，24 个字：'献身科学，挑战前沿，锐意进取，不断创新，努力拼搏，勇攀高峰'，这是化学激光精神，实际上这个研究室四十年来也一直是按照这一精神来开展科学研究的。"

的确，在科研实践中，张先生那强烈的事业心、扎实的功底、丰富的知识和整个团队的创新精神、苦干精神、奉献精神体现得淋漓尽致。

在张先生看来，他个人的命运和事业是与祖国紧密相连的。他的科研生涯离不开化物所这片沃土，而大连化物所也孕育了这位伟大的爱国科学家，这是令所有"化物所人"深感骄傲自豪和津津乐道的。

衷心祝愿张存浩院士健康长寿！

作者简介：李芙蓉，女，1942 年 11 月出生，1965 年 9 月到大连化学物理研究所工作，副研究员。从事分子反应动力学研究。现已退休。

姜波，女，1961 年 1 月出生，1986 年 10 月至今在大连化学物理研究所工作，研究员。从事分子反应动力学研究。

父母亲在改革开放前后的二三事

李　东　李　双

　　我们的父亲李海、母亲章素都是 1951 年来到大连化物所工作的，在所里工作的几十年中，爱所如家，奉公敬业，为新中国的科研事业做出了贡献。在这篇文章中，我们回忆了父母亲 20 世纪 70 年代到 80 年代之间的一些工作和生活片断，和朋友们分享。

　　1973 年，邓小平同志复出。这件事对日后的中国意味着什么，我们还全然不知，但已经感受到了"文化大革命"中陷入混乱的社会正发生着微妙的变化。这一年，大连化物所许多下放农村的科研人员被陆续调回到所里，我们家也进城了。但是，所里却没法提供房子，许多科研骨干都是住在用水泥预制板搭建的"干打垒"房子里，或者求亲戚帮助，找个地方暂时住下。我们家在大连没有亲戚，只好分散住在南山的单身职工宿舍里。记得有时就在走廊里用一个小煤油炉做饭，昏暗的走廊中堆放着蜂窝煤等杂物，弥漫着一股煤油的味道。就在这样的条件下，父母亲却以极大的热情投入了刚刚恢复的科研工作。

　　父母亲已与科研"绝缘"多年，现在又回到了自己熟悉的工作岗位，自然非常高兴。不管有无职称名分，不管工作是否苦累，只要是所里的科研工作，他们都要做到极致，做到最好。到 1976 年，随着"四人帮"的彻底垮台，研究所的工作渐渐恢复了正常，科研人员需要读许多外文资料，与国外的交流也多起来了。大连化物所就在内部开始了外语培训，父母亲都积极地参与和推进这项工作。记得父亲当时负责图书馆工作，曾说到陈萼和郭喜代两位阿姨在外语培训中担任了教师，受到了学员们的欢迎。母亲当时已是 50 岁出头，那时也没有小型录音机，她就坚持每天早晚朗读英语，用收音机做听力练习，硬是把自己的英文水平向上拔了一个高度。有一次，所里让母亲和几位同志负责接待一位英国学者。母亲就搜集了这位学者的多篇英文论文，组织同事们每人精读一篇，每到周日，他们几人都到我家里来，花几个小时，从各个角度讨论一篇论文，并模拟问题提问。同事们走后，母亲继续独自推敲讨论记录，做进一步补充。由于做了非常充分的准备，当这位英国学者来访做学术报告时，母亲做了现场翻译，给他留下了深刻的印象，此后的学术交流活动也很顺利圆满。这位学者回国后，专门邀请母亲和她的同事去回访，给大连化物所的国际学术合作贡献了新的成果。

1978 年在北京召开了中国科学大会，科学的春天到来了。中国的科学事业逐步走上了正轨。1981 年，时任科技处处长的父亲被调到中科院工作。当时，对于要离开大连化物所，父亲的心情是十分矛盾和不舍的。他从 1951 年来到大连化物所，次年陪同张大煜所长南下招聘，所里的很多老科学家都是在那次活动中应聘来所的。他还有很多一起工作了几十年的老同事和感情很好的私人朋友。父亲对所里的科研管理、图书资料、学术交流、对外合作等各个方面，都投入了很多的精力，对所里的科研事业可以说是如数家珍。不过父亲想到，这次去北京工作，是中国科学事业在拨乱反正后的大好局势，他也许可以在更高的层面支持大连化物所的发展。最后他还是选择了服从组织需要，去中科院化学部任副主任。这期间，科学院的各研究所都逐渐恢复了正常的秩序，中国的科学事业开始了"艰难的起飞"。父亲经常到各地的研究所和化工厂参加会议，和化学部下属各所的领导及学术骨干们座谈讨论，研究如何才能更快更好地推进研究所的工作。每当出差或探亲回大连时，父亲都必定到所里和所领导交流院里和其他所的信息。回到大连，看望老同事和朋友更是必不可少。大连化物所好像是他的大后方，又像是他事业情感的"加油站"。化物所各部门的新成果和新发展，都让他在北京工作得更有激情，倍加努力。父亲在科学院的工作也得到了卢嘉锡院长、严东生副院长（兼任化学部主任）等科学院领导的肯定。直到退休后还帮助严东生副院长做了一段时间推广科研新技术转化方面的工作。

当父亲去北京工作时，母亲也面临着是否随父亲一起去北京工作的选择。母亲此时正开始一项新的穆斯堡尔谱学方面的研究工作，这项工作在国外开展的时间也不太长，在国内应用于化学方面的研究更是刚刚开始。母亲因此决定不跟父亲进北京，留在所里继续她这项研究。那时我们兄妹二人都已经上大学离开了家，母亲一个人过着从家到研究所两点一线的生活，经常是下班后笔耕不辍直至夜深。就在母亲的科研项目顺利进展之时，她的身体却在每况愈下。长期的艰苦生活和高强度的工作，使她的心脏病越来越严重了。一天半夜，母亲心脏病突发，疼痛不已。多亏那天李东在家，紧急向住在楼下的裴宗涛叔叔求救，邻居姜炳南、林励吾等几位父母的老同事也都闻讯赶来，将她送到医院急救，才使她转危为安。可是母亲身体稍好，就又恢复了昔日的工作。在这一段时间，她的穆斯堡尔谱学研究取得了丰硕的成果，在国内外学术期刊上发表了多篇论文，在大连化物所给研究生开了一门新课，而且应邀到中国科技大学、大连理工大学等院校讲课和带研究生。她参与的多项科研课题研究也获得了如全国科学大会重大成果奖、中国科学院科技发明奖、国家科学技术进步奖等许多奖励。1985 年，她被授予大连市"三八"红旗手称号。1987

年，又被评为辽宁省女职工"四自"（自尊、自爱、自重、自强）标兵。

现在回想起来，父母亲一生的工作、事业、情感，都与大连化物所的成长发展紧密相关。在这段时间里，虽然他们两人的工作十分忙碌，我们一家人也聚少离多，但却是他们科研生涯中最充实的一段时光。

作者简介：李东，男，1954年1月出生，国内某高校工作，教授。现已退休。李双，女，1957年3月出生，美国加州某软件公司工作，艺术家。

情系煤化的一代宗师

——忆张大煜所长

吴奇虎

张大煜教授（1906—1989 年，中科院院士，国家一级研究员）不仅是享誉中外的物理化学家、我国催化科学的奠基人之一，而且对煤炭研究情有独钟，是我国煤炭化学工业的开拓者、山西煤化所的第一任所长。他为我国第一个石油化学和煤炭研究基地的创建与发展做出了卓越贡献，也为我所的总体发展规划，乃至研究方向、课题选择、学科建设及人才培养倾注了全部心血。

在清华大学学习期间，张大煜教授就深谙祖国缺油少气的现状。1929 年，他怀着工业救国的理想赴德国留学。1933 年在德累斯顿大学获博士学位后，他亲自考察了德国巴斯夫公司、拜耳公司等煤炼油工艺（Bergius 煤加氢、F-T 合成石油、Lurgi 炉低温干馏等），取得了当时国际先进的煤转化第一手技术资料。回国后，即受聘于清华大学。抗日战争爆发后，张大煜教授从长沙辗转到昆明，1940 年在西南联大任教并兼任中央研究院化学所研究员。为适应抗战的需要，他毅然从基础研究转向石油、煤炭方面的技术科学研究。1941 年，他争取到云南名宿缪云台的资助，与何学纶、曹本熹、陈国权、徐嘉森等同仁一起，在宜良县凤鸣村建立了中国人自己的人造石油厂——利滇化工厂，用低温干馏法成功地从褐煤中提炼出油品。当时美国飞虎队总指挥陈纳德将军还去参观过这个厂。张大煜教授回忆当时艰难的情形说："那油简直是一杯杯熬出来的啊！……"尽管由于重重困难，工厂被迫停办，但为后来开创我国石油煤炭化学工业积累了初步经验。1947 年，张大煜教授回沪，受聘上海交通大学化工系教授兼清华大学化工系主任，在极端困难的条件下，他还开展了一些研究工作。1949 年 1 月，为迎接新中国的曙光，张大煜一行在中共地下党负责人的引荐下毅然离开上海，绕道香港和朝鲜搭船到天津。在北平巡视时，陈云、李维汉看望了他们。3 月初到达沈阳，又受到李富春的亲切接见和宴请。在沈阳、抚顺、鞍山参观后，张大煜教授于 4 月到达大连，出任大连大学化工系主任兼大连大学科学研究所（以下简称"大连化物所"）副所长。从此，张大煜教授结束了颠沛流离的生活，开始用他渊博的知识报效祖国。

大连化物所始建于 1908 年，其前身为日本"南满洲铁路株式会社中央试验所"，是日本帝国主义为掠夺我东北资源进行调查和科研而设置的，盛时日本职工曾达 600 多人。日本投降后，隶属中苏合营的中国长春铁路管理局，设有无机化学、有机化学、燃料化学、窑业化学、农产化学、物理化学等 8 个研究室，有较好的研究条件和设备，但当时的研究方向混乱、组织涣散。1948 年底到 1949 年初，苏方移交该所，隶属于大连大学。张大煜教授到任后，百废待兴，他全力以赴地投入接收和改组工作中，克服了重重困难，做了大量艰苦细致的思想、组织工作，团结留用了部分有专长的日籍科研人员。这些专家有顾问丸泽常哉、燃料室的小田宪三和滨井专藏、窑业室的闵皓之、资料室的获原定司等，他们被张教授的高尚人格所感动，回国后还一直为促进中日友好而努力。1950 年 9 月，大连化物所改名东北科学研究所大连分所，属东北工业部管辖，任命董晨为所长，张大煜为副所长。1953 年 4 月该所又更名为中国科学院工业化学研究所，张大煜任所长。

当时我国天然石油资源尚未发现，石油的严重贫乏是制约国家经济发展的一大瓶颈。张所长急国家之所急，多次向上级部门献计献策。1953 年 8 月，在张所长和燃料工业部的积极倡导下，成立了中科院和燃料工业部共同领导的液体燃料研究委员会，张大煜任主任委员，侯祥麟任副主任委员，委员有赵宗燠、张定一、刘放、顾敬心、曹本熹等。委员会定期地对各研究所的计划和工作进展情况进行审议，并沟通研究所与生产部门的联系与协作。这一举措对振兴我国煤炭和石油工业起了很大作用。当年 9 月 7 日在大连召开了燃料化学报告会，正式确定的基本研究方向是煤炼油。因大连有很好的煤加氢基础，又和锦州石油六厂合作开发 F-T 合成石油，把大连作为煤炭和石油研究基地确是高瞻远瞩之举，张大煜教授在此决策中起了举足轻重的作用。

围绕国民经济恢复和建设需要的重大课题开展工作，一直是张所长确定学科方向的指导思想。当时，他选择了页岩油高压加氢和水煤气合成人造石油两大研究方向。此外，根据抗美援朝战争对于炸药的急需，选择了直链烷烃芳构化制甲苯的研究课题。在张所长的领导下，这些研究课题都取得了重要成果，其中"七碳馏分芳构化合成甲苯"以及"熔铁催化剂用于流化床合成液体燃料的研究"达到当时的国际领先水平，曾获 1956 年国家自然科学奖三等奖。

大连的煤炭研究是从 1951 年开始的。张所长针对我国丰富的煤炭资源急待合理开发利用、特别是三大钢铁基地（鞍钢、武钢、包钢）建设急需炼焦煤基础数据的现状，不失时机地提出以炼焦为主的煤化学研究方向，并把组建煤炭组的工作列入他的第一议事日程。当时的煤炭组成员王祖伺、裴维刚、杨煌、吴奇虎、张芷等，就是在张所长的亲自指导下开展工作的。煤炭组在很短的时间内，建立了煤质分析方法，仿制了胶质层测定仪，建立了 2kg、5kg 小焦炉，取得了一批可靠的实验数据，为我国炼焦煤地质勘探和配煤方案提供了科学依据。张所长知人善任，吸纳百家。留美博士刘静宜（女）归国后，即被任命为分析室主任。后来又从长春综合所借调来孙广瑞、尹万生、薛景云等，使煤炭研究力量不断壮大。于 1953 年 8 月，煤炭组改为煤炭室，归大连化物所领导。张所长采纳张存浩、鲍汉琛等提出的"任务带学科"的理念作为立项和研究的指导方针，曾受到张劲夫副院长的高度赞赏。他认为"国家的需要就是任务"，同时在承担任务中不断加强学科建设，培养研究人才。张所长要求大家大量阅读文献，了解国际科技动态，多看业务书，打好基础。他特别要求我们熟读当时同盟国接收德国时的黄皮书、红皮书、调查报告以及 Lowry 著的《煤的利用化学》（后由徐晓、吴奇虎、范辅弼等译出，化工出版社出版）。张所长还请来波兰煤岩专家鸠可夫斯基和煤分类专家列次雅克指导我们的研究工作。不久，王祖恫、周玉琴、张振桴等开展了煤岩学研究，出版了我国第一本《中国煤岩相图册》，在国内外产生较大影响；王祖恫、裴维刚、吴奇虎、苏石青、张芷等拟订出中国第一个炼焦用煤分类草案，在 1954 年召开的全国首次煤分类会议（李四光副院长主持）上通过审定，及时指导了三大钢铁基地的建设。

1954 年 10 月，成立了独立的煤炭研究室，同时大连化物所也改名为石油研究所，由张大煜教授任所长兼煤炭研究室主任。为适应当时页岩油和煤炼油工业的需要，在张所长指导下开展了低温干馏用煤和页岩的评价分类工作，由吴奇虎、吕佩侠、俞维翰研制了 20g 铝甑，由薛景云、谷美昭等研制了 20kg 回转炉，分析了大量页岩样和煤样，提供了大量基本数据。为适应不断加重的研究任务，张所长继续招聘人才，并积极组织各单位协作。如从上海焦化厂调来范辅弼和梁娟，与我们一起进行低温干馏炉型调查；与抚顺石油一厂合作建立了 10t 内燃式干馏炉，推广了小方炉；与广东茂名合作建立了大型炼油厂；为提高油品质量，后又成立了低温焦油加工组，请郭和夫做指导，由吴奇虎、黄克权等负责，研究并提出了焦油加工流程，为石油四厂和五厂提供数据。张所长主导的这些项目，为科研与生产部门合作攻关提供了范例和经验。为了提高我们的煤化学知识水平，张所长还专门请大连大学教授聂恒锐为我们系统讲授了煤的成因、分类、组成结构和性质。1956 年，张所长提出将催化剂表面性质的研究方法用于煤结构研究的设想，指导吴奇虎、宗贞兰等开展了煤的湿润热及吸附性质研究；1958 年又请来 3 位苏联专家（顾问卡列契茨、洗煤专家捷米多夫和煤化学专家库哈连柯）。在专家指导下开展了离心洗选研究（由王祖恫、黄止而负责）；库哈连柯还带了 8 个在职研究生，分别为吴奇虎（腐植酸化学）、唐运千（泥煤）、孙淑和（褐煤）、林明辉（乐平树皮煤）、史美仁（加氢法研究煤组成）、宗贞兰（吸附法研究煤结构）、徐瑞薇（泥煤氨化）、钱秉钧（红外光谱法研究煤结构），这些课题都代表当时国际前沿水平。通过将近一年的工作，基本打下了煤化学基础研究的根基，培养了人才，为后来我所立足于我国煤化工和腐植酸化学领先地位奠定了基础。为培养新一代煤化工技术和管理人才，张所长决定成立煤炭研究训练班及干部训练班（简称"煤训班"），分别招收大学高年级优秀学生和有能力的干部进行培训。煤训班学员后来大部分成为我国煤化战线的骨干。在"大跃进"期间，张所长仍坚持科学治所的原则，提醒我们头脑要冷静，不盲目跟风。比如，当时国内煤的地下气化呼声"过热"，许多人跃跃欲试，张所长和鲍汉琛（时任学术秘书）研究决定委派吴奇虎查阅苏联这方面的现状及争论要点，又派程懋圩赴美考察此事，详细了解到国外的动态，经冷静分析研究，张所长力排众议，断然决定暂不开展此项工作。

随着国家经济建设和科学事业的发展，煤炭和石油研究任务愈来愈重。张所长审时度势，在研究所的布局和发展上及时向院里提出建议。经中国科学院批准，先后于 1958 年和 1960 年从大连石油所抽调大批科技力量，建立了兰州石油研究所，充实煤炭室并扩建为太原煤炭化学研究所，他同时兼任这两个所的所长，为促进内地燃料科学事业的发展做出了重大贡献。

迁居太原后，根据我国当时能源需要以及原煤炭室的研究优势，张所长批准和指导开展了煤的快速热解（后由杨贵林、罗超等负责）、砂子炉裂解（后由张碧江等负责）、脉动氧化裂解气化（黄克权负责）、泥炭化学基础工作（孙广瑞负责）、丁烯氧化脱氢（杨贵林负责）、炼焦煤的脱硫与洗选（王祖侗、吴奇虎、黄止而负责）、沥青制碳素材料（钱树安、沈曾民、侯树元等负责），等等。他还协助彭少逸教授开设了催化和色谱方面的课题。所有这些课题都是对国民经济具有重要影响的、具有创新性和前瞻性的项目，也在实践中练就了一批攻坚的团队，为后来我所进军煤合成油、炭材料、催化及化学工程打下了坚实的技术和人才基础。

亲聆张所长教诲的那 10 多年岁月，我们深切感受了这位老科学家鞠躬尽瘁的爱国情怀、不断创新的进取精神、谦逊严谨的治学态度、虚怀若谷的大家风范、诲人不倦的崇高品格，深受全体职工的崇敬和爱戴。他是一代宗师，也是我们的良师益友。我们今天缅怀张大煜教授，就应该加倍努力，在知识创新工程中不断进取，为发展我国煤炭化学事业做出新的贡献！

　　作者简介：吴奇虎，男，1926 年出生，中科院山西煤化所研究员，1949 年参加工作，由苏联专家培养的我国第一代煤化学研究生，从事和主持煤化学和工艺学及腐植酸化学研究。

文 化 篇

让化物所精神代代相传

包翠艳

伴随着 2019 年春天的脚步，大连化物所迎来了建所七十周年，化物所人隆重而热烈地庆祝自己的节日。每一次所庆活动都是一次力量的凝聚、精神的激励、优秀文化的弘扬和传承。应七十周年所庆主题征文之约，回顾自己经历的有关化物所精神讨论的一段往事。

1989 年是大连化物所建所四十周年，那时，我在所工会工作。庆祝建所四十周年，所工会开展了以弘扬化物所精神为主旋律的"化物所人"系列教育活动，包括"化物所人"演讲比赛、"科学赤子之歌"诗歌创作比赛、"化物所人"征文活动、化物所精神大讨论等。虽然已经过去三十年了，如今回忆起来，仍然激情澎湃，所受教育令我终身受益。

"化物所人"演讲比赛，以表现和宣传化物所人的精神风貌和高尚的职业道德为中心内容。有 26 位职工满怀激情地登上讲坛，通过《蓝天、星海、采珠人》《惜时如金的人》《我和化物所人》《我们的好带头人》《自豪吧，化物所人》《奋斗，谱写这样的主旋律》《跟踪雷达》《石子的价值》《夕阳无限好，余热献学报》……宣传全国劳动模范林励吾，大连市劳动模范唐学渊，所先进工作者张荣耀、李灿、周光才，所先进集体 303 组、401 组、123 组等各类典型人物和集体的先进事迹，展现化物所的优良传统与作风，讴歌化物所精神，人们从中领略、体会着化物所人的价值追求和精神风貌，化物所发展历程中形成和积淀的化物所精神，在传播中弘扬，在弘扬中传播。

"科学赤子之歌"诗歌创作比赛，旨在展现化物所人崇高的精神境界、理想追求和内心世界，有 91 位化物所人以诗言志，直抒胸臆。这些诗作尽管创作风格各异，采撷的视角不同，但都折射出化物所人的追求与情怀。《蚌的故事》《追求》《心的轨迹》《致化物所》《我想，我是化物所人》《化物所精神赞》《关于白色大楼的幽思》《科学赤子之歌》……从携着海风的"珍珠之母"到"追踪着未知王国"的眸子；从受到"大海的诱惑"而来的一颗"寻求归宿的心"到"梦中的我也是化物所人"；从"日日夜夜的勤苦求索"到"即使得到的哪怕是苦涩之果也要品味"……一行行朴实清新的诗句，饱含着化物所人对党、对祖国、对科学事业的赤诚和深情，闪烁着献身科学的赤子之心的光彩，迸发着为祖国科技事业腾飞顽强拼搏的灵魂之火，讴歌着化物所人崇高的职业责任感和荣誉感。那些诗句即使今天读起来，仍然令人怦然心动，产生强烈的心灵感召力，激发出沉淀在化物所人血脉里的文化的力量。

在"化物所人"征文活动中，有 40 位化物所人拿起笔来，用真情实感讲述着发生在身边的鲜活的化物所人的故事，《生命不息，探索不止》《中年，奔波在这个领域时》《老骥伏枥，志在千里》《夕照》《信任》《相识在平凡中》《说说我们的孙工》《也许你还不熟悉她》《涓涓细流化甘泉》《这，是一种精神》……这里有德高望重的老科学家，有脱颖而出的科研新锐，有技术支撑的能工巧匠，有兢兢业业的行政人员，有勤勉敬业的后勤师傅……尽管他们所处的岗位不同，但他们有着同样的追求，同样的奋进精神，他们用热血和汗水浇灌出光彩夺目的化物所人形象，展现化物所精神的光芒，使大家从一副副熟悉的面孔上找到可望即可的学习榜样，在感动中感悟，在学习中发扬优良传统。1278 张参加评选"优秀征文"的选票，充分展现了化物所人对征文活动投入的热情。

化物所精神大讨论活动，是对化物所优良传统文化的回顾和总结，也是化物所精神的凝练与升华。化物所人在四十年的科技创新实践和艰苦奋斗中创造了化物所精神，化物所精神培育了化物所人，化物所精神体现在化物所人身上，植根于化物所人心里。化物所精神究竟该怎样来概括和表达，需要化物所人共同探讨，于是所工会组织了化物所精神大讨论，当时研究室和管理及支撑系统共有 22 个支会，按照活动部署，各支会开展了讨论并上报了讨论结果。为了总结这次讨论情况，我对讨论结果进行了汇总整理，不承想，当年的一项日常工作，三十年后竟成为本文的原始资料，那次讨论对化物所精神的概括和提炼集中在以下几个方面。

奉献（献身）（15 个支会提出）：化物所人以国家需求为己任，将满腔爱国热情倾注于祖国的科技事业，勇于承担国家重大项目，不讲价钱，不计得失，勤勤恳恳地工作，默默地付出，奉献是化物所人的天职。

创新（进取）（18 个支会提出）：追求真理，追求科学，永无止境地攀登、探索，开拓创新，争创一流，不断产出新成果，不断做出新贡献，创新是化物所人的追求。

求实（15 个支会提出）：实事求是，严谨治学，脚踏实地，说老实话，办老实事，做老实人，求实是化物所人的品格。

团结（协作）（18 个支会提出）：同心同德，协同作战，具有团队精神，善于发挥综合优势，联合攻关，团结是化物所人的基础。

拼搏（攻坚）（16 个支会提出）：为了祖国的科技事业勇挑重担，勇攀高峰，有股子拼劲，是一支能打硬仗的队伍，拼搏攻坚是化物所人的传统。

从化物所精神大讨论的结果足以看出以上这些特点已经成为化物所人的共识，成为一种群体意识，成为化物所人共同的价值观。

十年时光转瞬即逝，1999 年大连化物所建所 50 周年，所里举行了一系列庆祝活动。那时，我在办公室工作。当时所里正在实施知识创新工程试点工作，创新文化建设是知识创新工程的重要组成部分，也是试点工作的重要内容，为了搞好创新文化建设，在所党委的领导下，办公室组织了创新文化建设研讨活动。树立科技创新价值观是创新文化建设的核心，弘扬化物所精神是创新文化建设的主要任务之一，因此，在创新文化建设研讨中，再次开展了化物所精神大讨论。办公室下发了《关于开展"化物所精神"大讨论的安排意见》，各党支部组织了群众性的讨论活动，有的党支部将化物所精神提炼为：献身科学、开拓创新、协作攻关、勇攀高峰。有的党支部将化物所精神提炼为：献身科学、勇于创新、严谨治学、团结协作。有的党支部将化物所精神提炼为：献身、求实、创新、攻坚、团结……化物所精神在实践中丰富着内涵。在党支部组织讨论的基础上，办公室集中讨论意见，对化物所精神进行了归纳：献身科学，锐意创新的坚定意志；协力攻坚，善打硬仗的团队精神；唯实求真，严谨治学的科学作风；追求一流，勇攀高峰的拼搏进取精神。在此基础上，又作了进一步提炼，用简洁的语言表述具有特征的化物所精神。在所第六届思想政治工作暨创新文化建设专题研讨会上，组织与会代表讨论了所创新文化建设的目标与任务、所的使命宣言、化物所精神草案，之后，又在全所范围内征求修改意见。经过广大党员、职工讨论修改，所领导班子、所党委讨论确定了大连化物所创新文化建设的目标与任务、所的使命宣言、化物所精神，并于 1999 年 12 月 6 日发布了奔涌在化物所人心中的化物所精神：锐意创新、协力攻坚、严谨治学、追求一流。

化物所精神是化物所的宝贵精神财富，更是不断创新、持续发展、建设世界一流研究所的不竭动力，让我们带着七十周年所庆激发的豪情壮志踏上新征程，在更高起点、更高目标上推进改革创新发展，把今日创新创业的辉煌献给明天的化物所人，让化物所精神代代相传！

作者简介：包翠艳，女，1952 年 12 月出生，1970 年 10 月到大连化学物理研究所工作。曾任大连化学物理研究所党委副书记、纪委书记、副所长、党委书记。现已退休，任大连化学物理研究所咨询委员会副主任。

我心中的那根常青藤

李晓佳

2005年12月12日原中科院党组副书记、时任中科大党委书记郭传杰的"创新三期：文化问题的地位与文化建设的作为"主题报告，拉开了大连化物所文化讲坛的序幕。十几年来，在各级领导的全力支持下，《文化讲坛》一直秉持了"传播人文知识，提供学习交流平台，提高人文素养，促进科技创新"的宗旨，历经多任主持人呕心沥血的经营，蒙获全所职工和研究生的持续喜爱，不知不觉间，《文化讲坛》已经成为我们工作和生活中不可或缺、难以割舍的一部分，它就像一根生命力强劲的常青藤，给人希望、给人美好、给人力量……

用诗歌深情演绎科学家精彩人生的情怀诗人郭曰方，力倡学风建设增强忧患意识的科学大家张存浩，优秀传记作家徐光荣，联想教父柳传志，航天英雄聂海胜、景海鹏，央视百家讲坛清史名师俞大华，华为副总裁宋柳平，化学名家江雷，伪科学斗士何作庥，地理学家秦大河，创造凤凰卫视刘海若生命奇迹的妙手神医凌锋，《防务新观察》特约嘉宾焦国力等等，还有百余位在人文社科领域颇有建树的名师、学者报告人，他们就像一颗颗璀璨的明珠，用自己所承载的文化力量，在听众的心中熠熠生辉，撑起了大连化物所《文化讲坛》十四年的星空！他们更像一粒粒种子，通过一期期的讲坛，播撒在听众的心中，不经意间慢慢生根发芽，长成一根绿意充盈的常青藤，滋养着我们的心性和眼界。

2005年末，也许是冥冥之中的那份喜爱和情怀，我有幸成为文化讲坛首任主持人，作为开创者，也有幸不辱使命，让它发展成为研究所文化建设的重要载体。2019年是大连化物所建所七十周年，也是文化讲坛创办的第十五个年头，十几年转瞬而过，虽往事如烟，但彼时情景却依然历历在目：

依然记得　包翠艳副书记为了邀请和确认文化讲坛首场报告人的忙碌身影，

依然记得　是怎样不间断费尽心机地寻找听众需求的报告和设计丰富多彩的报告形式，

依然记得　诗歌朗诵会的辛苦培训、排练和台上台下感动的泪水，

依然记得　在所内首次引入社交礼仪与形象塑造内容的讲座，听众对美的渴求，

依然记得　听众在缕缕茶香中的沉醉和面对自己亲制的缤纷花艺的欣喜，

依然记得 为了满足听众对经济危机知识的渴求，2008 年前后曾组织的 5 场精彩经济形势报告，

依然记得 文化讲坛三周年生日会现场弥漫的巧克力芳香和听众的阵阵掌声，

依然记得 张涛所长那一句"一定要做好航天员来所这一期"和舞台上冯埃生副所长那酷似老主持人的娴熟首秀！

依然记得 礼堂爆满的热浪和沙院士那专注的眼神，

依然记得 依然记得许多许多⋯⋯

由于工作岗位的变化，2009 年 8 月 28 日第 39 讲《心向太空》让我在文化讲坛三年的创业和成长划上一个完美的句号。回想那三年，我感受不到辛苦和劳累，只有一份美好和愉悦常驻心间，谁说热爱不是最好的动力和老师哪！十年来，尽管我不再是文化讲坛的主持人，很多报告也无暇亲临，但我的心始终不曾离开⋯⋯

依然记得 继任主持田丽在电话的这一端与报告人确认后的喜悦，

依然记得 她为了一次晚场的报告在夜幕下风雪中的奔波；

依然记得 后任主持孙洋准备每一期报告时的兢兢业业，

依然记得 报告结束他对观众的真诚道白：文化讲坛，有你才精彩！

依然记得 自己每每发现一个好的报告和线索，都迫不及待地找到主持人去推介的急迫心情，

依然记得 看到讲坛那一期期蔚蓝色的海报，内心里涌动着像自己的孩子一步步长大的那份感动！

创业难，守业更难！但是我已经欣喜地看到：后生可畏，后生可慰！

谨以此文祝贺大连化物所七十年的光辉历程，祝大连化物所《文化讲坛》常青！

作者简介：李晓佳，女，1967 年 11 月出生，1990 年 7 月至今在大连化学物理研究所工作。曾任办公室政务主管、工会副主席。现任工会常务副主席。

创新恒流远，求真代代传

——记对化物所的爱恋情怀

李同明

两年前的夏日，刚结束博士生活的我，第一次来到美丽的大连。拖着行李来到大连化物所门口的一刹那，当即深深地被郭沫若先生的亲笔提名吸引了，顿时眼前的研究所令我肃然起敬。想到自己有机会能进入这梦寐以求的学术殿堂学习和工作，心中莫名的激动和紧张油然而生。

入所是件严肃庄重的事。接下来的日子里，经过了严格的安全培训，入所手续终于"配齐"，正式成为中国科学院大连化学物理研究所的一员，从此有了一段与化物所的不解之缘。

然而时光飞逝，博士后阶段转瞬即逝，回顾在化物所的点点滴滴，在面对未来的人生规划时，一种难以割舍的情怀涌上心头，让我决心留在所里为这里的建设尽绵薄之力。

没有爱恋，哪来眷恋？耳边常听到这样一句话，"实验虐我千百遍，我待实验如初恋"。做科研自第一天开始，就注定是条艰辛路。每每实验失败的时候，总会感到沮丧，期间的辛苦付诸东流不足为"外人"道也。

然而，每当此时，总会想起每天清晨来实验室的路上，矗立的张大煜先生的塑像。塑像默默地告诉我们，建所七十年以来，一代代化物所老一辈科学家在艰苦的科研条件中，倾尽毕生精力奉献在科研岗位上，才换来今天化物所的辉煌成就和我们现在优越的实验条件，我们要珍惜这来之不易的科研条件，相比之下，我们自己在实验中遇到的那些困难实在微不足道啊。所以，每次面对实验挫折，简单的一句"加油"就能让自己立刻满血复活，激发出"重新再来"的实验激情。

记得起初批量重复做 Western Blot 实验的那些日日夜夜，学习实验时的新鲜感和乐趣荡然无存，只有百无聊赖的重复、重复、再重复。每每要放弃的时候，总要告诫自己，"求真务实"是每一次实验所要追求的。为了获得可靠的实验结果，需要无数次枯燥的实验来反复验证从而获得一个准确的结果。只有反复印证的结果才能铸就科研辉煌。尽管重复实验这个过程无比枯燥，但每一次的实验结果总会令人期待，因为实验结果会有千万种，不知这次会是哪一种。出于对每一次实验结果的好奇，让我慢慢能克服实验本身的枯燥，产生对实验结果的好奇心，于是就又有了继续做实验的动力，也就能将枯燥的工作变为快乐的工作。有了工作的动力，创新求真才会梦想成真。

实验中"越挫越勇"和"屡败屡战"精神，是支撑化物所每一项科研成果背后的中流砥柱。在我看来，尽管在化物所工作的压力巨大，会让很多人望而却步，但化物所的每一个优秀科研工作者的人生目标要靠动力去完成，动力便是在这巨大压力下产生的不断催人奋力前进的"不惧失败"的精神。梦想需要动力，相信来化物所的每一位有科研梦的学子，都需要这份动力督促自己砥砺前行。

最后，我想说：创新恒流远，求真代代传。在平凡岗位求真务实，化科研的忙碌繁重为快乐，是每一位化物所科研工作者创新的法宝。2019，成就科研，成就梦想，不要迟疑，化物所的同伴们，大家齐心协力，撸起袖子"干就完了"。

作者简介：李同明，男，1984 年 3 月出生，2016 年 8 月至 2019 年 6 月在大连化学物理研究所做博士后。从事转化医学研究。

我 心 中 的

——与化物所的那年那月那事

吴佩春

时间如流水，分分秒秒的就过去了一天、一周、一月、一年以至于数十年。

今年恰逢建所七十周年，意味着我心中的化物所已是一位饱经沧桑、久经考验、积累了丰硕经验、取得辉煌成绩的"老者"了。目前"它"也正在面向世界一流研究所的方向迈进着……"它"的辉煌发展积淀了许多对国家重大发展的所需，让我感到高兴和喜悦。静静地想一想，"它"与我们兄妹心中也有着那密切相连的漫长岁月里许多记忆的故事。

我们兄妹其实就是化物所人的"孩子"，是在生活最为艰难期饱尝化物所党委的雨露浇灌长大成人的，享有每月生活补助费。从小我的妈妈就常说："你们长大要做党的儿女，不能忘记党的哺育和恩情，我们家对党的热爱分量一定比别人要重些，付出得再多也是无法能报答的"。

1975 年，当时我年龄小，不记事，残酷的病魔夺走了我们心爱的年轻的爸爸的生命，光阴真是无情，失去了永不会再现！他的容貌我全然一点记不得，只恍惚记得一点点欲抱我的影子。我……好想好想我的爸爸！

平日在我去生物技术大楼的往返路上，无论天冷天热，快走还是慢走，心中总有个遐想，这条路是爸爸曾经走过的，他的影子好像与我同行似的，可我看不清他，看不到他。

在忙忙碌碌学习、生活、工作中，我由一个稚嫩的、蹦蹦跳跳的不懂事的小女孩，如今已近于中年人，再过几年我也要离开自己热爱、深感兴趣的工作岗位——退休了，顿时我感到太不舍……

那时，我爸手术后，病重，化物所人向我们伸出温暖的双手，老七室主任张存浩、李新华、葛全廷等组织室内男同志如孙发信、桑凤亭、董子丰、沙国河、陈方、杨柏龄、史书国、宫瑞章、逄景科、叶锦春、李学令等叔叔排班、轮流到病房护理我爸爸，安排女同志如王宗娟、钟曼英、沈惠华、王连兄、李芙蓉等阿姨在实验室工作完成后，抽空去医院探望爸爸，帮助解决当时出现的各种困难，我兄妹二人经常听妈妈反复说："桑凤亭叔叔在我爸手术的当天和离世那天全程陪伴在病房，当时处于'海城大地震'期间，他义无反顾地留在病房中看护着我爸，不顾家人的安危"。我爸离世两年内，和他一起工作过的姜圣洁阿姨、蔡佩华阿姨、杜志新叔叔也相继患病离世。他们的子女也同样得到了化物所党委给予的生活补助金和老七室全体的关爱。

随后，曾与我爸一起工作过的叔叔阿姨在路上一见到我们就会问寒问暖，他们的脸上流露出友爱和同情；那时，他们会经常到我们家看望，带给我们副食品、水果、糖块……尤其是刘万春叔叔和董声华阿姨胜过亲人般的体贴关怀，儿时记忆中每逢开学的前几天，一定送来购买书、本、笔的费用；那时，我们家没有电视机，唐军（曾用名：唐坚卓）叔叔和蔡英侠阿姨为了丰富我们兄妹的业余生活，和我妈妈商量好，每周六晚让我们兄妹去他们家看电视，当时每周六就是我们最幸福的盼望日。

此刻，我特别想对那时在我们兄妹成长过程中关心帮助过我们的化物所党委的领导、老七室的全体及热心付出的叔叔、阿姨们表示谢意！谢谢你们！

化物所人与我们兄妹的这些事及赋予的爱会陪伴我一生，也终将难忘。此刻告诫自己立足本职、踏实做人、甘为人梯，传承化物所老一代科学家科研奉献的精神，积极配合、协助科学家的科研实践工作，继续取得优异成绩，做坚定的"追梦人"。为化物所可持续发展贡献力量！

此文撰写于建所七十周年前夕！

文中我不知道的，可能会疏漏好多当时也热心帮助过我们的叔叔阿姨的名字，请多包涵！

作者简介：吴佩春，女，1972 年 4 月出生，1990 年 8 月至今在大连化学物理研究所工作，高级实验师。

创新文化建设工作"浪花"记

刘吉有

1994年10月，我由党务工作转到工会工作岗位，2005年5月又兼做离退休工作，直到2009年底退休。回顾十五年的工作往事，记忆犹新，难以忘怀，我深深地感受到：化物所的发展与强大是我们做好工作的"基石"，我们要珍惜它、支持它。借所庆七十周年之际，我把在创新文化建设中的几件事作为"浪花"简写出来，以表达我对化物所"大家庭"的热爱之情，供分享。

一、创新文化建设"切入点"的选择

1998年，中国科学院将我所列为实施国家知识创新工程试点工作的首批启动单位，全所上下满怀信心投入到这项具有重大意义的创新实践中。所领导班子提出制定了《大连化物所知识创新工程试点方案》，描绘了建设社会主义现代研究所的改革发展蓝图，同时明确了科研、管理、创新文化等各项工作的目标和任务。时任所长兼党委书记的邓麦村与机关各部门负责人深入交流了意见，并分别与部门负责人联名撰写文章，发表在《化物生活》上（我和邓麦村合写的文章是《对我所实施知识创新工程中工会和职代会工作的思考》），为各部门深入开展工作奠定了基础。所领导班子要求工会在搞好自身建设的同时，紧密结合所的改革和发展实际，转变观念，找准"切入点"多做一些"亮点"工作，发挥好工会在创新文化建设中不可替代的作用。伴随着创新文化建设的开展，工会通过调整工会委员会和支会委员，优化了工会的组织结构，有重点、有特点地开展多方面工作，取得了好成绩。所工会撰写的《工会在创新文化建设中把握"切入点"问题的思考和体会》被中科院政研会工会和民主管理分会评为优秀论文奖，所工会还被评为"大连市模范工会""辽宁省模范职工之家"。

二、"'创新杯'计算机知识大奖赛"冠名的由来

2000年6月，为满足职工、研究生学习和掌握计算机知识的需求，所工会举办了"'创新杯'计算机知识大奖赛"。起初，"大奖赛"是以我所一个研究领域的

名称命名的，所在研究室的领导也十分高兴，支持冠名。当我们向邓麦村所长汇报筹备情况时，他提出了以"创新杯"冠名的意见，这样就使"大奖赛"的冠名由领域层面上升到了全所的层面。

这次"计算机知识大奖赛"引起了全所广大职工和研究生的关注和响应，全所共有238人次参加了个人和团体7轮18场比赛。参赛选手中有60多岁的老研究员，也有新入所的研究生；有来自研究室的队员，也有来自公司和机关的队员。更令人可喜的是每场比赛观众爆满，气氛紧张、热烈、团结，收到了显著的效果，得到了高度评价。所领导班子非常重视这场比赛，特批4万多元购买了6台宏基牌计算机等作为奖品。比赛期间，所领导亲临比赛现场，为队员鼓劲，时任所长邓麦村、副所长张涛还亲自为获奖的单位和个人颁奖。

三、郭传杰参观"园区采风摄影展"

2000年10月，所工会举办了以反映我所知识创新工程两年来园区变化为基本目的的"大连化物所园区采风摄影比赛展"。展出的500多幅作品主要有两个来源：一是从职工中征集来的；二是由所工会组成的"园区摄影采风小分队"新创作来的。小分队20名同志经过基本培训，两次集中深入到所区各个部位，用镜头记录下了许多园区美景，反映了我所知识创新工程园区建设的新成果。时任所图书档案信息中心主任的佟丽娜看完影展后高兴地表示，待展出结束后，将其中部分照片扫描留存。

10月14日，来大连参加"中科院创新文化建设经验交流会"的中科院党组副书记郭传杰、副秘书长邓麦村和各分院、各所党委领导，在所长包信和、党委副书记王承玉的陪同下，兴致勃勃地参观了影展。郭传杰认为：化物所的创新文化建设硬件搞得很好，软件工作也很出色。他风趣地说，我提个建议，把这些照片送进网络，让院内外、国内外都看一下，对扩大研究所的影响，吸引优秀人才会有很大帮助的。当包信和所长说打算从这些照片中选择一部分，制作2001年所台历时，郭传杰高兴地说，这是件好事。

四、在制作张大煜先生塑像的日子里

2002年上半年，所领导交代给工会一项工作，在二站科研园区建张大煜先生塑像。虽然我们没见到过张大煜先生，但从一些文字材料和老同志的讲述中，我们知道张先生是我国著名的物理学家、催化科学的先驱者之一、我所创始人之一、我国首批院士、我所第三任所长。敬重之余，我们对所领导班子为什么在知识创新重要时刻，筹划制作张大煜先生塑像的重大意义有了深刻的理解。

经过调研，我们与鲁迅美术学院的雕塑专家取得了联系，他们说：我们为许多单位做过塑像，现在能为大连化物所这个很有名气单位的老领导、老科学家制作塑像，很荣幸，也很光荣。

张大煜先生的儿女们知道我所要建张先生塑像的消息后，十分激动，并将保存的张先生照片和一些材料送给了我们，为制作张先生塑像和事后所里举办的"张大煜先生生平业绩照片展"做出了贡献。

2002年9月29日，我所在二站科研园区举行了隆重的"张大煜先生塑像落成典礼"。曾经在我所担任过所长的顾以健、楼南泉、张存浩、袁权、杨柏龄、邓麦村，大连市和沈阳分院的领导、张先生亲属和曾与张先生一起工作过的所内外老同志以及我所科研骨干、研究生代表出席了仪式。

此后，每年清明节我所都组织瞻仰活动，缅怀老科学家的丰功伟绩，传承老科学家的崇高品德。

五、我所职工与全总文工团演员同台演出

2002年初，我们从市总工会那里听说，春节前全总文工团将来大连进行慰问演出，计划安排已定。我们将这个消息报告给了时任党委副书记王承玉，并表达了我们想请全总文工团为我所加演一场的意见。王承玉认为这是件好事，一是可以给正在进行知识创新工作的职工们鼓鼓劲，二是见识一下专业文艺工作者的演出水平。市总工会领导很支持我们的想法，与全总有关部门沟通后，让我们与全总文工团直接商量演出的具体事宜。

在北京，我们见到了全总文工团的领导和编导，听完我们的想法后，他们表示加演一场尽管会增加一些困难，但你们有这样的要求，而且是中科院响当当单位的要求，我们应该去慰问演出。接着，双方就演出细节形成了共识，一是全总文工团在节目安排上"嫁接"一些化物所的"元素"，二是化物所出几个节目同台演出。

2月4日，我所在大连市人民文化俱乐部召开了表彰2001年先进暨全总文工团慰问联欢大会，全总文工团近百名文艺工作者带着全国总工会的重托为我所职工献上了一台精彩的节目。我所职工和离退休职工表演的独唱、合唱、舞蹈等节目同台穿插进行，专业与业余、台上与台下互动，演员与观众的情感在一个半小时的演出中产生了强烈的共鸣。整场演出在团结、欢快、向上的气氛中结束。演出结束的几天里，一些同志还经常谈论感受。有意思的是，有一位老同志告诉我们，上台演出舞蹈的一位退休人员的儿子在国外看到了母亲的演出，特别高兴，满怀深情地祝福母亲、祝福化物所。

六、助学春风进山村

在我们保存的资料中，有一个只有十几页的小册子，书名叫《书海畅游集》，里面收集了庄河市栗子房镇新东方小学写给我所的一封信和 10 名学生通过读书活动写的读后感。小册子很薄，文章也不算多，但我们认为很珍贵，它从一个侧面记录和反映了我所"对口帮"助学的情况。

2002 年，按照大连市政府的安排，我所与庄河市栗子房镇张炉村结为"对口帮"对子，所领导明确帮扶的重点是帮学生助教育。由此，开始了长达近 10 年的助学活动。通过帮助学校整修操场、"非典"时期建深井、助学结"对子"、建计算机教室、组织"小分队"义务培训老师等活动，促进了学校的健康发展，新东方小学的许多项工作走在了庄河市小学的前列。

2004 年 3 月，新学期开始，我所 12 个单位（部门）的 28 名职工代表来到新东方小学，参加学校以少先队主题大队会方式进行的"捐书仪式"，将我所捐赠的 500 余本新书送到了孩子们的手中。仪式结束后，我所二室、三室、七室、九室、十五室、十八室、团委、办公室、人教处、科技处、财务处、经管委、基建办和信息中心的职工代表与张炉村正在读小学、中学的 11 名特困生和家长见了面，将本单位职工捐赠的助学资金送到了学生的手中。学校领导和老师高兴地说到，化物所把助学春风吹到咱们小山村，我们更应该把教书育人的工作做得更好才行。

七、男生四重唱进京参加演出

2009 年是我所所庆六十周年，也是中科院院庆六十周年，中科院发出通知，要在北京举办院庆六十周年文艺演出，要求各分院推荐节目，我所报送的节目"男生四重唱"被列为预选节目接受审查。9 月 11 日，正带队对我所进行所领导班子中期考核的院党组成员、副秘书长何岩与院京区党委副书记隋红建、中国人民解放军北京军区战友歌舞团副团长沈清华、国家一级演员马子跃老师以及沈阳分院党组书记马思等，在我所副所长、党委副书记包翠艳和副所长冯埃生的陪同下，对由我所职工张恩浚作词、回晓康作曲的男生四重唱《科学的花园》进行了审查和点评。何岩副秘书长说，大连化物所在全力推进综合配套改革并取得优异成绩的同时，注重创新文化建设，很有成效，相信参加演出的同志们能把沈阳分院和大连化物所的崭新风貌带到北京，展现给全院的同志。沈清华副团长对我所的节目给予很高评价，认为在表演方式上属于创新，给人以耳目一新的感觉，希望再精雕细刻一下，表现出更高更精彩的水平。马思书记和包翠艳副书记在讲话中表示，一定不辜负院领导和专家们的信任，把节目排好、练好、演好。

10月25—27日，中科院院庆六十周年文艺汇演在北京展览馆剧场隆重举行，由我所孙生才、卜宗式、王建宁、郭庆演唱，所舞蹈队伴舞的《科学的花园》，赢得了全场的热烈掌声，荣获二等奖。

八、陈庆道老领导为《夕阳正红》题写刊名

为丰富我所离退休老同志精神文化生活，发挥好舆论宣传的作用，引领老同志的新生活。2006年1月，应老同志的要求，在所党委和所领导班子的关心支持下，离退休服务中心创办了以反映老同志学习和生活为主要内容的《夕阳正红》刊物。起初，刊物名称拟定为《夕阳红》，后来经过征求意见，认为加个"正"字效果会更好，便定名为《夕阳正红》，并请德高望重的陈庆道老领导题写了刊名。

作为内部交流材料，在版面设计、内容安排等方面，重点突出老同志的特点，力求贴近老同志学习和生活，凸现老同志所思、所想和所关心的内容。《夕阳正红》向老同志们传递所里新闻动态，提供有关方面的政策，介绍老同志的生活学习情况，讲解健康保健知识，抒发内心情感，畅谈学习"八荣八耻"的体会，刊登创作作品等，成为离退休老同志喜欢的"知音"和"朋友"，发挥出明显的作用。所长包信和亲笔写信"希望你们与老同志一起共同努力，使这份老同志自己的刊物越办越红火"。退休后居住在外地的老同志也多次发来电子邮件，畅谈感想，祝《夕阳正红》期刊越办越好。许多老同志也提笔撰写诗歌和文章，表达对刊物的喜爱之情。

中科院离退休干部工作局对《夕阳正红》刊物的创办给予很高评价，在对我所离退休工作测评时给予了高分，并希望有关单位在有条件的情况下，也试着做一做，目前，《夕阳正红》仍在继续出版，发挥着好的作用。

九、开展"小家认亲"活动

从80年代初开始，我所先后有800多位老同志从岗位上离退休，他们为我所的发展做出了积极贡献。离退休后，他们仍以所为家，关心着所的改革和发展，更关注着以前所在研究室和机关部门工作。为进一步加强离退休老同志与原所在单位的联系，密切新老同志的感情，构建温馨和谐的环境，我们按照所党委先进性教育整改措施要求，经过认真的筹划准备，于2006年"科技活动周"期间集中进行了"小家"认亲活动。以中青年人员为主要构成的各研究室和机关部门，在各党支部和行政业务领导的精心组织下，认真研究制定接待方案，除做好必要的接待准备外，还亲自打电话给曾在本单位工作的老同志，欢迎回"家"参观、座谈、认亲。200余名老同志怀着十分喜悦的心情，在各单位代表高举着的"欢迎离退休老同志回所参观"的彩旗导引下，回到曾经工作过的研究室和机关部门参观座谈，激动不已。

无论是熟悉还是不熟悉的面孔，在这一刻情感都得到升华。离退休老同志在熟悉和陌生中，又一次亲身感受到我所的快速发展和大家庭温馨，他们接受记者采访，撰写文章，提笔赋诗，表达回"家"的感想和体会，真诚祝愿化物所早日建成世界一流研究所。

2008 年 4 月，在纪念"科学的春天"三十周年的日子里，我所又举办了离退休老研究员回所参观座谈活动，所领导带领机关有关部门负责人在会场门口迎候老研究员们的到来。

所长兼党委书记张涛向到会的 60 多名老研究员通报了我所知识创新工程进展和综合配套改革工作情况，高度评价了老研究员为我所发展做出的重要贡献。会后，老研究员们集体合影，并在前来迎接他们的各研究室、部门有关同志的陪同下，回到原单位参观、座谈。

"小家认亲"活动为新老同志搭建了一个沟通交流平台，进一步密切了新老同志的感情，对于构建和谐研究所起到了重要作用。

作者简介：刘吉有，男，1949 年 10 月出生，1976 年到大连化学物理研究所工作。曾任党委办公室主任、所工会主席兼离退办主任。现已退休。

在创新文化建设工作中的二三事

孟庆禄

退休以后，闲暇时常常回首往事，过去工作时的一些情景历历在目，特别是在临近退休的十几年间，参与我所知识创新工程试点工作的经历，更是令人记忆犹新。恰逢大连化物所建所七十周年征文，应离退休服务中心和办公室同志的盛情约稿，信笔写下我在参与创新文化建设工作中，经历过的几件印象深刻的事情，以此祝贺大连化物所七十岁华诞。

一、邓麦村所长提出的"研究所多元文化融合"

在实施知识创新工程试点工作的同时，大力推进创新文化建设，这是中科院党组提出的重要任务。我所作为首批以研究所为单元进入知识创新工程的综合性研究所，在实施知识创新工程实践中，如何开展好创新文化建设，这是面临的一个新课题。为了解决好这个新课题，1999年，所党委围绕什么是创新文化建设、为什么要开展创新文化建设、创新文化建设需要做什么、怎样卓有成效地开展创新文化建设等问题，结合研究所实际，组织全所职工、研究生开展了大讨论活动。

一天下午，办公室党支部按照所党委的部署，召开关于如何开展创新文化建设的学习讨论会，作为党支部成员的所长兼党委书记邓麦村同志也在百忙中以普通党员身份参加了会议。在讨论中，大家围绕如何确定创新文化建设的目标、任务，各抒己见，畅所欲言，纷纷提出了自己的认识和见解。邓麦村所长也在讨论中发表了自己的意见，他说，创新文化应该是促进科技创新活动顺利开展的文化，应该是营造有利于科技创新的良好氛围、大力弘扬化物所精神的文化，我们开展创新文化建设，就应该把促进科技创新活动、营造良好氛围、弘扬优良传统作为工作的目标和任务。同时，还针对综合性研究所的特点，特别提出了我所的创新文化建设不能笼而统之、一概而论，要注重建设好各具特色的科学研究文化、管理工作文化、高技术企业和后勤服务企业文化，并使之有机融合。当时我作为宣传教育工作的具体承担者，负责全所学习讨论活动的组织和各党支部讨论情况的汇总，并参与了办公室包翠艳主任主持的创新文化建设实施方案的起草工作，记得当时起草方案时，充分参考了各党支部上报的讨论意见，其中，吸纳了一些办公室党支部的讨论意见，而办公室讨论意见的核心内容就是邓麦村所长的意见。

这个凝聚着全所同志智慧的创新文化建设实施方案，在以后的创新文化建设实践中，成为贯穿创新文化建设全过程的纲领性文件。坚持以"明确创新目标，树立科技创新价值观；弘扬化物所精神，凝聚职工队伍；建立与创新体系相适应的规章制度；提高创新队伍的综合素质；确立职工群众认同的良好的科研道德规范；树立品牌意识，塑造化物所的良好形象；建设与完善优美的园区环境；创造各具特色的研究工作、管理工作、高技术企业和后勤服务企业文化，并有机融合"为主要任务的创新文化建设活动不断取得可喜的成绩。特别是邓麦村所长提出的各具特色并有机融合的研究文化、管理文化、企业文化建设，得到了有效的推进和长足的发展，所内各个学科，交叉融合，相互包容；不同文化，各具特色，相互欣赏，百花齐放，不仅成为各方面工作强有力的推进剂，也成为我所和谐研究所建设的一大特点。

二、为总书记题词"研墨"

1999 年 8 月中旬的一天，办公室召开紧急会议，安排迎接江泽民总书记视察我所筹备工作分工。我接到了两项任务，一是做好总书记视察后的宣传报道工作，二是做好总书记题词的条件准备。对于时任所报《化物生活》编辑的我，做宣传报道可以说是轻车熟路，而为领导题词做条件准备，这可是不容出错的头等大事。接到任务后，我首先乘车来到位于友好广场的一家专门经销书画用品的商店，精心选购了笔、墨、宣纸和毡垫，然后又在所内多方寻找大号的砚台，最后终于如愿在一位同事那里借来了一方 32 开纸大小的砚台，算是"万事俱备"了。

8 月 20 日上午，总书记如期到所视察。按照预先计划，总书记在视察完相关研究室后，要在十一室会议室与我所科学家座谈。于是，题词的地点就选定在十一室的一楼大厅。当总书记一行在楼上会议室座谈时，我请十一室的几位同志帮忙抬来一张大写字台，在摆放笔、墨、纸、砚时发现桌面很滑，可匆忙间我又不能离开现场去找合适的桌布，这时，十一室的李芙蓉大姐挺身而出，找来了一块大窗帘铺在桌面上，帮我解了燃眉之急。当座谈会结束后，总书记一行从楼上缓缓走来，在邓麦村所长的邀请下，总书记来到写字台前，欣然挥毫为我所题写了"实施知识创新工程把大连化学物理研究所建成世界一流研究所"，在题词过程中，总书记几次说道，今天的墨研得很好，我写得很舒服。

事后，邓麦村所长告诉我，路甬祥院长专门问他，你们所是谁给总书记研的墨啊？总书记很满意，表扬了好几遍。邓麦村所长回答说，是我们办公室的一位懂书法的老同志。其实，我哪里懂什么书法，墨也不是我研的，我只是为了防止墨汁倒入砚台时间长了水分挥发影响书写，一开始并没有把墨汁倒入砚台，而是等到座谈会结束前才将墨汁摇晃均匀倒入砚台。事后，我十分庆幸把握了倒墨汁的时机，因为座谈会的预定时间是二十分钟，实际座谈的时间延长了一倍多，如果一开始就把墨汁倒入砚台，墨汁经过这段时间的挥发，可能就会因黏稠而造成书写不便。

由于是中科院进入知识创新工程后总书记第一次视察中科院的研究所，因此，视察结束后，路甬祥院长指示我所尽快把总书记视察的新闻报道稿件写好，在周四出版的《科学时报》发表。当天下午，邓麦村所长亲自主持召开会议，讨论部署宣传报道的具体事宜，会上决定，由我和邹淑英同志分工合作，邹淑英同志负责采访现场接待的科技人员，我负责执笔。当晚，我连夜起草了题为"非常赞赏你们作为知识创新工程的先遣部队"的新闻稿初稿，第二天提交所领导审查修改，而后，又按照所领导的修改意见对稿件进行了修改和完善，最终如期在《科学时报》上发表。

三、所报《化物生活》创新文化副刊的诞生

经过 1999 年初的竞聘上岗，我仍然承担以前所从事的党委宣传教育和所报编辑工作岗位，与以往有所不同的是，新增加了创新文化建设方面的工作任务。

新任伊始，作为所报《化物生活》编辑，首先面临的一个新课题就是如何配合所党委做好创新文化建设的宣传教育工作。尽管从所报《化物生活》角度，已经通过开辟"创新文化建设"专栏，对中科院党组关于创新文化建设的有关文件精神，进行了系列宣传报道，但由于受所报《化物生活》出版周期和版面的限制，在一些时效性、专题性方面的宣传报道上，往往显得捉襟见肘，力不从心。为了解决这个问题，我采取了出版《化物生活》增刊的方式，取得了一定的成效。如在进入知识创新后推进体制机制改革的关键时期，除了坚持正常出版《化物生活》进行宣传外，通过出版增刊，把所领导班子新出台的有关政策规定和改革举措及时传达给全所同志，受到全所同志的欢迎。记得有一期刊登关于岗位设置、竞聘条件及下岗分流途径和相关待遇的增刊，发行以后需求量出现了超乎寻常的激增，不仅正常发行的数量供不应求，就连编辑部留存的十几份也被索要一空，最后只好给前来索要的同志复印件。有位同事对我开玩笑说，你这期《化物生活》简直成了"洛阳纸贵"，一纸难求了。

然而，随着我所知识创新工程试点工作的深入进行，在工作中越来越感觉到，虽然《化物生活》增刊对于非常时期的集中宣传报道效果显著，但是，对于创新文化建设这样一项与知识创新工程相辅相成的长期宣传教育任务，增刊这种形式就显得不是很合适。考虑再三，灵机一动，何不创办一个"创新文化副刊"，既与所报《化物生活》相辅相成，又相对独立，彻底解决创新文化建设活动的专题宣传报道问题。这个想法跟包翠艳主任做了汇报，得到了她的充分肯定和大力支持。2000

年 3 月 30 日，一份以刊登我所创新文化建设活动为主要内容，旨在弘扬科学精神，宣传创新文化的《化物生活》"创新文化副刊"面世了。第一期的创新文化副刊以"千禧之年话创新"为主题，主要围绕进入知识创新工程试点工作的新形势，在经历了竞争上岗等一系列体制机制方面的改革后，思想观念变化最大的是什么?感受最深的是什么?说说心里话，谈谈一年来的酸甜苦辣咸，共发表了科研人员、管理人员和企业人员的应征文章 8 篇，引起了全所同志的热烈反响和积极响应，许多同志围绕"五四运动与创新工程"、"化物所传统文化与创新文化之我见"、"知识创新工程与科学赤子的情怀"等征稿主题要求，纷纷写下自己的感悟和体会并踊跃投稿。在全所同志的热情支持下，"创新文化副刊"全年共出版了 10 期，大大超出了出版 4 期的原定计划。

在以后的创新文化建设实践中，所报"创新文化副刊"一直发挥着创新文化建设宣传阵地的作用，并得以延续至今。

四、李灿主任提出的"用心血做学问，用生命写文章"

在创新文化建设实践中，我所始终把深入开展学风和科研道德教育，不断加强学风和科研道德建设，作为创新文化建设的重要内容来抓。2002 年 3 月，所党委决定，以学习中共中央印发的《公民道德建设实施纲要》为契机，在全所范围内开展一次学风和科研道德的系列学习教育活动。学习教育活动分为两个阶段，一是普遍学习阶段，所党委组织全所同志先后进行了《公民道德建设实施纲要》的学习讨论；听取了中共大连市委党校张德民教授做的学习《公民道德建设实施纲要》理论辅导报告；举办了有 1148 名同志参加的学习《公民道德建设实施纲要》知识竞答活动。二是结合实际、教育提高阶段，以各党支部为单位，组织全所同志结合国内科技界在学风科研道德方面出现的问题，认真查找发生在身边的违反科学道德的具体现象并深刻分析其发生的根源，同时以求真务实、严谨治学为标准，认真总结身边恪守科学道德典型事例，让大家在查找、总结正反两方面典型案例的过程中，升华道德层次，提高恪守科学道德的自觉性。

催化基础国家重点实验室在结合实际、教育提高阶段率先召开了全室人员参加的学风与科研道德建设大会，研究室主任李灿研究员就学术界出现的学风不道德现象、应该警戒的学风问题以及如何加强学风建设，根绝学风道德隐患做了专题报告。在报告中，李灿主任强调指出，加强学风道德建设要从每个人做起，从科研工作的每一个环节做起，从培养品德、良知和诚信做起，追求"用心血做学问，用生命写文章"的境界。李灿主任的报告，不仅使催化基础国家重点实验室的同志受到深刻的教育，当李灿主任提出的追求"用心血做学问，用生命写文章"境界的观点，经所报《化物生活》报道后，也引起了全所同志的强烈共鸣，精细化工等研究室相继就加强学风道德建设分别召开了学风与科研道德教育大会或专题讨论会，形成了全所同志认真查找发生在身边的违反科学道德具体现象、共同谴责不良学风和不良科研道德行为的良好氛围。在讨论中，全所同志还针对存在问题提出了相应的整改措施，围绕科学道德自律提出了切实可行的具体措施。所党委根据全所同志的讨论意见，最终形成了《大连化物所科研道德自律准则》，并在当年颁布实施。

可以说，这次学风和科研道德系列学习教育活动，之所以能够取得这样好的成果，得益于所党委的精心策划和组织，而催化基础国家重点实验室的学风与科研道德建设大会和李灿主任"用心血做学问，用生命写文章"的号召，也起到了积极的推动作用。

五、包信和所长的创新文化建设报告

2006 年 9 月，中科院京区党委副书记孙建国到我所专题调研创新文化建设工作，提出要分别听取所党委和所长的创新文化建设工作汇报。按照中科院党组的规定，研究所创新文化建设工作由所长领导，党委组织实施。鉴于工作分工，创新文化建设方面的常规性工作基本上都是由党委来组织实施，自然成为党委领导报告的主要内容。所以，这次工作汇报对于党委书记来说，是一次普通正常的工作汇报，而对于所长来说，则是一次考验和挑战，其难度就在于如何既避免报告内容的重复，又能讲出新意来。

9 月 25 日，包信和所长在生物楼小会议室向孙建国副书记作创新文化建设专题汇报，我作为工作人员列席了会议。包所长以"对创新文化的肤浅认识和初步实践"为题，结合科技创新的模式和进程，汇报了自己对创新文化建设的认识，同时，从研究团队和学术带头人；科研活动绩效考核；考核和评估体系的优化；推进研究组群和团队建设；研究条件和试验设备的改善；完善园区功能和研究平台等方面，介绍了我所创新文化建设的实践。由于我已经听过党委书记的报告，二者比较而言，包所长的报告，无论是汇报的角度，还是汇报的内容，不仅避免了内容的重复，而且令人耳目一新。果然，包所长的报告得到了孙建国副书记的高度评价，他说，"听了包所长的介绍，很受启发，特别是前半部分，大化所在创新链中蕴含了文化，提出了创新活动价值链中的文化，很有想法。所长提出理念，党委组织实施，就这一点就可以很好的总结经验"。

同年 12 月，中科院在青岛召开由各所党委书记参加的"创新文化建设研讨会暨政研会年会"，在孙建国副书记建议下，中科院政研会专门邀请包信和所长到会做专题报告。会上，包信和所长介绍了我所作为综合性研究所，在理念、价值观和规章制度以及物质条件等方面，通过深入推进创新文化建设，引导全所同志实现了对自身历史和文化、对国家发展战略以及对研究所使命的认同，形成了在发展理念上、研究队伍建设上、研究所运行机制上以及价值取向上的共识，营造了学科交叉融合、相互包容欣赏的宽松研究环境，促进了科技创新活动的开展。受到与会代表的热烈欢迎。

实际上，从开始进入知识创新工程试点工作起，我所就建立了党政密切配合，共同抓好创新文化建设的领导体制。在工作实践中，所领导班子始终坚持把创新文化建设工作纳入重要议事日程，认真讨论、研究确定创新文化建设的重大事项，例如，在讨论制定研究所发展规划的同时，一并讨论制定创新文化建设的发展规划；在每年召开的全所骨干人员工作会议上，创新文化建设都作为会议重要内容之一，进行专题报告和讨论等。我所之所以在创新文化建设方面不断取得可喜的成绩，并获得首届中科院创新文化建设先进团队称号，除了党委的精心策划和周密组织，与历任所长的重视和支持也是分不开的。从这个意义上讲，包信和所长能做出这样独具匠心的创新文化建设报告，也是不足为奇的。

作者简介：孟庆禄，男，1952年11月出生，1975年5月到大连化学物理研究所工作。曾任党务主管。现已退休。

她们无愧于"大连市三八红旗集体"光荣称号

吴钦厚

时间飞逝，一晃几十年过去，图书检索工作也已经由从前的纸质媒介发展为现在的电子检索，这是科技进步的力量，也是时代发展的必然。然而，这其中的工作精神却始终没有变。

1987 年"三八妇女节"，我所图书馆被授予"大连市三八红旗集体"的光荣称号。消息传来，在所里曾引起轰动。大家无不为图书馆获得这一殊荣而高兴，更认为这是图书馆全体同志努力奋斗的结果。在我所的发展和取得的科研成果中无不凝结着她们的辛劳和汗水，应该为她们请功。

往事如烟。图书馆获评"大连市三八红旗集体"的称号已过去三十多年。她们默默无闻、敬业奉献的精神仍在发扬光大，在各项工作中所展现出的飒爽英姿仍被大家所称道。

为了传承大连化物所精神，为了让图书馆的事迹得以传播，在建所七十周年之际，我作为图书馆时任党支部书记，在责任感的驱动下，再次拿起笔来，把图书馆的事迹进行梳理和介绍。

我所图书馆在院系统建馆较早，馆藏丰富，且有一支素质优良的业务骨干。全馆工作人员近三十人，女同志占 70%左右，是馆里的主力军，在工作中，她们不只是半边天而是起了顶梁柱的作用。

在日常工作中，她们懂业务，会管理，树立了为读者服务和为研究工作服务的思想，每天要接待上百名所内外读者，还要进行大量的书刊采购、编目检索、题录、上架、借还、复印和装订等繁重的管理和信息传递的加工工作。她们为了方便科技人员查阅资料，还开展了多种形式的服务，如定题服务、函索资料、新到期刊题录和新书介绍、期刊介绍等，深受广大读者和科技人员的欢迎。

她们为了获取先进技术信息，还开展了国际资料交换工作。图书馆国际资料交换组自 1980 年至 1987 年先后与 41 个国家近 700 多个单位的 1245 位专家学者进行了资料交换，平均每年收入交换资料 50 多种和近千份的图书文献资料，这些具有最新技术价值的资料，为研究工作提供了可供参考的信息。

在改革开放中，伴随着我所的发展，从20世纪80年代起图书馆的发展也步入了快车道。除日常的管理服务工作外，还要搬迁旧馆和筹建新馆。图书馆增加了超常的工作量和劳动强度，从图书设备订购、搬运、安装直至书刊分类、排序上架，除了所里有关部门的支援外，主要是靠图书馆自己完成。

20世纪80年代，图书馆的馆藏与书库的矛盾开始显现。当时所里不可能拿出经费盖新馆。为了解决建新馆的经费，所领导多方寻求解决办法，恰在这时，也就是1993年5月，中北公司有意租借一二九街图书馆后增加的原药品库房部分做期货交易，所领导当即拍板，并亲自同中北公司谈判，最终同意租用10年。中北公司支付350万元作为补偿达成了协议。这样一来终于使兴建新馆的经费有了着落。

中北公司租用协议签订后，规定我所10天内必须腾出租房。在所行政部门的支持和协助下，在图书馆全体同志的参与下，仅用了8天就把十几万册书刊、几百个书架，有条不紊地搬到星海二站礼堂存放。

在那令人难忘的8天里，全体同志忘记了休息，忘记了吃饭，有时连喝水都顾不上。大家只有一个心愿，就是尽快把出租房倒出来，让全所期待已久的新图书馆早日建成。

图书馆的书库条件比较差，窗户又高又小，通风不好。书架排列十分拥挤，书库的通道才五六十厘米宽。书架上积满了灰尘。全馆同志不分男女老弱，争相把厚厚的书刊从高高的书架上，一摞一摞地取下来，经打捆编号后分类放好。干活时扬起的灰尘扑面而来，即使戴着口罩也无济于事，不大一会儿口罩内也吸满了灰尘。尽管如此，同志们干得热火朝天。手碰破了皮，包扎一下继续干，累了捶一捶背接着干。汗水伴着灰尘把同志们白净的脸蛋抹成黑花色。当同志们抬头看见彼此的花脸时，一阵开心的欢笑，便又欢快地干了起来。她们就是以这种不怕苦不怕累的精神提前完成了任务。

出租馆舍交付使用后，从1993年6月至1995年2月下旬，又断断续续用了一年多的时间，把一二九街运往二站礼堂的书刊重新清理排序，剔留建账，以便在新馆建成后，早日陈列上架，满足广大读者和科技人员查阅文献的需要。

我所图书馆重视对工作人员的培养，定期进行工作检查和交流，不定期进行学术活动。每年底结合年终工作总结对各类人员进行业务工作考核。馆里鼓励和支持工作人员参加有助于提高业务能力和服务水平的各种学习深造。

图书馆还提倡加强工作人员与广大读者和科技人员之间的联系和交流，倾听所内外读者和广大科技人员对图书馆工作的意见、建议和要求，以改进图书馆的管理和信息服务工作。

我所图书馆很重视与大连市科研及文教系统图书馆的联系和交流，做到互联互通、信息共享。馆领导和馆里专业人员与市内各相关图书馆，经常有相关业务交流和信息互通。

我所图书馆在中科院系统建馆较早，馆藏较全。与院内各有关图书馆往来频繁，多有交流。1989年，中科院化学情报网还委托我所图书馆牵头协助院化学情报网，在大连举办了中国科学院化学情报网加强情报职能研讨会，院化学情报网系统各馆四十多人到会，与会人员会议期间还对我所及图书馆进行了参观交流。我所图书馆在院属各图书馆中口碑较好。

图书馆情报工作者是一群默默无闻、敬业奉献的无名英雄，我所图书馆无愧于"大连市三八红旗集体"的光荣称号。

作者简介：吴钦厚，男，1938年12月出生，1960年4月到大连化学物理研究所工作。曾任图书情报室副主任。现已退休。

科学家严谨求是的精神激励我不懈进取

邹淑英

今年是中华人民共和国成立七十周年，正逢中国科学院大连化学物理研究所也将迎来建所七十周年。在这喜庆连连的岁月里，我作为曾在大连化物所学习和工作了40余年的一名退休人员，不由得心潮起伏，思绪万千。回想从1965年入学大连化学物理半工半读学校，到1968年大专毕业分配留所工作，直至2004年退休，又返聘至2007年离岗，一幕幕往事在我脑海里翻滚，触动着我心情澎湃，难以平静……

在化物所40多年的生涯中，让我最不能忘怀的是化物所培育我成长，给予我多次学习深造机会，使我不断进步，逐渐成长为一名科技领域的专职高级新闻记者。

那是1968年底，我在化物所毕业被分配留所工作。一年之后，因为所里宣传工作的需要，所领导将我从科研工作岗位调离，派我去大连日报社学习新闻专业，经过一年多的新闻知识学习和新闻采访实践，新闻素质得到了较大提升。学习结业后，回到所里即被正式调到所宣传科工作，负责采编出版所里的大黑板报。同时承担所里的宣传报道工作，负责向中央、省、市及科学院各大媒体提供化物所的科技成果、人物及重要新闻事件等稿件，以扩大化物所对外宣传的力度，增强其影响力。

1976年，人民日报社派人来所选拔新闻记者培养对象。根据报社提出的三方面条件，所相关部门领导推荐我去面试，结果有幸被选上了。那还是我第一次去北京，又是踏进人民日报社学习，我无比激动，决心努力学习，不辜负所里给我创造的难得机会。在报社培训期间，我经历了正规的新闻专业授课，到唐山大地震灾区、海南岛南海舰队等许多实地采访实践，使我在新闻采写方面得到很大提升。一年的学习培训结束后，我回到化物所宣传部，开始从事专职的新闻报道工作。从此，我有了采访科技人员和最新科研成果等许多机会，这使我在与科学家面对面的接触中学到了许多书本上学不到的东西。尤其是科学家的那种认真负责、严谨治学的工作态度，勇于奋斗、献身科学的精神和实事求是的人格魅力令我十分感动和敬佩。多年来，科学家对我多方面的感染和指导，是我获得的一笔无法用金钱买得到的人生财富。

在我心目中，科学家们的感人故事和他们为科学而拼搏、锐意创新的精神太多，在此，仅从难忘的记忆中选述几段，供大家学习，发扬光大。

　　1991 年，我所有 4 位科学家当选为中科院院士的喜讯在所里传开，但名单尚未公开见报。大连日报社的一位记者在报道化物所的一篇文章中抢先将楼南泉研究员写为中科院院士。楼南泉见到后，立即给我打电话说，"这是一件严肃的事情，新闻报道要实事求是，尚未公布的消息怎能报道出去，必须在报纸上予以更正。"我立即打电话与该记者沟通，记者向楼南泉表示了歉意，并写成书面信，在所报《化物生活》上刊登出"重要更正"，楼院士才不再追究此事了。

　　楼南泉院士对我所的宣传报道要求很严格，发现不当之处，都要打电话告诉我，给予指正和帮助，他那认真负责的态度、严谨治学的工作作风和实事求是的精神正是我们新闻工作者需要学习和具备的，对推动我所新闻报道工作增添了动力。

　　先人已去，风范长存。楼院士的科学态度和求是精神将永远激励我不断进取。

　　2003 年 3 月，我采写的化物所长篇专题报道《中国的神舟，大连的舵》，送给时任所长包信和审稿，他审阅后提出，将此稿送给林励吾、张涛和实验室的科学家审改。其中林励吾院士认真地审改后，语重心长地建议我将文章的标题改为《航天催化材料打造"神舟"飞船之"舵"》。他认为，原题有些霸气，"神舟"的"舵"不光是我所催化方面的研究成果，还包括兄弟单位发动机方面的研究成果，我们只是其中的一部分。我听后，心中豁然一亮，林老师求实、严谨的科学态度和渊博的学识令我十分敬佩，同时也感受到我面前这位科学家的博大胸怀，我从心里赞叹，科学家看问题的高度和普通人真是不一般。这件事虽然已过去多年了，但我却一直铭记在心。

　　我所催化基础国家重点实验室在科技部、国家自然科学基金委组织的 2004 年度评估中，被评为"优秀类实验室"。抓住这一新闻点，我决定采写一篇长篇专题报道《从这里迈向催化科学国际前沿》。动笔前，我征求李灿院士的意见，他工作特别繁忙，可他忙中抽空，很热情指导我如何选题和采写哪些内容。在他出国前，还特意请了室里 3 位科技人员与我一起讨论稿子的内容和写法，使我深受感动，从中学到了许多书本上没有的东西。

　　还有包信和、袁权、沙国河、张涛、刘中民、林炳承、许国旺、王公慰和熊国兴等许多科学家，他们给予我的认真指导和热情帮助，都令我记忆深刻、受益匪浅。在他们身上我看到了科学家为人正直、谦虚谨慎、作风严谨、认真负责的高尚品质和不懈攀登的科学献身精神。包信和院士每次给我审稿都非常认真，工作再忙也不例外。记得在审阅"天然气综合利用"整版专题报道时，他正赶上在北京参加人大代表会，每天都安排得满满的，他就利用早餐后开会前间隙时间或中午休息时间审改稿子。之后，打电话告诉我去取回。有时在国外参加学术会，收到审稿邮件后，也都是尽快将修改好的稿子返回来。同时将修改之处一清二楚标明，还附上一篇短信给予说明和指点。每次从他审改过的稿子中我不仅学到了很多知识，而且懂得了在报道中应如何把握好尺度，既有深度，又准确无误。

张涛院士因出差工作实在很忙，就将航天催化的稿子带到飞机上审阅，并提出宝贵的修改意见，稿子反复修改几次，每次送审，从不厌烦，总是认真耐心地反复改好为止。

刘中民院士在北京开会期间，送审的《甲醇制烯烃项目获重大突破》专题稿子都是利用下半夜时间看，并在稿子上把修改意见标注得清清楚楚。有一次中国科学报急等审改后的稿子返回报社，第二天要见报。刘中民院士正忙着去人民大会堂主持发布会，难以抽出时间审阅稿子，他就利用乘车去人民大会堂的路上仔细阅稿。下车前，他来到我的座位前，将修改意见一一告诉我，当时我非常感动，切身感受到这位年轻的科学家竟是这样理解和支持我们新闻记者的工作。会后，我和所办公室参会的李晓佳及时将修改好的稿子赶送到报社。第二天，《中国科学报》在头版头条和四版整版发表了这篇报道。

沙国河院士在 2001 年住院期间，我到医院请他审阅《分子碰撞传能中的物质波干涉现象当选 2000 年中国十大科技进展新闻》一稿，他不顾身体疾病，逐字逐句认真阅改，并耐心讲解稿子中深奥的前沿科学专业理论给我听，使我更多地了解了这门专业知识，增长了许多见识。在后来的几次采访沙国河院士中，都得到这位科学家的热心支持和指点，使我从中学到不少科学知识，新闻采访业务得到进一步提高。沙院士真不愧为大家尊重的科学家，他那坚韧不拔攀登科学高峰的毅力和不懈的奋斗精神是我们永远学习的榜样。

正是由于化物所科学家的这种严谨求是、锐意创新的科学献身精神，不断激励着我积极努力、奋力推进化物所的宣传工作和文化平台逐渐彰显出新的生机和活力。

1984 年，在所党委宣传部的领导下，第一份所报《化物生活》创刊了，我作为创刊人之一，担任主编工作。后来因工作需要，又经历了孟庆禄、李晓佳和赵艳荣 3 位同志担任主编。经过不断改革创新，这份所报办得生动活泼、喜闻乐见，至今已创刊出版了 35 周年，成为化物所的舆论阵地和文化交流平台。1995 年，在中国科学报社的提议和化物所党委的大力支持下，由大连市委宣传部批准，在大连地区建立了中国科学报大连记者站。选定我担任记者站站长工作，在此 10 多年时间里，记者站为化物所及大连地区的科技、教育及高新技术产业等领域的新闻报道做出了积极贡献，曾连续八年被中国科学报社评为先进记者站和优秀站长。还曾被大连市委宣传部评为大连地区先进记者站。在 2004 年退休前，又协助化物所离退休服务中心创办了《夕阳正红》小报，提供给离退休老同志阅览。

时光如梭，转眼五十多年过去了，然而，化物所科学家对我的感染和熏陶，送给我的宝贵精神财富却永远印记在我的脑海里，牢记在我心中。他们严谨求是的科学态度、锐意创新和奋斗不息的拼搏精神将时时激励我在人生的征途上不懈进取。

作者简介：邹淑英，女，1944 年 8 月出生，1968 年到大连化学物理研究所工作，高级记者。现已退休。

中日友好的一段佳话

张盈珍

1979 年，在我国实行改革开放后不久，也是中日友好条约签订后不久，我有幸作为中国科学院妇女科学家代表团的一员，赴日本进行学术交流访问。

期间，在一次日中友好活动中，有一位叫丸泽美千代的女士找到我，她是兵库县日中友协常务理事。她郑重其事地通过日文翻译和我说，她知道我来自中国科学院大连化学物理研究所，她的叔叔叫丸泽常哉，曾是此研究所的前身——日本南满铁道株式会社中央试验所的最后一任所长。叔叔告诉她，在日本侵略中国时期，他充当了日本军国主义的走狗。所以，在 1945 年东北解放，研究所被接管、重建后，他怀着赎罪的心情，自愿留下来继续工作，一直到 1955 年，将近十年，在七十多岁高龄后才回到日本。回到日本后，他任日本触媒化学工业顾问，但大部分时间是用于书写回忆录。1961 年底写完，还没来得及出版就于 1962 年去世。中日建交，中日友好条约签订后，由她——丸泽美千代女士代他出版。她要将书赠我一册。她还说，她的叔叔要求他的亲人们要为日中友好而努力，要世世代代友好下去。她就是秉承了老人家的遗愿在日中友协工作，为日中友好做些贡献。

后来，我收到了丸泽常哉先生（1883—1962）写的这本书。书名是《新中国建设和满铁中央试验所》，出版时间是 1979 年 12 月，出版社是二月社株式会社。这是一本 64 开的约 230 页的书，作者对 1945 年日本战败后，研究所被接管、重建，直到 1955 年他回日本之前的这段时期进行了历史回顾，还留下了几张人数很多的历史照片。书的最后附有日本侵华期间满铁中央试验所自 1907 年建成以后的年表、研究成果，及其工业推广应用简表。此书有一部分内容，是以对谈录的形式出现。对谈者是萩原定司和森川清，他们也曾是满铁中央试验所的高级科研人员，东北解放后，他们也是自愿留下，继续服务，直到 1953 年、1954 年先后回日本。

丸泽美千代女士对我说的上述一番话，非常令我感动。然而，在这一番话的背后，更令我钦佩不已的是我国一贯实行的正确区分两类不同性质的矛盾（敌我矛盾和人民内部矛盾）的伟大政策。我们坚信，日本军国主义者终究只是一小撮，而日本广大人民是爱好和平的。我们知道，南满铁道株式会社中央试验所主要是研究如何开发和利用我国东北的矿产和农产物，是日本帝国主义者掠夺东北资源的主要参谋部之一。利用其科研成果，前后在东北建立了许多工厂。而我们，却不计前嫌，继续录用自愿留下的日籍科研人员，保留其高级职称，甚至重建后还委以重任。我从《中国科学院大连化学物理研究所所志 1949—1985》中看到，1949 年，大连大学科学研究所（大连化物所的曾用名），全所职工共计 106 人，其中，日籍人员 38 人；科技人员 51 人，其中研究员 9 人，副研究员 5 人，副研究员以上的高级职称的科研人员基本上都是留用的日籍人员。1949 年，大连大学科学研究所调整为 8 个研究室，其中 3 个研究室的主任是日籍的。而我们自己，中国科学院大连化学物理研究所的研究员是在 1952 年才开始提升的，当年提升人数为 4 位。所以，中华民族待人的宽容、大度、信任和尊重，不仅使为数不少的、自愿留任的日籍科研人员用他们掌握的知识为新中国建设服务，而且我们的政策和传统美德，还不断地涤荡着、净化着人们的心灵。在中日两国人民中间，播下了世代友好的种子。不是吗？丸泽美千代女士秉承其叔叔丸泽常哉先生的遗愿，在日中友协工作。森川清先生的留用岁月，给大连化物所老一辈科研人员留下了至今仍然深刻的印象。他的两个儿子森川阳（1937—)和森川丰（1942—），后来都是日本东京工业大学教授。我国改革开放后，他们就开始和大连化物所进行学术交流，也许是从父辈就开始和中国的交往，给他们俩也留下深深的中国情结，在他俩来进行学术访问期间，还特意在大连寻找其曾经的居住地呢。萩原定司先生回日本后，担任日本国际贸易促进会副会长、理事长等职，是活跃的日中友好人士，曾受到周总理的多次接见，为促进两国之间经济贸易事务做出了积极贡献。

作者简介：张盈珍，女，1935 年 5 月出生，1964 年 12 月到大连化学物理研究所工作，研究员。从事催化化学及应用研究。曾任酸碱催化研究室副主任。现已退休。

化物所群体印象

王 佳

离开化物所接近三年啦。时常回首，一切都渐渐变得不太真实。

三年的时光，可以铭记的太多，曾经的同窗都走上了不同的工作岗位，并渐渐显现出不同的发展趋势。朋友圈的一些好友，有的正达到前所未有的爆发：出国留学、Top 期刊、成果转化等。化物所就像我人生中的一颗星，无比璀璨。

我们这些离开化物所的游子，于化物所而言是流水的兵，还好，化物所的老师们一直都在，而正是由于他们的屹立精进、他们的真实存在，让我又再一次认定一切都确有其事。而他们也从来没有将我们这些离家的孩子置之不顾，每当有问题，向他们请教时，总可以第一时间得到回复。当有一些很幼稚的问题还需要请教他们时，总有些羞于说出口，但是得到的回复永远是"没事，我一直在呢，有问题尽管问！"每次出去参加学术会议，都可以受到师兄师姐们的庇护和招待，在那里，我们依然是一个整体。化物所从未"抛弃"我，我也从来未曾忘却那一段璀璨的岁月。

化物所教给我的第一件事情，不可谓不说是 "勤奋"。很多师长周六日、节假日加班已经是极其稀松平常的事情，春节假期的正月初五左右就会在实验室、办公室看到他们的身影，更不用说工作日晚上十点也屡见不鲜的他们。

教给我的第二件事情，是由爱国情怀生发出的责任感。这种责任感促使他们对科学问题极其较真和在日常生活中具有极强的主人翁意识，正是基于这种责任感和使命感，他们能自发地拧成一股绳并脚踏实地完成每一个国家需要的任务和命题。在生活中与自己能力相关的事情，他们勇于发表意见，勇于破除迷信。能力越大，责任越大，这种主人翁意识，一定会促进化物所越来越好。

第三件事情是人格的熏陶，他们都自律、谦逊、朴素。无论是院士还是杰青，顶着一项项成绩的光环，却总是低调到尘埃里。他们对于物质的追求极其淡薄，对于那些东西也很少在乎。我想他们最开心的事情是自己的实验结果可以转化成造福民众的成果和培养出更多优秀的学生来。

更不要说他们的多才多艺，他们从来都不是枯燥的书呆子，你会看到他们爱歌唱、爱运动、爱诗词等等。我想，伟大的科学家首先也是对生活充满热爱的有趣的灵魂。

　　所有的这些都影响着现在的我。在化物所受到的教育、培训和锻炼，令我的专业能力及思考问题的能力都有了质的飞跃。现在的自己遇到问题第一反应是想着如何解决，而不再像之前首先想着逃避。我也从未放弃关注所内的一切新闻，并继续不遗余力地向我的学生们推荐化物所。同时，尽可能地克服困难，秉承化物所人教给我的坚韧，努力地进取。我确信，化物所给我和那些走上不同工作岗位的同窗们都留下了深深的烙印，我们将这些"烙印"融入到了每一天的日常生活中，朴实无华，默默进取。

　　化物所的科学家"锐意创新、协力攻坚、严谨治学、追求一流"，化物所一定会越来越好。有幸能够在化物所的沃土上学习三年，已是足够幸运。我也会继续勉励自己成为这样的人。

　　祝我的母校——化物所建所七十周年纪念日快乐！更以此文献给那些一直在岗位上默默耕耘的科研工作者、那些曾经及正在为化物所的建设付出努力的人。

　　作者简介：王佳，女，1990年2月出生，大连化学物理研究所2011级硕博连读研究生。现任职于西北农林科技大学，讲师。

美好的大连记忆

肖丰收

时间真快，自从到大连学习，已经三十多年过去了。

1986 年末，作为吉林大学与大连化物所联合培养的博士生，我来到了大连师从郭燮贤老师学习，现在回想起来，大连度过的时光十分美好。

刚到大连化物所，我的感觉是整个研究所的水平很高，那时郭燮贤老师正在筹备组建催化基础国家重点实验室，购买了大量的先进仪器，因此我在大连学习期间的第一份任务是协助安装大功率的 X-射线衍射仪(XRD)，并利用该仪器研究无机盐的自发分散现象，这对于深入理解无机反应，特别是后来能成功实现无溶剂合成沸石分子筛都有很大的帮助，因为无机盐的自发分散是无机反应的必要条件。

后来，我加入了 503 组，在郭燮贤老师和辛勤老师的指导下，主要利用原位红外光谱表征催化反应活性中心，在研究过程中，还得到了应品良、张慧等老师的大量帮助，并学会和掌握了吹玻璃和烧制玻璃真空系统的一些技术。后来，在日本的北海道大学市川胜实验室，还利用在大连化物所学到的这些技术独立烧制了一套玻璃真空系统进行原位红外表征，并捕获到了许多催化反应中间体，这为深入理解催化反应机理具有较大帮助。

在大连化物所，我真正地感受到了老师们在科学研究上的严谨、工作上的相互协作、生活上的关心以及人生成长的关怀。

在科学研究上，郭燮贤老师要求数据准确与客观，要进行误差分析，对反应机理描述要深入，并要通过多种手段进行表征与验证……这种科学严谨态度直到今天仍然对我的科研工作产生着深远影响。

在大连学习期间，在生活上也得到了郭燮贤老师和梁娟老师无微不至的帮助。除了经常到老师家里蹭饭以外，郭老师让我拿他家的"粮本"购买细粮以解馋。当时，作为一名博士研究生，一个月的细粮指标只能购买大米或精粉 2 斤，这对大饭量的青年人仅仅是九牛一毛，这些温暖与关爱令我终生难忘！

为了让研究生们得到更好的锻炼，郭燮贤老师多次派我们参加国内外会议。给我印象非常深刻的是参加 1987 年在厦门举办的"中日美三国催化会议"。当时的科研人员参加国际会议的机会十分难得。郭老师要求我们，必须在国际会议报告讲述以后立即进行提问,这一要求对我的锻炼极大,在后来的国际会议上我可以经常与国外同行进行科学交流与郭老师当时的精心培养有十分大的关系。

为了帮助我们更多地接触国际科学前沿,郭老师先后将他的学生分别派遣到不同的国家学习,而我则是十分幸运地被送到了日本北海道大学市川胜教授研究组进行博士联合培养。

在大连化物所,不仅仅是自己的导师郭燮贤先生,还有许多先生也都对我的成长倾注了大量心血,例如林励吾先生等,他们非常了解我在大连化物所的学习情况,当我遇到困难时,他们坚定地支持我。印象非常深刻的一次是在大连机场候机时遇到林先生,向他汇报了我们制备的高稳定性多孔有机材料。他建议我们进行甲烷的吸附研究,这对于天然气的综合利用意义巨大,几年的时间就验证了林先生的远见。

在大连化物所,十分幸运地遇到了众多的志趣相投的小伙伴,我们互相学习与讨论,在周末一起去滨海路郊游,其中的多位已经成为大科学家,为国家科学基础研究与经济发展做出巨大贡献……

在大连化物所的学习经历,让我深深地体会到了基础研究与应用相结合的重要性,科学基础研究要面向国民经济发展中的重大需求,要和国家的命运与发展联系在一起。由此,我也认准了我将来研究工作的方向……

在大连化物所的科研经历,也让我认识到了科学研究团队的重要性。一个人能力再强也很难实现一个大的项目;反之,一个科学研究团队则相对容易完成该项目。

回想起来,尽管我在大连化物所的时光十分短暂,但那里却留下了我的许多美好的回忆。大连化物所的科研与学习经历对我的一生都有重大影响。在那里,开阔了自己的眼界,让我认识到科学研究团队建设的重要性,理解了基础与应用研究的关系,认准了我一生所追求的科学研究目标。

作者简介:肖丰收,男,1963年1月出生。作为1986级的吉林大学与大连化学物理研究所联合培养的博士生,师从郭燮贤院士和辛勤研究员。从事催化化学研究。现为浙江大学化学系教授。

"偏安"一二九街的日子

辛洪川

一提起"一二九街"，化物所人都知道那里是七十年前建所时的旧址。对于大多数年轻的化物所人来说，一二九街可能只是意味着一张黑白照片或是车外中山路上一闪而过的砖红色欧式建筑。

对于我们来说，一二九街的意义远不止这些。

2006年，为了积极配合化物所启动的催化楼改造亮化工程，有机-无机杂化材料组，把整个办公室和实验室都搬迁到一二九街所区，我们从此开始了长达一年的"偏安"岁月。

一、煎　熬

刚到一二九街，大家都不太适应。单调耀眼的工字红房，门可罗雀的幽静庭院，吱呀作响的旧木地板，闲情逸致的退休老人。这与星海主所区相比，简直就是两个世界。

每天通勤，早去晚归。坐23路或406路公交车，从宿舍所在的星海所区到实验室所在的一二九街所区，至少半小时。只有在难得的周末，才能享受到星海所区舒服惬意的寝室午睡和丰富卫生的食堂美味。

因为空旷，所以静谧。盛夏如蝉鸣一般悠长。冬夜的走廊格外冷清。

文献读了又读，实验做了又做。所有的尝试都是值得的，所有的失败都是有意义的。回望时，所有煎熬，都是美好。

苦其心志，算是对"偏安"的最好诠释。

二、切　磋

我们在一二九街的办公室，正好在化物所离退休职工活动室的楼上。下楼就要经过台球室。

周末加班时，会进去观战。彼时组里传统集体娱乐项目就是周末出去打台球。完全不一样的是，这些化物老前辈打球，只能用"游刃有余、挥洒自如"这样的词来形容。不弯腰，不瞄准，有时竟然不架杆悬空击球！原来这样打也能进球！真是："轻盈一出杆，内功修为赞。输赢皆释然，须发赛神仙。"

见我们有兴趣，诚邀一起玩。一来二去，大家熟悉了。忙里偷闲切磋几杆，边打球边聊天。活动室不乏退休老科学家、老工程师。从古稀耄耋之年的目光和笑容里，能真切感受到那份对年轻人和后辈的关爱，或者还有期许。娱乐之外，他们读报看新闻，对母所、大连、辽宁、国家和天下大事都十分关心，谈笑风生。

熏陶渐染，潜移默化。有理由相信，在见证七十年所史的红楼里，在相隔四十年的两代人之间，一定还发生了些什么。如果非要问那是什么，可能就是爱和精神的传承——对科学之爱，对化物之爱，对家国之情，对所友之情。

与这些老人们切磋，就是与化物所过往交流；与这些前辈们聊天，就是与化物所历史对话。

化物精神，不单是几个字、一句话，更是融入化物人血脉里的一种特殊情怀，是伴随化物人一生的诗和远方。

三、结　　语

在所庆七十周年之际，回想起这段"偏安"的岁月，更加感慨万千。有冬夏的煎熬，有快乐的切磋，有温馨的交流，有精神的传承。

506 组这群有着特殊经历的年轻人，一共 15 人。如今大部分活跃在与专业相关的科研、教育和企业界：杰青/万人 1 人，青千 1 人，副院长 1 人，研究员/教授 7 人，跨国公司研究管理者 2 人……

作者简介：辛洪川，男，1977 年 4 月出生，大连化学物理研究所 2004 级博士研究生。2011 年至今在青岛生物能源与过程研究所从事科研、管理和战略规划工作，副研究员。

知 心 路

张芳芳

毕业已 3 年有余，时常会梦到在大连化物所读研究生时的点点滴滴，尤其是那条连接宿舍和实验室的小山路。

小山路起名为"知心路"。知心路一边靠山，一边临谷，蜿蜒曲折近 1000 米，但处处风景迥然不同。我喜欢它春夏秋冬四季的变幻。

大连的冬天很是漫长，常常在阳光变得柔和温暖的时候，幻想在知心路上发现春天的气息。但总是在等待中一次次失望，渐渐地就放弃寻找春天的念头。但忽然有一天，在夜雨洗过的早晨，感觉知心路发生了些许变化，它变得明亮起来了，靠山旁的树枝冒出了许多小芽，临谷边的小草露出了尖尖角，远远望去，知心路弥漫着淡如烟的绿。哦，原来知心路这么调皮，它让春天在一场雨中悄悄来临，不经意间给我惊喜。

夏天，知心路就比较热闹了。早起一个人走在知心路上，阳光温柔地洒下来，远方飘来稀疏鸟鸣声，抬头一不小心就看见小松鼠在树间爬来爬去；偶尔一只大肥猫从山上窜出来，横穿知心路，一溜烟地跑到山谷中。微风掠过，一颗颗露珠在草丛中、花瓣间舞动着；再继续走着，走着，你就会听到"咯吱、咯吱""哗啦啦、哗啦啦"交汇的声音，这是保洁在木板桥上有节奏地清扫着地面。每天闲看这早上上山的十几分钟热闹，给忙碌繁重的实验生活注入源源不断的活力。

我最喜欢知心路的秋天。它的秋天富有人生哲学。在这条路上叶黄而落，不觉悲凉而是静美，花枯而陨，不觉伤感而是释然。它们来自大地，归于大地，好像在诠释着生死循环，生命没有终结，只是用另外一种方式重新开始。秋天，知心路的天空蓝得透明澄澈，如玉般圆润光滑，给人一种静谧、安详、淡然之感。这让我常常想起那个衣着简单朴素，每天一手提着垃圾袋，一手拿着铁夹子往返于食堂和山上的那个老人。第一次在知心路上遇到他的时候，以为是附近捡垃圾的居民，后来才知道他是所里一位退休的老师，每天从食堂碗筷回收处挑些残饭剩菜，去喂养山上的流浪猫。

冬天，若下着小雪，知心路又别有一番情趣。因为路上积雪不多，走起路来并不需刻意地小心翼翼。与往常一样和小伙伴们聊书、谈生活、讨论实验数据，一不小心脚底一滑，整个人躺在了地上，几片雪花落在脸上，轻轻的，痒痒的，凉凉的，湿湿的，莫名地喜欢上了这种感觉，一时竟有些出神了。随后，小伙伴们笑着伸出手"你不起来了吗，是摔着了？"一边拉着他们的手站起来，一边说"当然没事，我脂肪厚，弹性好。对了，刚刚说到哪?"然后，大家又都嘻嘻哈哈地谈天说地，只是走路时变得谨慎了，害怕知心路又给我们开个小玩笑。

毕业后，再也没有回到大连，也再没走过知心路，不知道它春夏秋冬的风景是否依然如故，也不知所里的学子能否发现它的美。也许，它的美，无意中给所里的他们带来些许课题上的灵感。

作者简介：张芳芳，女，1989年11月出生，大连化学物理研究所2012级硕士研究生。从事锂离子电池研发工作。现就职于杭州弋驰新能源科技有限公司。

大连化物所，一座重情重义的科研所

徐光荣

我的文章题目本来有些长，我觉得唯其如此，才能将我对中国科学院大连化学物理研究所（以下简称"化物所"）的印象说得清晰。

而此刻，我想起了唐代大诗人李白的一首七绝："李白乘舟将欲行，忽闻岸上踏歌声。桃花潭水深千尺，不及汪伦送我情。"我突发奇想，照猫画虎摹拟几句想送给化物所："惜别星海十余载，樱花频送挚爱情。渤海湾水深千尺，不及大化伴我行。"

化物所在我的心中分量很重，这源于化物所人重视两个字：情与义。

记得 2005 年 12 月，化物所原办公室主任冯埃生专程从大连赶到沈阳，找到我，邀我为化物所老所长张大煜写传。那时，老所长已辞世十七八年了，为何化物所人对他这般上心？

待我来到位于大连星海广场附近的化物所进行深入采访，与张存浩、楼南泉、卢佩章、王建业、郭永海等几十位老院士、老领导、老同志促膝倾谈，并走访查阅了大量档案资料后，发现张大煜院士果非凡人。1916—1989 年，张大煜院士一生跨越了中国现当代史的几个重要历史时期，亲历了许多重大历史事件，见证了中国从受人欺凌的苦难岁月到繁荣昌盛的历史巨变，而他本人投身化学科研事业 50 余年，亦功绩赫赫，尤其在催化研究中，不仅在世界上率先提出了表面键的新理论，而且在应用研究中也为国家创造了世界领先技术，在中国化学界堪称翘楚。特别是他担任化物所所长期间开创的学术民主、严谨治学的传统已成为化物所精神的重要组成部分，他带领老一辈科研人员开拓的重要学科为科研所乃至国家相关科学的发展奠定了坚实的基础，他培养和扶植的科研骨干，已成为研究所乃至全国相关学科的带头人，先后有近 20 位进入两院院士行列，这是一份沉甸甸的财富。

饮水思源，化物所人有情有义、重情重义是值得珍视的文化传统和财富。恰如我到化物所后见到的第一位领导，文静而稳重的党委副书记包翠艳所说："在科学院倡导的创新文化建设不断深化的过程中，我们感到张大煜所长所留下的精神财富，过去、现在或是将来都是推动研究所发展前进的动力……"

重什么情？重什么义？在我投入写作《一代宗师——化学家张大煜传》的日日

夜夜，对此有了不断深入的体会。这"情"字中内涵丰盈而厚重，师友情、同志情……而首当其冲的是爱国情。我了解到，在化物所，包括张大煜、张存浩、郭和夫、陶愉生、侯祥麟、范希孟、刘静宜等，都有国外名牌大学的学历，但他们学成后，在新中国成立之初，却都毅然回国，放弃了国外优厚的待遇与生活条件，投入到祖国科研事业之中，这不是爱国情的生动表现吗？

至若师生情、同志情，张存浩院士的一席话说得最为中肯。他说，我们敬爱的老师张大煜"伟大的人格和学风，温文尔雅，为人谦和，对年轻的一代，他是亲切忠厚的长者，热情地关心着每一位青年……完全当得起'一代宗师'"。

采访满头漂亮白发、这年八十一岁的卢佩章院士时，特别让我动情，他拿出一本自己精心编制的摄影画册，向我展示他发表于《东北科学通迅》1951 年 12 月号上的学术论文《水煤气合成石油用沉淀铁触媒常压性能试验》，其中一页是他和论文合作者陶愉生、钟攸兰、康坦等同志在张大煜雕像前的合影。卢院士说，这个研究项目是在张大煜所长提出并指导研究下完成的，但在 1956 年中国科学院评选首届自然科学奖时，他却断然否定了在参研名单上写上自己的名字，在项目获奖后，又断然否决了给他奖金的意见，这种高尚风格，一直为卢院士与研究所的同志们所牢记和推崇。

这也使我想到了"义"。词典中对"义"的解释是：公正合宜的道理。与"义"字组成的词语，大多带有正能量，道义、信义、义气、义举、仗义……李大钊的著名诗句："铁肩担道义，妙手著文章"中的"道义"是与"担当"紧紧相关联的，它使人想到责任感、承担与奉献精神。而张大煜和化物所老一辈科研人员恰恰很好地实践了这个"义"字。"急国家之所急，想国家之所想"，他们为国家创建了石油煤炭化学研究基地，为两弹一星的成功不断贡献，开拓了色谱学、分子反应动力学、化学激光等一系列我国科研发展急需的新领域……正是张大煜和化物所科研人这种敢于承担的创新精神，使我找到了写作张大煜传的精髓，继而用 90 个日日夜夜完成了 30 余万字的传记文稿。记得我在该书的后记中写下这样一句发自内心的话："大连化物所为推动中国科研事业发展做了件功德无量的事，我也觉得自己做了件值得去做的事情。"

《一代宗师——化学家张大煜传》出版了，并在化物所召开了纪念张大煜诞辰一百周年座谈会暨新书首发式，邀请我到所参会。我觉得这件事似乎可以画上个句号了。

但出乎我意料的是，重情重义的化物所人，并没有"人走茶凉"，而是一直记着我这位帮助研究所做了点事情的新朋友。不久，所办又邀我为宣传张大煜的专题片撰稿；邀我为所报撰写纪念张大煜的文章；不久，又邀我再赴化物所到所里举办的文化讲坛上向研究生们作关于张大煜学术生涯的学术报告；2009 年化物所 60 周年所庆时，邀我与所歌的曲作者铁源赴所参加纪念盛会……这一切，使我倍感亲切，感受到一股股融融的暖意。

我一直关注着化物所，为化物所的一项项科研新成就而高兴，我还想为化物所再做点什么，为化物所蒸蒸日上的科研事业尽点绵薄之力。2010 年中国科学院编辑《20 世纪中国知名科学家学术成就概览/化学卷》，邀我写张大煜的学术传纪，我毫不犹豫地答应下来，并很快完成；张存浩院士荣获国家最高科学技术奖，我从"新闻联播"中看到习近平总书记为他颁奖的场面，由衷感到欣慰，随即与他通话表示祝贺，并作了补充采访，及时写出一篇报告文学在我主编的《辽宁传记文学》上头题配封面发表。那一刻，我甚至想，若身体条件允许，再为张存浩院士写本传记……

我也真诚地希望分享重情重义的化物所在新时代科技创新道路上所取得的每一项成果和欢乐，祝愿化物所以七十年所庆为新起点，在向科技高峰的进军中创造更大的辉煌！

作者简介：徐光荣，男，1941 年出生，国家一级作家，文化学者。原辽宁文学院副院长。现为辽宁省作家协会顾问，中国传记文学学会副会长。主要作品有长篇传记《蒋新松传》。

化物所印象

苏凯艺

大连化学物理研究所,那是一个什么样的地方?化物所里面的都是什么样的人?我能够变得像他们一样厉害吗?

一、化物所,那是一个什么样的地方?

百闻不如一见。中科院大连化学物理研究所,当我第一次听到这个名字的时候,还在石油大学念大二,据说那是中国催化界的圣地,是让催化人魂牵梦绕的地方。后来,有幸到化物所读博,在化物所的日子里,我逐渐知道可以从煤基合成气得到低碳烯烃,可以从甲醇得到低碳烯烃、芳烃。每个过程都那么的有趣,因为这些反应涉及碳碳键和碳氢键的断裂与生成,而可控地调节化学键的断裂与生成是一个复杂深奥的过程。化学键的断裂生成往往在苛刻的条件下进行,而所里的研究目标之一就是开发高效的催化剂,降低化学键断裂所需能量,让反应过程变得更加温和。除了研究石油和煤基原料的应用和转化路线,所里针对可再生资源的应用展开研究,例如从生物质得到燃料,从玉米芯得到聚合物单体,从发酵液得到单一化学品。无论是催化剂的设计合成,还是从石油生物质转化到各种化学品的路线,这两方面都是为了更好地满足经济市场的需求,满足国家能源战略发展的需要。

二、化物所里面的都是什么样的人?

有实践才有发言权,想要深入了解所里的研究人员需要思想间的碰撞。科研上最常有思想上碰撞的莫过于导师。我的导师是王峰研究员,在我刚入学的时候,导师给的研究方向瞄准了几个方面:一个是开发新的化学品合成路线,以此利用工业上副产的化合物;一个是强酸催化剂的合成,代替工业上常用的硫酸类催化剂;还有一个是生物质的高效催化转化。看到这几个研究方向,我的第一感觉是每个方向都很重要,再想想哪个方向都很难。因为在随后对催化剂性能评价的时候,得到的产物收率往往都是小于百分之一。在我不懂迷茫的时候,师兄师姐的建议就是多和其他人聊聊，多和老师讨论和沟通。

　　当王老师看到我实验结果的时候，问的问题总是一针见血。这些问题包括：为什么别人的催化剂可以，你的不行？你的实验操作有没有问题，是不是在什么细节上操作失误了？排除这些，这个反应所需要的酸催化剂是什么类型的？是需要 L 酸还是 B 酸？要强酸还是弱酸？工业和文献报道的催化剂是什么？这些实验条件和你的有差别吗？……这些问题有的我想过，有的没想过，有的想过又没有及时的实验数据反馈和深一步思考，这常常是导致设计的实验失败和课题进展做不下去的原因。而导师的问题，后来我自己想想，总结在几方面：一个是前期的调研（工业和文献报道结果），一个是实验操作，一个是构效关系。这里的构效关系，构就是结构，效就是活性，什么样结构的催化剂在这个反应中才有活性。

　　后来，我在构效关系上的假设，思考时总是会提前模仿王老师思考的方式，先问自己一堆问题再动手实验。再后来，王老师发现我在思考问题的时候，逻辑总是会跳跃，就建议我有空读读逻辑学的书，最典型的一本就是《简单的逻辑学》（英文名 Being Logical）。虽然课题进展很慢，实验结果不理想，但是王老师对我并没有放弃，他认为化学是"chemistry"，就是"chem is try"，要不断去尝试和验证想法，不要害怕失败。我的导师就是这样一位研究员，他可能是化物所研究人员的一个缩影。他们治学严谨，他们思考深入，逻辑缜密，他们在重大科研问题上坚持不放弃。

三、我能够变得像他们一样厉害吗？

　　不想当将军的士兵不是好士兵。还没来化物所的时候，我总是想着自己怎么能够变得和他们一样厉害，想着怎么在自己研究的领域有深入的思考和见解。同届进入化物所的同学都是有抱负的，无论是在生命科学，还是量子物理。后来我发现，随着时间迁移，在化物所的读博期间，改变最大的是思考方式以及逻辑能力。其中对我影响最大的是导师，其次是研究组内的氛围，然后就是所里常有的学术报告和学术交流。怎么才能变得像他们一样厉害呢？后来就没想这问题了，只是想着多交流。并且常常碰到的情况是，"啊，这我怎么没想到，他们怎么这么厉害？他们联想到这方面的原因是什么？"化物所是一个神奇的地方，我发现这里有好多天马行空的想法。

　　曾经有个人说过，晚上十一点过后，站在能源楼会议室前面，总能看到能源楼 B 座 3 楼的灯亮着。不知道这个"总"是个什么频率，但是实验室晚上十一点过后，时常可以看到有师兄师姐在实验，在处理数据，在画图，在准备第二天的东西等等。

也许不止能源楼 B 座，A 座也是，其他楼也是。我不知道事实是不是这样，但很多化物人是七天休半天，七天休一天，很正常，实验室的坚守更多是来自内心的兴趣和好奇。化物所是一个踏实肯干的地方，因为很多解决不了的难题，已经在这里破冰。

　　作者简介：苏凯艺，男，1992 年 11 月出生，2015 级大连化学物理研究所在读硕博连读研究生。

传　　统

——为庆祝大连化物所建所七十周年而作

郭永海

大连化物所的优良传统是老一代化物所人，
在历经几十年的科研征程中，
培育的风格、崇尚和追求。

化物所的传统
人民利益至上，
国家利益至上。
从不计较个人得失，
淡泊名利，无私奉献。

化物所的传统
勇于担当，
迎困难而上，
为国家破解难题，
为人民创造幸福。

化物所的传统
围绕国家的重大课题，
加强团结合作，形成合力。
汇集集体智慧，
充分发挥团队的战斗力。

化物所的传统
治学严谨，

求真务实，不图虚名。
实验数据、研究成果
经得起实践和历史的检验。

化物所的传统
目光远大，
视野开阔，
瞄准学科的前沿，
永攀世界科学高峰。

化物所的传统
一贯重视人才的培养，
甘为人梯，
不断地建立人才梯队，
破格提拔德才兼备的新秀。

化物所的传统
艰苦奋斗，勤俭节约，
精打细算，绝不浪费每一笔经费。
精心使用并维护各种实验仪器设备，
尽量延长它们的寿命。

化物所的传统
在各自的工作岗位上，尽职尽责，
认真负责，一丝不苟，埋头苦干加巧干。
讲究职业道德和社会公德，
营造风清气正的良好氛围。

大连化物所的优良传统，
是化物所人的基因，
是化物所人的魂。
它渗透在化物所人的血脉里，
反映在每位化物所人的眼神上，
一举一动的言行之中。

让我们大连化物所的优良传统

一代一代地传承下去，

并发扬光大；

让具有七十年光辉历史的

中国科学院大连化学物理研究所这艘巨轮

乘风破浪，

勇往直前，

直奔世界一流研究所的彼岸！

作者简介：郭永海，男，1928 年 8 月出生，1948 年 11 月到大连化学物理研究所工作，高级工程师。曾任研究发展部副主任。现已离休。

向 您 致 敬

——献给老科技工作者

刘树本

2019年我们迎来化物所建所七十周年，
在全所科研人员的共同努力下，
重大科技成果不断涌现。
在这属于科技工作者的节日里，
我们向创新致敬、向梦想致敬！
我们也向多年奋斗在科研战线上的老科技工作者致敬！
老科技工作者素有爱国奉献、创新求实的优良传统，
是国家的财富、人民的骄傲、民族的光荣。

你们可能没有获得最高的奖项，
你们也可能不是著名的科学家，
但是你们淡泊名利，埋头苦干，
有十年磨一剑的韧劲；
你们耐住寂寞，长期坚持，
不惜体力和汗水，勤奋耕耘，
为了解决一个科研难题，你们锲而不舍，
为了攻克一个技术难关，你们废寝忘食。

你们不仅是科技工作者，更是时代的大梦想家。
你们用朝气、聪慧和勤奋，把每一个梦想变成现实，
你们勇于担当，不忘使命，创新争先，勇攀高峰，
为实现伟大的中国梦做出卓越的贡献！
你们敢于挑战传统，敢于超越前人，实现自主创新，
你们有高尚的人生理想，

热爱祖国，热爱人民，热爱科技事业，
你们浇灌出丰硕的科研成果。

如今你们老了，头发白了，
你们仍然关心着我们所的科研工作，
勤奋、执着、敬业、奉献是你们的优秀品质！
　"科技兴则民族兴，科技强则国家强"，
这其中，离不开老科技工作者的辛勤付出。
以崇高的敬意感谢你们——
多年来为我国科研事业建设所付出的不懈努力，
为我国科研事业发展所做出的重要贡献！

作者简介：刘树本，男，1950 年 10 月出生，1976 年 3 月到大连化学物理研究所工作，工程师。从事计算机软件研究。现已退休。

沁园春·辉煌化物豪志七秩情

刘伟成

北域滨城，携手黄渤①，志士殿堂。

共振兴科技，国家强盛；谋求福祉，百姓安康。

敬业科学，担当重任，报致中华气宇昂。

初心记，奔一流世界，雄立东方。

改革开放春阳，暖化物、累累成果昌。

帅绝门工技，煤成烯酒②；单原催化，烷变烯芳③。

晶体光源，领先原创，深紫激光盖世强。

新时代，奋拼搏进取，再遂辉煌。

作者简介：刘伟成，男，1939 年 7 月出生，1963 年 9 月到大连化学物理研究所工作，副研究员。从事催化化学研究。现已退休。

---

① 黄渤——黄海和渤海。

② 煤成烯酒——万吨级成套工业化技术，煤基合成气生成低碳烯烃，或煤经二甲醚生成乙醇。乙醇酒精的通称。

③ 烷变烯芳——单原子催化甲烷无氧制烯烃和芳烃。

七十年颂歌

——献给大连化物所七十华诞

孟庆禄

1949 年 3 月
在美丽的渤海之滨大连
伴随着习习海风吹来的淡淡硝烟
一个科学研究所
诞生在这乍暖还寒的春天

从 1949，到 2019
研究所一路走来，几经变迁
从 1949，到 2019
科研人一路拼搏，不断登攀
终于用建设世界一流研究所的伟业
迎来了建所七十周年的盛世华典

回首七十年的峥嵘岁月
人们不难发现
在各个历史时期
大连化物所都是中国科学院旗帜般的先进典范

再现七十年的发展历程
人们不难发现
在基础、应用和高技术研究等诸多方面
大连化物所都做出过令人瞩目的杰出贡献

是什么原因

使大连化物所长盛不衰、勇为先遣
是什么原因
使大连化物所硕果累累、群星璀璨

一个重要的原因
就在于大连化物所所拥有的深厚文化积淀
而这种深厚的文化积淀
已经成为历代大化所人始终不渝的价值观

在七十年的改革发展中
这种文化不断被注入新元素而一脉相传
在七十年的沧桑变化中
这种文化不断被注入新活力而历久弥坚

七十年来
大连化物所坚持面向国家战略需求
勇敢地追逐世界科技前沿
以敢为人先的气概，向一个个科技高峰奋力登攀

七十年来
大连化物所坚持服从国家利益需要
义无反顾地把学科方向适时变换
在新的学科领域里，为满足国家需要而默默奉献

七十年来
大连化物所坚持崇尚求真务实的科学精神
极力倡导在科学研究中恪守"三老四严"
追求"用心血做学问，用生命写文章"的道德风范

七十年来
大连化物所坚持以人为本的发展理念
以博大的胸怀，招贤纳士，唯才是举，海纳百川
让各类人才在相互欣赏的氛围中，协力攻坚

在我们举所欢庆
建所七十周年的今天

国际上具有重要影响的综合性化学化工研究所
已经成为大连化物所的靓丽名片

任务带学科
学科促发展
人才队伍不断壮大
科研成果不断涌现
科研保障条件不断提高
基础设施建设不断完善
显著增强的核心竞争力
令国内外同行刮目相看

这种结果
是一代代大连化物所人不懈努力奋斗的必然
这种结果
是"锐意创新、协力攻坚、严谨治学、追求一流"的大连化物所精神一脉传承
的具体体现

此时此刻，我们怎能忘记
张大煜所长等老一辈科学家做出的开创性、奠基式的杰出贡献
此时此刻，我们怎能忘记
历代化物所人对这种文化的认同、传承、丰富和完善

展望明天
当我们迎来大连化物所的八十岁、九十岁华诞
我们坚信
大连化物所的文化在历史的积淀中一定会更加浩瀚

展望明天
当我们迎来大连化物所的百岁华诞
我们坚信
大连化物所的文化在后辈的传承中一定会更加绚烂

衷心祝愿我们的研究所
科海扬帆，不忘初心，继往开来，奋力登攀

衷心祝愿我们的研究所

创新攻关，不辱使命，勇往直前，捷报频传

为实现中华民族伟大复兴的中国梦

做出我们不可替代的创新性贡献

参考资料：中科院党组副书记方新在出席中科院大连化物所《一代宗师——化学家张大煜传》揭封仪式上的讲话（2006 年 11 月 18 日）。

作者简介：孟庆禄，男，1952 年 11 月出生，1975 年 5 月到大连化学物理研究所工作。曾任党务主管。现已退休。

江城子·六十抒怀

佘建文

皓首仍发少年狂，做实验，昼夜忙。

环保战场，挥舞刀与枪。

二十八载金山湾，会州长，修宪章①。

智能质谱定方向，师朱卢，再转行。

编程路上，砥砺见曙光。

为求真谛渡远洋，法玄奘，真经藏。

作者简介：佘建文，男，1959 年 12 月出生，大连化学物理研究所 1985 级博士。师从卢佩章院士与朱大模研究员从事智能质谱谱图检索与解析系统研究。后留学德国 Tubingen 大学。获博士学位。现任美国加州卫生局生物化学实验室主管（Chief）。

---

① "修宪章"指研究成果被加州政府作为颁布加州众院法案（AB 302）禁止含溴阻燃剂的科学依据。

诗 两 首

辛洪川

（一）
化 物 生 快

化雨春风与国庆，物竞天择锐意行。
生机盎然七十载，快马奋蹄葆激情。

（二）
七十正当年

高山冬雪在，大海春花开。
犹有凌云志，不负新时代。

作者简介：辛洪川，男，1977 年 4 月出生，大连化学物理研究所 2004 级博士研究生。2011 年至今在青岛生物能源与过程研究所从事科研、管理和战略规划工作，副研究员。

记化物所成立七十周年

房旭东

七十年前
撕破深夜寂静的
是他呱呱坠地时发出的那一声啼哭
他降临在这海滨之畔
是如此清脆有力
那一天的黎明，晨曦伴着希望升起
那一天的黎明，黑色的眼睛俯瞰大地
是他，带来了新的希望

一朝一夕一古今
一山一水一星海
汹涌澎湃的是青年的脉搏
蜿蜒流淌的是流金的岁月
回首青葱岁月
历经风雨沧桑
依然从容不迫
科学的步伐熠熠闪烁
人才的培养层峦叠嶂
骇浪惊涛歌颂奇迹传说
携手寒来暑往
点燃心中的星火
历经七十年斗转星移
筚路蓝缕
薪火永继
传载先辈往事诉说

青春，是最美丽的盛世繁花

我们骄傲拥有着似水年华

我们骄傲绽放在这辽东半岛

槐花飘香

群英荟萃

我们一起走过甲子

我们携手期待古稀

规划宏图，协力攻坚，祖国的未来需要我们冲锋在前

如今，星海广阔一切方好

今日，我们以古稀之态立于心灵之巅

高昂呐喊：

大河泱泱　　大潮滂滂

洪水图腾蛟龙

烈火涅槃凤凰

秉前世灵气　传科学精魂

继先辈绝学　开化物盛世

试看我化物学子

倚天　　亮剑

扬帆　　向前

作者简介：房旭东，男，1994 年 6 月出生，2017 级大连化学物理研究所在读硕士研究生。

青春浇筑梦想

李诗文

"你看，AFM 的针尖触碰样品，就像是篮球敲打地面"
师兄疲惫的嗓音里，突然注入一丝活力
篮球场离我们仅一墙之隔，但在其肆意挥洒汗水，却是师兄的奢望
没想到，他竟已两年没打篮球

"师妹，今晚你先睡吧，我还要赶毕业论文"
那时已是凌晨，00 点 20
待早上起床，师姐的床铺空无一人，仿若从未被居住
原来师姐早晨 6 点就已到达实验室
每天只睡 4 小时，只为书写她 5 年的辛勤

"今晚的电影真好看，你们先回去吧，我还有个样品要处理"
他想着，玩得真开心，但一晚上没做实验了，一会可得提高点效率
哪怕是周末，哪怕他想放松，但还是走向了实验室
凌晨回寝室，已是他的日常

"你们先去吃吧，我把手头的处理完，我再去吃饭"
"据说有个游戏更新了，好想玩啊，唉，不行，学习最重要"
"爸妈，今天吃汤圆吧，要不正月十五那天我返校，就没法跟你们一块吃汤圆啦"

凌晨回寝室
中午不午休
周末不离所
就连洗头，都要用上霸王防脱
他们是我的榜样，激励我前行
他们还是化物所普通的研究生，为化物所奉献力量

曾路过西安路的中央大道
肆意玩滑板的青年
尽情摇摆的大爷大妈
用街舞释放激情的少男少女
……

尤记得研一科大代培时
彼时的我们为了篮球赛拼搏，啦啦队阵容浩大
哪怕输了，也拿起横幅一哄而上拍张合照
就仿佛我们是胜利的一方
彼时的我们，还天天都去健身房
讨论着搏击、炫舞与瑜伽
彼时的我们，20多人去黄山、去武汉
那时照片中的"学霸"头发枝繁叶茂

青春浇筑梦想
是对他们最好的诠释
希望拼搏的各位能梦想成真
化物所的明天也因此更加辉煌

作者简介：李诗文，女，1995年6月出生，2017级大连化学物理研究所在读博士研究生。

附　　录

一、中国科学院大连化学物理研究所大事记

1949 年 1 月 14 日　人民政府从苏军手中接管"中长铁路大连科学研究所"。大连大学派屈伯川带领 15 名关东工专应化系毕业生来所接管。

1949 年 3 月 19 日　接管后的研究所定名"大连大学科学研究所"，屈伯川兼任所长。

1949 年 3 月　中央领导朱德、彭德怀来所视察。

1950 年 5 月 19 日　竺可桢副院长率团考察大连科学研究所。

1950 年 9 月　大连大学科学研究所更名为"东北科学研究所大连分所"。

1950 年 12 月　董晨任第二任所长。

1952 年 4 月　东北科学研究所大连分所改属中国科学院，定名为"中国科学院工业化学研究所"。

1952 年 11 月　张大煜任第三任所长。

1954 年 6 月　中国科学院工业化学研究所更名为"中国科学院石油研究所"。

1955 年　张大煜当选中国科学院学部委员（后改称院士）。

1958 年 4 月　中国科学院在大连石油研究所召开现场会，总结出了"以任务带学科"的做法。

1958 年 6 月　分建"中国科学院石油研究所兰州分所"，1962 年更名为"中国科学院兰州化学物理研究所"。

1961 年　分建"中国科学院煤炭化学研究所"。

1961 年 12 月　"中国科学院石油研究所"更名为"中国科学院化学物理研究所"。

1962 年 11 月　大连化物所在青岛召开会议，会议讨论了化物所的研究方向和发展规划，拟订了六个学科领域。青岛会议对大连化物所的发展起了重要的推动作用。

1964 年 7 月　中共中央总书记邓小平，国务院副总理李富春、薄一波等同志视察大连化物所。

1964 年 8 月　国务院副总理邓子恢同志视察大连化物所。

1965 年 8 月　中央军委副主席叶剑英同志视察大连化物所。

1966 年 2 月 19—22 日　中科院院党委扩大会和政治工作会议在大连化物所召开以大化所为学习典型的现场会。此期间，郭沫若院长为大连化物所题词一首——《水调歌头》赠大连化学物理研究所全体同志。

1966 年 7 月　中共中央政治局委员陈毅同志来大连化物所视察，观看了火箭推进剂燃烧实验。

1970 年　中国科学院化学物理研究所更名为"中国科学院大连化学物理研究所"（简称大连化物所）。

1971 年　分建七机部四十二所（航天科技集团四十二所）。

1978 年 4 月　顾以健任第四任所长。

1978 年　国务院学位委员会批准大连化物所为博士、硕士学位授权单位。

1980 年　郭燮贤、卢佩章、张存浩当选中国科学院学部委员（后改称院士）。

1980 年　"姿态控制用 816、814 肼分解催化剂"获国家发明奖二等奖。

1983 年 5 月　楼南泉任第五任所长。

1985 年 8 月　中共中央政治局委员书记处书记胡乔木同志来大连化物所视察。

1985 年 12 月　中共中央政治局委员、国务院副总理方毅同志来大连化物所视察工作。

1985 年　"国家色谱研究分析中心"在大连化物所成立。

1986 年　"中空纤维氮氢膜分离器-I 型"被国家科委列为"七五"攻关项目。该成果获中国科学院科技进步奖特等奖。

1986 年 8 月　张存浩任第六任所长。

1987 年　"催化基础国家重点实验室"在大连化物所成立。

1987 年　"分子束反应动力学与分子传能研究"获国家自然科学奖二等奖。

1988 年　"××姿态控制用 818 型铱-氧化铝催化剂的制备方法"获国家发明奖二等奖。

1990 年 8 月　袁权任第七任所长。

1990 年　"分子反应动力学国家重点实验室"在大连化物所成立。

1991 年　楼南泉、袁权、何国钟、朱清时当选中国科学院院士。

1993 年　"国家催化工程技术研究中心"在大连化物所成立。

1993 年　"高性能中空纤维氮氢膜分离器研究"获国家科技进步奖二等奖。

1993 年　林励吾当选为中国科学院院士。

1994 年 8 月　杨柏龄任第八任所长。

1996 年　"国家高技术 863 短波长化学激光重点实验室"在大连化物所成立。

1996 年　"超音速氧碘化学激光器"成果获中国科学院科技进步奖特等奖。

1996 年　"合成气经由二甲醚制取低碳烯烃新工艺方法"获中国科学院科技进

步奖特等奖。

1997 年　"催化裂化干气与苯烃化制乙苯成套技术"获得国家技术发明奖二等奖。

1997 年　沙国河当选中国科学院院士。

1998 年　"国家膜技术工程研究中心"在大连化物所成立。

1998 年 11 月　邓麦村任第九任所长。

1998 年 11 月　中国科学院在北京举行新闻发布会，宣布启动大连化物所知识创新工程试点工作，并在会上介绍了大连化物所的改革情况。

1999 年 8 月　中共中央总书记江泽民同志来大连化物所视察，并欣然题词："实施知识创新工程，把大连化学物理研究所建成世界一流研究所"。

1999 年　"双共振电离法研究激发态分子光谱和态分辨碰撞传能"获得国家自然科学奖二等奖。

1999 年　"紫外共振拉曼光谱仪研制和在催化研究中的应用"获得国家技术发明奖二等奖。

1999 年　"氧碘化学激光器"成果获中国科学院科技进步奖特等奖。

2000 年 8 月　包信和任第十任所长。

2000 年　"双共振电离法研究激发态分子光谱和态分辨碰撞传能"研究，被评为"2000 年中国十大科技进展新闻"。

2001 年 8 月　国务院副总理李岚清同志来大连化物所视察，参观燃料电池的研究开发工作。

2001 年　"一种高硫容浸渍活性炭干法脱硫剂及其应用"成果获国家技术发明奖二等奖。

2002 年 6 月　中共中央政治局常委、国家副主席胡锦涛同志来大连化物所视察。

2003 年　化学激光研究室被授予"中国科学院 2001—2002 年度重大创新贡献团队"。

2003 年　李灿、张玉奎当选中国科学院院士；衣宝廉、桑凤亭当选中国工程院院士。

2004 年　科技部、国家自然科学基金委员会组织的 2004 年度化学科学领域的国家、部门重点实验室评估中，我所催化基础国家重点实验室被评为优秀类实验室，分子反应动力学国家重点实验室被评为良好类实验室。

2004 年　全国人大常委会副委员长、中国科学院院长路甬祥到我所视察。路院长视察了我所部分实验室，并与我所研究和管理骨干进行了座谈。路院长高度评价了我所第一届领导班子取得的工作成绩，对全所员工的奉献支持表示感谢，对我所锐意创新、协力攻坚的科研文化给予充分肯定。

2005 年　"甲烷直接催化脱氢转化为芳烃和氢新反应的研究"获国家自然科

学奖二等奖。

2005 年　"聚烯烃用高效脱氧剂的研制与工业应用"获国家技术发明奖二等奖。

2005 年　化学激光研究团队和李灿院士分别荣获"2005 年度中国科学院杰出科技成就奖"集体奖和个人奖。

2006 年　航空航天催化剂技术研究成果获得国家技术发明奖二等奖。

2006 年　"F+H 转动量子态分辨的高精度散射实验研究",被评选为"2006 年中国十大科技进展新闻"之一。

2007 年 1 月　举行新建研究生大厦奠基仪式。

2007 年 2 月　中共中央政治局常委、人大常委会主任吴邦国视察大连化物所。

2007 年 2 月　张涛任第十一任所长。

2007 年 3 月 19 日　"甲醇制取低碳烯烃(DMTO)技术开发"工业性试验项目获"中国科学院 2006 年度十大重要创新成果"。

2007 年 5 月　洁净能源国家实验室筹备工作正式启动。

2007 年　"F+D$_2$反应在低碰撞能条件下波恩-奥本海默近似完全失效"研究,被评选为"2007 年中国十大科技进展新闻"之一。

2008 年 3 月　杨学明荣获"2007 年度中国科学院杰出科技成就奖"个人奖。

2008 年 7 月 13—18 日　韩国首尔举行的第 14 届国际催化大会上,李灿院士当选为国际催化学会理事会主席(任期 4 年)。

2008 年 7 月 25 日　大连化物所纪念改革开放 30 周年暨实施知识创新工程 10 周年大会在所礼堂隆重召开。

2008 年 7 月 30 日　洁净能源国家实验室大楼——"能源化工楼"奠基仪式在大连化物所园区举行。

2008 年　"化学反应过渡态的结构和动力学研究"获得国家自然科学奖二等奖。

2008 年　"一项专用技术"获得国家技术发明奖二等奖。

2008 年　"FCC 干气制乙苯气相烷基化与液相烷基转移组合技术研发及产业化"获得国家科学技术进步奖二等奖。

2009 年 1 月 14 日　Michel CHE 教授获得 2008 年度中国科学院国际科技合作奖。

2009 年 8 月 4 日　全国人大常委会副委员长、中国科学院院长路甬祥到我所视察。

2009 年 9 月 2 日　我所催化基础国家重点实验室和分子反应动力学国家重点实验室被评为优秀国家重点实验室。

2009 年 9 月 21 日　我所举行建所六十周年庆典大会。

2009 年 11 月 20 日　包信和当选中国科学院院士。

2010 年 1 月 11 日　Michel CHE 教授获得 2009 年度国家国际科技合作奖。

2010 年 1 月 14 日　我所与中国石油天然气股份公司合作开发的"加氢异构脱蜡生产高档润滑油基础油成套技术工业应用"入选 2009 年度中国石油十大科技进展。

2010 年 1 月 27 日　张涛领导的"航天催化与新材料研究团队"荣获"2009 年度中国科学院杰出科技成就奖"。

2010 年 8 月 8 日　采用了我所具有自主知识产权甲醇制烯烃（DMTO）技术的世界首套甲醇制低碳烯烃工业装置（年产 60 万吨烯烃）在包头投料试车一次成功。

2010 年 8 月 7—9 日　我所召开"创新 2020"发展战略研讨会。

2010 年 10 月 9 日　全国人大常委会副委员长、中国科学院院长路甬祥来所视察。

2011 年 1 月 19 日　刘中民等人完成的"煤代油制烯烃技术迈向产业化"入选"2010 年中国十大科技进展新闻"。

2011 年 10 月 10 日　洁净能源国家实验室（筹）启动仪式暨学术报告会在我所举行。

2011 年 10 月 15 日　全国政协经济委员会副主任、国家发改委原副主任、国家能源局原局长张国宝来所调研访问。

2011 年 11 月 11 日　杨学明当选为中国科学院院士。

2011 年 11 月 21 日　包信和当选为发展中国家科学院院士。

2012 年 1 月 18 日　刘中民领导的"甲醇制烯烃研究集体"荣获"中国科学院杰出科技成就奖"。

2012 年 2 月 14 日　李灿等人完成的"催化材料的紫外拉曼光谱研究"获得 2011 年度国家自然科学奖二等奖。

2012 年 7 月　中国催化学会成功申请到"第十六届国际催化大会"的举办权，大会秘书处将设立在我所。

2012 年 10 月 29 日　包信和获得何梁何利科学与技术进步化学奖。

2013 年 1 月 19 日　邹汉法等人完成的"复杂生物样品的高效分离与表征"研究成果获 2012 年度国家自然科学奖二等奖。

2013 年 4 月 22 日　我所提供的大容量、高比能量电源运往四川芦山地震灾区，在抗震救灾工作中发挥了重要作用。

2013 年 5 月 22 日　由大连融科储能技术发展有限公司承建、我所提供技术支撑的 5MW/10MWh 全球最大规模全钒液流电池储能系统应用示范工程通过验收。

2013 年 11 月 24 日至 26 日　我所完成"一三五"国际专家诊断评估。

2013 年 12 月 19 日　张涛当选为中国科学院院士。

2013 年 12 月 29 日　刘中民荣获中央电视台 2013 年度科技创新人物。

2014 年 1 月 10 日　张存浩荣获 2013 年度国家最高科学技术奖。

2014 年 4 月 17 日　全国人大常委会副委员长陈竺率领"全国人大常委会专利执法检查组"来所调研。

2014 年 4 月 24 日　全国政协调研组到我所就国家实验室建设进行调研。

2014 年 12 月 8 日　我所催化基础国家重点实验室和分子反应动力学国家重点实验室被评为优秀国家重点实验室。

2015 年 1 月 9 日　刘中民等完成的"甲醇制取低碳烯烃"获得 2014 年度国家技术发明奖一等奖，张东辉等完成的"态–态分子反应动力学研究"和孙公权等完成的"直接醇类燃料电池电催化剂材料应用基础研究"获得 2014 年度国家自然科学奖二等奖。

2015 年 1 月 29 日　张华民研究员领导的"全钒液流电池储能技术研究集体"获得"中国科学院杰出科技成就奖"。

2015 年 1 月 31 日　包信和团队完成的"甲烷高效转化研究获重大突破"入选"2014 年中国十大科技进展新闻"。

2015 年 5 月 21 日　辽宁省代省长陈求发来到我所进行调研。

2015 年 7 月 17 日　中国科学院院长、党组书记白春礼到我所调研。

2015 年 9 月 22 日　中共中央政治局委员、中央政法委书记孟建柱在辽宁省委书记李希、大连市委书记唐军、大连市市长肖盛峰等陪同下来所进行工作调研。

2015 年 11 月 5 日　刘中民荣获 2015 年何梁何利基金科学与技术创新奖。

2015 年 12 月 7 日　刘中民当选中国工程院院士。

2016 年 1 月 4 日　科学家小行星命名仪式在京举行，我所张存浩获此殊荣，第 19282 号小行星永久命名为"张存浩星"。

2016 年 1 月 8 日　杨维慎团队完成的"分子尺度分离无机膜材料设计合成及其分离与催化性能研究"获得国家自然科学奖二等奖；张华民团队完成的"全钒液流电池储能技术及应用"获得国家技术发明奖二等奖。

2016 年 5 月 4—5 日　中国科学院院长、党组书记白春礼在大连出席"中国科学院–大连市全面科技合作战略协议"签约仪式，并调研我所。

2016 年 6 月 7—8 日　石油和化工行业创新平台建设工作会在我所举行，第十届全国人大常委会副委员长顾秀莲出席会议。

2016 年 7 月 3—8 日　"第十六届国际催化大会"在北京召开，李灿担任大会主席，申文杰担任大会秘书长。

2016 年 10 月 21 日　张涛荣获 2016 年何梁何利科学与技术进步化学奖。

2016 年 12 月 27 日　张涛被任命为中国科学院副院长、党组成员。

2017 年 1 月 15 日　"大连光源"在我所建成，成为世界上最亮的极紫外自由电子激光光源。

2017 年 1 月 22 日　中科院与大连市政府签署共建中国科学院大连科教融合基地框架协议。

2017 年 1 月 25 日　包信和获选中央电视台 2016 年度科技创新人物。

2017 年 2 月 20 日　"煤基合成气直接制烯烃"成果入选 2016 年度"中国科学十大进展"。

2017 年 3 月 24 日　大连化学物理研究所、青岛生物能源与过程研究所新一届领导班子宣布大会召开，会议宣布刘中民任所长，彭辉、吕雪峰、金玉奇、蔡睿任副所长。

2017 年 5 月 8 日　包信和被增选为英国皇家化学会荣誉会士。

2017 年 6 月 8 日　包信和出任中国科学技术大学校长。

2017 年 7 月 6 日　全国政协副主席、台盟中央主席林文漪到我所调研。

2017 年 9 月 19 日　中国科学院副院长、中国科学院大学校长丁仲礼到我所调研国科大能源学院设计建设情况。

2017 年 11 月 28 日　张东辉当选为中国科学院院士。

2017 年 12 月 31 日　刘中民当选"2017 中国科学年度新闻人物"。

2018 年 2 月 2 日　李灿院士当选太阳燃料戈登会议主席。

2018 年 2 月 24 日　杨学明院士当选第十三届全国人民代表大会代表。

2018 年 3 月 18 日　包信和院士当选为第十三届全国人民代表大会常务委员会委员。

2018 年 4 月 3 日　辽宁省省长唐一军来所调研。

2018 年 4 月 16 日　辽宁省委书记陈求发调研我所长兴岛园区。

2018 年 5 月 31 日　包信和院士获 2018 年度陈嘉庚化学科学奖。

2018 年 6 月 19 日　张涛获首届"中国科学材料·创新奖"。

2018 年 6 月 20 日　中科院洁净能源创新研究院第一届理事会成立大会暨第一次会议在我所举行。中国科学院"变革性洁净能源关键技术与示范"A 类战略性先导科技专项启动会在我所召开。

2018 年 8 月 16 日　"大连先进光源预研"项目合作框架协议签约仪式在我所举行。

2018 年 10 月 30 日　中国科学院大学能源学院揭牌仪式在我所举行。

2018 年 11 月 1 日　刘中民院士被美国化学工程师协会授予 2018 年"Program Committee's Professional Achievement Award For Innovation In Green Process Engineering"。

2018 年 11 月 29 日　张涛当选发展中国家科学院院士。

2018 年 12 月 23 日　中科院与大连市举行科技合作座谈。

二、大连化物所历届所长、党委书记

所　长	任职时间/年.月	党委书记	任职时间/年.月
屈伯川	1949.3—1950.12	王维章*	1953.4—1954.12
董　晨	1950.12—1952.11	苏　恒*	1954.12—1957.6
张大煜	1952.11—1968	白介夫	1957.7—1958.5
顾以健	1978.4—1983.4	洪　琪	1958.5—1959.3
楼南泉	1983.5—1986.8	白介夫	1959.3—1964.8
张存浩	1986.8—1990.8	刘时平	1964.8—1968
袁　权	1990.8—1994.8	席文献	1972.7—1973.7
杨柏龄	1994.8—1998.11	刘时平	1973.7—1977.4
邓麦村	1998.11—2000.8	顾　宁	1977.7—1978.11
包信和	2000.8—2007.2	王　坪	1978.11—1983.5
张　涛	2007.2—2017.3	楼南泉	1983.5—1984.5
刘中民	2017.3 至今	裴宗涛	1984.5—1986.10
		杨柏龄	1986.10—1990.2
		姜熙杰	1990.2—1998.12
		邓麦村	1998.12—2003.3
		张　涛	2003.3—2009.10
		包翠艳	2009.10—2012.7
		张　涛	2012.7—2014.12
		王　华	2014.12 至今

＊ 党总支书记

三、曾经及现在在大连化学物理研究所
工作的中国科学院、中国工程院院士及当选时间

姓　名	称　谓	当选时间/年
张大煜	中国科学院院士	1955
侯祥麟	中国科学院院士、中国工程院院士	1955
郭燮贤	中国科学院院士	1980
卢佩章	中国科学院院士	1980
张存浩	中国科学院院士	1980
彭少逸	中国科学院院士	1980
陈景润	中国科学院院士	1980
楼南泉	中国科学院院士	1991
袁　权	中国科学院院士	1991
何国钟	中国科学院院士	1991
朱清时	中国科学院院士	1991
林励吾	中国科学院院士	1993
沙国河	中国科学院院士	1997
杨胜利	中国工程院院士	1997
党鸿辛	中国工程院院士	1997
沈家祥	中国工程院院士	1999
张玉奎	中国科学院院士	2003
李　灿	中国科学院院士	2003
衣宝廉	中国工程院院士	2003
桑凤亭	中国工程院院士	2003
赵东元（联合培养）	中国科学院院士	2007
包信和	中国科学院院士	2009
杨学明	中国科学院院士	2011
张　涛	中国科学院院士	2013
刘中民	中国工程院院士	2015
张东辉	中国科学院院士	2017

后　　记

在大连化学物理研究所建所七十周年之际，经过全所同志近十个月的共同努力，《光辉的历程（Ⅱ）——大连化学物理研究所砥砺前行七十年》一书，今天与大家见面了。这对大连化学物理研究所来说，是一件具有历史意义和现实意义的大事。

七十年来，在党的领导下，一代又一代的化物所人奋发进取，为祖国的经济建设、国防建设做出了一系列辉煌业绩。如今，大连化学物理研究所已经发展成为基础研究与应用研究并重、应用研究与技术转化相结合，以可持续发展的能源研究为主导，在国际上具有重要影响的综合性研究所。与此同时，大连化学物理研究所的优良传统和作风不断被传承，"锐意创新、协力攻关、严谨治学、追求一流"的大连化学物理研究所精神不断被传承升华。我们在编写这本书的过程中，深深感到来自不同领域和岗位的篇篇稿件都凝聚着对祖国和人民的高度责任感，总能感受到化物所人的家国情怀和科技报国、勇争一流的奉献精神。

大连化学物理研究所的历史告诉我们，在历届所班子的领导下，正是由于继承和发扬了这种优良传统和作风，才不断地创造出了新的突出业绩。这是大连化学物理研究所的一笔极为宝贵的精神财富，应当不断发扬光大。我们相信大连化学物理研究所年轻的一代会从这本书中汲取营养，受到启迪。

2003 年，我所出版了《光辉的历程——大连化学物理研究所的半个世纪》一书。记述了大连化学物理研究所从 1949 年至 1999 年的部分发展历史，回顾了建所五十年来研究所始终以国家需求为导向，在国民经济建设和国家安全等方面做出的历史贡献。《光辉的历程——大连化学物理研究所的半个世纪》一书中的故事更多地聚焦于建所至改革开放的前期，从书中的故事能感受到化物所人的勤奋、创新、严谨、团结协作、艰苦奋斗、无私奉献的精神。直到今天，这些故事仍对所内年轻一代起着巨大的激励作用！

今年是大连化学物理研究所建所七十周年，为了让大连化学物理研究所精神薪火相传，在所庆七十周年之际，我们再次邀请所里的老领导、离退休老同志、在职职工和学生、校友以及各界友人，通过亲身经历或感受，从不同角度回顾我所建所七十年，尤其是改革开放四十年来的发展历史和部分历史事件，编写出版了《光辉的历程（Ⅱ）——大连化学物理研究所砥砺前行七十年》一书。从某种意义上来说，本书是《光辉的历程——大连化学物理研究所的半个世纪》的续篇。

在编写《光辉的历程（Ⅱ）——大连化学物理研究所砥砺前行七十年》一书过程中，得到全所上下、校友以及各界友人的全力支持，所里的老领导、离退休老同志、在职职工和学生不仅踊跃投稿还积极组稿，有不少老师在出差途中的飞机、高铁上撰稿，有的老同志抱病伏案写稿……在此书出版之际，我们向为此书做出贡献的同志表示深深的敬意和真切的感谢！由于书中文章均为作者本人回忆，难免有不准确之处，请读者谅解。

党的十九大明确了建设世界科技强国的"三步走"战略，为我国科技创新事业的发展指明了前进方向，也为大连化学物理研究所发展带来了新的机遇和挑战。让我们薪火相传、继往开来、科技报国、勇争一流，共同携手开创大连化学物理研究所更加辉煌灿烂的明天！

编委会
2019 年 8 月